全国医药类高职高专"十三五"规划教材·药学类专业

制剂生产工艺与设备

主　编　张多婷　黑龙江民族职业学院
副主编　牛获山　黑龙江生物科技职业学院
　　　　张桂娟　黑龙江生态工程职业学院
编　者　（以姓氏笔画为序）
　　　　杜　静　哈尔滨怡康药业有限公司
　　　　李晓波　哈药集团生物工程有限公司
　　　　吴悦涛　哈尔滨市呼兰区中医医院
　　　　张道旭　哈药集团技术中心
　　　　罗志野　哈药集团三精制药有限公司
　　　　侯晓亮　黑龙江民族职业学院
　　　　高文昊　黑龙江农垦职业学院
主　审　丁岚峰　黑龙江民族职业学院
　　　　张雪峰　黑龙江民族职业学院

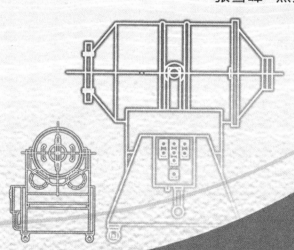

U0303972

西安交通大学出版社
XI'AN JIAOTONG UNIVERSITY PRESS

图书在版编目(CIP)数据

制剂生产工艺与设备 / 张多婷主编.—西安:西安交通大学
出版社,2016.6
　ISBN 978－7－5605－8720－2

　Ⅰ.①制… 　Ⅱ.①张… 　 Ⅲ.①药物-制剂-生产工艺
②药物-制剂-生产设备　Ⅳ.①TQ460.6

中国版本图书馆 CIP 数据核字(2016)第 156199 号

书　　名	制剂生产工艺与设备
主　　编	张多婷
责任编辑	赵丹青　杨　花

出版发行	西安交通大学出版社
	(西安市兴庆南路 10 号　邮政编码 710049)
网　　址	http://www.xjtupress.com
电　　话	(029)82668357　82667874(发行中心)
	(029)82668315(总编办)
传　　真	(029)82668280
印　　刷	西安明瑞印务有限公司

开　　本	787mm×1092mm　1/16　**印张** 22.5　**字数** 542 千字
版次印次	2016 年 8 月第 1 版　2016 年 8 月第 1 次印刷
书　　号	ISBN 978－7－5605－8720－2/TQ・27
定　　价	45.00 元

读者购书、书店添货、如发现印装质量问题,请与本社发行中心联系、调换。
订购热线:(029)82665248　(029)82665249
投稿热线:(029)82668803　(029)82668804
读者信箱:med_xjup@163.com

版权所有　　侵权必究

编审委员会

主任委员

高健群(宜春职业技术学院)　　　　杨　红(首都医科大学燕京医学院)

副主任委员

刘诗泆(江西卫生职业学院)　　　　张知贵(乐山职业技术学院)

李群力(金华职业技术学院)　　　　涂　冰(常德职业技术学院)

王玮瑛(黑龙江护理高等专科学校)　郑向红(福建卫生职业技术学院)

刘　敏(宜春职业技术学院)　　　　魏庆华(河西学院)

郭晓华(汉中职业技术学院)

委　　员(按姓氏笔画排序)

马廷升(湖南医药学院)　　　　　　孟令全(沈阳药科大学)

马远涛(西安医学院)　　　　　　　郝乾坤(杨凌职业技术学院)

王　萍(陕西国际商贸学院)　　　　侯志英(河西学院)

王小莲(河西学院)　　　　　　　　侯鸿军(陕西省食品药品监督管理局)

方　宇(西安交通大学)　　　　　　姜国贤(江西中医药高等专科学校)

邓超澄(广西中医药大学)　　　　　徐世明(首都医科大学燕京医学院)

刘　徽(辽宁医药职业学院)　　　　徐宜兵(江西中医药高等专科学校)

刘素兰(江西卫生职业学院)　　　　黄竹青(辽宁卫生职业技术学院)

米志坚(山西职工医学院)　　　　　商传宝(淄博职业学院)

许　军(江西中医药大学)　　　　　彭学著(湖南中医药高等专科学校)

李　淼(漳州卫生职业学院)　　　　曾令娥(首都医科大学燕京医学院)

吴小琼(安顺职业技术学院)　　　　谢显珍(常德职业技术学院)

张多婷(黑龙江民族职业学院)　　　蔡雅谷(泉州医学高等专科学校)

陈素娥(山西职工医学院)

前　言

　　《制剂生产工艺与设备》是适用于高职高专院校药物制剂技术、化学制药、生物制药、中药制药、制药设备管理与维护专业学生学习的一门核心课程，也可作为药学相关专业的教材或教学参考书，并可作为制药生产企业中制药车间高级工的培训教材及工程技术人员的参考资料。

　　本教材根据高职高专学生特点，针对今后就业趋势，结合现阶段企业生产实际，在内容方面主要以项目化教学为主，共分为七个模块，每一模块划分若干个项目，在每一项目下又按工艺流程分为若干个任务，每种剂型以某一具体品种为典型工作任务，按工艺规程介绍其生产工艺、生产设备、质量控制。本教材以药品生产关键岗位职责为依据，以药品生产工艺过程的典型工作任务为教学内容，在模拟仿真制药生产实训室的教学环境下，运用角色扮演法等教学方法，安排学生按其相应的岗位操作法实施任务，并对学生的操作过程和产品质量实施评价。真正实现让学生参与到课堂中，以学生为主体，充分调动学生的学习积极性，完成学生的动手实践。使学生在"学中做、做中学"，不只掌握理论知识，更注重锻炼实际操作的能力。

　　《制剂生产工艺与设备》是团队合作的结晶，编者反复磋商，数易其稿。本教材由张多婷担任主编，编者编写分工如下：李晓波编写项目一、二、三；张多婷编写项目四、五；侯晓亮编写项目六；牛获山编写项目七、九、十；张桂娟编写项目八、十六；高文昊编写项目十一；张道旭编写项目十二；高文昊、张道旭合作编写项目十三；吴悦涛编写项目十四；罗志野编写项目十五；杜静编写项目十七。全教材由张多婷、牛获山统稿，黑龙江民族职业学院丁岚峰、张雪峰担任主审。本书在编写过程中，得到了西安交通大学出版社和黑龙江民族职业学院的大力支持及有关领导的鼎力相助，在此深表谢意。

　　由于本教材涉及知识面广，实践操作性强，加之编者水平有限，书中疏漏之处在所难免，敬请读者批评指正，以便今后进一步修订提高。

编　者

2016 年 6 月

目 录

参考文献 /347

模块一 制药设备基础知识

▶ 学习目标

1. 掌握制药设备的分类与 GMP 对设备的要求,掌握空调净化系统的组成,掌握制药用水分类、生产工艺流程及设备。

2. 熟悉设备安装原则,熟悉设备的管理、清洗,熟悉空气、人员、物料净化措施,熟悉清场岗位记录,熟悉制药用水的质量要求。

3. 了解制药设备常用材料。

项目一 绪 论

一、制药设备的概述

(一)制药设备的分类

制药设备是指用于制药工艺过程的机械设备。药品生产企业为进行生产所采用的各种机器设备统属于设备范畴,其中包括制药专用设备和其他非制药专用设备。

制药设备的分类:按 GB/T 15692 分为 8 类,包括 3000 多个品种规格。

1. **原料药设备**

原料药设备是指实现生物、化学物质转化,利用动物、植物、矿物等制取医药原料的工艺设备,包括摇瓶机、发酵罐、搪玻璃设备、结晶机、离心机、分离机、过滤设备、提取设备、蒸发器、回收设备、换热器、干燥箱、筛分设备、淀粉设备等。

2. **制剂设备**

制剂设备是指将药物制成各种剂型的设备,包括片剂设备、硬胶囊剂设备、丸剂设备、软胶囊剂设备、口服液剂设备、水针(小容量注射)剂设备、粉针剂设备、输液(大容量注射)剂设备、软膏剂设备、栓剂设备等。

3. **药用粉碎设备**

药用粉碎设备是指用于药物粉碎(含研磨)并符合药品生产要求的设备,包括万能粉碎机、超微粉碎机、锤式粉碎机、气流粉碎机、齿式粉碎机、超低温粉碎机、粗碎机、组合式粉碎机、针形磨、球磨机等。

4. **饮片设备**

饮片设备是指对天然药用动、植物进行选、洗、润、切、烘等方法制取中药饮片的设备,包括选药机、洗药机、烘干机、切药机、润药机、炒药机等。

5. 制药用水设备

制药用水设备是指采用各种方法制取药用纯水(含蒸馏水)的设备,包括多效蒸馏水机、热压式蒸馏水机、电渗析设备、反渗透设备、离子交换纯水设备、纯蒸汽发生器、水处理设备等。

6. 药品包装设备

药品包装设备是指完成药品包装过程以及与包装相关的设备,包括小袋包装机、泡罩包装机、瓶装机、印字机、贴标签机、装盒机、捆扎机、拉管机、安瓿制造机、制瓶机、吹瓶机、铝管冲挤机、硬胶囊壳自动生产线。

7. 药物检测设备

药物检测设备是指检测各种药物制品或半制品的设备,包括测定仪、崩解仪、溶出试验仪、融变仪、脆碎度仪等。

8. 其他制药设备

其他制药设备是指辅助制药生产设备用的其他设备,包括空调净化设备、局部层流罩、送料传输装置、提升加料设备、管道弯头卡箍及阀门、不锈钢卫生泵、冲头冲模等。

(二)制药设备常用材料

设备材料可分为金属材料和非金属材料两大类,其中金属材料可分为黑色金属和有色金属,非金属材料可分为陶瓷材料、高分子材料和复合材料。

1. 金属材料

金属材料包括金属和金属合金。

(1)黑色金属:黑色金属包括铸铁、刚、铁合金,其性能优越、价格低廉、应用广泛。

1)铸铁:铸铁是含碳量大于 2.11% 的铁碳合金,有灰口铸铁、白口铸铁、可锻铸铁、球墨铸铁等,其中灰口铸铁具有良好的铸造性、减摩性、切削加工性等,在制药设备中应用最广泛,但其也有机械强度低、塑性和韧性差的缺点,多做机床床身、底座、箱体、箱盖等受压但不易受冲击的部件。

2)钢:钢是含碳量小于 2.11% 的铁碳合金。按组成可分为碳素钢和合金钢,按用途可分为结构钢、工具钢和特殊钢,按所含有害杂质(硫、磷等)的多少可分为普通钢、优质钢和高级优质钢。这类材料使用非常广泛,根据其强度、塑性、韧性、硬度等性能特点,可分为用于制作铁钉、铁丝、薄板、钢管、容器、紧固件、轴类、弹簧、连杆、齿轮、刃具、模具、量具等。如特殊钢中的不锈钢因其耐腐蚀性而广泛应用于医疗器械和制药装备中。

(2)有色金属:有色金属是指黑色金属以外的金属及其合金,为重要的特殊用途材料,其种类繁多,制药设备中常用铝和铝合金、铜和铜合金。

1)铝和铝合金:工业纯铝一般只作导电材料,铸造铝合金只用于铸造成型,形变铝合金塑性较好可用于冷、热加工和切削加工。

2)铜和铜合金:工业纯铜(紫铜)一般只作导电和导热材料,特殊黄铜有较好的强度、耐腐蚀性、可加工性,在机器制造中应用较多;青铜有较好的耐磨性能、耐腐蚀性、塑性,在机器制造中应用也较多。

2. 非金属材料

非金属材料是指金属材料以外的其他材料。

(1)高分子材料:高分子材料包括塑料、橡胶、合成纤维等。其中工程塑料运用最广,包括热塑性塑料和热固性塑料。

1)热塑性塑料:热塑性塑料受热软化,能塑造成型,冷后变硬,此过程有可逆性,能反复进行。其具有加工成型简便、机械性能较好的优点。氟塑料、具酰亚胺还有耐腐蚀性、耐热性、耐磨性、绝缘性等特殊性能,是优良的高级工程材料,但聚乙烯、聚丙烯、聚苯乙烯等的耐热性、刚性却较差。

2)热固性塑料:热固性塑料包括酚醛塑料、环氧树脂、氨基塑料、具苯二甲酸二丙烯树脂等。此类塑料在一定条件下加入添加剂能发生化学反应而致固化,此后受热不软化,加溶剂不溶解。其耐热和耐压性好,但机械性能较差。

(2)陶瓷材料:陶瓷材料包括各种陶器、耐火材料等。

1)传统工业陶瓷:传统工业陶瓷主要有绝缘瓷、化工瓷、多孔过滤陶瓷。绝缘瓷一般作绝缘器件,化工瓷作重要器件、耐腐蚀的容器和管道及设备等。

2)特殊陶瓷:特殊陶瓷亦称新型陶瓷,是很好的高温耐火结构材料。一般用作耐火坩埚及高速切削工具等,还可以作高温涂料、磨料和砂轮。

3)金属陶瓷:金属陶瓷既有金属的高强度和高韧性,又有陶瓷的高硬度、高耐火度、高耐腐蚀性的优良工程材料,用做高速工具、模具、刃具。

(3)复合材料:复合材料中最常用的是玻璃钢(玻璃纤维增强工程塑料),是以玻璃纤维为增强剂,以热塑性或热固性树脂为黏合剂分别制成热塑性玻璃钢和热固性玻璃钢。热塑性玻璃钢的机械性能超过了某些金属,可代替一些有色金属制造轴承(架)、齿轮等精密机件。热固性玻璃钢既有质量轻以及比强度、介电性能、耐腐蚀性、成型性好的优点,也有刚度和耐热性、易老化的缺点,一般用作形状复杂的机器构件和护罩。

二、GMP 与制药设备

《药品生产质量管理规范》是药品生产企业进行药品生产质量管理必须遵守的基本准则,是为保证药品生产质量而产生的,是当今国际社会通行的药品生产必须实施的一种制度,是药品全面质量管理的重要组成部分,是把药品生产全过程的差错、混药及各种污染的可能性降至最低程度的必要条件和最可靠办法。

为保证药品的安全、有效和优质,从而对药品的生产制造和质量控制管理做出指令性的要求和规定,中国将实施 GMP 制度直接写入《药品管理法》。GMP 是药品生产企业对生产和质量管理的基本准则,适用于药品制剂生产的全过程和原料药生产中影响产品质量的各关键工序。我国现行的是 2010 年版的 GMP。

(一)GMP 对设备的要求

(1)设备的设计、选型、安装要符合生产要求,易于清洗、消毒和灭菌,便于生产操作和维修、保养,并能防止差错或减少污染。

(2)与药品直接接触的设备要光洁、平整,易清洗或消毒,耐腐蚀,不与药品发生化学变化或吸附药品。设备的传动部件要密封良好,防止润滑油、冷却剂等泄漏时对原料、半成品、成品和包装材料的污染。

(3)纯化水、注射用水的制备、贮存和分配要防止微生物的滋生和污染。贮罐和输送管道所用材料要无毒、耐腐蚀。管道的设计、安装要避免死角、盲管。贮罐和管道要规定清洗和灭菌周期。

(4)设备安装、维修、保养的操作不得影响产品的质量。

(5)生产中粉尘量大的设备如粉碎、过筛、混合、制粒、干燥、包衣等设备宜局部加设捕尘、吸粉装置和防尘围帘。

(6)无菌药品生产中与药液接触的设备、容器具、管道、阀门、输送泵等要采用优质耐腐蚀材质,过滤器材不得吸附药液组分和释放异物,禁止使用含有石棉的过滤器材。

(7)与药物直接接触的干燥用空气、压缩空气、惰性气体等要设置净化装置。经净化处理后,气体所含微粒和微生物要符合规定的空气洁净度要求。干燥设备出风口要有防止空气倒灌的装置。

(8)无菌洁净室内的设备,除符合以上要求外,还应满足灭菌的需要。

(二)设备安装原则

(1)联动线和双扉式灭菌器等设备的安装要穿越两个洁净级别不同的区域时,应在安装固定的同时,采用适当的密封方式,保证洁净级别高的区域不受影响。

(2)不同洁净等级房间之间,如采用传送带传送物料时,为防止交叉污染,传送带不宜穿越隔墙,而在隔墙两边分段传送。对送至无菌区的传送装置则必须分段传送。

(3)设计或选用轻便、灵巧的传送工具,如传送带、小车、流槽、软接管、封闭料斗等,以辅助设备之间的连接。

(4)对传动机械的安装要增加防震、消音装置,改善操作环境。动态测试时,洁净室内噪声不得超过70dB。

(5)设备要安装在车间的适当位置,设备与其他设备、墙、天棚及地坪之间。

(6)要有适当的距离,以方便生产操作和维修保养。

(三)设备的管理

药品生产企业必须配备专职或兼职设备管理人员,负责设备的基础管理工作建立健全相应的设备管理制度。

(1)所有设备、仪器仪表、衡器必须登记造册生产厂家、型号、规格、生产能力、技术资料(说明书、设备图纸、装配图、易损件、备品清单)。

(2)应建立动力管理制度,对所有管线、隐蔽工程绘制动力系统图,并有专人负责管理。

(3)设备、仪器的使用,应由企业指定专人制定标准操作规程(SOP)及安全注意事项。操作人员需经培训、考核,确证能掌握时才可操作。

(4)要制定设备保养、检修规程(包括维修保养职责、检查内容、保养方法、计划、记录等),检查设备润滑情况,确保设备经常处于完好状态,做到无跑、冒、滴、漏。

(5)保养、检修的记录应建立档案并由专人管理,设备安装、维修、保养的操作不得影响产品的质量。

(6)不合格的设备如有可能应搬出生产区。未搬出前应有明显标志。

(四)设备的清洗

制药企业的设备要求易于清洗。尤其是更换品种时,应对所有的设备和管道及容器等按规定拆洗和清洗。设备的清洗规程应遵循以下原则。

(1)有明确的洗涤方法和洗涤周期。

(2)明确关键设备的清洗验证方法。

(3)清洗过程及清洗后检查的有关数据要有记录并保存。

（4）无菌设备的清洗，尤其是直接接触药品的部位必须灭菌，并标明灭菌日期，必要时要进行微生物学验证。经灭菌的设备应在三天内使用。

（5）某些可移动的设备可移到清洗区进行清洗、灭菌。

（6）同一设备连续加工同一无菌产品时，每批之间要清洗灭菌；同一设备加工同一非灭菌产品时，至少每周或每生产三批后要按清洗规程全面清洗一次。

（五）设备验证

在药品生产中，验证是指用以证实在药品生产和质量控制中所用的厂房、设施、设备、原辅材料、生产工艺、质量控制方法以及其他有关活动或系统，确实能达到预期目的的有文件证明的一系列活动。

验证管理规范（Good Validation Practice，GVP）就是对验证进行管理的规范，是 GMP 组成的重要部分。设备验证是指对生产设备的设计、选型、安装及运行的正确性以及工艺适应性的测试和评估，证实该设备能达到设计要求及规定的技术指标。

项目二 车间洁净处理技术

一、空气处理措施

(一)空气洁净的目的

空气洁净的目的是为了要极大程度地将空气介质中的污染物除掉。因此空气洁净包括两个方面,一是指对空气的净化"行为和过程";二是指洁净空气所处的洁净"状态",或维持空气的洁净状态。为实现这两个目的,洁净空调系统及设施就必须能够有效地阻止室外污染物进入室内,同时迅速有效地排除室内产生的污染物,创造并维持一个洁净的空气环境。

洁净室是指空气悬浮粒子浓度受控的房间。它的建造和使用应减少室内诱入、产生滞留粒子。室内有关参数如温度、湿度、压力等按要求进行控制空气洁净度。

(二)空气洁净度等级

GMP(2010 版)共有 14 章 313 条,其中第三章第八条和第九条明确规定:洁净区的设计必须符合相应的洁净度要求,包括达到"静态"和"动态"的标准。菌药品生产所需的洁净区可分为以下 4 个级别。

A 级:高风险操作区,如灌装区、放置胶塞桶和与无菌制剂直接接触的敞口包装容器的区域及无菌装配或连接操作的区域,应当用单向流操作台(罩)维持该区的环境状态。单向流系统在其工作区域必须均匀送风,风速为 0.36~0.54m/s(指导值)。应当有数据证明单向流的状态并经过验证。在密闭的隔离操作器或手套箱内,可使用较低的风速。

B 级:指无菌配制和灌装等高风险操作 A 级洁净区所处的背景区域。

C 级和 D 级:指无菌药品生产过程中重要程度较低操作步骤的洁净区。

药品生产洁净室(区)的空气洁净度划分为四个级别,见表 2-1。

表 2-1 药品生产洁净室(区)空气悬浮粒子标准

洁净度级别	悬浮粒子最大允许数/m³			
	静态		动态	
	≥0.5μm	≥5.0μm	≥0.5μm	≥0.5μm
A 级	3520	20	3520	20
B 级	3520	29	3520	29
C 级	352000	2900	352000	2900
D 级	3520000	29000	不作规定	不作规定

(1)为确认 A 级洁净区的级别,每个采样点的采样量不得少于 1 m³。A 级洁净区空气悬浮粒子的级别为 ISO 4.8,以≥5.0μm 的悬浮粒子为限度标准。B 级洁净区(静态)的空气悬浮粒子的级别为 ISO 5,同时包括表中两种粒径的悬浮粒子。对于 C 级洁净区(静态和动态)而言,空气悬浮粒子的级别分别为 ISO 7 和 ISO 8。对于 D 级洁净区(静态)空气悬浮粒子的

级别为 ISO 8。测试方法可参照 ISO14644-1。

(2)在确认级别时,应当使用采样管较短的便携式尘埃粒子计数器,避免 $\geqslant 5.0 \mu m$ 悬浮粒子在远程采样系统的长采样管中沉降。在单向流系统中,应当采用等动力学的取样头。

(3)动态测试可在常规操作、培养基模拟灌装过程中进行,证明达到动态的洁净度级别,但培养基模拟灌装试验要求在"最差状况"下进行动态测试。

GMP 附录同时对洁净室(区)的管理做了下列主要要求。

(1)洁净室(区)内人员数量应严格控制。其工作人员(包括维修、辅助人员)应定期进行卫生和微生物学基础知识、洁净作业等方面的培训及考核;对进入洁净室(区)的临时外来人员应进行指导和监督。

(2)洁净室(区)与非洁净室(区)之间必须设置缓冲设施,人、物流走向合理。

(3)A 级洁净室(区)内不得设置地漏,操作人员不应裸手操作,当不可避免时,手部应及时消毒。

(4)洁净室(区)使用的传输设备不得穿越较低级别区域。

(5)D 级以上区域的洁净工作服应在洁净室(区)内洗涤、干燥、整理,必要时应按要求灭菌。

(6)洁净室(区)内设备保温层表面应平整、光洁,不得有颗粒性物质脱落。

(7)洁净室(区)内应使用无脱落物、易清洗、易消毒的卫生工具,卫生工具要存放于对产品不造成污染的指定地点,并应限定使用区域。

(8)洁净室(区)在静态条件下检测的尘埃粒子数、浮游菌数或沉降菌数必须符合规定,应定期监控动态条件下的洁净状态。

(9)洁净室(区)的净化空气如何循环使用,应采取有效措施避免污染和交叉污染。

(10)空气净化系统应按规定清洁、维修、保养并做记录。

(三)空气净化过滤器

空气过滤器是空气洁净技术的主要手段,是创造空气洁净环境不可缺少的设备,因此必须掌握过滤器的特性及其设计原则,才能正确有效地使用。

我国标准将空气过滤器分为一般空气过滤器和高效空气过滤器两大类。

粗效过滤器:从主要用于首道过滤器考虑,应该截留大微粒,主要是 $5 \mu m$ 以上的悬浮性微粒和 $10 \mu m$ 以上的沉降性微粒以及各种异物,防止其进入系统,所以粗效过滤器的效率以过滤 $5 \mu m$ 为准。

中效过滤器:由于其前面已有预过滤器截留了大微粒,它又可以作为一般系统的最后过滤器和高效过滤器的预过滤器,所以主要用以截留 $1 \sim 10 \mu m$ 的悬浮性微粒,它的效率即以 $1 \mu m$ 为准,如图 2-1 所示。

高中效过滤器:可以用作一般净化程度的系统的末端过滤器,也可以为了提高系统净化效果,更好地保护高效过滤器,而用作中间过滤器,所以主要用以截留 $1 \sim 5 \mu m$ 的悬浮性微粒,它的效果也以过滤 $1 \mu m$ 为准。

亚高效过滤器:既可以作为洁净室末端过滤器使用,达到一定的空气洁净度级别;也可以作高效过滤器的预过滤器,进一步提高和确保送风洁净度,还可以作为新风的末端过滤,提高新风品质。所以和高效过滤器一样,主要用以截留 $1 \mu m$。以下的亚微米级的微粒,其效率以过滤 $0.5 \mu m$ 为准。

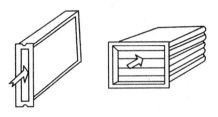

图 2-1　抽屉式及袋式中效过滤器

高效过滤器：它是洁净室最主要的末级过滤器，以实现 0.5μm 的各洁净度级别为目的，但其效率以过滤 0.3μm 为准。如果进一步细分，若以实现 0.1μm 的洁净度级别为目的，则效率就以过滤 0.1μm 为准，习惯称为超高效过滤器。

在空气洁净技术中，通常是将几种效率不同的过滤器串联起来使用。在高效空气净化系统中，粗效、中效（或亚高效）过滤器的主要作用是延长高效过滤器的使用寿命。高级别洁净室通常采用粗效、中效和高效三级过滤，对于 C 级洁净室的末级过滤器也可采用亚高效过滤器。对 D 级的空气净化处理，末级过滤器可采用中效过滤器。

（四）净化空调系统的空气处理措施

净化空调系统的空气处理措施主要有四种。第一种是空气过滤，利用过滤器有效地控制从室外引入室内的全部空气的洁净度，由于细菌都依附在悬浮粒子上，微粒被过滤的同时，细菌也能滤掉；第二种是组织气流排污，在室内组织特定形式和强度的气流，利用洁净空气把生产中发生的污染物排除出去；第三种是提高空气静压，防止外界污染空气从门以及各种漏隙部位侵入室内；第四种是采取综合净化措施，在工艺、设备、装饰和管道上采取相应办法。

（五）净化空调系统常用空气处理方案

1. 直流处理方案空调

系统全部采用新风不用回风的系统称为直流式（或全新风）系统，见图 2-2；这种系统使用空气全部来自室外，吸收余热、余湿后又全部排掉，因而室内空气得到百分之百的交换。

特点：全新风，用于不允许循环风的场合，例如，动物饲养室、生物安全洁净室、某些制药车间。

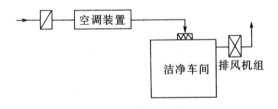

图 2-2　全新风方案

2. 一次回风或二次回风处理方案

该系统使用的空气一部分为室外新风，另一部分为室内回风，所以它具有既经济又符合卫生要求的特点，使用比较广泛。在工程上根据使用回风次数的多少又分为一次回风系统和二次回风系统。在表冷器或淋水室处理之前与新风进行混合的空调房间的回风称为一次回风。在表冷器或淋水室处理之后的空气进行混合的室内回风称为二次回风。

（1）一次回风方案：集中一次让回风先和新风混合，然后再加以处理，这是最一般的方式。

（2）二次回风方案：回风先和新风一次混合，再在空调机内和露点状态的空气二次混合可以避免一次回风的又加热又冷却的能源浪费，即省去一部分再加热热量和一部分制冷量。适用于级别高、风量大的洁净室，但不宜于散湿量大或者散湿量变化大的场合，二次回风方案如图2-3所示。

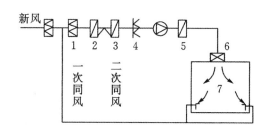

图2-3　二次回风方案

1. 初效过滤器（1级过滤器）；2. 冷却器；3. 加热器；4. 加湿器；5. 中级过滤器（2级过滤器）；
6. 高效过滤器；7. 洁净室

净化空调系统的空气流程是多种多样的，设计时应根据具体条件进行综合分析，选择经济适用的方案。

（六）空气净化系统设备

1. 组合式空调机组

净化空调系统的空气处理设备除空气过滤器外还包括冷却器、加热器、加湿器等热湿处理设备和风机，通常按所需功能段组合在空调箱内，如图2-4所示。

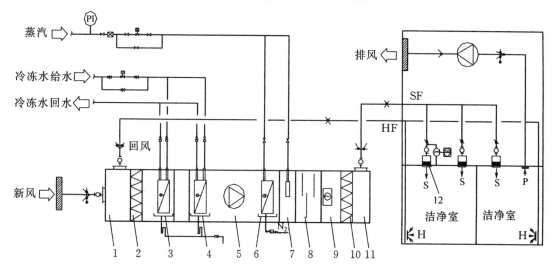

图2-4　组合式空调机组空气净化流程示意图

1. 新回风混合段；2. 初效过滤段；3. 次表冷段；4. 二次表冷段；5. 风机段；6. 加热段；7. 加湿段；
8. 消音段；9. 中间消毒段；10. 中效过滤段；11. 送风段；12. 高效过滤器

组合式空调机组由不同的功能段——空气处理段组合而成,设计和用户可以根据需要选择不同的功能段。一般有以下功能段组成:新回风混合段(段内配有对开式多叶调节阀)、粗效过滤器段、加热段(水、蒸汽、电三种方法加热)、表面冷却段、加湿段(喷淋、高电加湿、干蒸汽加湿)、二次回风段、过渡段(检修段)、风机段、消声段、热回收段、中效过滤器段、出风段。

以上各段有的是必备的,有的是供选用的。空调箱各功能段可根据不同处理要求组合。组合式空调器不带制冷压缩机,另由制冷系统供给。

风机是空调净化系统最主要的动力设备。空调系统中常用的是风量大、风压也大的离心机,而风量大、风压小的轴流风机则很少被采用。空调箱通常把风机、冷却器、加热器、加湿器等部分组合起来,放在空调箱内。除湿机可以单独设置,也可以设置于风柜内。

2. 柜式空调机

柜式空调机外形如一大立柜,它自带制冷压缩机和直接蒸发式表冷器。根据冷凝器的冷却方式,有水冷和风冷之分,或整体式和分体式之分;根据用途则分为冷风机、冷热风机和恒温恒湿机。

3. 洁净工作台

洁净工作台又称超净工作台,属于局部净化设备,是在特定的局部空间造成洁净空气环境的装置(图2-5)。洁净工作台由静压箱体、粗效过滤器、风机、高效过滤器和洁净操作台等组成,室内空气在风机的作用下,经粗效过滤器后被吸入箱底下部,并由风机压至上部,经高效过滤器后的洁净空气,呈单向流送至操作台,洁净度可达 A 级。

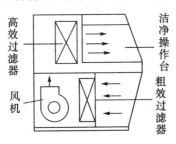

图 2-5 洁净工作台

(七)净化空调与一般空调的区别

1. 空气过滤方面

一般空调采用一级,最多二级过滤,过滤器不设在末端,没有亚高效以上过滤器;而净化空调系统必须设三级甚至四级过滤,末端设过滤器,必须有亚高效以上过滤器。因此,室内含尘浓度至少差几十倍。

2. 气流组织方面

一般空调乱流度较大,以较少的通风量尽可能达到室内温湿度均匀的目的;而净化空调系统是尽量限制和减少尘粒的扩散,减少二次气流和涡流,至于单向流气流形式更是一般空调所没有的。

3. 室内压力控制方面

洁净室要求室内正压或负压,最小压差在 5Pa 以上,这就要求供给一定的正压风量或给予一定的排风;而一般空调对室内压力没有明显要求。

4．风量能耗方面

一般空调系统每小时只有 10 次以下换气次数,而净化空调系统则要在每小时 15 次以上,甚至十几倍于一般空调换气次数。净化空调系统比一般空调每平方米耗能多至 10～20 倍。

5．造价方面

净化空调系统比一般空调造价也高得多。

(八)净化空调系统分类

净化空调系统形式繁多,种类不一,分门归类的方法也很多,最常用的是以空气处理设备的设置来分,即集中式、分散式和半集中式三种基本形式的系统。

1．集中式净化空调系统

集中式净化空调系统(HVAC)的所有空气处理设备(过滤器、冷却器、加热器、加湿器等)以及通风机全部集中设置在空调机房内,集中将空气进行处理,进而分别送入各洁净室,即空气处理设备集中,送风点分散。集中式空调系统的冷、热源一般也是集中的,集中在冷冻站和锅炉房或热交换站,如图 2-6 所示。

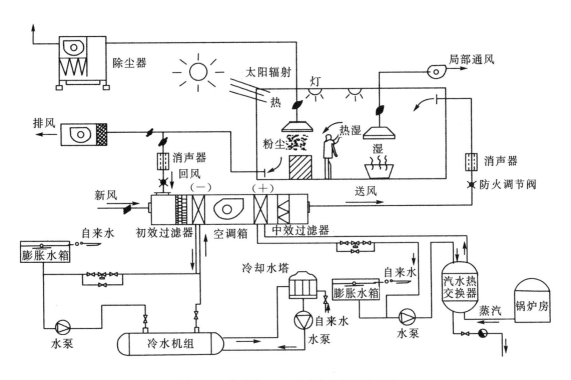

图 2-6　典型的 HVAC 系统的原理示意图

HVAC 是净化系统中最基本的方式,由于设备集中于机房,对噪声和振动较为容易处理。又由于是一个系统控制多个洁净室,所以要求各洁净室同时使用系数高,因此它适用于工艺生产连续、洁净室面积较大、位置集中、噪声控制和振动控制要求严格的洁净厂房。它是我国洁净厂房中应用最为广泛的系统,也是最为典型的系统。它主要靠用大量的、经过处理的洁净空气送入各个洁净室,以不同的换气次数和气流形式,来实现各个洁净室内不同的洁净度。

2．分散式净化空调系统

如果一些生产工艺单一,洁净室分散,不能或不宜合为一个系统;或者各个洁净室无法布置输送系统和机房等场合,应采用分散式净化空调系统,也就是说,把机房、输送系统和洁净室结合在一起,自成系统,如图2-7所示。

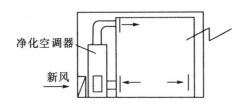

图2-7　分散式净化空调系统示意图

该系统的最大特点是灵活、简易,它可以满足不同房间的不同送风要求;洁净空间小而单一,管理方便,洁净度容易得到保证。与集中式净化空调相比,它的噪声和振动较难处理。

3．半集中式净化空调系统

把空气集中处理和局部处理结合起来的系统,就是所谓的半集中式净化空调系统。半集中式净化空调系统主要由集中送风处理室和室内局部处理设备(也称末端装置)所组成。

随着生产工艺的飞速发展,人们对洁净室的要求不同了,为了降低造价和能耗,人们希望在同一个洁净室中实现不同洁净度分区要求,并尽量将高洁净度空间减小;还有一些系统除需要保证一定质和量的新风外,对洁净室内空气参数要求较高,而系统中各个洁净室的洁净度差别很大(如科研实验楼);或使用时间不一,或要求洁净室之间避免交叉污染(如手术大楼)等场合,采用半集中式系统具有独特的优点。

二、人员净化措施

(一)人员净化目的

即便工作人员能做到清洁卫生,但由于人体是有生命活动的有机个体,总是会不停地向周围环境散发污染的粒子。为了尽量减少人的活动所产生的污染,人员在进入洁净区前,必须更换洁净服,有的还要淋浴、消毒或者空气吹淋。这些措施称为"人员净化",简称"人净"。

人净主要是为了防止工作人员从非洁净区或低洁净度区带入的污染。具体来说,平面上的"人净"布置包括生活用室及人员净化用室两部分。生活用室包括杂物室、厕所、淋浴室、休息室。而净化用室主要有雨具存放室、换鞋室、存外衣室、盥洗室、更换洁净工作服室、气闸室或吹淋室等组成,生活用室一般安排在净化用室之前。有些洁净区要求严格分隔,此时,人员净化用室和生活用室应布置在同一层,但是尽量不要产生穿插。本着方便、清洁程度逐渐提高的原则,通常将工人进入工厂后接触最少的一些房间安排在最外层,比如外衣存放处、雨具存放处等。

(二)人员净化措施

1．更衣

(1)更衣和级别的关系:不同的洁净度级别对更衣的要求不同。但基本都要求工作服的选材、式样及穿戴方式应与生产操作和空气洁净度级别要求相适应,并不得混用。洁净工作服的质地应光滑、不产生静电、不脱落纤维和颗粒性物质。如果是无菌工作服必须包盖全部头发、胡须及脚部,并能阻隔人体脱落物,防止头发上的微生物和头发上的尘埃导致的污染。

(2)对洁净服清洗和整理的要求:为了保证洁净服符合卫生要求,洁净服要定期清洗(至少1周1次)和整理。不同空气洁净级别使用的工作服,应当分别清洗整理,而且一般在比使用时的洁净度高的洁净区清洗,必要时消毒与灭菌。洁净房在洗涤、灭菌时不应带入附加颗粒性物质。

(3)对更衣环境的要求:不同生产阶段的更衣室应隔开,不同洁净级别区域的更衣室(不含无菌工作服)一般可不加区别,是通用的。不同洁净级别的操作区的操作人员所穿工作服应在颜色材料等方面做出明显的标示,不允许穿不同房间或不同洁净级别的服装人员随便走动。

2. 盥洗

盥洗包括以下内容。

(1)一更或二更前的厕所。

(2)一更或二更前后的洗手。

(3)二更或三更前后的手消毒。

(4)换无菌内衣前的淋浴。

3. 缓冲

缓冲的目的是进一步补充人净措施,防止由于人的进入而把污染带入,造成交叉污染。缓冲设施可以是气闸室、空气吹淋室或缓冲室。我国 GMP 对防止交叉污染规定:不同空气洁净度等级的洁净室(区)之间的人员及物料出入,应有防止交叉污染的措施。洁净室(区)与非洁净室(区)之间必须设置缓冲设施,人流、物流走向合理。

(1)气闸室:气闸室是位于洁净室入口处的小室,指具有两扇门的密封空间,设置于两个或好几个房间之间,例如不同洁净度级别的房间。其目的是在有人需要出入这些房间时气闸可对各房间之间的气流加以控制。气闸应分别按人用及物用设计使用。气闸室仅是一间两道门可连锁但不能同时开启的房间。不送洁净风的这种房间最多起到缓冲作用,却不能有效地防止外界污染入侵,因为当人进入这个气闸室时,外界脏空气已经随人的进入而进入气闸室。当人再开第二道门进入洁净室时,会把已遭污染的气闸室内的空气带入洁净室,从而造成一定的污染,但这显然比没有气闸室设施的污染要小。

(2)空气吹淋室:空气吹淋室是一种更有效防止污染的设施,它与气闸室有些相似,但是比其多了空气吹淋的过程(即通气的过程)。空气吹淋室具有气闸室作用,能防止外部空气进入洁净室,并使洁净室维持正压状态,对清除人员身上的灰尘有明显的效果。

为了减少人体进出所带来的大量尘埃粒子,人体进入洁净室前必须经高效过滤器过滤后由旋转喷嘴喷射的洁净气流至人身上进行吹淋,从而有效且迅速清除尘埃粒子,清除尘埃粒子后的气流再由初、高效过滤器过滤后重新循环到风淋区域内。此外,空气吹淋室作为洁净区与准洁净区的分界,还具有警示作用,有利于规范洁净室人员在洁净室内的活动。

(3)缓冲室:缓冲室就是为了防止进门时带进污染的设施。它位于两间洁净室之间。缓冲室可以有几个门,但同一时间内只能有一个门开启,此门关好,才允许开别的门。缓冲室还必须送洁净风,使其洁净度达到将进入的洁净室具有的级别。

三、物料净化措施

原辅料、内包装材料应在外处理间经除尘、拆包去外皮后,放入专用容器或专用袋通过传送带或专用货梯再由传送柜送入控制区,外包装不能拆除的应清除或擦拭外包装上尘土。货梯间应有缓冲前室,为减少电梯运行中气流造成控制区的尘粒污染,可在机房的外墙设一轴流风机以增强井道的负压程度。

物料由一般区进入 D 级洁净区的物净系统包括:外包清洁与消毒处理室、传递窗(柜)、消毒与缓冲室。物料在外包装清洁处理室对其外包装进行净化处理、消毒后,经气闸室或传递窗(柜)到缓冲室再次消毒外包装,然后进入暂存室备用。

气闸室或传递窗(柜)的作用,同样在于维持洁净区的空气洁净度和正压。传递窗(柜)的做法:两侧门上设窗,看得见内部及两侧;两侧门上要联锁,不能同时被打开;窗(柜)内尺寸应能适应搬送物品的大小和数量,有气密性和一定强度;连接洁净室(区)的传递窗(柜),在窗(柜)内设灭菌措施(如紫外灯),传递物料用的传送带不得从非洁净室(区)直接进入洁净室(区),除非对传送带连续灭菌,否则只能在传递窗(柜)两边分段输送。

传递窗是用来在室内外或不同洁净级别的洁净室(区)之间传递物品时,为防止污染,破坏洁净度暂时起隔断气流贯穿的装置,是防止随物品传递而污染药品的措施。最常用的有下列几种类型:机械式,传递窗内外有两道窗扇,中间使用机械联锁,即一边窗扇打开时,另一边窗扇被关闭而不能打开;气闸式,这种传递窗体中有风机和高效过滤器,即窗体中间有洁净气流通过,比上一种较为合理;灭菌式,在窗体内安有紫外灯,适用于传递可能带有菌的物件,开窗放入物件后,关窗并开紫外灯,数分钟后再从另一侧开窗取物。传递窗的材质也要注意,不要用木制材料制作,否则较易变形,密封性能也差。

四、清场

GMP 规定:"每批药品的每一生产阶段完成后必须由生产操作人员清场,填写清记录。清场记录内容包括:工序、品名、生产批号、清场日期、检查项目及结果、清场负责人及复查人签名。清场记录应纳入批生产记录。"

"清场"从字面上可以理解为清理场地和清洁场地,它不同于平常的清洁卫生,但又包括清洁卫生在内。这也是药品生产质量管理的一项重要内容。清场的目的,是为防止药品混淆、差错事故的发生,防止药品之间的交叉污染。鉴于此目的,清场应安排在生产操作之后进行。

清场涉及以下至少四个方面。

(1)物料(原辅料、半成品、包装材料等)。成品、剩余的材料、散装品、印刷的标志物。

(2)生产指令、生产记录等书面文字材料。

(3)生产中的各种状态标志等。

(4)清洁卫生工作。

清场范围应包括生产操作的整个区域、空间,包括生产线上里必须注意的是清场应认真彻底地进行,不允许马马虎虎地走过地面、辅助用房等。

清场时,必须认真填写清场记录,并按清场 SOP 执行。清场 SOP 应对清场目的、要求、责任人、范围、程序、时间、方法、记录、检查等作出专门详细的规定,以便生产操作人员和检查人员共同遵循和执行。

【岗位清场记录】

岗位清场记录见表2-1。

表2-1 岗位清场记录

	项目		清场结果	QA 检查结果
品名		批号	清场日期	
规格		岗位	清场有效期	
物料	本批加工完成的物料是否及时送至规定地点			
	本批剩余物料及时清除			
设备容器具	按设备清洁标准操作程序清洁设备			
	按容器具清洁标准操作程序清洁所用容器具			
	按计量器具的清洁标准操作程序清洁计量器具			
工艺卫生	地面、四壁、门窗清洁无积尘			
	灯管、风管清洁无积尘			
	工作台面整洁			
	地漏			
	定置安防、无上一品种的遗留物			
文件记录	本品种所用的文件等全部收集整理上交			
	本批所填记录表格填写完毕,及时收集上交			
其他				
清场人			复核人	
QA 检查意见: 签名:				
备注清场结果及 QA 检查结果合格打(√)不合格打(×)				

清场合格证（正本）

品　　名：_____　　　批　　号：_____

清场岗位：_____　　　清场操作人：_____

清场日期：_____　　　QA检查员：_____

清场合格证（副本）

品　　名：_____　　　批　　号：_____

清场岗位：_____　　　清场操作人：_____

清场日期：_____　　　QA检查员：_____

项目三　制药用水技术

一、概述

(一)制药用水分类及质量要求

制药工艺用水是药品生产工艺中使用的水,其中包括饮用水、纯化水(即去离子水、蒸馏水)、注射用水等。

1. 饮用水

自来水公司供应的自来水或深井水,又称原水。不能直接用作制剂的制备或试验用水。饮用水必须符合《生活饮用水水质卫生标准》(GB5749-2006)。需要使用饮用水的有:纯化水、医用水的原水;设备、容器、口服剂瓶子初洗;化学合成初始阶段用水;中药材、饮片清洗、浸润和提取。

2. 纯化水

原水经蒸馏法、离子交换法、反渗透法或其他适宜的方法制得的供药用的水。纯水必须符合《中华人民共和国药典》(2015版)纯化水质量标准。需要使用纯化水的有:制备注射用水(纯蒸汽)的水源;非无菌药品直接接触药品设备、器具和包装材料最后洗涤水;注射剂、无菌药品瓶子的初洗;非无菌药品的配料,口服剂配料,洗瓶;非无菌药品原料精制。

3. 注射用水

注射用水是以纯化水为原水,经特殊设计的蒸馏器蒸馏,冷凝冷却后经膜过滤制备而得的水。目前一般的蒸馏器有多效蒸馏水机和气压式蒸馏水机等。注射用水必须符合《中华人民共和国药典》(2015版)注射用水质量标准,应符合细菌内毒素试验要求。需要使用注射用水的有:注射剂,无菌冲洗剂配料和溶剂;注射剂,无菌冲洗剂配料和溶剂最后洗瓶水;无菌原料药精制;无菌产品及原料药直接接触药品包装材料最后精洗用水。

4. 纯蒸汽

以纯化水为进料水,用蒸汽加热(蒸汽发生器),生产无菌无热原的纯蒸汽。广泛用于医疗卫生,生物制药工业,食品工业的灭菌消毒及有关器具的消毒,有效防止重金属,热原等杂质的再污染。纯蒸汽冷凝水应符合中国药典注射用水标准。使用纯蒸水的有:无菌作业区物料、容器、设备、无菌衣或其他物品需进入无菌;作业区的温热无菌处理;培养基的湿热灭菌。

(二)制药用水生产工艺流程

目前国内外多数制药企业采用离子交换、电渗析和反渗透等方法制得纯水,再经蒸馏制取注射用水,以上几种方法各具特点。

(1)离子交换法的最大特点是除盐率高,但离子交换树脂再生时要产生大量的废酸和废碱,严重污染环境,破坏生态平衡。反渗透属膜分离技术,对水中的细菌、热原、病毒及有机物的去除率可达100%,但其脱盐率仅为90%,因此它对原水的含盐率有很高的要求。

(2)电渗析是将原料水通过直流电场,在阴阳离子交换膜和静电的作用下除去原水中电解质离解出的阴阳离子而得到纯化水,该法耗电能大,除盐率不十分高,故常用于纯化水制取的初级脱盐工序。

（3）电去离子技术（EDI）是将电渗析技术和离子交换技术融为一体。通过阳、阴离子膜对阳、阴离子的选择透过作用以及离子交换树脂对水中离子的交换作用，在电场的作用下实现水中离子的定向迁移，从而达到水的深度净化除盐，并通过水电解产生的氢离子和氢氧根离子对装填树脂进行连续再生，因此EDI制水过程不需酸、碱化学药品再生即可连续制取高品质超纯水，出水水质具有最佳的稳定度。但EDI系统对进水水质要求高。

现在常用的制水方案有以下几种。

1. 纯化水工艺设计方案

第一种传统工艺：原水→预处理→一级反渗透→混床系统→UV杀菌→除热原设备→反渗透＋混床系统制取得纯化水。

具有工艺安全可靠，水质稳定，运行成本低，脱盐率高等特点。

第二种新工艺：原水→预处理→一级反渗透→一二级反渗透→UV杀菌→除热原设备→二级反渗透制取纯化水。

具有环保，废水可直接排放，自动化程度高，操作简单，可实现无人值守等特点。

第三种最新工艺：原水→预处理→一级反渗透→EDI装置→UV杀菌→除热原设备→反渗透＋EDI装置制取得纯化水。

绿色环保，具有水质佳，水量稳定，并可实现全自动，连续制水，劳动强度低等特点。

2. 注射用水工艺设计方案

原水→预处理→一级反渗透→EDI→微滤→多效蒸馏除热原设备→反渗透＋EDI制取注射用水。

与纯化水第三种工艺有所不同，多了蒸馏这部分，可达到药典注射用水定义的要求。

3. 高纯水工艺设计方案

高纯水是指水中离子去除至很低，产水电阻率大于$18M\Omega \cdot cm$（25℃）的水。具有脱盐率高，纯度高，水质佳等特点。

原水→预处理→二级反渗透→EDI→抛光混床→二级反渗透＋EDI＋抛光混床制取高纯水。

通过可看出，纯化水、注射用水、高纯水及灭菌注射用水是以制药用水的饮用水逐步升级制备，前一种水质是后一种水质的进水。再者制取工艺不同，灭菌注射用水为注射用水按照注射剂生产工艺制备所得，不含任何添加剂。

二、制药用水生产设备

(一)原水预处理设备

预处理系统是以反渗透膜过滤为核心的水处理系统，必须对原水即市政饮用水水质进行详细分析，据此设计并配置合理的预处理系统，有效降低和去除总溶解固体及有机物污染指数，以防止产生沉淀造成膜污染或因总有机碳过高而导致膜的有机物污染或细菌污染。常见的预处理系统由原水罐、机械过滤器、活性炭过滤器及微过滤器等组成。

现介绍预处理系统中常采用的五种方法组合，即初滤、机械过滤、活性炭过滤、软化或加阻垢剂（对于反渗透系统）、精密过滤。

1. 初滤

通常使用布袋过滤器,用于去除原水中砂粒、悬浮物等大尺寸物质。其特点是纳污量大、通量大。使用时当微孔堵塞时(进出口表压差大于 0.5MPa)过滤器就应更换。

2. 机械过滤器

机械过滤器(多介质过滤器)也叫砂滤器,一般由玻璃钢外壳、精制石英砂及其他滤料组成。其主要作用是去除水体中悬浮颗粒、杂质、胶体、絮状物等物质,降低水的浊度。根据系统的产水量的不同来选择滤器滤层厚度,可以分数层放置石英砂,通常根据沙粒的大小分六层,自下而上放置不同直径的石英砂。当水通过滤料时,水中大部分悬浮物由于滤料表面的吸附作用和阻留作用而在滤料表面形成一层薄膜,这层薄膜一方面起过滤作用,另一方面也增加了水的阻力,使进出口压差增大。多介质过滤器在运行过程中,原水中的杂质逐渐被截留在滤料的上方,使过滤阻力逐渐增大,因此需定期反洗。反洗周期根据原水的水质不同一般为 2~15天。为了提高过滤效率,在纯水制造中常采用多介质过滤器,它的上层滤料是直径 0.8~1.5mm 的无烟煤,下层是各种尺寸的石英砂,过滤效果较好。对于含铁较高的水,可采用锰砂过滤。

3. 活性炭过滤器

由不锈钢外壳、果壳活性炭及管道阀门组成,其底部由多层尺寸大小不同的石英砂支撑,上部装填活性炭。活性炭是具有最强吸附能力的物质之一。由于活性炭中有大量的孔隙(其平均孔隙直径为 2~5nm),因此有很大的比表面积,无论是有机物或是无机物均能被活性炭所吸附。此外,由于吸附作用使表面被吸附物质的浓度增加,因而还可起到催化作用。活性炭能够对相当多的无机和有机物质(如苯酚、高焦油酸等有机高分子化合物)进行吸附去除。若原水中夹杂的颗粒太大,则必须先过滤除去大颗粒方能进入活性炭过滤器,以免堵塞活性炭的微孔。活性炭过滤器为有机物集中地,为防止细菌、细菌内毒素的污染,除要求能自动反冲外,还可用蒸汽消毒。应该注意活性炭本身也是水的污染源之一,因此运行中应特别注意,勿使活性炭粉末被带入纯水系统。反洗时速率不能太大。活性炭一般吸附氯优于吸附有机物,它对氯的吸附效果几乎是 100%,若以余氯做控制点,除水中余氯可小于 0.1mg/L。因此活性炭过滤器在水处理中的主要作用是去除原水中有机物及余氯,进一步提高水质。粒状活性炭在装填前应进行去污处理。先在清水中浸泡搅拌,去除漂浮物,再用其体积 3~5 倍的 5%盐酸及4%的氢氧化钠溶液交替进行动态处理 1~3 次,流速一般为 80~90mL/min,淋洗至中性。当活性炭吸附饱和后,即失去吸附作用,需及时更换。更换周期视原水的水质情况,一般为 1 年。

4. 强阳离子交换树脂软化器

使用强阳离子交换树脂置换和除去水中结垢阳离子,如 Ca^{2+}、Mg^{2+}、Ba^{2+}、Sr^{2+} 等离子,去除水中硬度,降低反渗透膜的药洗频率。交换饱和后的离子交换树脂用 NaCl 再生,这一过程称为原水软化处理。在这种处理过程中,进水的 pH 不会改变,脱盐效率高,可消除各种碳酸盐或硫酸盐垢的危险。树脂的反洗、再生、正洗、回注、产水等程序由控制头设定控制。软化树脂的再生剂为 NaCl,操作时只需把盐投入盐箱并保证盐箱内有结晶盐即可。

5. 阻垢剂投加装置

在反渗透膜组件内,随着淡水的不断析出,浓水中的钙、镁等硬度物质将逐渐浓缩,当达到其饱和度时,即在膜表面及管道内析出,影响膜的产水量及产水水质,因而需要在系统内设置阻垢剂投加装置。阻垢剂可用于控制碳酸盐垢、硫酸盐垢及氟化钙垢。通常使用的阻垢剂有三种:六偏磷酸钠(SHMP)、有机磷酸盐和多聚丙烯酸盐,其中六偏磷酸钠价低最为常用。六偏磷酸钠能少量吸附于微结晶的表面,阻止结垢晶体的进一步生长与沉淀。使用时应防止其水解,一旦水解,不仅降低阻垢的效率,同时会产生磷酸钙沉淀。有机磷酸盐效果更好也更稳定,适用于防止不溶性铝和铁的结垢。高分子的多聚丙烯酸盐通过分散作用可以减少 SiO_2 结垢的形成。本装置主要由计量泵及药箱组成,阻垢剂的投加量需根据水质、反渗透的工艺参数及阻垢剂性质来确定。

6. 精密过滤器

由不锈钢外壳及溶喷滤芯组成,其主要作用是截留上道工序遗留下来的石英砂及活性炭粉末等颗粒状杂质,以防损害反渗透膜。通常根据系统产水量来选择精密过滤器的规格,溶喷滤芯的过滤精度为 $3\mu m$。滤芯为一次性使用,其更换周期一般视水质情况为 $3\sim5$ 个月,在具体操作时一般根据过滤器进出口压力损失情况而定。新滤芯的压力损失一般不超 $0.02MPa$,随着过滤器的运行,该压差将逐渐增大,当增加到 $0.5MPa$ 时应及时更换。

(二)纯化水的制备

1. 离子交换法

应用离子交换技术制备纯水是依靠阴、阳离子交换树脂中含有的 OH^- 和 H^+ 与原料水中的电解质离解出的阳、阴离子进行交换,原水中的离子被吸附在树脂上,而从树脂上交换出来的 H^+ 和 OH^- 则化合成水,并随产品流出。

(1)离子交换树脂:离子交换法制备纯水的关键在于离子交换树脂,离子交换树脂是一类疏松的、具有多孔的网状固体,既不溶于水也不溶于电解质溶液,但能从溶液中吸取离子进行离子交换,这是因为离子交换树脂是由一个很大的带电离子和另一个可置换的带电离子组成的,现以钠离子交换树脂 Na_2R 为例说明离子交换过程。Na_2R 中的 R 代表一个很大的带电离子,Na^+ 表示可被置换的阳离子,当它与含有 Ca^{2+} 的水接触时,树脂中的 Na^+ 与 Ca^{2+} 交换而进入水中,水中的钙离子则被吸附在树脂上,这种离子交换过程实质上就是发生了一个化学反应,即:

$$Ca^{2+} + Na_2R \rightarrow CaR + 2Na^+$$

离子交换的原理也就是在电解质溶液和不溶性的电解质之间发生的复分解反应。

(2)离子交换法:离子交换法制备纯水的设备主要使用两个罐(图 3-1),罐内分别装有能离解出 H^+ 的阳离子交换树脂(记作 HR)和能离解出 OH^- 的阴离子交换树脂(记作 R'OH)。这两个罐分别称为阳离子交换柱和阴离子交换柱。制纯水时将含有电解质(如 NaCl)的原水从下部先通过阳离子交换柱,这时原水中的 Na^+ 被树脂的 H^+ 交换生成 NaR 而附于固体树脂

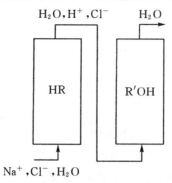

图 3-1 离子交换设备示意图

上。从阳离子交换柱上方出的水,只带有 H^+ 和 Cl^- 了,将其再引入阴离子交换柱,水中的 Cl^- 被树脂的 OH^- 交换,生成 $R'Cl$ 而附于阴离子交换树脂上,从阴离子交换柱上方得到的就是去除电解质离子的纯化水了。由此可知,纯化水的制取过程就是电解质水溶液的去离子过程。

离子交换树脂经过 段时间的工作后,树脂与原水接触面上的 HR 和 $R'OH$ 均生成 NaR 和 $R'Cl$,如继续工作则会使水中电解质离子的去除率逐渐降低,为此需将树脂表面上的 NaR 和 $R'Cl$ 恢复成原来的 HR 和 $R'OH$,此过程称为树脂的再生。阳离子树脂的再生方法是用浓盐酸淋洗,当 HCl 与附在树脂上的 NaR 接触时,会发生化学反应:

$$H^+ + NaR \rightarrow HR + Na^+$$

树脂表面上的钠又呈离子状态,随淋洗酸液而排出柱外,此时阳离子树脂恢复了去离子的活性。阴离子树脂的再生则是用 NaOH 溶液淋洗,所发生的反应为:

$$OH^- + R'Cl \rightarrow R'OH + Cl^-$$

阴离子树脂上的 $R'Cl$ 中的氯成为离子状态,随淋洗碱液排出柱外,阴离子树脂也恢复了活性。

用于制取纯化水的离子交换柱的操作方式为复床(阳、阴树脂串联操作)、多床(阴、阳树脂串联操作)、混合床(阳、阴树脂混合在同一柱内操作)的间歇分批操作。现以原水由上而下进入交换柱,进行正吸附为例,说明离子交换柱的结构,如图 3-2 所示。

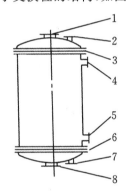

图 3-2　离子交换柱结构示意图

1. 进水口;2. 上排水口;3. 上布水器;4. 树脂进料口;5. 树脂放出口;6. 下布水器;
7. 下排污口;8. 出水口

离子交换柱一般用有机玻璃或内衬橡胶的钢板制成。一般产水量 $5m^3/h$ 以下常用有机玻璃制造,其柱高与柱径之比为 1∶2;产水量较大时,材质多为钢衬胶或复合玻璃钢,其高径比为 2∶5。树脂层高度约占圆筒高度的 60%。离子交换柱的附属管道一般用 PP 或 ABS 制造。

阳、阴离子交换柱的运行操作,可分四个步骤:制水、反洗、再生、正洗。混合床是将阳、阴树脂按 2∶1 的混合比例使用,填充量一般占交换柱高的 3/5 混合床再生时,首先进行反洗,以使阴阳树脂完全分层,或用 10%盐水打入柱内使其自动分层;阴柱树脂再生时,碱液由上部输入,从中部树脂分层处的排液管排出,阴柱树脂再生后,进行正洗;阳柱树脂再生时,酸液由底部输入,从中部排液管排出,再生完毕,进行阳柱树脂反洗,以洗去余酸;阴、阳柱树脂分别再生结束,柱内加水,超过树脂面,由下部通入压缩空气进行混合。用离子交换法制取纯化水最大的优点是除盐率高,一般为98%～100%,因此,对于深度除盐来说,离子交换是不可替代的。但其最大的缺点是树脂再生时耗用的浓盐酸和氢氧化钠的量较大,致使制水成本提高且污染环境,故在使用发展上受到较大限制。

2. 电渗析法

电渗析法是在外加直流电场作用下,利用离子交换膜对溶液中离子的选择透过性,使溶液中阴、阳离子发生离子迁移,分别通过阴、阳离子交换膜而达到除盐或浓缩目的。

电渗析器由阴、阳离子交换膜,隔板,极板,压紧装置等部件组成(图3-3)。阳离子交换膜是聚乙烯苯乙烯磺酸型,阴离子交换膜是聚乙烯苯乙烯季铵型,阳膜只允许通过阳离子,阴膜只允许通过阴离子。

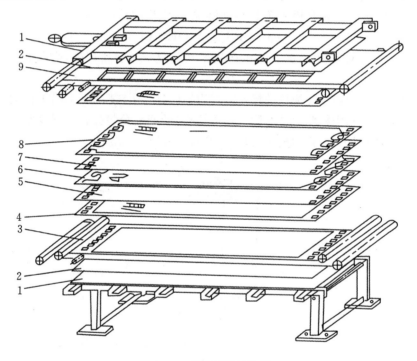

图3-3　电渗析器结构图

1. 夹紧板;2. 绝缘橡皮板;3. 电极(甲);4. 加网橡皮圈;5. 阳离子交换膜;
6. 浓(淡)水隔板;7. 阴离子交换膜;8. 浓(淡)水隔板;9. 电极(乙)

电渗析器原理见图3-4,两端为电极,极室、浓室、淡室均由2mm厚聚氯乙烯隔板制成,隔板间有阳膜或阴膜,按照阴极—极室—阳膜—淡室—阴膜—浓室—阳膜—淡室……极室—阳极的顺序叠合。其中淡室中的阴离子透过阴膜,阳离子透过阳膜,原水得到淡化。浓室中离子在电场作用下被滞留于浓室中。

由于阳极的极室中有初生态氯产生,对阴膜有毒害作用,故贴近电极的第一张膜宜用阳膜,因为阳膜价格较低且耐用,又因在阴极的极室及阴膜的浓室侧易有沉淀,故电渗析每运行4～8h,需倒换电极,此时原浓室变为淡室,故倒换电极后,需逐渐升到工作电压,以防离子迅速转移使膜生垢。

电渗析器的组装方式是用"级"和"段"表示,一对电极为一级,水流方向相同的若干隔室为一段。增加段数可增加流程长度,所得水质较高。极数和段数的组合由产水量及水质确定。

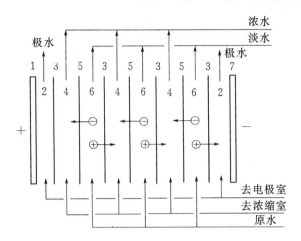

图 3-4　电渗析器原理图

1. 阳极;2. 极室;3. 阳膜;4. 浓室;5. 阴膜;6. 淡室;7. 阴极

3. 反渗透法

反渗透同电渗析一样也属于膜分离技术,它是通过反渗透膜把水液中的水分离出来,而电渗析是将溶液中的电解质分离出来。

(1)反渗透的工作原理:取一水槽,用隔板将其分成两部分,隔板下方开一大孔,用一个只能透过水的半透膜将大孔严密覆上,如图 3-5 所示,在隔板两侧分别注入淡水和盐水,让其达到同一高度,过一段时间就会发现淡水一侧的液面降低,而盐水一侧的液面升高,把水分子透过膜迁移到盐水中的现象称为渗透现象。盐水一侧的液面升高并不是无限的,升到一定高度时就会停止,达到平衡,此时在隔膜两侧的液面高度差所代表的压强就称为渗透压。在膜隔开的盐水-纯水系统中的盐水侧,施加一大于渗透压的压强,盐水中的水分子透过膜向淡水侧迁移的过程称为反渗透,这也正是反渗透法制取纯化水的原理。

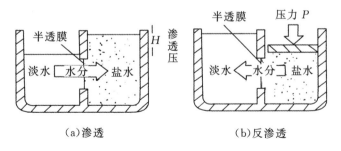

（a）渗透　　　　　　　　（b）反渗透

图 3-5　渗透与反渗透示意图

(2)反渗透膜:从反渗透的工作原理可知,它的核心元件是反渗透膜。一般细小的悬浮微粒直径范围为 $0.5\sim10\mu m$,相对分子质量大的分子为 $10\sim500\mu m$,相对分子质量小的分子和无机物离子为 $0.1\sim10nm$,细菌为 $0.2\sim2\mu m$,各种蛋白质的分子直径为 $1\sim200nm$,用反渗透制纯水则要求膜只能透过水,而截留住无机物离子和相对分子质量低于 300 的有机物,截留的最小粒径为 0.1～1nm,因此要求膜的微孔直径很小。

反渗透装置与一般微孔膜过滤装置的结构完全一样,但需要较高的压力(一般在 2.5 ～ 7MPa),所以结构强度要求高。水透过率较低,故一般反渗透装置中单位体积的膜面积要大。工业生产中使用较多的反渗透装置类型是螺旋卷绕式(图 3-6)及中空纤维式(图 3-7)结构。制造材料是各种纤维素,如醋酸纤维素(CA 膜)、三醋酸纤维素和各种聚酰胺(脂肪酸和芳香族)等。

螺旋卷绕式(图 3-6)是在两层反渗透膜中间加入一层多孔支撑材料(用以通过淡化水),并密封两层膜的三个边缘(使盐水与通过膜的淡水隔开),再于膜下铺一层隔网(用以通过盐水),然后沿着钻有孔眼的中心管卷绕依次叠好的多层材料,就形成一个卷式反渗透膜元件。元件的直径有 60mm、100mm、200mm,长有 390mm、1016mm。每个组件由数个元件串联组合而成。反渗透装置由数个组件根据水量和水质要求可串、并联组成。

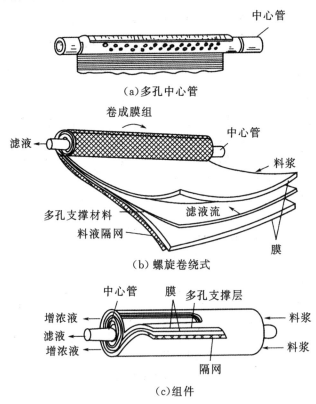

(a)多孔中心管

(b)螺旋卷绕式

(c)组件

图 3-6　螺旋卷绕式反渗透组件

中空纤维式反渗透组件(图 3-7)是由数万至数十万根中空纤维,其端部由树脂固接的封头组成。用于纯化水制备的中空纤维膜运行时,高压水流通过纤维外壁,而纯化水由纤维中心流出,由于纤维能够承受较大压力,故膜不需支撑体。中空纤维的两端均固接于一个封头上。中空纤维反渗透膜组件与卷式组件相比,具有单位体积内膜面积大,结构紧凑,工作压力较低,不会受污染等优点,但组件价格较高。

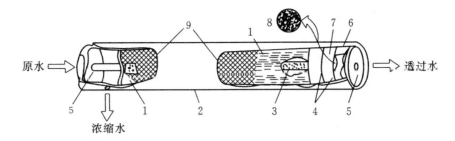

图 3-7 中空纤维式反渗透组件

1. 中空纤维;2. 外壳;3. 原水分布管;4. 密封隔圈;5. 端板;6. 多孔支撑板;

7. 环氧树脂管板;8. 中空纤维端部示意;9. 隔网

（3）反渗透装置的组合。

1）一级反渗透系统流程如图 3-8 所示。一级反渗透通常在原水水质较好、含盐量不高的时候使用。具有无酸碱污染、操作简便、占地面积小的优点。

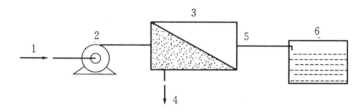

图 3-8 一级反渗透系统示意图

1. 原水;2. 高压泵;3. 反渗透装置;4. 浓缩水排水;5. 纯化水;6. 纯化水贮罐

2）二级反渗透系统流程如图 3-9 所示。二级反渗透通常在原水含盐量较高时使用。采用串联方式,将第一级反渗透出水作为第二级反渗透的进水;第二级反渗透的排水（浓水）的质量远高于第一级反渗透的原水进水,可与第一级反渗透的原水进水合并作为第一级反渗透的进水,以提高水的利用率。

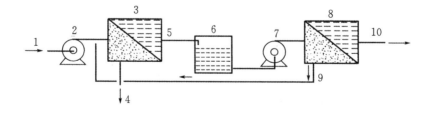

图 3-9 二级反渗透系统示意图

1. 原水;2. 高压泵;3. 反渗透装置;4. 浓缩水排水;5. 一级反渗透出水;6. 中间贮罐;7. 二级高压泵;

8. 二级反渗透装置;9. 二级浓缩水排水返回至一级入口;10. 纯化水出水

3)膜分离、离子交换、反渗透等装置允许的进水水质指标见表3-1。

表3-1 膜分离、离子交换、反渗透等装置允许的进水水质指标

检测项目		电渗析	离子交换	反渗透	
				卷式膜 (醋酸纤维素系)	中空纤维膜 (聚酰胺系)
1	浊度/度	1~3 一般<2	逆流再生宜<2 顺流再生宜<5	<0.5	<0.3
2	色度/度	—	<5	清	清
3	污染指数值	—	—	3~5	<3
4	pH 值	—	—	4~7	4~11
5	水温/℃	5~40	<40	15~35	15~35 (降压后最大为40)
6	化学耗氧量(以 O₂ 计)/(mg/L)	<3	<2~3	<1.5	<1.5
7	游离氧/(mg/L)	<0.1	宜<0.1	0.2~1.0	0
8	铁(总铁计)	<0.3	<0.3	<0.05	<0.05
9	锰/(mg/L)	—	—	—	—
10	铝/(mg/L)	—	—	<0.05	<0.05
11	表面活性剂/(mg/L)	—	0.5	检不出	检不出
12	洗涤剂、油分、H₂S 等	—	—	检不出	检不出
13	硫酸钙溶度积	—	—	浓水<19×10⁻⁵	浓水<19×10⁻¹
14	沉淀离子(SiO₂,Ba 等)	—	—	浓水不发生沉淀	浓水不发生沉淀
15	Langelier 饱和指数	—	—	浓水<0.5	浓水<0.5

反渗透装置产水标准:产水电导率≤6μS/cm;pH=5.0~7.0。

反渗透装置运行条件:最高操作压力<2.2MPa,单元压差<0.07MPa,进水压力>0.15MPa。

4. 电去离子法

目前,制药用水较先进的制备工艺是电去离子技术(EDI)。电去离子技术是一项新型高效的膜分离技术,该技术是通过离子交换树脂的交换吸附以及阴、阳离子交换膜的选择性吸附,在直流电场的作用下,实现离子的交换和定向迁移,它结合了电渗析和离子交换过程的优点,同时还具有树脂不需要化学再生,电流效率比普通电渗析显著提高,能连续去除离子生产高纯水等特性。

(1)电去离子法的工作原理:电去离子法实质上就是在电渗析器中的淡水室中填充阴、阳离子交换树脂,当原水从上方进入直流电场向下方流出时,发生以下几个过程。

1)在直流电场的作用下,水中的电解质电离出的阴、阳离子通过阴、阳离子交换膜做定向迁移。

2)阴、阳离子交换树脂对水中的离子进行吸附和交换,同时由于离子交换树脂的导电性比水高得多,所以它还能起加速水中离子移动的作用。

3)在树脂、膜和水的界面上的极化,使水电离成的 H^+ 和 OH^- 与离子交换树脂产生的 H^+ 和 OH^- 均可对离子交换树脂进行再生。

所以说,电去离子技术的工作原理就是离子迁移、离子交换和电再生三个子过程的有机组合,且是一个相互促进、共同作用的过程。

(2)电去离子法的特点。

1)离子交换树脂用量少,仅为普通离子交换法的 $1/20$。

2)离子交换树脂不用化学再生,节约了酸碱和废水处理过程。

3)设备连续运行,不需停产再生树脂,故水质稳定。

4)产水质量高,其电导率接近纯水的指标。

5)由于树脂强化了离子迁移,因此提高了电流效率,降低了产水成本。

6)系统紧凑、安装方便。

7)自动化管理,日常运行操作简单方便。

特别说明以上各种制纯水的方法都有自己的特点,因此工业生产上制取纯水很少采用一种方法,而是将几种方法和其他的水处理技术组合成一个符合生产要求的工艺流程,以此来制取纯化水。

三、注射用水设备

注射用水是用纯化水经蒸馏所得的水。对于被用做灭菌剂的无热原蒸汽,其凝结水质量标准与注射用水等同属工艺用水范畴。

(一)注射用水制备工艺流程

注射用水制备流程如下:纯化水→蒸馏水机蒸馏→注射用水贮存。

以纯化水为原料用蒸馏法制备蒸馏水作为注射用水,是国内外最常用的注射用水制备方法。蒸馏法能有效地除去水中细菌、热原和其他绝大部分有机物质,制得的蒸馏水电阻率 $>0.10M\Omega \cdot cm$。

(二)注射用水设备

蒸馏水机可分为多效蒸馏水机和压汽式蒸馏水机两类,其中多效蒸馏水机又可分为列管式、盘管式和板式三种型式,板式现尚未广泛使用。

1. 列管式多效蒸馏水机

列管式多效蒸馏水机是采用列管式的多效蒸发制取蒸馏水的设备。多效蒸馏水机的效数多为 $3\sim5$ 效,5 效以上时蒸汽耗量降低不明显。图 3-10 为四效蒸馏水机流程。进料水经冷凝器 5,并依次经各蒸发器内的发夹形换热器,最终被加热至 142℃进入蒸发器 1,外来的加热蒸汽(165℃)进入管间,将进料水蒸发,蒸汽冷凝后排出。进料水在蒸发器内约有 30%被蒸发,其生成的纯蒸汽(141℃)作为热源进入蒸发器 2,其余的进料水也进入蒸发器 2(130℃)。

在蒸发器 2 内,进料水再次被蒸发,而纯蒸汽全部冷凝为蒸馏水,所产生的纯蒸汽(130℃)作为热源进入蒸发器 3。蒸发器 3 和蒸发器 4 均以同一原理依此类推。最后从蒸发器 4 出来的蒸馏水及二次蒸汽全部引入冷凝器,被进料水和冷却水所冷凝。进料水经蒸发后所聚集的含有杂质的浓缩水从最后蒸发器底部排除。另外,冷凝器顶部也排出不凝性气体。蒸馏水出口温度为 97～99℃。

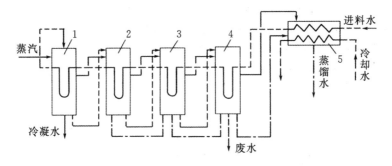

图 3-10　列管式四效蒸馏水机流程

1,2,3,4. 蒸发器;5. 冷凝器

2. 盘管式多效蒸馏水机

盘管式多效蒸馏水机系采用盘管式多效蒸发来制取蒸馏水的设备。因各效重叠排列,又称塔式多效蒸馏水器。此种蒸发器是属于蛇管降膜蒸发器,蒸发传热面是蛇管结构,蛇管上方设有进料水分布器,将料水均匀地分布到蛇管的外表面吸收热量后,部分蒸发,二次蒸汽经除沫器分出雾滴后,由导管送入下一效,作为该效的热源;未蒸发的水由底部节流孔流入下一效的分布器,继续蒸发。这种蒸馏水机具有传热系数大、安装不需支架、操作稳定等优点,其蒸发量与蛇管加工精度关系很大。

盘管式多效蒸馏水机一般 3～5 效。工作原理如图 3-11 所示。进料水经泵升压后,进冷凝冷却器 4,然后顺次经第 N-1 效至第一效预热器,最后进入第一效的分布器,喷淋到蛇管外

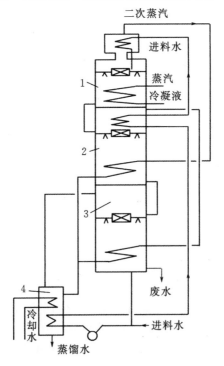

图 3-11　盘管多效蒸馏水器

1. 第一效;2. 第二效;3. 第三效;4. 冷凝冷却器

表面,部分料水被蒸发,蒸-汽作为第二效热源,未被蒸发的料水流入第二效分布器。以此原理顺次流经第三效,直至第 N 效,第 N 效底部排出少量的浓缩水,大部分被泵抽吸循环使用。

由锅炉来的蒸汽进入第一效蛇管内,冷凝水排出。第一效产生的二次蒸汽进入第二效蛇管作为热源。第二效的二次蒸汽作为第二效热源,直至第 N 效。由第二效至第 N 效的冷凝水汇集到冷凝冷却器,在此与第 N 效二次蒸汽的冷凝水汇流到蒸馏水贮罐,蒸馏水温度 $95\sim98℃$。

3. 气压式蒸馏水机

气压式蒸馏水机是将已达饮用水标准的原水进行处理,其原理如图 3-12 所示。原水自进水管 1 引入预加热器 2 后由泵打入蒸发冷凝器 5 的管内,受热蒸发。蒸汽自蒸发室 6 上升,经捕雾器 7 后引入压缩机 8。蒸汽被压缩成过热蒸汽,在蒸发冷凝器 5 的管间,通过管壁与进水换热,使进水受热蒸发,自身放出潜热冷凝,再经泵 3 打入换热器使新进水预热,并将产品自出口 13 引出。蒸发冷凝器下部设有蒸汽加热管及辅助电加热器 10。叶片式转子压缩机是该机的关键部件,过热蒸汽的加热保证了蒸馏水中无菌、无热原的质量要求。

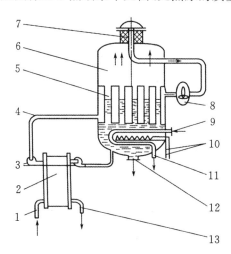

图 3-12　气压式蒸馏水机原理示意图

1. 进水管;2. 换热器;3. 泵;4. 蒸汽冷凝管;5. 蒸发冷凝器;6. 蒸发室;7. 捕雾器;
8. 压缩机;9. 加热蒸汽进口;10. 电加热器;11. 冷凝水出口;12. 浓缩水出口;13. 蒸馏水出口

4. 超滤

超滤是一种选择性的膜分离过程,其过滤介质被称为超滤膜,一般由高分子聚合而成。超滤膜的孔径为 $2\sim54\mu m$,介于微孔滤膜和反渗透膜的孔径之间,能够有效地去除源水中的杂质,如胶体大分子、致热原等杂质微粒。超滤系统的过滤过程采用切向相对运动技术,即错流技术(又称十字流),使滤波在滤膜表面切向流过时完成过滤,大大降低了滤膜失效的速度,同时又便于反冲清洗,能够较大地延长滤膜的使用寿命,并且有相当的再生性和连续可操作性。这些特点都表明,超滤技术应用于水过滤工艺是相当有效的。与反渗透技术不同,它不是靠渗透而是靠机械法进行分离的,超滤膜可以使盐和其他电解质通过,而胶体和分子量较大的物质被滤出。

超滤膜的清洗:超滤膜经过较长时间的运行后,膜表面会逐渐形成污染物和凝胶质沉淀,在水压的作用下被压紧呈致密状,从而使装置的运行阻力增大,膜的透水能力降低,常需要用特殊的化学处理法对膜表面进行冲洗处理。冲洗处理有物理法和化学法。物理法主要是对膜表面进行强力冲洗和反洗法。只有在物理清洗不能满足需要的情况下才能使用化学处理法。化学法按其作用性质不同分为酸性清洗、碱性清洗、氧化还原清洗和生物酶清洗。其中,酸性清洗多采用 0.1mol/L 草酸溶液或 0.1mol/L 盐酸溶液;碱性清洗主要采用 0.1%~0.5% 的 NaOH 水溶液。氧化还原清洗主要是除去有机污染,采用 1%~1.5% 的 H_2O_2 和 0.5%~1% 的 NaOCl;生物酶清洗主要用于除去油脂和蛋白质,采用胰蛋白酶和胃蛋白酶作为清洗剂。

超滤系统应注意的事项主要有:滤膜材料对消毒剂的适应性;膜的完好性;由微粒及微生物引起的污染;筒式过滤器对污染物的滞留以及密封完好性。

(三)注射水贮罐

设有液位控制并装有温度计,同时采用 316L 不锈钢制作,内壁电抛光并作钝化处理;并有夹套可以进行蒸汽加热,外面有保温层;贮水罐上部安装 0.2μm 疏水性的呼吸过滤器及清洗器;能经受至少 121℃高温蒸汽的消毒;罐底的排水阀采用不锈钢隔膜阀;贮罐容积取决于实际用水情况。

(四)对纯化水和注射用水输送泵的基本要求

与水接触部分采用 316L 不锈钢制,电抛光并钝化处理;卫生夹头作连接件;润滑剂采用纯化水或注射用水本身;可完全排除积水。

模块二 口服固体制剂

▶ 学习目标

1. 掌握口服固体制剂的生产工艺,掌握生产设备的分类、结构、工作原理、标准操作规程。
2. 熟悉口服固体制剂的关键岗位生产记录和质量控制点,熟悉生产设备的使用范围。
3. 了解生产中常见的问题及解决方法。

项目四 颗粒剂生产

一、实训任务

【实训任务】 利巴韦林颗粒(50mg)的生产。

【处方】 利巴韦林 50g,蔗糖 940g,甜橙香精 10g。

【工艺流程图】 利巴韦林颗粒生产工艺流程见图 4-1。

【生产操作要点】

(一)生产前确认

(1)每个工序生产前确认上批产品生产后清场应在有效期内,如有效期已过,须重新清场并经 QA 检查颁发清场合格证后才能进行下一步操作。

(2)所有原辅料、内包材等物进入车间都应按照:物品→拆外包装(外清、消毒)→自净→洁净区的流程进入车间。

(3)每个工序生产前应对原辅料、中间品或包材的物料名称、批号、数量、性状、规格、类型等进行复核。

(4)每个工序生产前应对计量器具的称量范围、校验效期进行复核。不在校验效期内不得使用。

(二)备料

1. 领料

从仓库领取合格原辅料,送入车间称量暂存间。

2. 粉碎过筛

将以下物料依次粉碎过筛,过筛后再次称量,计算物料平衡,并严格复核(表 4-1)。

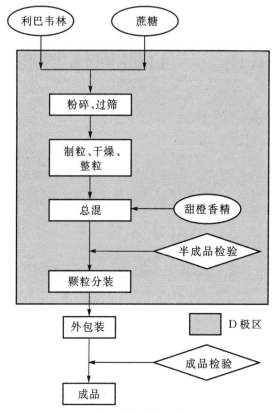

图 4-1 利巴韦林颗粒生产工艺流程图

表 4-1 粉碎过筛目数表

原辅料名称	粉碎目数	过筛目数
利巴韦林	——	100 目筛
蔗糖	80 目筛	80 目筛

注意:①蔗糖粉碎前应对蔗糖进行净选,以确保产品溶化性合格。净选要求为不得有黑色颗粒物、不得有其他异物。②粉碎时经常检查粉碎后蔗糖粉的外观,不得有烧焦的焦屑,如有焦屑,应停止粉碎待粉碎机内温度稍降后再继续粉碎。

3. 称量配料

称量配料见表 4-2。

表 4-2 称量配料表

原辅料名称	批配料量(2 万袋)
利巴韦林	1kg
蔗糖	18.8kg
甜橙香精	0.2kg

注意:①称量配料需要双人复核。②实际投料量=理论投料量(注意折干折纯)+损耗量。

（三）制粒

1. 混合

取处方量利巴韦林与蔗糖粉严格按照等量递加法混合，每加一次物料混合 10min，收料，称量，备用。

注意：等量递加混合法是先取处方量利巴韦林 A kg（设利巴韦林重量为 A）与等量的蔗糖粉混合 10min 后，再加入蔗糖粉 2A kg 混合 10min 后，第三次加入蔗糖粉 4A kg 混合 10min，以此类推。

2. 制软材

在利巴韦林颗粒混合粉中喷入润湿剂纯化水制成软材。

注意：①制软材的标准是手握成团，按之即散。②制软材必须少量多次加入润湿剂，不要一次性加入。

3. 制粒

用 16 目筛过筛制粒。

4. 干燥

将上述湿颗粒吸入沸腾干燥机中，设定好工艺参数［进风温度（120±5）℃，温度（75±5）℃，进风温度（30±5）℃］。物料呈流化态干燥 45min 至干燥失重≤1.0%，停机出料。

5. 整粒筛分

干燥后的颗粒用 14 目筛网整粒后，用旋振筛筛分，旋振筛上层筛网用 12 目筛网，下层用 60 目筛网。收取 12～60 目之间颗粒，称量进站后待分装；12 目筛网以上物料、60 目筛网以下物料作为尾料重新制粒。

6. 总混

（1）按照利巴韦林颗粒待混物数量和处方量比例称取甜橙香精，用适量的 95% 乙醇溶解，喷入利巴韦林颗粒待混物，置入三维运动混合机中。

（2）混合 10min，收料，称量，备用，送检。

（四）半成品检验

颗粒剂的半成品检验项目有：性状、粒度、干燥失重、鉴别、含量、微生物限度等。

（五）颗粒分装

略。

（六）外包装

略。

（七）成品检验

颗粒剂的成品检验为该产品的全项检验。

颗粒剂质量检查项目有：性状、粒度、干燥失重、溶化性、鉴别、含量、装量差异等。

【颗粒剂质量要求与检测方法】

（一）粒度

除另有规定外，照粒度和粒度分布测定法（筛分法）测定，不能通过一号筛与能通过五号筛的总和不得超过 15%。

（二）水分

中药颗粒剂照水分测定法测定，除另有规定外，水分不得超过 8.0%。

（三）干燥失重

化学药品和生物制品颗粒剂按照干燥失重测定法测定，于105℃干燥（含糖颗粒应在80℃减压干燥）至恒重，减失重量不得超过2.0%。

（四）溶化性

可溶颗粒检查法取供试品10g（中药单剂量包装取1袋），加热水200mL，搅拌5min，立即观察，可溶颗粒应全部溶化或轻微浑浊。

泡腾颗粒检查法取供试品3袋，将内容物分别转移至盛有200mL水的烧杯中，水温为15~25℃，应迅速产生气体而呈泡腾状，5min内颗粒均应完全分散或溶解在水中。

颗粒剂按上述方法检查，均不得有异物，中药颗粒还不得有焦屑。

混悬颗粒以及已规定检查溶出度或释放度的颗粒剂可不进行溶化性检查。

（五）装量差异

单剂量包装的颗粒剂按下述方法检查，应符合规定。

检查法：取供试品10袋（瓶），除去包装，分别精密称定每袋（瓶）内容物的重量，求出每袋（瓶）内容物的装量与平均装量。每袋（瓶）装量与平均装量相比较〔凡无含量测定的颗粒剂或有标示装量的颗粒剂，每袋（瓶）装量应与标示装量比较〕，超出装量差异限度的颗粒剂不得多于2袋（瓶），并不得有1袋（瓶）超出装量差异限度1倍（表4-3）。

表4-3 颗粒剂的装量差异限度要求

平均装量或标示装量	装量差异限度
1.0g及1.0g以下	±10%
1.0g以上至1.5g	±8%
1.5g以上至6.0g	±7%
6.0g以上	±5%

凡规定检查含量均匀度的颗粒剂，一般不再进行装量差异检查。

（六）装量

多剂量包装的颗粒剂，按照最低装量检查法检查，应符合规定。

【岗位生产记录】

表4-4 粉碎、配料岗位记录

专业：_____ 班级：_____ 组号：_____

姓名：_____ 场所：_____ 时间：_____

产品名称：		批号：		生产日期：	
批量：					
生产前检查	物料： 合格☐ 不合格☐		现场： 合格☐ 不合格☐		检查人：
	清洁、清场、状态标记情况： 合格☐ 不合格☐		设备、容器具清洁情况： 合格☐ 不合格☐		复核人：
	计量器具：	已校对☐		未校对☐	

粉碎工序	粉碎物料				
	粉碎前重量				
	粉碎时间				
	粉碎后重量				
	收率 = $\dfrac{收得量}{投料量} \times 100\% =$			偏差情况及处理方法：	
	操作人：		复核人：	QA 员：	
投料配料操作记录	物料名称	重量(kg)		物料名称	重量(kg)
	称量人：		复核人：	日期时间：	
	配料工艺要求：		物料外观质量情况：	工艺质量执行情况：	
	工艺员：		审核人：	QA 员：	
	备注：				

表 4－5　制粒岗位记录

专业：＿＿＿＿＿＿＿＿　　班级：＿＿＿＿＿＿＿＿　　组号：＿＿＿＿＿＿＿＿

姓名：＿＿＿＿＿＿＿＿　　场所：＿＿＿＿＿＿＿＿　　时间：＿＿＿＿＿＿＿＿

	品名		规格	
	批号		批量	
	制粒筛目		干燥温度(℃)	
	整粒筛目(粗)		整粒筛目(细)	
	固体原辅料名称			
	固体原辅料重量			
干混	开始时间			
	结束时间			
	液体原辅料重量			
	黏合剂			
湿混	开始时间			
	结束时间			
干燥	开始时间			
	结束时间			
	温度(℃)			
	实出颗粒重量			

本批实出颗粒总重		尾料总重	
收率 $= \dfrac{收料量}{投料量} \times 100\% =$ 物料平衡率 $= \dfrac{收料量+可再利用物料+不可再利用物料}{投料量} \times 100\%$ $=$		偏差情况及处理方法：	
操作人：	复核人：	QA 员：	

【项目考核评价表】

表 4 - 6 利巴韦林颗粒生产考核表

专业：＿＿＿＿＿＿＿＿＿　　　班级：＿＿＿＿＿＿＿＿＿　　　组号：＿＿＿＿＿＿＿＿＿

姓名：＿＿＿＿＿＿＿＿＿　　　场所：＿＿＿＿＿＿＿＿＿　　　时间：＿＿＿＿＿＿＿＿＿

考核项目	考核标准	得分
处方	处方组成、批量换算	
工艺流程	生产工艺流程图	
粉碎、过筛	万能粉碎机、旋振筛的使用； 收率符合要求	
称量、配料	称量配料准确、双人复核	
混合、制软材	槽型混合机的使用； 软材的制作符合标准	
制粒、干燥、整粒	摇摆式制粒机、沸腾干燥机的使用	
总混	混合均匀	
包装	自动制袋装填包装机的使用	
记录完成情况	记录真实、完整，字迹工整清晰	
清场完成情况	清场全面、彻底	
产品质量检查	操作准确，检查合格	
物料平衡率	符合要求	
总分		
总结		

考核教师：

二、颗粒剂生产工艺

(一)颗粒剂的基本知识

1. 颗粒剂的定义

颗粒剂系指提取物与适宜的辅料或饮片细粉制成具有一定粒度的颗粒状制剂。

2.颗粒剂的类型

颗粒剂包括可溶性颗粒剂、混悬型颗粒剂、泡腾性颗粒剂。

3.颗粒剂特点

(1)服用方便、吸收快、显效迅速。

(2)加入矫味剂、芳香剂,能够掩盖药物的不良臭味。

(3)体积小,携带、运输方便。

(4)由于加入辅料较多,吸湿性较强。

(二)颗粒剂的生产工艺流程

1.颗粒剂生产主要单元操作

颗粒剂生产主要单元操作包括粉碎、过筛、称量、混合、制粒、干燥、总混、内包、外包等。

2.颗粒剂生产工艺流程

颗粒剂生产工艺流程见图4-2。

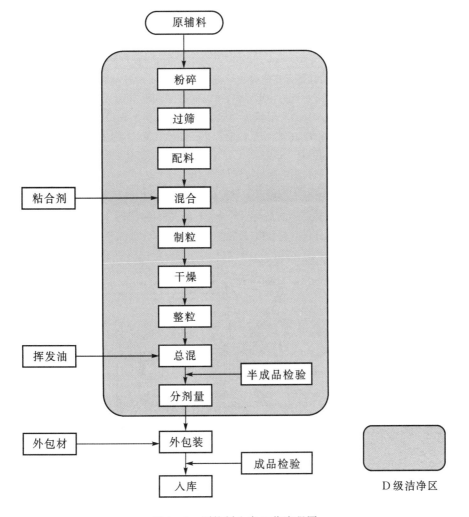

图4-2　颗粒剂生产工艺流程图

三、颗粒剂生产设备

(一)粉碎设备

粉碎主要是借机械力将大块固体物质碎成适用程度的操作过程。

粉碎目的:①增加药物的表面积,促进药物的溶解与吸收,提高药物的生物利用度。②便于适应多种给药途径的应用。③加速药材中有效成分的浸出。④有利于制备多种剂型,如混悬液、片剂、胶囊剂等。

常用粉碎设备包括万能粉碎机(表4-7,表4-8)、球磨机(表4-9)、气流粉碎机(表4-10)、胶体磨(表4-11)。

表4-7 万能粉碎机介绍表

名称	万能粉碎机(冲击柱式粉碎机)
结构	机座、电机、加料斗、粉碎室、固定齿盘、活动齿盘、环形筛板、振动装置、出料口
工作原理	装在主轴上的回转圆盘钢齿较少,固定在密封盖上的圆盘钢齿较多,且是不转动的。当盖密封后,两盘钢齿在不同的半径上以同心圆排列方式互相处于交错位置,转盘上的钢齿能在其间做高速旋转运动
工作过程	启动后,机内的动转盘及其钢齿高速旋转,物料由加料斗4经抖动装置6和入料口1均匀地进入机内粉碎室。由于离心力的作用,物料被甩向钢齿2间,并通过钢齿的冲击、剪切和研磨作用而粉碎。细料通过底部的环形筛板3,经出粉口落入粉末收集袋中,粗料则留下继续粉碎。由于转动体的转速很高,在粉碎室内能产生强烈的气流,自筛板筛出的细粉随强烈的气流而流向集粉器,经缓冲沉降在器底。其尾气应加装集尘排气装置,以收集极细粉尘。碎制品的粒径可通过更换不同孔眼的筛板3来调节(图4-3)
使用范围	属于中、细碎机;适用于多种中等硬度的干燥物料,如结晶性药物、非组织性的块状脆性药物以及干浸膏颗粒等的粉碎。碎制品的平均粒径约为60~120目。对腐蚀性大、剧毒药、贵重药不宜使用。由于粉碎过程中会发热,故也不宜用于含有大量挥发性成分和软化点低、具有黏性的药物的粉碎
结构示意图	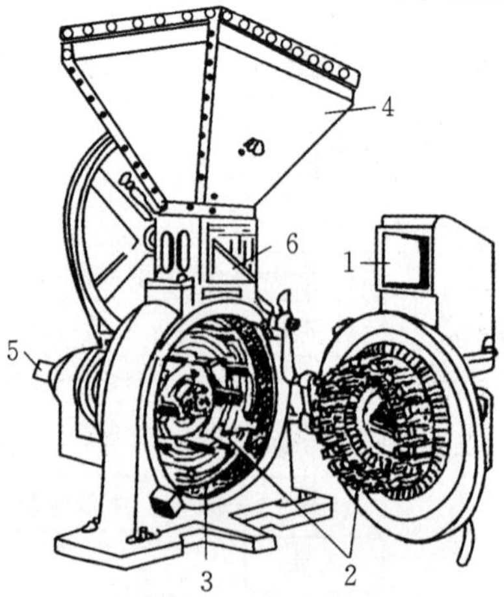

图4-3 万能粉碎机

1.入料口;2.钢齿;3.环状筛板;4.加料斗;5.水平轴;6.抖动装置

表 4-8 万能粉碎机标准操作规程

30B 型万能粉碎机标准操作规程	
开机前准备	(1)检查设备完好,清洁,悬挂"完好""已清洁"状态标志并在清洁有效期内。 (2)检查各部件安装是否牢固,尤其是活动齿的固定螺母,拧紧螺丝。 (3)手动盘车检查有无卡死或轻重不均匀现象,轴承加油孔加入适量润滑油。 (4)根据产品工艺要求选择筛网,安装筛网。 (5)在出料口扎紧接料袋。 (6)检查将要粉碎的物料是否需要进行预处理。 (7)注意清除物料中铁钉等金属异物,防止发生意外事故
运行	(1)先开风机开关,再开电机开关让设备空载运转正常,加入物料,根据物料的易碎程度和粉碎细度要求调节进料速度。 (2)粉碎操作结束或要停机前,应先停止加料,让机器继续运转数分钟、待粉碎室内无残留物。 (3)操作结束后,关闭所有电源开关;按清洁规程对设备进行清洁

表 4-9 球磨机介绍表

名称	球磨机
结构	由不锈钢、生铁或瓷制的圆筒,内装一定数量和大小的圆形钢球或瓷球构成(图 4-5)
工作原理	当球磨机转动时,由于圆筒器壁与圆球间摩擦作用,将圆球依旋转方向带上,随着球磨机转速加大,离心力增加,圆球的上升角也增加,至圆球的重力分力大于离心力时,圆球遂自圆筒内一定高度呈抛物线落下而产生撞击的作用,圆球沿圆筒内壁上升时不停地回转滚动,物料在圆球与筒壁及圆球之间承受研磨与滚压的作用
工作过程	钢球和物料在罐内的运动情况有三种(图 4-4): 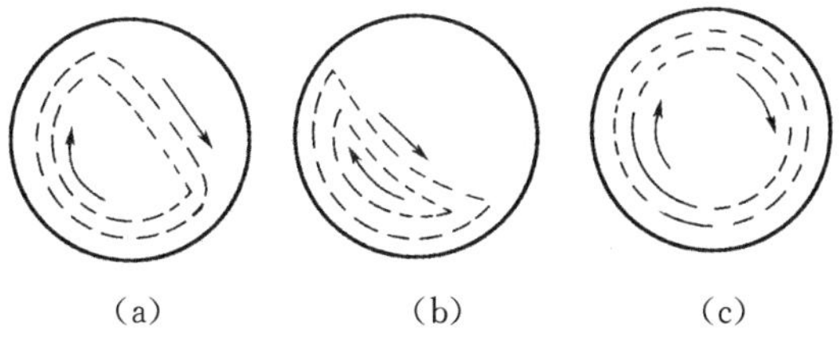 (a)　　　　　(b)　　　　　(c) 图 4-4 球磨机内圆球的三种运动情况 (a)瀑流:当球磨机的转速过慢时,因离心力较小,钢球和物料的上升高度不大,此时物料的粉碎主要靠研磨作用,粉碎效果不理想。 (b)奔流:当球磨机的转速进一步加大时,由于离心力增加,钢球升得更高,直到钢球的重力径向分力大于离心力时,钢球沿抛物线落下,此时钢球对物料的研磨和冲击作用最大,粉碎效果最好。 (c)离心流:球磨机若继续增加转速,则产生更大的离心力,钢球和物料会随着球磨机一起旋转,则不能粉碎物料

使用 范围	属于细碎机;适于粉碎结晶型药物(如朱砂,CuSO₄等)、易熔化的树脂(松香等)、树胶等以及非组织的脆性药物。此外,对具有刺激性的药物可防止有害粉尘飞扬;对具有较大吸湿性的浸膏可防止吸潮;对挥发性药物及细料药也适用。如与铁易起作用的药物可用瓷制球磨机进行粉碎。对不稳定性药物,可充惰性气体密封,研磨效果也很好
结构 示意图	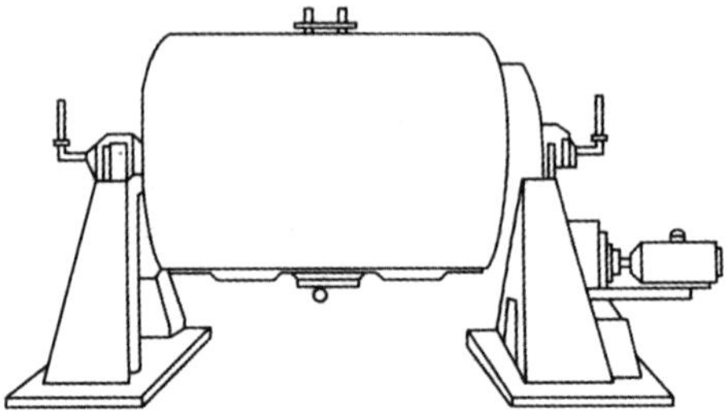 图 4 - 5 球磨机

表 4 - 10 气流粉碎机介绍表

名称	气流粉碎机(流能磨)
结构	气流粉碎机与旋风分离器、除尘器、引风机组成一整套粉碎系统(图4-7)
工作原理	一种利用高速气流来实现干式物料超细粉碎的设备,将经过净化和干燥的压缩空气通过一定形状的特制喷嘴,形成高速气流,以其巨大的动能带动物料在密闭粉碎腔中互相碰撞而产生剧烈的粉碎作用,所需微粒的大小及产量可以通过调节粉碎分级器的工作参数来进行有效控制
工作过程	高压气体经过入口5进入高压气体分配室1中。高压气体分配室1与粉碎分配室2之间由若干个气流喷嘴3相连通。气体在自身高压作用下,强行通过喷嘴时,产生高达每秒几百米甚至上千米的气流速度。这种通过喷嘴产生的高速强劲气流称为喷气流。待粉碎物料经过文丘里喷射式加料器4,进入粉碎粉碎室2的粉碎区时,在高速喷气流作用下发生粉碎。气流夹带着被粉碎的颗粒作回转运动,把粉碎合格的颗粒推到粉碎分级室中心处,进入成品收集器7,较粗的颗粒由于离心力强于流动拽力,将继续停留在粉碎区。收集器实际上是一个旋风分离器,与普通旋风分离器不同的是夹带颗粒的气流是由其上口进入。颗粒沿着成品收集7的内壁,螺旋形地下降到成品料斗8中,而废气流夹带着约5%~15%的细颗粒,经废气排出管6排出,作进一步捕集回收(图4-6)
使用范围	属于超微粉碎机;适用于抗生素、酶、低熔点和其他热敏性药物的粉碎

结构 示意图	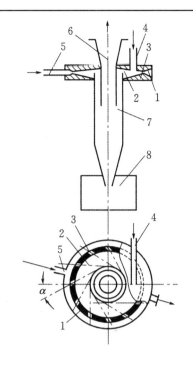 图 4 - 6　气流粉碎机结构示意图 1. 高压气体分配室;2. 粉碎分级室;3. 气流喷嘴;4. 喷射式加料器;5. 高压气体入口; 6. 废气流排出管;7. 成品收集器;8. 成品料斗 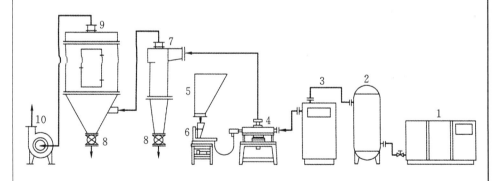 图 4 - 7　气流粉碎机粉碎系统 1. 空气压缩机;2. 储气罐;3. 空气冷冻干燥机;4. 气流磨;5. 料仓;6. 电磁振动加料器; 7. 旋风捕集器;8. 星形回转阀;9. 布袋捕集器;10. 引风机

表 4 - 11　胶体磨介绍表

名称	胶体磨
结构	机座、电机、料斗、转子、定子、出料口(图 4 - 8)
工作原理	胶体磨主要由转子和定子两部分构成,膏体从转子与定子间的空隙流过,依赖于两个锥面以3000r/min 的高速相对转动,使物料受到强大的剪切、摩擦及高频振动等作用,有效地粉碎、乳化、均质物料。定子和转子之间的间隙大小可通过转子的水平位移来调节
工作过程	卧式胶体磨:液体自水平轴向进入,通过转子和定子之间的间隙被乳化,在叶轮的作用下,自出口排出。 立式胶体磨:料液自料斗的上口进入胶体磨,通过转子和定子的间隙时被乳化,乳化后的液体在离心盘的作用下自出口排出
使用范围	适用于各类乳状液的均质、乳化、粉碎,广泛用于混悬液、乳浊液等制备
结构示意图	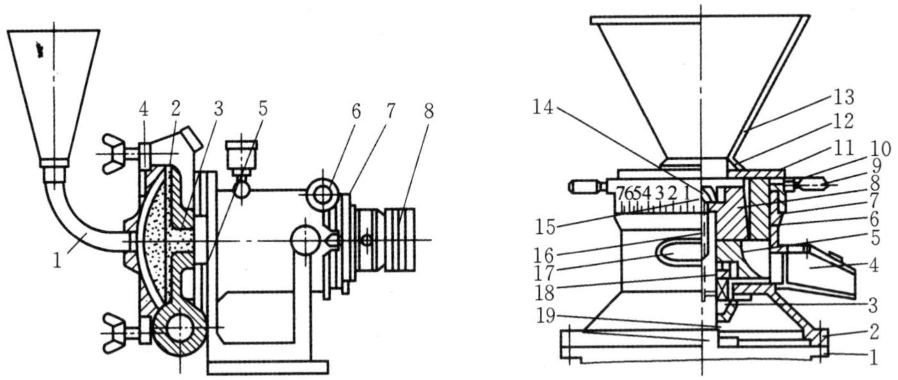 (a)卧式胶体磨结构示意图　　(b)立式胶体磨结构示意图 图 4 - 8　胶体磨 (a) 1. 进料口;2. 转子;3. 定子;4. 工作面;5. 卸料口;6. 锁紧装置;7. 调整环;8. 皮带轮 (b) 1. 电机;2. 机座;3. 密封盖;4. 排料槽;5. 圆盘;6,11. O 形丁腈橡胶密封圈; 7. 产品溜槽;8. 转齿;9. 手柄;10. 间隙调整套;12. 垫圈;13. 给料斗;14. 盖形螺母; 15. 注油孔;16. 主轴;17. 铭牌;18. 机械密封;19. 甩油盘

(二)筛分设备

筛分是粉碎后的物料通过一种网孔工具,分为粗粉和细粉的过程。筛分目的有两种,一是分离,即分离粗粉、细粉或杂质;二是分级,可将粉体分成不同的级别,从而得到粒径相近的物料粉末。

常用筛分设备包括旋振筛(表 4 - 12,表 4 - 13)。

表 4 - 12　旋振筛介绍表

名称	旋振筛
结构	料斗、筛网、偏心重锤、主轴、弹簧、电机等(图 4 - 9)
工作原理	两个偏心重锤分别装在电机的上轴和下轴,工作时上部重锤带动筛网做水平圆周运动,下部重锤又使筛网做垂直方向运动。调节上下重锤的相位角,在不平衡状态下,产生离心力,使物料强制改变运动方向在筛内形成轨道漩涡,进行筛分
工作过程	物料由筛顶中间孔给料,排料口在各层筛框侧面,可任意改变位置。可根据要求更换不同的筛网。从上至下,物料由粗到细可进行分级
使用范围	高精度粗细粒筛分设备
结构示意图	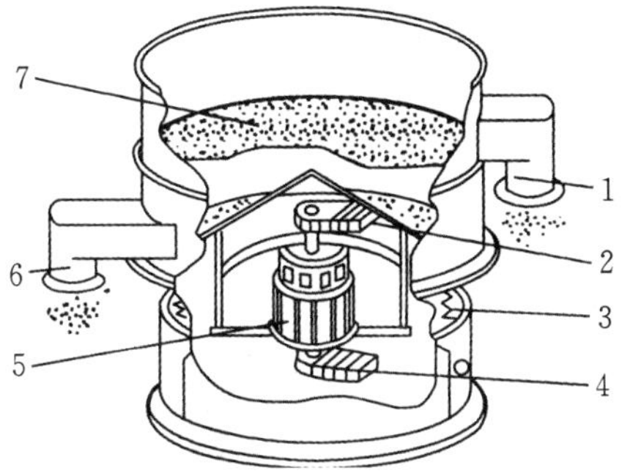

图 4 - 9　旋振筛

1. 粗料出口;2. 上部重锤;3. 弹簧;4. 下部重锤;5. 电机;6. 细料出口;7. 筛网

表 4 - 13　旋振筛标准操作规程

ZS 系列旋振筛标准操作规程	
开机前准备	(1)检查设备完好,清洁,悬挂"完好""已清洁"状态标志并在清洁有效期内。 (2)在筛网扎箍上安装产品所需目数的筛网,调整偏心块的偏心度。 (3)检查各部件是否安装准确,再检查各紧固件是否松动。如有异常,应先排除故障,再启动设备
运行	(1)接通电源,按下开关按钮,机器开始振动。 (2)机器必须进行 3~5min 内无负荷运转,等电机转动正常后,在确认无异常的情况下加料。为防止物料洒落或粉尘飞扬,在进料口和出料口安装连接管或布套。 (3)生产结束后应连续再开机 5min 左右,使筛网和筛底中的物料全部排干净

(三)混合设备

混合是由两种或两种以上的不均匀组分组成的物料,在外力作用下使之均质化的操作过程。

混合是固体制剂不可缺少的一道工序,尤其是片剂和胶囊剂的生产,混合更加重要。制粒时主药与辅料一般需要经过多次混合才能混合均匀,才能制成松软适度的软材进行制粒,才能使压制出来的片剂含量准确无误。经验证明,片剂的含量差异、崩解时限、硬度等质量问题,多数是由于混合不当引起的。

混合设备按混合容器是否转动可分为旋转型和固定型两类。

1. 旋转型混合设备

多数为间歇式操作,其混合均匀度较高,能混合流动性较好的颗粒状或粉状物料,适应性较强。但内部较易清洗,特别适用于品种多、批量较小的制剂生产,但生产能力较小。常用旋转型混合设备包括 V 型混合机(表 4-14)、二维运动混合机(表 4-15)、三维运动混合机(表 4-16)。

表 4-14 V 型混合机介绍表

名称	V 型混合机
结构	采用不锈钢材料制作,内外壁抛光处理,以利于混合物料滑动。混合筒由两个不对称的筒体组成,筒体一般采用两个具有斜口的不锈钢圆筒焊接而成,两圆筒的 V 形夹角为 80° 或 81°,对于易结团的粒子,减小筒体的交角可提高混合程度(图 4-10)
工作原理	固体粉末在转筒内翻动是,主要依靠重力,可将轴不对称地固定在筒的两面上,由传动装置带动。按照颗粒落下、撞击摩擦运动原理设计
工作过程	V 形混合器在旋转时,物料能交替地集中在 V 形筒的底部,当 V 形筒倒过来时,物料又分成两份,即时分时合(图 4-11)
使用范围	混合效率高,一般在几分钟内即可混合均匀一批物料,用于流动性较好的干性粉状、颗粒状物料的混合
结构示意图	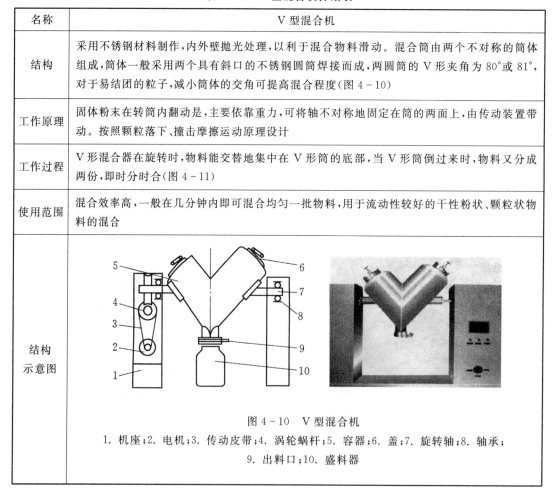 图 4-10 V 型混合机 1. 机座;2. 电机;3. 传动皮带;4. 涡轮蜗杆;5. 容器;6. 盖;7. 旋转轴;8. 轴承; 9. 出料口;10. 盛料器

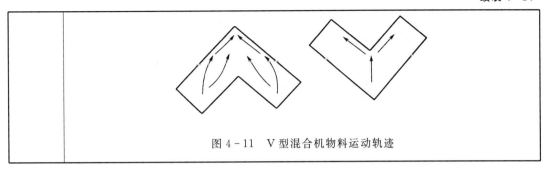

图 4-11　V 型混合机物料运动轨迹

表 4-15　二维运动混合机介绍表

名称	二维运动混合机
结构	由转筒、摆动架、机架构成(图 4-12)
工作原理	转筒装在摆动架上,二维混合机的转筒可同时进行两个运动,一个为转筒的自转,另一个为转筒随摆动架的摆动。被混合物料在转筒内随转筒转动、翻转、混合的同时,又随转筒的摆动而发生左右来回的掺混运动,在这两个运动的共同作用下,物料在短时间内得到充分混合
特点	适合所有粉、粒状物料的混合;混合时间短、混合均匀、混合量大、出料便捷等特点;属于间歇操作设备
结构示意图	图 4-12　二维运动混合机

表 4-16　三维运动混合机介绍表

名称	三维运动混合机
结构	由机座、传动系统、电器控制系统、多向运动机构、混合筒等部件组成(图 4-13)
工作原理	与物料接触的混合筒采用不锈钢材料制造,桶体内外壁均经抛光处理,无死角,不污染物料。由于装料的筒体在主动轴的带动下,做周而复始的平移、转动和翻滚等复合运动,使各物料在混合过程中,加速了流动和扩散作用,同时避免了一般混合机因离心力作用所产生的物料比重偏析和积聚现象,混合效率高,混合后的物料能达到最佳混合状态

特点	适合所有粉、粒状物料的混合;混合筒作多向运动,混合效果好;混合最大装量为总容积的80％;出料完全、容易、易清洗
结构示意图	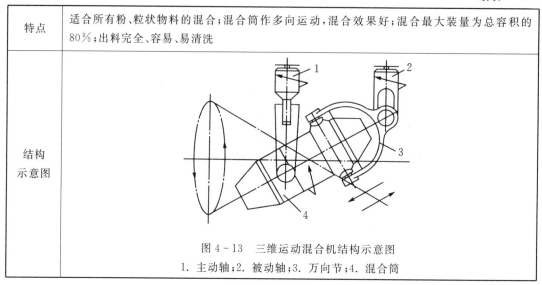 图 4－13　三维运动混合机结构示意图 1. 主动轴;2. 被动轴;3. 万向节;4. 混合筒

2. 固定型混合设备

固定型混合设备是在固定的混合容器内依靠搅拌器的运动对物料产生剪切,从而到达物料位置的相对运动。在混合操作时可随时添加物料,但清洗较难,使用时,应防止药物的交叉污染。常用固定型混合设备包括槽型混合机(表 4－17,表 4－18,表 4－19)。

表 4－17　槽型混合机介绍表

名称	槽型混合机
结构	机座、混合槽、"∽"形搅拌桨、主轴、减速器、电机、电气控制系统等组成。槽上有盖,可防止细粉飞扬和灰尘、异物等侵入(图 4－14)
工作原理	工作时,主电机以低速带动"∽"形搅拌桨旋转,使物料从两端推向中心,又由中心推向两端,物料不断在槽内上下翻滚而混合均匀
特点	干、湿物料的混合与软材的混合
结构示意图	图 4－14　槽形混合机 1. 混合槽;2. 搅拌桨;3. 主轴

表 4 - 18 槽型混合机标准操作规程

CH - 200 槽式混合机标准操作规程	
开机前准备	检查机器各部件是否完好,并按要求将机器进行消毒
运行	(1)装料:使料筒口处于最高位置,打开进料端盖板,加料。加料量控制在料筒容积的 50% 以内,加料完毕后,盖上盖板并紧固。 (2)混合:开启转动电机,混合后停机。 (3)出料:放好接料容器,点动出料按钮,使料筒进口端处于最低位置,出料。 (4)清洗:按各品种岗位操作规程规定进行再清洁

表 4 - 19 双螺旋锥形混合机介绍表

名称	双螺旋锥形混合机
结构	筒体、减速器、传动系统、螺旋杆、出料阀等(图4-15)
工作原理	混合机工作由顶端的电动机带动摆线针轮行星减速器,输出公转、自转两种速度,主轴以 5r/min 的速度带动转臂做公转,两根螺旋杆 5 以 108r/min 的速度相反方向自转。双螺旋的快速自转将物料自而上提升形成两股螺柱物料流;同时转臂带动螺杆做公转运动使螺杆外的物料不同程度的混入螺柱形的物料流内,造成锥形筒内的物料不断混掺错位,从而达到全圆周方位物料的不断扩散;被提升到上部的物料再向中心汇合,形成一股向下流动的物料(图4-16)
特点	可使物料在短时间内均匀高精度的混合;干燥物料混合。 为防止双螺旋锥形混合机混合某些物料时产生分离作用,还可以采用非对称双螺旋锥形混合机[图4-15(b)],两根非对称的螺旋轴自转,改善了中心部位的混合,从而快速达到均匀混合的目的
结构 示意图	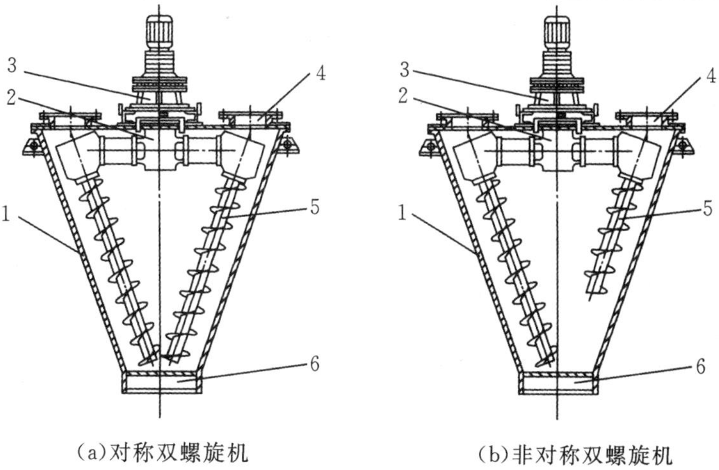 (a)对称双螺旋机　　　(b)非对称双螺旋机 图 4 - 15 双螺旋锥形混合机 1. 锥形筒休;2. 传动系统;3. 减速器;4. 加料口;5. 螺旋杆;6. 出料口

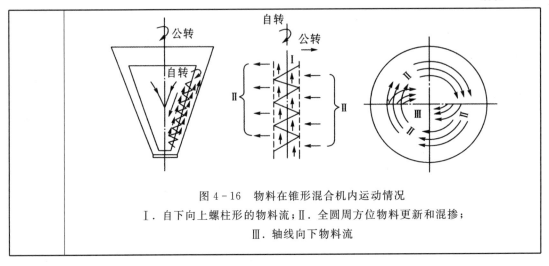

图 4 - 16　物料在锥形混合机内运动情况

Ⅰ. 自下向上螺柱形的物料流；Ⅱ. 全圆周方位物料更新和混掺；

Ⅲ. 轴线向下物料流

(四)制粒设备

制粒是将物料混合均匀后制成一定粒度的颗粒。目的是为了避免混合物料分离,提高均匀度,同时也可以提高物料的流动性和可压性,使制备过程顺利并要保证药品质量。

制粒的方法有湿法制粒、干法制粒、喷雾制粒、液中结晶等。我国的制药行业使用最多是湿法制粒。

湿法制粒是将药物和辅料的粉末混合均匀后加入黏合剂制得湿颗粒,再经干燥后得到干颗粒的制粒方法。

湿法制粒常用方法有挤出制粒、搅拌制粒、流化制粒三种。使用的主要设备分别是摇摆式制粒机(表 4 - 20,表 4 - 21)、快速混合制粒机(表 4 - 22,表 4 - 23)、沸腾制粒机(表 4 - 24,表 4 - 25)。

干法制粒是利用物料本身的结晶水,依靠机械挤压原理,直接对原料粉末进行压缩→成型→粗碎→造粒,且能进行连续造粒的一种节能降耗、操作简单方便的工艺。使用的主要设备是干法辊压制粒机(表 4 - 26)。

表 4 - 20　摇摆式制粒机介绍表

名称	摇摆式制粒机
结构	主机、加料斗、滚筒、筛网、转轴、柱状辊等(图 4 - 17,图 4 - 18)
工作原理	一个加料斗的底部用一个六钝角形棱柱组成的滚筒,滚筒一端连接于一半月形齿轮带动的转轴,另一端则用一圆形帽盖将其支住,借机械动力做摇摆式往复转动,使加料斗内的软材压过装于滚轴下的筛网而形成颗粒
使用范围	仅用于湿法制粒

注意事项	(1)软材加料斗中的量与筛网装置的松紧对所制成湿粒的松紧、粗细均有关。如加料斗中软材的存量多而筛网装得比较松,滚筒往复转动搅拌运动时可增加软材的黏性,制得的颗粒粗而紧;反之,制得的颗粒细而松。若用调节筛网松紧或增减加料斗内软材的存量仍不能制得适宜的颗粒时。可调节黏合剂浓度或用量,或增加通过筛网的次数来解决。一般过筛次数越多则所制得颗粒越紧而坚硬。 (2)制粒时黏合剂或润滑剂稍多并不严重影响操作及颗粒质量。 (3)使用金属筛网时容易产生金属屑落于颗粒中,可用磁铁吸除,尼龙网则无此缺点,但易损坏。 (4)筛网目数应根据片量或片重或片剂的大小来进行选择
结构 示意图	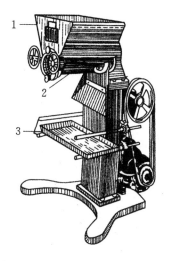 图 4 - 17　摇摆式制粒机结构示意图 1. 加料斗;2. 滚筒;3. 置盘;4. 皮带轮 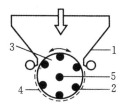 图 4 - 18　摇摆式制粒机 1 料斗;2. 柱状辊;3. 转子;4. 筛网;5. 转轴

表 4-21 摇摆式制粒机标准操作规程

YK 型摇摆式制粒机标准操作规程	
开机前准备	(1)检查设备是否清洁。 (2)使用前检查各部件安装是否完整,机身内润滑油是否达到油线上。 (3)依次装上七角滚筒,保护瓦、紧固螺丝,合上闸刀,按启动开关,让其空转,检查运转情况是否灵敏。 (4)装上所需制粒规格的筛网、筛网夹棍,要紧贴两端端盖、紧固适宜,并有一定弹性待用
运行	(1)开车空转 3~5min,一切正常后再投入工作。 (2)加入混合好的软材,开机制粒。 (3)操作时软材要逐步加入,不宜太多,以免压力过大,筛网破损。运行过程中经常检查筛网的完整性;生产过程中根据制粒情况调节筛网的松紧度。 (4)制粒过程中软材不下来,严禁用手去处理。 (5)结束或更换品种,停车后清洁设备和周围环境卫生,零部件洗净定置放好。 (6)按清洁规程进行清洁。 (7)及时填写设备运行记录

表 4-22 快速混合制粒机介绍表

名称	快速混合制粒机
结构	盛料器、搅拌轴、搅拌电机、制粒刀、制粒电机、电器控制器和机架等组成(图 4-19)
工作原理	粉状物料投入盛料器内,关闭盖板,物料在搅拌浆的搅拌下,完成干混、湿混、翻动、分散甩向器壁后向上运动,形成较大的颗粒,制粒刀将大块颗粒切割成小颗粒,割切和搅拌浆的搅拌配合,使颗粒得到挤压、滚动而形成致密且均匀的颗粒。湿颗粒经出料口被推出
特点	混合、制粒一次完成
结构示意图	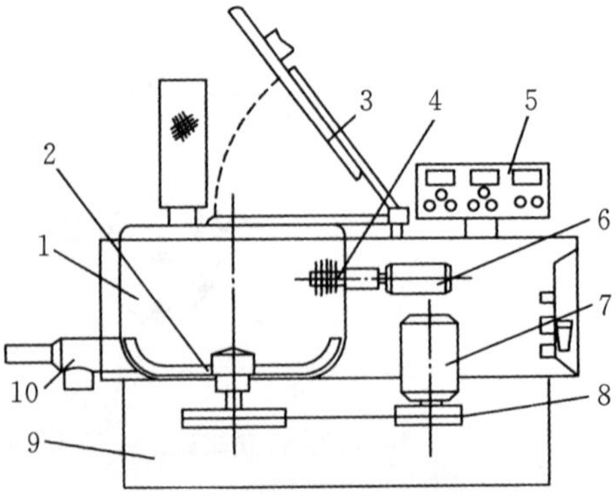 图 4-19 快速混合制粒机 1. 盛料器;2. 搅拌浆;3. 盖;4. 制粒刀;5. 控制器;6. 制粒电机;7. 搅拌电机; 8. 传动皮带;9. 机座;10. 控制出料口

表 4 - 23　快速混合制粒机标准操作规程

HLSG 系列型快速混合制粒机标准操作规程	
开机前准备	(1)接通总电源并观察电器操作屏,当信号指示灯亮时,方可打开物料锅盖。 (2)检查搅拌浆、切割刀中心部的进气气流,根据实际情况可调节气流操作板上的流量计。用手转动搅拌浆、切割刀,转动应无异常情况,然后关闭物料锅盖和出料盖。 (3)打开观察盖,点动两个电机,观察搅拌浆和切碎刀的旋转方向,应为逆时针旋转(面向零件)
运行	(1)接通气源、水源、电源。把气、水转换阀旋转到通气的位置。检查气的压力。 (2)观察信号灯亮,打开物料盖。 (3)按产品工艺规程的配料比例和加料次序,将所要加工的药粉倒入锅内,然后关闭物料盖。 (4)开启搅拌电机,干混 1~2min,再按"工艺规程"要求加入黏合剂,快速制粒 4~5min,再打开制粒刀,将软材切割成颗粒状。关闭电机。 (5)将料槽放在出料口,打开出料口,启动搅拌浆,把颗粒分次排出。用排刷刷净,关闭出料口。 (6)制粒结束后,按清洗规程认真清洗设备

表 4 - 24　沸腾制粒机介绍表

名称	沸腾制粒机
结构	空气过滤加热系统,物料沸腾喷雾和加热系统,粉末捕集、反吹装置及排风系统,输液泵、喷枪管路、阀门和控制系统(图 4 - 20)
工作原理	物料粉末在容器内自下而上的气流作用下保持悬浮的流化状态,物料在流化状态下混合均匀,液体黏合剂喷向流化层使粉末聚结成颗粒,经过反复的喷雾和干燥使颗粒不断增大,当颗粒的大小符合要求时停止喷雾,继续通热风使颗粒完全干燥
特点	混合、制粒、干燥一步完成,密闭操作无粉尘。设备体积小,生产效率高;制得的颗粒粒径分布范围小,药物含量均匀

结构 示意图	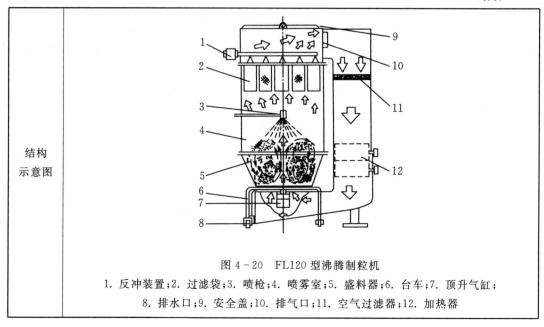 图 4 - 20 FL120 型沸腾制粒机 1. 反冲装置;2. 过滤袋;3. 喷枪;4. 喷雾室;5. 盛料器;6. 台车;7. 顶升气缸; 8. 排水口;9. 安全盖;10. 排气口;11. 空气过滤器;12. 加热器

表 4 - 25 沸腾制粒机标准操作规程

FL - 120 型沸腾制粒机标准操作规程	
开机前准备	(1)检查设备是否有设备完好证。 (2)将设备标示卡"已清洁"取下换挂设备标示卡"运行中"。 (3)打开压缩空气,气源压力≥0.5Mpa。 (4)安装捕集袋,并检查捕集袋已清洁、干燥,并且无破损或漏药粉的可能。 (5)接通控制电源,检查电流表、电压表指示是否正常。 (6)自动/手动开关于手动,分别合上左风门、左清灰、右风门、右清灰、各动作是否灵活。 (7)检查温控仪表是否正常,并设定进风温度至工艺值。 (8)检查蒸汽进汽温控电磁阀是否正常。 (9)打开蒸汽进气阀门(逆时针旋转 180°~360°),然后打开蒸汽排气阀门 30s 后关闭
运行	(1)将物料推车推入到主机,开顶升开关,密封主机。 (2)根据实际生产需要调节调风风门开度(注主风机风门)。 (3)启动电机。 (4)逐步开启调风门,直至物料抛至中筒体视镜处锁死手柄。 (5)将自动/手动按钮旋于自动,开始沸腾干燥。 (6)干燥完毕关闭风机、风门、温控旋钮
操作结束	(1)关闭顶升开关,将物料推车拉出卸料。 (2)降下顶缸,卸下捕集袋。 (3)关闭主机电源。 (4)将设备标示卡"运行中"取下换挂设备标示卡"待清洁"

表 4-26 干法辊压制粒机介绍表

名称	干法辊压制粒机
结构	送料螺旋浆、压缩成型机构、轧辊机构、破碎机组、造粒机组、加压机构、抽真空机构、控制机构、容器(图 4-21)
工作原理	干燥后的各种干粉物料从干法制粒机的顶部加入、经预压缩进入轧片机内,在轧片机的双辊挤压下,物料变成片状,片状物料经过破碎,整粒,筛粉等过程,得到需要的粒状产品
特点	无需干燥,一步成粒
结构示意图	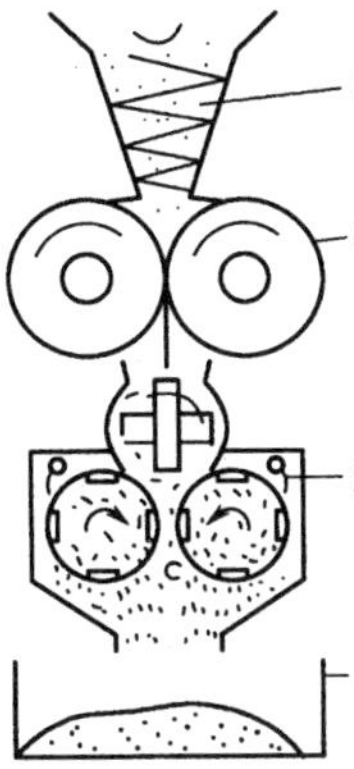

图 4-21 干法辊压制粒机结构示意图

(五)干燥设备

干燥是利用热能使湿物料中的湿分(水分或其他溶剂)气化,并利用气流或真空带走气化了的湿分,从而获得干燥固体产品的操作。该操作广泛应用于原料药、药用辅料、中药材、中药饮片、中间体以及成品的干燥。干燥工艺操作多用加热法进行。可按加热方式不同进行分类。

1. 对流干燥

对流干燥是利用加热后的干燥介质(最常用的是热空气),将热量带入干燥器并以对流方式传递给湿物料,又将汽化的水分以对流形式带走。热空气既是载热体,又是载湿体。对流干燥的特点是干燥温度易于控制,物料不易过热变质,处理量大,但热能利用程度不高(约30%~70%)。此类干燥方法目前应用最广。

常见的干燥设备原理包括气流干燥、流化干燥、喷雾干燥等。

(1)气流干燥:气流干燥常用设备是厢式干燥器(表 4-27,表 4-28)。

表 4-27 厢式干燥器介绍表

名称	厢式干燥器
结构	加热器、鼓风机、隔板、推车
工作原理	利用强制热干燥气流借对流传热进行干燥(图 4-22)

工作过程	将湿物料放入若干托盘内,把托盘置于厢内各层隔板上,打开加热器和厢顶部的鼓风机,空气流经加热,由上至下通过各层带走水分,由下方经右侧通道将热湿空气排出箱外。为了节省热能和空气,在排空之前由气流调节器控制将部分废气返回鼓风机进口与新鲜空气混合后重新被利用。 干燥盘内的物料层不能太厚,必要时可在干燥盘上开孔。干燥过程中要定时翻动物料以防表层物料过分干燥发热变黄而内层还未干透
特点	结构简单,操作方便,采用间歇式干燥,适合各种不同性质的小批量物料如粉粒状、浆状、膏状和块状等。 所需工人劳动强度大,如需要定时将物料装卸或翻动时,粉尘飞扬,环境污染严重,热效率低,一般在 60％左右
结构 示意图	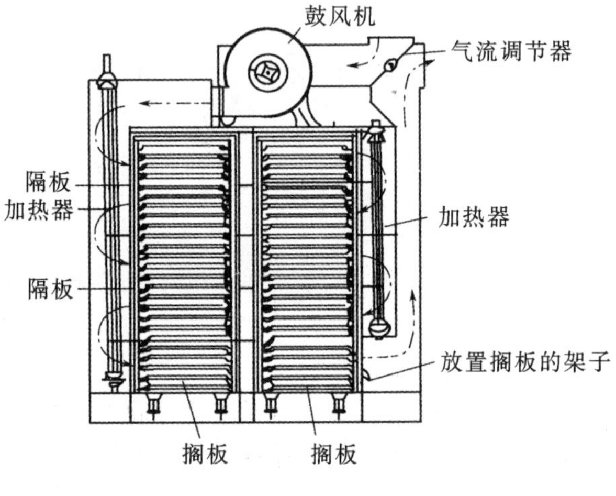 图 4－22　有鼓风装置的干燥箱

表 4－28　鼓风循环烘箱标准操作规程

	CT－C－Ⅱ型热风循环烘箱标准操作规程
开始	(1)打开压缩空气阀门、蒸汽阀门并接通配电箱电源,打开控制箱上电源开关。 (2)进入操作界面,按显示屏上的开启按键,打开风机。设定排湿时间,排湿间隔时间、保湿时间、超温偏差和酒精报警浓度。在设备仪表上设定各品种工艺规定干燥的起始温度。 (3)将装有已摊布均匀的待干燥品的烘盘置于烘车上。 (4)打开烘箱门,放下垫板,将烘车推入烘箱中,先用蘸有 75％乙醇的抹布擦拭垫板,再用手将垫板抬起。将烘车推入烘箱,关闭烘箱门。 (5)根据工艺要求设定烘箱的干燥温度,并控制在规定范围内

干燥	(1)干燥过程中,按照批生产记录上干燥中控记录要求进行相关操作。 (2)当需要测定水分时,打开烘箱一侧门(注意烘箱两侧门不能全部打开,避免热风外漏,打开程度以方便取样为宜),从上、中、下不同烘盘中进行取样,取好的颗粒放置在药用低密度聚乙烯袋,待一侧取样结束,关闭该侧烘箱门,打开另一侧烘箱门,重复取样操作,共取样 3.5～4.0g,然后将取样颗粒摇匀混合,进行水分测定。 (3)当需要翻盘时,打开烘箱门,拉出烘车,依次取出烘车上的烘盘进行翻盘(将烘盘底部的颗粒翻至上部,保证颗粒干燥均匀)。翻盘结束及时将烘车推入烘箱(不能有待操作的烘车放置于烘箱外面) (4)干燥终点控制应以水分标准为最终指标,干燥时间作为辅助控制指标(若水分达到工艺要求,但干燥时间未达到最低工艺要求时间,应以干燥时间为控制指标;若干燥时间达到最大工艺要求时间,颗粒水分还未达到工艺要求,应以干燥时间为控制指标)
结束	当水分符合规定标准时,关闭电磁阀前后段的截止阀,打开旁通阀,使其自然冷却,关闭风机,切断电源

(2)流化干燥(沸腾干燥):是利用热空气流使湿物料颗粒呈沸腾悬浮状态而实现快速干燥。常用设备有卧式多室流化床干燥器(表 4 - 29)、间歇单层流化床沸腾器(表 4 - 30,表4 - 31)。

表 4 - 29　卧式多室流化床干燥器介绍表

名称	卧式多室流化床干燥器(沸腾床干燥器)
结构	它是一长方体的箱子,底部是多孔的托板,上铺一层绢制筛网,孔板上方在长度方向上装有若干隔板,将沸腾室分成若干小室,在挡板下方与多孔托板之间留有几十毫米的空隙。孔板下方每个小室下面设有进风道并装有阀门。湿物料从第一室上方进入,通过这些间隙依次进入各室。在最后一室装有卸料管,将干燥后的成品卸下
工作原理	在一个长形的容器内装入一定量的固体颗粒,通过分布板进入床层,当气体速度较低时,固体颗粒不发生运动,这时的床层高度为静止高度;随着气流速度增大,颗粒开始松动;各气体速度继续增加,床层压降保持不变,颗粒悬浮在上面的气流中,形成的床层称为沸腾床,气流速度称为临界流化速度。当同样颗粒在床层中膨胀到一定高度时,因床层的空隙率增大而使气速下降,颗粒又重新落下而不致被气流带走。当气流速度增加到一定值,固体颗粒开始被吹出容器,这时整个容器就会散满颗粒,此时的气流速度称为带出气速或极限气速。因此流化床适宜的气速应在临界流化速度和极限气速之间
特点	多个沸腾室并联,热气流通过的压降较低,阻力小,很难堵塞;连续生产,运行比较稳定;各沸腾室气流分别控制,调节灵活;生产能力大,可干燥多种产品,适应性好。适用于处理粉粒状物料,对难以干燥或要求干燥产品含湿量低的过程特别适用。沸腾床干燥设备结构简单、造价低廉、可动部件少、操作维修方便。但占地面积较大,热效率低,对热敏物料和易结块的物料慎用

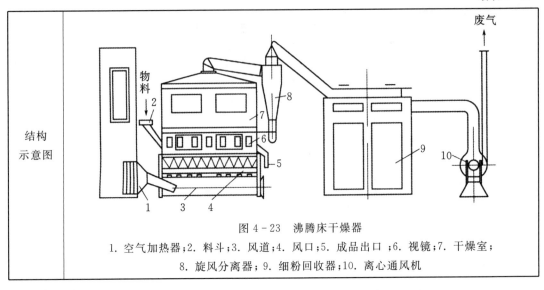

结构 示意图	

图 4-23　沸腾床干燥器

1. 空气加热器；2. 料斗；3. 风道；4. 风口；5. 成品出口；6. 视镜；7. 干燥室；

8. 旋风分离器；9. 细粉回收器；10. 离心通风机

表 4-30　间歇单层流化床沸腾器

名称	间歇单层流化床沸腾器（高效沸腾干燥器）
结构	原料输入系统、热空气供给系统、干燥室及空气分布板、气固分离系统、产品回收系统和控制系统
工作原理	在干燥过程中，湿物料在高压温热气流中不停地纵向跳动，状如沸腾，大大增加了蒸发面积，加之气流的不停流动，造成良好的干燥条件
工作过程	干燥器工作时，空气经空气过滤器过滤，由鼓风机送入加热器加热至所需温度，经气流分布板喷入流化干燥室内悬浮流化，经过一定时间被干燥，大部分干燥后的物料从干燥室旁卸料口排出，部分随尾气从干燥室顶部排出，经旋风分离器和袋滤器回收（图 4-24）
特点	主要用于湿粒性物料的干燥，如片剂及颗粒剂颗粒的干燥等。设备体积传热系数大，设备内各处温度均匀，由于散热面大，热量损失较多
结构 示意图	图 4-24　间歇单层流化床沸腾干燥流程图 1. 引风机；2. 贮尘器；3. 排灰器；4. 集灰斗；5. 旋风除尘器；6. 带式送料机；7. 抛料器； 8. 卸料器；9. 流化床；10. 加热器；11. 鼓风机；12. 空气过滤器

表4-31 沸腾干燥器标准操作规程

FG-120型沸腾干燥器标准操作规程	
开机前准备工作	(1)查看设备的使用记录,了解设备的运行情况,确认设备能正常运行。检查设备的清洁情况,并进行必要的清洁。 (2)打开蒸汽疏水阀及蒸汽电磁阀的旁通阀,慢慢开启蒸汽进汽阀,使换热器和管道内残留冷凝水及残留物迅速排出。 (3)关闭蒸汽疏水阀及电磁阀的旁通阀,观察进气压力为0.3~0.61MPa,压力过高或过低时应通知设备部予以调整。 (4)接通控制柜电源。将清洁干净的布袋上好,物料投入料斗,将物料车推入主机相应位置。 (5)设定干燥用空气进风温度所需的数值
开机	(1)接通机器总电源,开启压缩空气阀门,调节进气压力,观察压力表压力在0.35~0.4Mpa,将原料容器推车推入到主塔,开启顶升,密封主塔。 (2)关闭微调风门,启动"风机开"按钮,电机安全启动后,逐步开启微调风门,直至物料抛至适当位置后锁死手柄。 (3)以上工作就绪后,即可用自动程序进行干燥作业
关机	(1)按"引风停机"关闭风机,手动清理粉尘数次后,按"顶降",即可拉出物料车出料。 (2)生产结束后关闭总电源,做好设备的清洁及环境卫生。 (3)按要求准确、认真填写设备使用记录

(3)喷雾干燥:喷雾干燥是指单独一次工序,就可将溶液、乳浊液、悬浮液或膏糊液等各种物料干燥成粉体、颗粒等固体的单元操作。常用设备是喷雾干燥器(表4-32,表4-33)。

表4-32 喷雾干燥器介绍表

名称	喷雾干燥器
结构	雾化器、干燥塔、空气加热系统、供料系统、气固分离和干粉收集系统等部分组成(图4-25)
工作原理	送风机将通过初效过滤器后的空气送至中效、高效过滤器,再通过蒸汽加热器和电加热器将净化的空气加热后,由干燥器底部的热风分配器进入装置内,通过热风分配器的热空气均匀进入干燥塔并呈螺旋转动的运动状态。同时由供料输送泵将物料送至干燥器顶部的雾化器,物料被雾化成极小的雾状液滴,使物料和热空气在干燥塔内充分地接触,水分迅速蒸发,并在极短的时间内将物料干燥成产品,成品粉料经旋风分离器分离后,通过出料装置收集装袋,湿空气则由引风机引入湿式除尘器后排出
特点	(1)干燥速度迅速,物料经离心喷雾后,在高温气流中,完成干燥的时间仅需几秒到十几秒钟。 (2)干燥过程中液滴受热时间短,产品质量较好。 (3)使用范围广,可适用于各种特点差异较大的物料的干燥。 (4)产品具有良好的分散性、流动性和溶解性 (5)生产过程简化,操作控制方便。喷雾干燥通常用于湿含量40%~70%的溶液,特殊物料即使湿含量高达90%,不经浓缩同样能一次干燥成粉状产品。大部分产品干燥后不需要再进行粉碎和筛选,减少了生产工序、简化了生产工艺流程

结构示意图	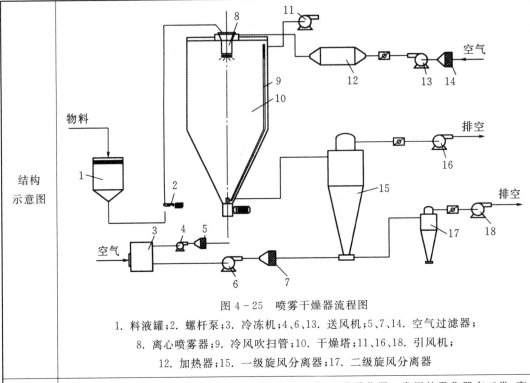图 4 - 25　喷雾干燥器流程图 1. 料液罐；2. 螺杆泵；3. 冷冻机；4、6、13. 送风机；5、7、14. 空气过滤器； 8. 离心喷雾器；9. 冷风吹扫管；10. 干燥塔；11、16、18. 引风机； 12. 加热器；15. 一级旋风分离器；17. 二级旋风分离器
雾化器结构	喷雾干燥器中关键部件是将浓缩液喷成雾滴的喷嘴，也称雾化器。常用的雾化器有三类：离心式、气流夹带式和压力式，图 4 - 26 所示为三种雾化器的结构和原理示意图。 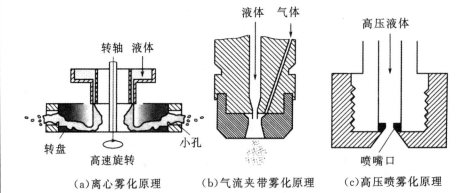 （a）离心雾化原理　　（b）气流夹带雾化原理　　（c）高压喷雾化原理 图 4 - 26　三种雾化器结构图 离心雾化喷嘴有一个空心圆盘，圆盘的四周开很多小孔，液体通过转轴的边沿进入圆盘，圆盘高速旋转，液体通过小孔高速喷向四周。从小孔出来的液体，速度突然减慢，断裂成很多细小的液滴，呈雾状喷撒下来。这种雾化器适用于处理含有较多固体的物料。 气流夹带雾化器用高速气体将液体带出，从喷嘴出来后形成很多细小液滴，呈雾状喷下。这种雾化器消耗动力较大，一般应用于喷液量较小的生产，处理量为每小时 100L 以下。 在高压喷嘴雾化器中，高压液体以非常高的速度从喷嘴口中喷出，出喷口后断裂成很多细小的液滴，形成锥状喷雾。这种雾化器生产能力大，耗能少，应用最为广泛，适用黏度较大的药液

表4-33 喷雾干燥器标准操作规程

喷雾干燥器标准操作规程	
生产前准备	(1)生产前进行清场检查。检查设备、管道是否已清洁,检查符合要求时方可投入使用。 (2)开机前询问收粉间人员是否做好准备,如准备好则可以开机
干燥操作	(1)调节设备各处阀门处于正确的开关状态,具体按《喷雾干燥器维护保养操作规程》执行。 (2)开启引风机和鼓风机,然后开启蒸汽阀门进行机身预热,将干燥室温度升至工艺要求温度并稳定。 (3)开启雾化器,当雾化器达到最高转速时,立即开启高压泵,调节进料流量,干燥室进料流量由小到大直至调到满足工艺要求,操作人员须经常观察干燥室温度、尾气温度、进料流量是否合乎工艺要求,以保证干燥后的成品有良好的流动性及细度。 (4)待物料喷完后,将高压泵的流量打小至能打上物料为止,打纯化水进行喷雾清洗,时间为5～10min,然后将流量缓慢调至零位,关闭高压泵。 (5)停机:顺序:①关闭电加热器和蒸汽加热;②关闭风机;③关闭控制柜的总开关
收粉	(1)收粉人员应在干燥开始前调整好自动包装机工况,准备收粉,具体操作按《内包装岗位操作规程》执行。 (2)干燥过程中同步对已干燥过筛的物料进行包装。 (3)操作工按要求如实填写本岗位"喷雾干燥生产过程记录"

2. 传导干燥

将湿物料与设备的加热面(热载体)相接触,热能可以直接传递给湿物料,使物料中的湿分汽化,同时用空气(湿载体)将湿气带走。传导干燥的特点是热利用程度高(为70%～80%),湿分蒸发量大,干燥速度快,但温度较高时易使物料过热而变质。

常见干燥设备包括真空干燥、膜式干燥、冷冻干燥等。

(1)真空干燥:常用设备有真空干燥器(表4-34)。

表4-34 真空干燥器介绍表

名称	真空干燥器(减压干燥器)
工作原理	真空干燥又称减压干燥,是利用真空泵抽气、抽湿,使密闭室内形成真空状态,降低水的沸点,加快干燥的速度。适用于热敏性、易氧化、湿分蒸气与空气混合具有爆炸危险时的物料干燥。真空干燥除能加速干燥、降低温度外,还能使干燥产品疏松和易于粉碎。此外,由于抽去空气减少了空气影响,故对保证药剂质量有一定意义(图4-27)

工作过程	加热蒸汽由1引入,通入夹层搁板内,冷凝水自干燥箱下部的出口2流出,3为列管式冷凝器,4为冷凝液收集器。此器分为上下两部,上部与冷凝器相连,并与真空泵通过侧口相连接,上部与下部之间用导管与阀门5相通。当蒸发干燥进行时将阀门5打开,冷凝液可直接流入收集器4的下部。收集满时,关闭阀门5使上部与下部隔离,并打开阀门6放入空气,冷凝液即可经下口龙头放出,这样可使操作过程不致中断。在干燥过程中,被干燥的物质往往起泡溢出盘外,不但污染干燥箱内部,且能引起结构的损坏。所以使用时应适当地控制被干燥物料的量。干燥完毕后,一定要先将真空泵与干燥箱连接的真空阀门关闭,然后缓缓放气,去除物料,最后关闭真空泵。如果先关闭真空泵,真空箱内的负压就可能将冷凝器内或真空泵里的液体倒吸回干燥器中,造成产品污染并有可能损坏真空泵
特点	对于不耐高温、易氧化的物料,或是贵重的生物制品可以选用真空厢式干燥器
结构示意图	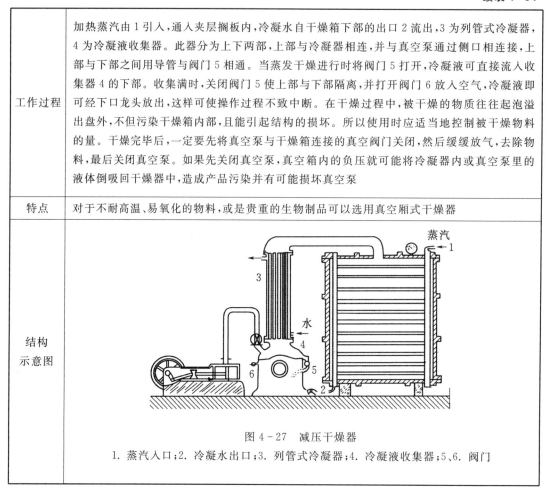图 4-27 减压干燥器 1.蒸汽入口;2.冷凝水出口;3.列管式冷凝器;4.冷凝液收集器;5、6.阀门

(2)膜式干燥:常用设备有单滚筒式干燥器(表4-35)。

表 4-35 单滚筒式干燥器介绍表

名称	单滚筒式干燥器
工作原理	膜式干燥是将已蒸发到一定稠度的药液涂于加热面使成薄层借传导传热而进行干燥的方法。可以在常压或减压下进行干燥
工作过程	图中1为干燥滚筒,由蒸汽导管6引入蒸汽加热后,涂于滚筒表面的药物即行干燥。滚筒借传动装置4及5的推动,以适当的速度缓缓转动,转速可依药物干燥情况来控制。如转速固定不变时,干燥情况可以浸出液的浓度来控制。需要干燥的浓缩液用离心泵经导管不停地送入凹槽8内。当浓缩液自凹槽8沿箭头方向流回贮器时,滚筒的表面即黏附了一层浓缩液,此时即发生迅速蒸发及干燥作用。该转筒转至刮刀9处时完全干燥,被刮刀刮下而落入干燥物受器10中。如将滚筒干燥器置于密闭的外壳中,并吹入干热空气能提高效率(图4-28)
特点	蒸发面积和受热面积都显著增大,有利于干燥,缩短干燥时间、显著减少受热影响,并有可能进行连续生产

适用范围	本设备为连续性的接触干燥器,适用于浓缩浸出液或稠性流体的干燥
结构 示意图	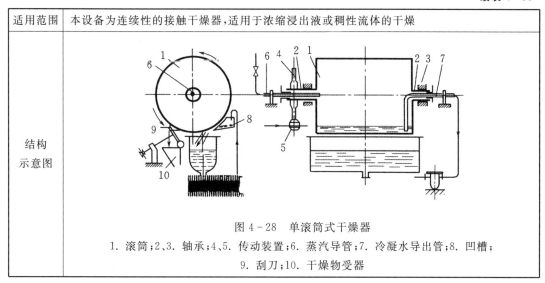 图 4-28 单滚筒式干燥器 1. 滚筒;2、3. 轴承;4、5. 传动装置;6. 蒸汽导管;7. 冷凝水导出管;8. 凹槽; 9. 刮刀;10. 干燥物受器

(3)冷冻干燥:冷冻干燥是将物料冷冻至冰点以下,放置于高度真空的冷冻干燥器内,在低温、低压条件下,物料中水分由固体冰升华而被除去,达到干燥的目的(参见项目十三注射剂冷冻干燥部分设备)。

3. 辐射干燥

热能以电磁波的形式由辐射器发射,并为湿物料吸收后转化为热能,使物料中的水分汽化,被空气带走。其特点是干燥速率高,产品均匀洁净,干燥时间短。但耗电量较大,热效率约为30%。常用设备有振动式远红外干燥机(表 4-36)、隧道式干燥机(表 4-37)。

表 4-36 振动式远红外干燥机介绍表

名称	振动式远红外干燥机
结构	机组由加料系统、加热干燥系统、排气系统及电气控制系统组成
工作原理	红外线是一种波长范围是 $0.75 \sim 100\mu m$ 的电磁波。通常将波长在 $5.6\mu m$ 以下的称为近红外,把 $5.6 \sim 100\mu m$ 区域称为远红外。红外线由红外发射元件发射后,在传布过程中遇到物体时,一部分被物体表面反射,辐射能量后会发生共振,使物质分子运动加剧、彼此碰撞和摩擦,产生热量,从而使物料受热干燥
工作过程	湿颗粒由加料斗 1 经定量喂料机 2 输入第一层振槽 3,在箱顶预热,振槽借驱动装置 6(链轮传动机构)振动,并将物料振动输送进入第二层振槽,经辐射装置 4 受远红外辐射加热,水蒸气由风机 10 经排风管 9 及蝶阀 11 排出。物料在振动下输送到第三层振槽继续加热,达到干燥目的。物料至第四层时,经冷风逐渐冷却,通过振槽顶端的筛网,经出口送到贮桶封存(图 4-29)
特点	由于许多物料,特别是有机物、高分子物料及水分等在远红外区域有很宽的吸收带,对此区域某些频率的远红外线有很强的吸收作用,用于颗粒剂的湿颗粒(含水率7%~8%)干燥,干燥温度最高为90℃,湿颗粒通过远红外辐射时间为 1.7~22min。受热时间短,成品含水率达到 0.5%~1.9%,有较好的干燥效果,干燥速度快,热能利用率高。缺点是振动噪声较大

| 结构示意图 |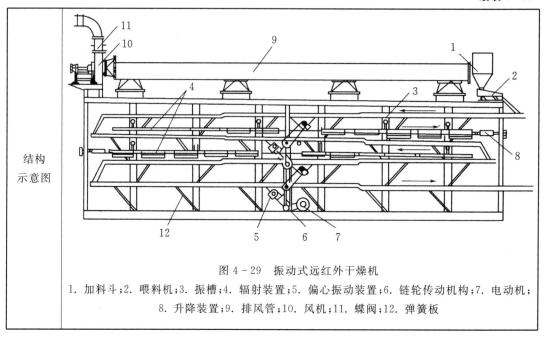

图 4－29 振动式远红外干燥机

1.加料斗；2.喂料机；3.振槽；4.辐射装置；5.偏心振动装置；6.链轮传动机构；7.电动机；8.升降装置；9.排风管；10.风机；11.蝶阀；12.弹簧板 |

表 4－37 隧道式干燥机介绍表

名称	隧道式干燥机
结构	有单层式及多层式、单段式和多段式之分
工作原理	采用热风循环方式，加热方式分热风循环和远红外加热式两种。 输送方式一般低温采用 PVC 皮带、铁氟龙网带，高温采用不锈钢网带或镀锌镀铬滚筒
特点	干燥速度快，物料受热时间短，可以连续生产，节省能源。安装方便，能长期运行，发生故障时可进入箱体内部检修方便。但占地面积广，运行时噪声较大
操作流程及示意图	(1)单级带式干燥器：被干燥物料由进料端经加料装置被均匀分布到输送带上。输送带通常用穿孔的不锈钢薄板(或称网目板)制成，由电机经变速箱带动，并可以调速。空气用循环风机由外部经空气过滤器抽入，并经加热器加热后，经分布板由输送带下部垂直上吹，空气流过干燥物料层时，物料中水分汽化、空气增湿，温度降低。一部分湿空气排出箱体，其他部分则在循环风机吸入口前与新鲜空气混合再行循环。为了使物料层上下脱水均匀，空气继上吹之后向下吹。最后干燥产品经外界空气或其他低温介质直接接触冷却后，由出口端卸出。干燥器箱体内通常分隔成几个单元，以便独立控制运行参数，优化操作。干燥段与冷却段之间有一隔离段，在此无干燥介质循环(图 4－30)。

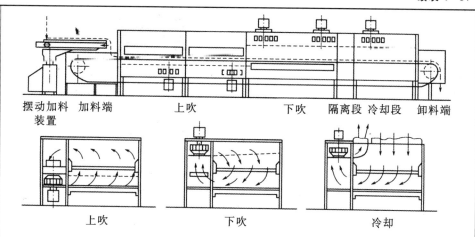

摆动加料　加料端　　　　上吹　　　　　下吹　隔离段 冷却段 卸料端
装置

　　上吹　　　　　　　下吹　　　　　　　冷却

图 4 - 30　单机带式干燥器操作流程

　　干燥介质以垂直方向向上或向下穿过物料层进行干燥的,称为穿流式带式干燥器;干燥介质在物料层上方作水平流动进行干燥的,为水平气流式带式干燥器。后者因干燥效率低,现已少使用。

(2)多层带式干燥器:干燥室是一个不隔成独立控制单元段的加热箱体。层数可达 15 层,最常用 3~5 层。最后一层或几层的输送带运行速度较低,使料层加厚,这样可使大部分干燥介质流经开始的几层较薄的物料层,以提高总的干燥效率。层间设置隔板可以使干燥介质的定向流动,便于物料干燥均匀(图 4 - 31)。

　　常用于干燥速度要求较低、干燥时间较长,在整个干燥过程中工艺操作条件(如干燥介质流速、温度及湿度等)能保持恒定的场合,广泛使用于中药饮片、谷物类物料,且占地少,结构简单。但因操作中要多次装料和卸料,故不适用于易黏着输送带及不允许碎裂的物料。

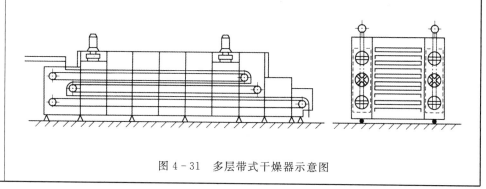

图 4 - 31　多层带式干燥器示意图

4. 介电干燥

　　湿物料置于高频交变电场之中,湿物料中的水分子在高频交变电场内频繁地变换取向的位置而产生热量。热效率较高,约在 50% 以上。常用设备有微波干燥器(表 4 - 38)。

表 4 - 38　微波干燥器介绍表

名称	微波干燥器
工作原理	微波为波长 1mm～1m 的电磁波,在微波电场的作用下,湿物料中的水分子会被极化并沿着微波电场方向整齐排列,由于微波是一种高频交变电场,水分子就会随着电场方向的交互变化而不断地迅速转动并产生剧烈的碰撞和摩擦,部分微波能就转化为热能,从而达到干燥的效能(图 4 - 32)
特点	微波干燥的优点是加热迅速,物料受热均匀,热效率高,干燥速度快,干燥的产品也较均匀洁净。因为微波作用于湿物料,其中的水分立即被均匀地加热,无需经过传热途径和传热时间,热损失小。在干燥过程中,湿物料内部水分往往比表面多,则物料内部吸收的微波能量多,温度也比表面高,从而提高了水分的扩散速率,加快了干燥速度。微波有选择性加热的特点,湿物料中水分获得较多的能量而迅速汽化,而固体物料因吸收微波能力小,温度不会升得过高,有利于保持产品质量。 缺点是微波发生器产量不大,质量不够稳定,设备及维修费用较贵,还有劳动防护问题
结构示意图	 图 4 - 32　微波干燥器示意图

5. 组合干燥

可采用两种或两种以上的干燥方法串联组合,以满足生产工艺要求。如喷雾和流化床组合干燥,喷雾和辐射组合干燥等。组合干燥结合不同干燥方法的优点,扩大了干燥设备的应用范围,提高经济效益。

四、颗粒剂生产质量控制点

颗粒剂生产质量控制点见表 4 - 39。

表 4 - 39　颗粒剂生产质量控制点

工序	质量控制点	质量控制项目	频次	抽查人员
粉碎	原辅料	异物	1 次/批、班	操作者、QA
	粉碎过筛	粒度、异物	1 次/批、班	操作者、QA
配料	投料	品种、数量	1 次/批、班	操作者、QA
制粒	颗粒	黏合剂、浓度、温度	1 次/批、班	操作者、QA
		筛网		
		含量、水分		

工序	质量控制点	质量控制项目	频次	抽查人员
干燥	烘箱	温度、时间、清洁度	随时/班	操作者、QA
	沸腾床	温度、滤袋	随时/班	操作者、QA
内包	颗粒	色泽一致、颗粒均匀	随时/班	操作者
	铝箔袋	热压温度、批号	随时/班	操作者、QA
外包	装盒	装量、说明书、标签	随时/班	操作者、QA
	标签、说明书	内容、数量、使用记录	随时/班	操作者、QA
	装箱	数量、装箱单、印刷内容	1 次/批、班	操作者、QA

项目五　片剂生产

一、实训任务

【实训任务】 阿司匹林片(0.5g)的生产。

【处方】

阿司匹林	100g
淀粉	8g
枸橼酸	1g
滑石粉	适量
制成	200 片

【工艺流程图】 工艺流程见图 5-1。

【生产操作要点】

(一)生产前确认

(1)每个工序生产前确认上批产品生产后清场应在有效期内,如有效期已过,须重新清场并经 QA 检查颁发清场合格证后才能进行下一步操作。

(2)所有原辅料、内包材等物进入车间都应按照:物品→拆外包装(外清、消毒)→自净→洁净区的流程进入车间。

(3)每个工序生产前应对原辅料、中间品或包材的物料名称、批号、数量、性状、规格、类型等进行复核。

(4)每个工序生产前应对计量器具的称量范围、校验效期进行复核。不在校验效期内不得使用。

(二)备料

1. 领料

从仓库领取合格原辅料,送入车间称量暂存间。

2. 粉碎过筛

将以下物料依次粉碎过筛,过筛后再次称量,计算物料平衡,并严格复核(表 5-1)。

表 5-1　物料前处理要求

原辅料名称	粉碎目数	过筛目数
阿司匹林	100 目	100 目
淀粉	—	80 目
枸橼酸	100 目	100 目
滑石粉	—	100 目

3. 称量配料

称量配料见表 5-2。

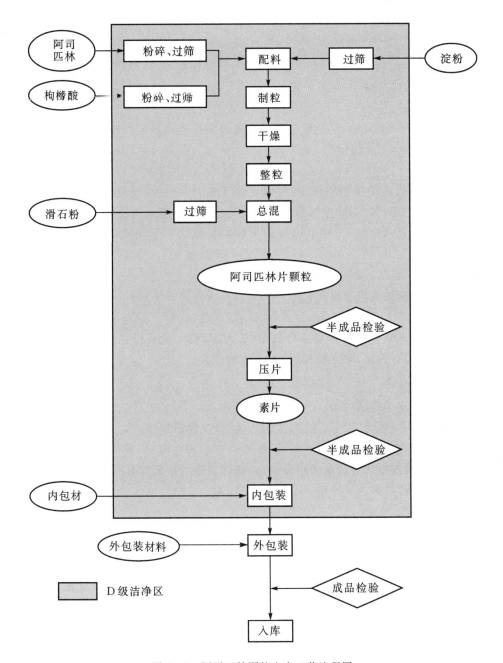

图 5-1 阿司匹林颗粒生产工艺流程图

表 5-2 称量配料表

原辅料名称	批配料量（12 万片）
阿司匹林	60kg
淀粉	5kg
枸橼酸	0.6kg
滑石粉	1.25kg

（三）制粒

1. 配浆

称取纯化水 1kg 置配浆锅中，加入 1kg 淀粉，搅拌使均匀，在搅拌下冲入 8kg 纯化水加热至糊化，配成 10% 的淀粉浆作为黏合剂。

2. 制粒

将 60kg 阿司匹林粉、4kg 淀粉和 0.6kg 枸橼酸粉投入高速制粒机中，干混 4min 后，加入上述淀粉浆混合 5min，开机制粒。

3. 干燥

将上述湿颗粒吸入沸腾制粒机中，将设定好工艺参数［进风温度（120±5）℃，温度（75±5）℃，进风温度（30±5）℃］的冷空气通过初效中高效过滤器进入后部加热室，经过加热器加热至进风所需温度后进入物料室，在引风拉动下物料呈流化态干燥 45min 至水分为 3%～4% 时，停机出料。

4. 整粒

将干燥后的颗粒加入快速整粒机中，用 16 目不锈钢筛网整粒。

5. 总混

将整粒后的颗粒转入三维运动混合机中，加入 1.25kg 滑石粉，混合 15min。将混合后的颗粒装入无毒塑料袋，称量，附上桶签，转入中间站待验。

（四）半成品检验

压片前进行一次半成品检验。

检验项目主要是：性状、水分、鉴别、主药含量、微生物限度等。

干燥后颗粒的含水量对压片影响很大，颗粒太湿会发生粘冲；颗粒太干，含结晶水药物失去过多造成裂片，颗粒中含有适量的水分，可以增强颗粒的塑形并有润滑作用。

主药含量检测目的是计算片重。

（五）压片

1. 片重计算

阿司匹林颗粒检验合格后，根据颗粒中阿司匹林的含量确定素片的平均片重。

$$应压片重 = \frac{标示量}{颗粒主药含量}$$

2. 压片

用 φ12mm 浅弧冲模压片，片重差异限度为 ±5.0%。压片机转速（20±5）转/分，压力 40～50kN，每 20min 抽查一次片重。

3. 筛片

将素片筛去细粉、残片，将加工好的素片装入无毒塑料袋中，称量，附上桶签，转入中转站待验。

（六）半成品检验

半成品检验项目有：性状、重量差异、硬度/脆碎度、崩解时限等。

生产中常用检测片剂硬度的经验方法：将片剂置中指与食指之间，以拇指轻压，如果轻轻一压，片子即分成两半，说明硬度不足。

(七)内包装

略。

(八)外包装

略。

(九)成品检验

片剂的成品检验为该产品的全项检验。

片剂质量检查项目有:外观性状、鉴别、含量测定、片重差异、崩解时限、硬度/脆碎度、溶出度/释放度、含量均匀度、微生物限度检查等。

片剂外观应完整光洁,色泽均匀,有适宜的硬度和耐磨性,以免包装、运输过程中发生磨损或破碎,除另有规定外,非包衣片应符合片剂脆碎度检查法的要求。

(十)入库

略。

二、片剂质量要求与检测方法

(一)重量差异

检查法:取供试品 20 片,精密称定总重量,求得平均片重后,再分别精密称定每片的重量,每片重量与平均片重比较(凡无含量测定的片剂或有标示片重的中药片剂,每片重量应与标示片重比较),按表 5-3 中的规定,超出重量差异限度的不得多于 2 片,并不得有 1 片超出限度 1 倍。

表 5-3 片剂的重量差异限度要求

平均片重或标示片重	重量差异限度
0.30g 以下	±7.5%
0.30g 及 0.30g 以上	±5%

糖衣片的片芯应检查重量差异并符合规定,包糖衣后。再检查重量差异。薄膜衣片应在包薄膜衣后检查重量差异并符合规定。凡规定检查含量均匀度的片剂,一般不再进行重量差异检查。

(二)崩解时限

仪器装置:采用升降式崩解仪表(5-4)。

表 5-4 片剂的崩解时限要求

片剂类型	崩解时间
可溶片	3min
舌下片、泡腾片	5min
含片	10min
普通片	15min
薄膜衣片	30min

片剂类型	崩解时间
糖衣片	1h
肠溶片	先在盐酸溶液(9→1000)中检查 2h,每片均不得有裂缝、崩解或软化现象;然后在磷酸盐缓冲液(pH 6.8)中进行检查,1h 内应全部崩解
结肠定位肠溶片	在盐酸溶液(9→1000)及 pH6.8 以下的磷酸盐缓冲液中均应不得有裂缝、崩解或软化现象,在 pH7.5~8.0 的磷酸盐缓冲液中 1h 内应完全崩解

咀嚼片不进行崩解时限检查。

凡规定检查溶出度、释放度的片剂,不再进行崩解时限检查。

(三)脆碎度

仪器装置:脆碎度检测仪。

检查法:片重为 0.65g 或以下者取若干片,使其总重约为 6.5g;片重大于 0.65g 者取 10 片。用吹风机吹去片剂脱落的粉末,精密称重,置圆筒中,转动 100 次。取出,同法除去粉末,精密称重,减失重量不得过 100,且不得检出断裂、龟裂及粉碎的片。

(四)含量均匀度

片剂、硬胶囊剂、颗粒剂或散剂等,每一个单剂标示量小于 25mg 或主药含量小于每一个单剂重量 25%者应检查含量均匀度。

凡检查含量均匀度的制剂,一般不再检查重(装)量差异;当全部主成分均进行含量均匀度检查时,复方制剂一般亦不再检查重(装)量差异。

【实训任务】 氯芬黄敏片(糖衣片)的生产。

【处方】

双氯芬酸钠	15g
人工牛黄	15g
马来酸氯苯那敏	2.5g
淀粉	66g
硬脂酸镁	适量
制成	1000 片

【制法】

取双氯芬酸钠 15g、人工牛黄 15g、马来酸氯苯那敏 2.5g,加辅料适量,混匀,制成颗粒,干燥,加入润滑剂混合,压制成 1000 片,包糖衣,即得。

【工艺流程图】 工艺流程见图 5 - 2。

【生产操作要点】

(一)生产前确认

略。

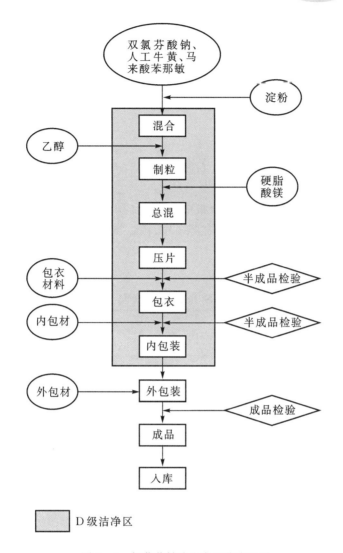

图 5-2　氯芬黄敏片生产工艺流程图

（二）制粒

1. 配料

领取双氯芬酸钠、人工牛黄、马来酸氯苯敏和药用淀粉,复核重量及物料标签内容(表5-5)。

表 5-5　配料表

原辅料名称	批配料量(96 万片)
双氯芬酸钠	14.4kg
人工牛黄	14.4kg
马来酸氯苯那敏	2.4kg
淀粉	64kg
硬脂酸镁	0.8kg

2. **制粒**

取原辅料投入到快速混合制粒机中,混合 10min。加 50%~60% 乙醇 8kg,开启搅拌浆,制软材,然后开启制粒刀 1min,制成大小均匀的颗粒。

3. **干燥**

将湿颗粒转入沸腾干燥机中,干燥温度控制在 60℃。干燥完毕,将干颗粒装入洁净干燥的周转桶中,称重。

4. **整粒**

将干颗粒进行整粒,过 14 目筛和 60 目筛,装入洁净周转桶中,封好盖,称重,贴物料标签。

5. **总混**

取整粒完毕的颗粒,加入到三维混合机中,混合 5min,混匀后将颗粒放入周转桶中,加盖,称重,逐个贴物料标签,标明品名、批号、容器编号、容器数量、重量、日期等,送中间站。

6. **质量监控**

质量监控见表 5-6。

表 5-6　质量监控表

监控项目	监控方法	监控标准	频次
混合时间	计时	10min	每批
润湿剂量、浓度	称量、乙醇密度计	每小批 8kg50%~60% 的乙醇	每批
批混时间	设备设置	5min	每批

(三)压片

领取混好的颗粒,按《压片岗位标准操作规程》压片,待机器正常运转后,检测素片崩解时限,做好记录,每 20min 检测一次片重及外观,控制片重在(片重±片重×4%)范围内,并随时进行调整。

(四)包衣(以 45kg 基片计)

1. **单糖浆的配制**

【处方】

蔗糖	24.4kg
纯化水	10.5kg
制成	9.66kg

【制法】 在制浆罐内加入处方量的纯化水,加热至沸腾时,加入蔗糖,继续加热至完全溶解后,100 目层龙筛滤过,再加入纯化水补充至 34.9kg,制成浓度为 70% 的单糖浆。

2. **明胶糖浆的配制**

【处方】

明胶	0.45kg
纯化水	1.01kg
单糖浆	8.2kg
制成	9.66kg

【制法】 将明胶放入制浆罐内,加入纯化水使之充分溶胀后稍加热,使明胶全部溶于水,再加入单糖浆充分搅拌,100 目层龙筛滤过,即得。

化蜡:将蜡置洁净的容器中,加热熔化后加入 2% 的二甲硅油搅拌均匀,过滤,冷却,磨粉即得。

3. 有色糖浆

0.3% 柠檬黄用量:加入适量单糖浆搅拌均匀即可。

4. 包衣

(1)预热:领取检验合格的素片,投入包衣机中,加热至 30～40℃,即可开始正式包衣。

(2)隔离层:将片心置包衣锅中滚动,加入胶浆,搅拌,使之均匀黏附于片心上,加入适量滑石粉,吹热风(30～50℃)使衣层充分干燥。依法重复包衣 3～4 层,即可。

(3)粉衣层:操作时药片在包衣锅中滚转,加入适量温热糖浆使表面均匀润湿后,撒入滑石粉适量,使之均匀粘着在片剂表面,继续滚转加热并吹风干燥,至片心的棱角全部消失,片面圆整,光滑为止。一般需包 6～8 层。

(4)糖衣层:包衣材料只用糖浆而不用滑石粉,操作与包粉衣层相似应注意每次加入糖浆后,待片面略干后再加热吹风。一般包 6～8 层。

(5)有色糖衣层:亦称色层。包衣物料是柠檬黄有色糖浆,按包糖衣层操作一般包 4～5 层。

(6)打光:在加完最后一次有色糖浆接近干燥时,锅体停止转动,锅口加盖,使剩余水分慢慢散去而析出微小结晶,闷锅 2～3 次,转动锅体,撒入蜡粉进行打光,至光亮度达到要求后停止操作,打光后的糖衣片送晾片室干燥 24h 后,装样送入中间站。

【岗位生产记录】

表 5-7　压片岗位生产记录

专业:＿＿＿＿＿＿＿＿＿　班级:＿＿＿＿＿＿＿＿＿　组号:＿＿＿＿＿＿＿＿＿

姓名:＿＿＿＿＿＿＿＿＿　场所:＿＿＿＿＿＿＿＿＿　时间:＿＿＿＿＿＿＿＿＿

品　名		规　格	
		批　号	
		批　量	
生产前确认	1. 有"清场合格证"　　□ 2. 室内无上批产品遗留物　　□ 3. 室内无与本产品无关物料　　□ 4. 室内洁净　　□ 5. 工作台面洁净　　□ 6. 设备洁净　　□ 7. 设备完好,挂"待运行"状态标示牌　　□		8. 容器洁净　　□ 9. 计量器具处于校验有效期内　　□ 10. 计量器具已校正　　□ 11. 下发的批生产记录的品名、批号及规格正确　　□ 12. 室内温度 18～26℃ 之内 ＿＿＿＿℃ 13. 室内湿度在 45%～65% 之间 ＿＿＿＿%
操作人:＿＿＿＿＿＿＿　　复核人:＿＿＿＿＿＿＿　　QA 人员:＿＿＿＿＿＿＿			
使用设备			
操作复核	领取总混颗粒总重 ＿＿＿＿ kg		

产量记录	第 _____ 个班 _____ 月 _____ 日		
	总重量 _____ kg　　折合片数 _____ 片		
	丢弃的废料重量 _____ kg		
	物料平衡 $= \dfrac{产出半成品重量 + 废料量}{实际投入重量} \times 100\%$		
	物料平衡 $= \dfrac{\text{kg} + \quad \text{kg}}{\text{kg}} \times 100\%$ 　　　 %		
操作人		复核人	QA 人员
生产结束进行清场	1. 无本批产品遗留物　□ 2. 工作台面洁净　□ 3. 设备洁净　□ 4. 用具洁净　□ 5. 灯具管线洁净 □	6. 送风口、回风口洁净　□ 7. 墙面、天花板洁净　□ 8. 门窗洁净　□ 9. 地面洁净　□ （清场合格证附后）	
	操作人：_____　　复核人：_____　　QA 人员：_____		
批异常情况及处理措施	签字 _____		
开始生产时间	年 月 日	结束生产时间	年 月 日

表 5-8　压片操作记录

专业：_____　　　　　班级：_____　　　　　组号：_____

姓名：_____　　　　　场所：_____　　　　　时间：_____

品　名		规　格	
		批　号	
		批　量	
规格		上限		下限	

检测片重(g)					
时间	平均片重(g)	时间	平均片重(g)	时间	平均片重(g)

操作人		复核人	
开始生产时间	年 月 日	结束生产时间	年 月 日

表 5-9 包衣岗位生产记录

专业：＿＿＿＿＿＿＿＿＿ 班级：＿＿＿＿＿＿＿＿＿ 组号：＿＿＿＿＿＿＿＿＿

姓名：＿＿＿＿＿＿＿＿＿ 场所：＿＿＿＿＿＿＿＿＿ 时间：＿＿＿＿＿＿＿＿＿

产品名称		代码		规格	
批号		理论量		生产指令单号	
领素片量	kg	片芯重量		最终片重	g
大锅装量 kg 共 锅		压片人		操作人	

生产前检查	操作要求	执行情况
	1. 生产相关文件是否齐全	1. 是□ 否□
	2. 清场合格证是否在有效期内	2. 是□ 否□
	3. 计量器具校验合格证是否在效期内	3. 是□ 否□
	4. 按批指令,核对名称、批号、数量、规格及片芯质量情况	4. 是□ 否□
	5. 设备是否完好	5. 是□ 否□

生产操作							
			制浆操作记录				
		物料名称	批号或检验单号	领用量	使用量	剩余量	制浆量
	糖浆	蔗糖					
		纯化水					
	胶糖浆	明 胶					
		纯化水					
		糖 浆					
	混浆	滑石粉					
		糖 浆					
	辅料	滑石粉					
		色素					
		川蜡					

次数	时间	包衣阶段	浆液名称	用量/mL	次数	时间	包衣阶段	浆液名称	用量/mL

表 5-10 包衣操作记录

专业：_____　　班级：_____　　组号：_____

姓名：_____　　场所：_____　　时间：_____

产品名称		代码		规格	
批号		理论量		生产指令单号	

	次数	时间	包衣阶段	浆液名称	用量/mL	次数	时间	包衣阶段	浆液名称	用量/mL
生产操作										

晾片	衣片总量		kg	取样量	kg
	废料量		kg	崩解时限	分
	晾片开始			室内温度	℃
	晾片结束			室内湿度	%

物料平衡	物料平衡计算公式：（包衣片总量＋废料量＋取样量）/总投料量×100%
	计算：_____ ×100％＝　　　　%
	计算人：　　　　　　复核人：
	98％≤限度≤100％　　实际为　　　% 　　符合限度□　　不符合限度□

传递	移交人		交接量		kg	日期	
	接收人		物料件数		件	质监员	

备注	

【项目考核评价表】

表5-11 片剂生产考核表

专业：＿＿＿＿＿＿＿＿＿＿ 班级：＿＿＿＿＿＿＿＿＿＿ 组号：＿＿＿＿＿＿＿＿＿

姓名：＿＿＿＿＿＿＿＿＿＿ 场所：＿＿＿＿＿＿＿＿＿＿ 时间：＿＿＿＿＿＿＿＿＿

考核项目	考核标准	得分
处方	处方组成、批量换算	
工艺流程	生产工艺流程图	
粉碎、过筛	万能粉碎机、旋振筛的使用；收率符合要求	
称量、配料	称量配料准确、双人复核	
制粒	高速制粒机的使用	
干燥	沸腾干燥机的使用	
总混	混合均匀	
压片	压片机的使用	
包衣	包衣锅的使用	
包装	瓶装生产线的使用	
记录完成情况	记录真实、完整，字迹工整清晰	
清场完成情况	清场全面、彻底	
产品质量检查	操作准确，检查合格	
物料平衡率	符合要求	
总分		
总结		

考核教师：

三、片剂生产工艺

（一）片剂的基本知识

1. 片剂的定义

片剂系指原料药物或与适宜的辅料制成的圆形或异形的片状固体制剂。中药还有浸膏片、半浸膏片和全粉片等。

2. 片剂的类型

片剂以口服普通片为主，另有含片、舌下片、口腔贴片、咀嚼片、分散片、可溶片、泡腾片、阴道片、阴道泡腾片、缓释片、控释片、肠溶片与口崩片等。

3. 片剂特点

（1）优点。

1）剂量准确，片剂内药物的剂量和含量均依照处方的规定，含量差异较小，患者按片服用剂量准确；药片上又可压上凹纹，可以分成两半或四分，便于取用较小剂量而不失其准确性。

2)质量稳定,片剂在一般的运输贮存过程中不会破损或变形,主药含量在较长时间内不变;片剂系干燥固体剂型,压制后体积小,光线、空气、水分、灰尘对其接触的面积比较小,故稳定性影响一般比较小。

3)服用方便,片剂无溶媒,体积小,所以服用便利,携带方便;片剂外部一般光洁美观,色、味、臭不好的药物可以包衣来掩盖。

4)便于识别,药片上可以压上主药名和含量的标记,也可以将片剂染上不同颜色,便于识别。

5)成本低廉,片剂能用自动化机械大量生产,卫生条件也容易控制,包装成本低。

(2)缺点。

1)儿童和昏迷患者不易吞服。

2)制备贮存不当时会逐渐变质,以致在胃肠道内不易崩解或不易溶出。

3)含挥发性成分的片剂贮存较久含量下降。

4. 片剂的辅料

片剂由药物和辅料组成。辅料系指在片剂处方中除药物以外的所有附加物的总称。片剂的常用辅料主要有四大类:稀释剂、黏合剂、崩解剂和润滑剂。除此之外,还可根据需要加入着色剂、矫味剂等。

(1)稀释剂(填充剂):一些药物的剂量有时只有几毫克甚至更少,不适于片剂成型及临床给药。因此,凡主药剂量小于50mg时需要加入一定剂量的稀释剂(亦称填充剂)。

理想的稀释剂应具有化学惰性和生理学惰性,且不影响药物有效成分的生物利用度。常用的稀释剂主要有淀粉(包括玉米淀粉、小麦淀粉、马铃薯淀粉,以玉米淀粉最为常用。性质稳定、吸湿性小,但可压性较差)、乳糖(性能优良,可压性、流动性好)、糊精(较少单独使用,多与淀粉、蔗糖等合用)、蔗糖(吸湿性强)、预胶化淀粉(又称可压性淀粉,具有良好的可压性、流动性和自身润滑性)、微晶纤维素(MCC,具有较强的结合力与良好的可压性,亦有"干粘合剂"之称)、无机盐类(包括磷酸氢钙、硫酸钙、碳酸钙等,性质稳定)和甘露醇(价格较贵,常用于咀嚼片中,兼有矫味作用)等。

(2)润湿剂和黏合剂:润湿剂和黏合剂是在制粒时添加的辅料。

润湿剂系指本身没有黏性,而通过润湿物料诱发物料黏性的液体。常用的润湿剂有蒸馏水和乙醇,其中蒸馏水是首选的润湿剂。

黏合剂系指依靠本身所具有的黏性赋予无黏性或黏性不足的物料以适宜黏性的辅料,常用的黏合剂有淀粉浆(最常用黏合剂之一,常用浓度8%~15%,价廉、性能较好)、甲基纤维素(MC,水溶性较好)、羟丙纤维素(HPC,可作粉末直接压片黏合剂)、羟丙甲纤维素(HPMC,溶于冷水)、羧甲基纤维素钠(CMC-Na,适用于可压性较差的药物)、乙基纤维素(EC,不溶于水,但溶于乙醇)、聚维酮(PVP,吸湿性强,可溶于水和乙醇)、明胶(可用于口含片)、聚乙二醇(PEG)等。

(3)崩解剂:崩解剂系指促使片剂在胃肠液中迅速破裂成细小颗粒的辅料。除了缓释片、控释片、口含片、咀嚼片、舌下片等有特殊要求的片剂外,一般均需加入崩解剂。常用的崩解剂有:干淀粉(适于水不溶性或微溶性药物)、羧甲淀粉钠(CMS-Na,高效崩解剂)、低取代羟丙基纤维素(L-HPC,吸水迅速膨胀)、交联羧甲基纤维素钠(CC-Na)、交联聚维酮(PVPP)和泡腾崩解剂(碳酸氢钠和枸橼酸组成的混合物,也可以用柠檬酸、富马酸与碳酸钠、碳酸钾、碳酸氢钾)等。

(4)润滑剂:润滑剂(广义)按作用不同可以分为三类:助流剂、抗黏剂和润滑剂(狭义)。

1)助流剂:降低颗粒之间的摩擦力,改善粉体流动性,有助于减少重量差异。

2)抗黏剂:防止压片时发生粘冲,保证压片操作顺利进行,改善片剂外观。

3)润滑剂(狭义):降低物料与模壁之间的摩擦力,保证压片与推片等操作顺利进行。

常用的润滑剂(广义)有硬脂酸镁(MS)、微粉硅胶、滑石粉、氢化植物油、聚乙二醇类、十二烷基硫酸钠等。

(5)其他辅料。

1)着色剂:主要用于改善片剂的外观,使其便于识别。常用色素应符合药用规格。

2)芳香剂和甜味剂:主要用于改善片剂的口味,如口含片和咀嚼片。常用的芳香剂包括各种芳香油、香精等;甜味剂包括阿司帕坦、蔗糖等。

(二)片剂的生产工艺流程

1. 片剂生产主要单元操作

片剂一般由原药、填充剂、吸附剂、黏合剂、润滑剂、崩解剂、矫味剂、调色剂等成分组成。

按片剂生产流程,可分为直接压片和制粒后压片,其中制粒压片法又分为湿法制粒压片法和干法制粒压片法,湿法制粒压片法应用最为广泛。以湿法制粒压片法为例,片剂生产的工艺流程主要有制粒、压片、包衣和包装4个工序。

2. 片剂生产工艺流程

片剂生产工艺流程见图5-3。

四、片剂生产设备

(一)制粒设备

参见项目四颗粒剂制粒部分设备。

(二)压片设备

将颗粒或粉状物料置于模孔内由冲头压制成片剂的机器称为压片机。生产方法有粉末压片法和颗粒压片法两种,粉末压片法是直接将均匀的原辅料粉末置于压片机中压成片剂;颗粒压片法是先将原辅料制成颗粒,再置于压片机中冲压成片状。

常用的压片机按其结构分为单冲压片机和多冲旋转压片机;按压制片形分为圆形压片机和异形压片机;按压缩次数分为一次压制压片机和二次压制压片机;按片层分为双层压片机和有芯压片机等。

(三)常用压片设备

1. 单冲压片机

单冲压片机由一组冲模组成,生产能力为80～100片/分,多用于实验室新产品试制(表5-12)。

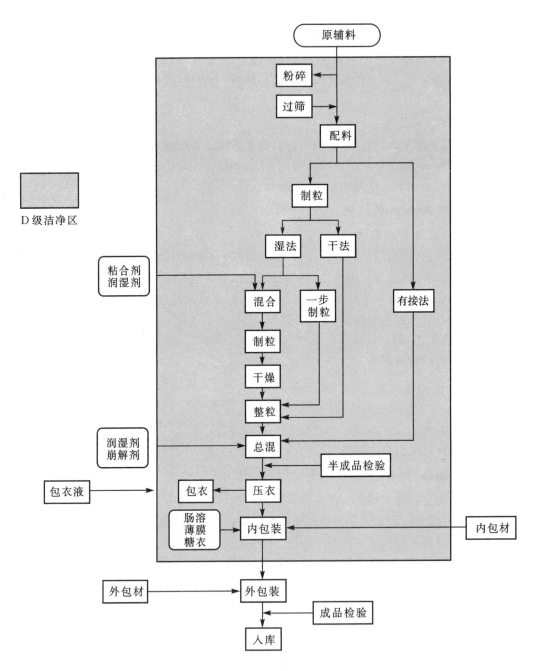

图 5-3　片剂生产工艺流程图

表 5 - 12 单冲压片机介绍表

名称	单冲压片机
结构	主要由加料器、压缩部件、调节装置三部分组成
工作原理	(1)加料器由加料斗和饲料靴构成。 加料斗:用于贮藏颗粒,不断补充颗粒便于连续压片。 饲料靴:用于将颗料填满模孔并刮平,将顶出的片剂拨入收集器中。 (2)压缩部件 由上冲、模圈和下冲组成,是片剂成型部分,并决定片剂的大小和形状。 冲模是压片机模具,一副冲模包括上冲、中模、下冲三个零件,上下冲的结构相似,其冲头直径也相等,上、下冲的冲头直径和中模的模孔相配合,可以在中模孔中自由上下滑动,但不会存在可以泄漏药粉的间隙。 (3)各种调节器 主要有压力调节器、片重调节器和推片调节器。 压力调节器:连在上冲杆上,用以调节上冲下降的深度,下降越深,上、下冲间距越近,压力越大,反之压力则小。 片重调节器:连在下冲杆上,用以调节下冲下降的深度,从而调节模孔容积而使片重符合要求。下冲下降高度越低,片重越大;反之,片重越小。 出片调节器:用以调节下冲出片时抬起的高度,使其恰好与模圈的上缘相平,使压出的片剂顺利顶出模孔。 单冲压片机三个调节器的调节次序:出片调节器→片重调节器→压力调节器
工作过程	(1)手转动转动轮,上冲升起,饲料靴推进到模孔之上位置。 (2)下冲下降至适宜的位置,饲粉器在模孔上移动,颗粒填满模孔。 (3)饲料靴从模孔上移开,加入模孔中的物料颗粒与模孔上缘相齐。 (4)上冲下降将颗粒压缩成片,此时下冲不移动。 (5)上冲升起的同时,下冲将已压实的药片顶出模孔,饲料靴再推进到模孔之上,同时将压成的药片推开并落入接收器,并进行下一次填料,周而复始(图 5 - 4,图 5 - 5)

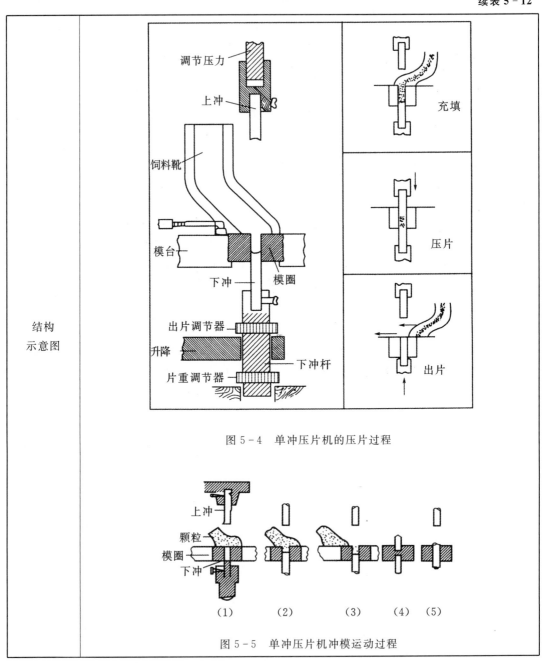

图 5-4　单冲压片机的压片过程

图 5-5　单冲压片机冲模运动过程

　　旋转压片机的原理基本与单冲压片机相同,同时又针对瞬间无法排出空气的缺点,变瞬时压力为持续且逐渐增减压力,从而保证了片剂的质量。旋转式压片机由多组冲模组成,对扩大生产有极大的优越性(表 5-13,表 5-14)。

表 5 - 13　旋转式压片机介绍表

名称	旋转式压片机
结构	主要工作部分有机台、压轮、片重调节器、压力调节器、加料斗、饲料器等
工作原理	机台分三层,上层装有若干上冲,在中层对应的位置上装着模圈,在下层对应的位置上装着下冲。由传动部件带来的动力使转台旋转,在转台旋转的同时,上下冲杆沿着固定的轨道作有规律的上下运动。同时,在上冲上面及下冲下面的适当位置装着上压轮和下压轮,在上冲和下冲转动并经过各自的压轮时,被压轮推动,使上冲向下、下冲向上运动并加压于物料。转台中层台面有一位置固定不动的刮粉器,饲粉靴的出口对准物料经加料器源源不断地流入模圈孔中。压力调节手轮用来调节下压轮的高度,下压轮的位置高,则压片时下冲抬得高,上下冲之间的距离近,压力大,反之压力就小(图 5-6,图 5-7)
工作过程	(1)填料:下冲转到加料器之下时,下冲的位置趋低,致使物料颗粒流入中模模腔,下冲转到充填轨时,保证了一定的充填量。 (2)刮平:当下冲继续运行到片重调节器时略有上升,经刮粉器将多余的物料颗粒刮去。 (3)压片:当上、下冲转到上下两压轮之间,两冲之间的距离为最小,将颗粒压缩成片。 (4)出片:下冲转到顶出轨时,下冲把中模模腔内的片子逐渐顶出,直至下冲与中模的上缘相平,药片被刮粉器推开。以上工序,旋转式压片机以多个冲模的形式周而复始
类型	按冲数分:16 冲、19 冲、27 冲、33 冲、55 冲、75 冲等; 按流程分:单流程和双流程两种。 单流程仅有一套上、下压轮,旋转一周每模孔仅压出一个药片; 双流程指转盘旋转一周时填充、压缩、出片各进行两次,有两套压轮,所以生产效率是单压的两倍。为使机器减少振动及噪音,两套压轮交替加压可使动力的消耗大大减少,因此压片机的冲数皆为奇数,故目前药品生产中多应用双压压片机
结构示意图	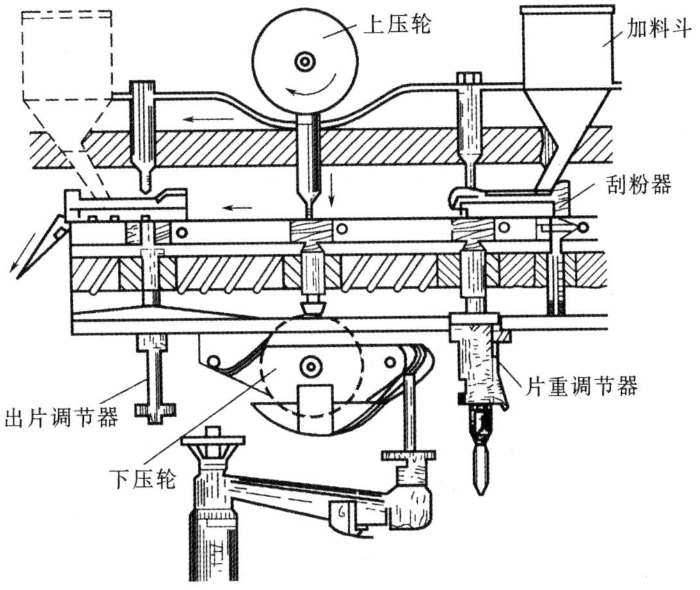

图 5 - 6　旋转式压片机结构示意图

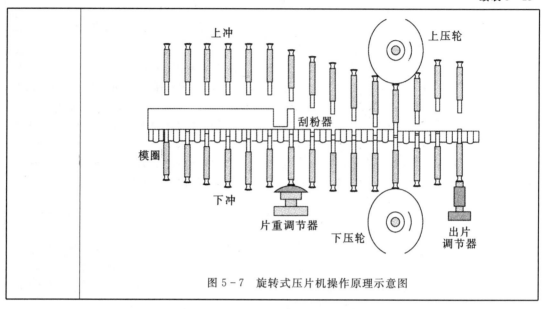

图 5－7　旋转式压片机操作原理示意图

表 5－14　旋转式压片机标准操作规程

ZP35D 型旋转式压片机操作规程	
开机前的检查	(1)机台上是否有异物体,如有应及时取出。 (2)检查配件及模具是否齐全。 (3)准备好接料容器
安装步骤	(1)打开侧门,装上手轮。 (2)冲模安装前,应将转盘的工作面、上、下冲杆孔、中模孔和所需安装的冲模清洗干 　　净,然后按下列程序进行安装。 1)打开有机玻璃前门。 2)中模的安装:首先将转盘上的中模固定螺钉逐件旋出,使固定螺钉的头部缩至中模 　　孔径外,以便中模在无阻卡情况下装入中模孔。然后用专用的中模打棒将中模轻击 　　入中模孔,直至中模进入中模孔底部,然后将中模紧固螺钉紧固。 3)上冲杆的安装:将上轨导的嵌舌向上翻起,然后将上冲杆孔内。(注意上冲杆在上冲 　　杆孔内必须能自由上、下和转动自如,无任何阻尼现象),当上冲杆全部装完后,必须 　　将嵌舌翻下,与平行轨接平。 4)下冲杆的安装:拆除出片嘴、加料器、料斗及加料器支柱。打开后侧板,拆下安装在 　　主体上平面接下轨最低部的圆垫块,即可将下冲杆逐个装上,装妥后垫块必须安置 　　原位。 5)冲模安装完毕后,用手转动手轮,使转盘旋转 2～3 圈,观察上、下冲杆在沿着各轨道 　　上、在各孔中上下移动中无阻卡和不正常的摩擦声。 (3)合上操作左侧的电源开关,面板上电源指示灯 H1 点亮,压力显示 P1 显示压片,转 　　速表 P2 显示"0"。 (4)转动手轮,检查充填量大小和片剂成型情况。 (5)拆下手轮,合上侧门。

	(6)安装刮粉器、加料斗。加料器与转盘工作台面须保持一定间隙，即 0.05～0.1 毫米。间隙过大会造成漏粉，过小会使加料器与转盘工作台面摩擦，从而产生金属粉末混入药粉中，伸压出片剂不符合质量要求成为废片。 (7)压片和准备工作就绪，面板上无故障，显示一切正常，开机，按动增压点动钮，将压力显示调整所需压力，按动无级调速键调整频率适所需转速。 (8)充填量调整：充填量调节器安装在机器前面中间两个调节手轮控制。中左调节手轮控制后压轮压制的片重。中右调节手轮按顺时针方向旋转时，充填量减少，反之增加。其充填的大小由测度指示，刻度带每转一大格，充填量就减 1mm，刻度盘每转一格，充填量就增减 0.01mm。 (9)片厚度的调节：片剂的厚度调节是由安装在机器前面两端的两个调节手轮控制。左端的调节手轮控制前压轮压制的片厚，右端的调节手轮控制后压轮压制的片厚。当调节手轮按顺时针方向旋转时。片厚增大，反之片厚减少。片剂的厚度由测度显示，刻度带每转过一大格，片剂厚度增大(减少)1mm，刻度盘每转一格，片剂的厚度增大(减少)0.01mm。 (10)粉量的调整：当充填量调妥后，调整粉子的流量。调节料斗口与转台工作面的距离或料斗上提粉板的开启距离，从而控制粉子的流量。 (11)所有调试完毕后，即可正式生产
开机(车)操作	(1)使用前打开蜗轮箱上盖注入机油，其油高度不超过没面线(视框板上有红色刻度线示意)。 (2)将颗粒加入斗内，先用手转动转盘使颗粒填入模孔内。 (3)压片前粗略调整压力手轮和填充手轮，使药片厚度和重量接近预定值，然后开启电源启动按钮。 (4)充填调节：按由少到多原则进行，直到标准片重。 (5)压力调节：按先松后紧原则，逐步增加压力，调到符合该品种质量要求为佳。 (6)根据平均压力及上下偏差值设定平均压力值、标准偏差值及单值上下限值，通常标准偏差设置为 5～10，单位值上下限为平均压力值加/减 5～10。 (7)根据物料性质分段按动升降按钮至正常生产速度。"手动/自动"转换开关在"自动位置"
停机	(1)物料即将压完时，应对机器进行降速处理，不能正常控制片子的重量及压片时停机。 (2)把"手动/自动"旋钮打到"手动"位置。 (3)打开加料器的出料口，按下"强迫下料"按钮，放出剩余物料，然后关闭强迫下料，最后关闭机器总电源，按规定对机器进行清理或清场。 (4)安全操作注意事项。 1)换批清场或换产品，在清场开机前，必须进行手盘车至少一周，以确保机器的正常状态。 2)开机前必须确定机器的转台上及防护门的罩壳上无工具或物品。 3)机器正常使用时不得屏蔽防护门的连锁，在连续运转时不得打开防护门。 4)机器在生产操作和清理时必须由一人完成，不得多人同时操作机器，以免发生误操作危人身或者设备安全。 5)机器长期不用时应卸下模具，并涂抹润滑油放于模具盒中。

	6)冲模使用前必须严格检查,不能有裂纹、缺边和拉毛等现象,如勉强使用,则会给机器带来损伤
填写设备运行记录	

【旋转式压片机的常见问题处理】

1. 压片成品常见问题处理

压片成品常见问题见表 5 - 15。

表 5 - 15　压片成品常见问题及处理表

问题	原因及处理
片重超差(指片重差异超过药典规定的限度)	(1)颗粒粗细分布不匀,压片时颗粒流速不同,导致充填到中模孔内的颗粒粗细不均匀,如粗颗粒量多则片轻,细颗粒多则片重。解决方法:应将颗粒混匀或筛去过多细粉。 (2)如有细粉黏附冲头而造成吊冲时可使片重差异幅度较大。此时下冲转动不灵活,应及时检查,拆下冲模,清理干净下冲与中模孔。 (3)颗粒流动性不好,流入中模孔的颗粒量时多时少,引起片重差异过大而超限。解决方法:应重新制粒或加入适宜的助流剂如微粉硅胶等,改善颗粒流动性。 (4)颗粒分层。解决颗粒分层,减小粒度差。 (5)较小的药片选用较大颗粒的物料。解决方法:选择适当大小的颗粒。 (6)加料斗被堵塞,此种现象常发生于黏性或引湿性较强的药物。应疏通加料斗、保持压片环境干燥,并适当加入助流剂解决。 (7)物料内物料存储量差异大,控制在 50% 以内。 (8)加料器不平衡或未安装到位,造成填料不均。 (9)刮粉板不平或安装不良。解决方法:调平。 (10)带强迫加料器的,强迫加料器拨轮转速与转台转速不匹配。解决方法:调一致。 (11)冲头与中模孔吻合性不好,例如下冲外周与模孔壁之间漏下较多药粉,致使下冲发生"涩冲"现象,造成物料填充不足,对此应更换冲头、中模。 (12)下冲长短不一,超差,造成充填量不均。解决办法:修差,差±5μm 以内。 (13)下冲带阻尼的,阻尼螺钉调整的阻尼力不佳。重新调整。 (14)充填轨道磨损或充填机构不稳定。解决方法:更换或稳固。 (15)追求产量,转台转速过快,填充量不足。特别是压大片时,要适当降低转速,以保证充填充足。 (16)压片机震动过大,结构松动,装配不合理或重新装配;压片机设置压力过大,减小压力
松片(片剂压成后,硬度不够,表面有麻孔,用手指轻轻加压即碎裂)	(1)压力不够。解决方法:增加压力。然而,对于一些特殊用途的大片要求压力较大,其压力要求达到压片机压力上限或者超出压力上限的,需要定制大压力的相应规格的压片机。 (2)受压时间太少、转速快。相应延长受压时间、增加预压、减低转速。

	(3)多冲压片机上冲长短不齐。解决方法:调整冲头。 (4)活络冲冲头发生松动。进行紧固。 (5)药物粉碎细度不够,纤维性或富有弹性药物或油类成分含量较多而混合不均匀。可将药物粉碎过100目筛、选用黏性较强的黏合剂、适当增加压片机的压力、增加油类药物吸收剂充分混匀等方法加以克服。 (6)黏合剂或润湿剂用量不足或选择不当,使颗粒质地疏松或颗粒粗细分布不匀,粗粒与细粒分层。可选用适当黏合剂或增加用量、改进制粒工艺、多搅拌软材、混均颗粒等方法加以克服。 (7)颗粒含水量太少,过分干燥的颗粒具有较大的弹性、含有结晶水的药物在颗粒干燥过程中失去较多的结晶水,使颗粒松脆,容易松裂片。故在制粒时,按不同品种应控制颗粒的含水量。如制成的颗粒太干时,可喷入适量稀乙醇(浓度50%～60%),混匀后压片。 (8)药物本身的性质。密度大压出的片剂虽有一定的硬度,但经不起碰撞和震摇。如次硝酸铋片、苏打片等往往易产生松片现象;密度小,流动性差,可压性差,重新制粒。 (9)颗粒的流动性差,填入中模孔的颗粒不均匀。 (10)有较大块或颗粒、碎片堵塞刮粒器及下料口,影响填充量。 (11)加料斗中颗粒时多时少。应勤加颗粒使料斗内保持一定的存量
裂片(片剂受到震动或经放置时,有从腰间裂开的称为腰裂,从顶部裂开的称为顶裂,腰裂和顶裂总称为裂片)	(1)压力过大,颗粒受压力增加,膨胀程度亦增加,黏合剂的结合力不能抑制其膨胀,故造成裂片,应减低压力处理。 (2)上冲与模孔不合要求。使用日久的冲模,日渐磨损,导致上冲与模孔吻合不正直,上冲带有尖锐向内的卷边,压力便不匀使片子的部分受压过大,而造成顶裂或模圈走样变形。 (3)压片机转速过快,片剂受压时间过短,使片子突然受压而紧缩,接着又突然发生膨胀而裂片。相应有预压的增加预压时间。 (4)黏合剂选择不当,制粒时黏合剂过少,黏性不足则颗粒干燥后,细粉较多过多时则干颗粒太坚硬,可造成崩解困难,片面麻点,故加入黏合剂要适当;如细粉过多,可筛出少许;颗粒太硬,应返工重新制粒并追加崩解剂。 (5)颗粒不合要求,质地疏松,细粉过多而造成裂片,改进方法应调整黏合剂的浓度与用量,改进制粒方法加以克服。 (6)颗粒太干、含结晶水药物失去过多造成裂片,解决方法与松片相同。 (7)有些结晶型药物,未经过充分的粉碎。可将此类药物充分粉碎后制粒。 (8)压片室室温低、湿度低,易造成裂片,特别是黏性差的药物容易产生。相应调节温度、湿度系统
粘冲(压片时片剂表面细粉被冲头和冲模黏附,致使片面不光、不平有凹痕,刻字冲头更容易发生粘冲现象)	(1)冲头表面损坏或表面光洁度降低,也可能有防锈油或润滑油、新冲模表面粗糙或刻字太深有棱角。可将冲头擦净、调换不合规格的冲模或用微量液状石蜡擦在刻字冲头表面使字面润滑。此外,如为机械发热而造成粘冲时应检查原因,检修设备。 (2)刻、冲字符设计不合理。相应更换冲头或更改字符设计。 (3)颗粒含水量过多或颗粒干湿不均而造成粘冲。解决办法:控制颗粒水分在2%～3%左右,加强干粒检查。

	(4)润滑剂用量不足或选型不当、细粉过多。应适当增加润滑剂用量或更换新润滑剂、除去过多细粉。
	(5)原辅料细度差异大,造成混合不均匀或混合时间不当。解决办法:对原辅料进行粉碎、过筛,使其细度达到该品种的质量要求,同时掌握、控制好混合时间。
	(6)黏合剂浓度低或因黏合剂质量原因而造成粘合力差,细粉太多(超过10%以上)而粘冲。解决办法:用40目的筛网筛出细粉,重新制粒、干燥、整粒后,全批混合均匀,再压片。
	(7)由于原料本身的原因(如具有引湿性)造成粘冲。解决办法:加入一定量的吸收剂(如加入3%的磷酸氢钙)避免粘冲。
	(8)环境湿度过大、湿度过高。降低环境湿度。
	(9)操作室温度过高易产生粘冲。应注意降低操作室温度
崩解延缓(指片剂不能在规定时限内完成崩解影响药物的溶出、吸收和发挥药效)	(1)片剂孔隙状态的影响。一般的崩解介质为水或人工胃液,其黏度变化不大,所以影响崩解介质(水分)透入片剂的四个主要因素是毛细管数量(孔隙率)、毛细管孔径(孔隙径 R)、液体的表面张力 γ 和接触角 θ。影响的因素有以下几种。 1)原辅料的可压性。可压性强的原辅料被压缩时易发生塑性变形,片剂的孔隙率及孔隙径 R 皆较小,因而水分透入的数量和距离 L 都比较小,片剂的崩解较慢。实验证明,在某些片剂中加入淀粉,往往可增大其孔隙率,使片剂的吸水性显著增强,有利于片剂的快速崩解。但不能由此推断出淀粉越多越好的结论,因为淀粉过多,则可压性差,片剂难以成型。 2)颗粒的硬度。颗粒(或物料)的硬度较小时,易因受压而破碎,所以压成的片剂孔隙和孔隙径 R 皆较小,因而水分透入的数量和距离 L 也都比较小,片剂崩解亦慢;反之则崩解较快。 3)压片力。在一般情况下,压力愈大,片剂的孔隙率及孔隙径 R 愈小,透入水的数量和距离 L 均较小,片剂崩解亦慢。因此,压片时的压力应适中,否则片剂过硬,难以崩解。但是,也有些片剂的崩解时间随压力的增大而缩短,例如,非那西丁片以淀粉为崩解剂,当压力较小时,片剂的孔隙率大,崩解剂吸水后有充分的膨胀余地,难以发挥出崩解的作用,而压力增大时,孔隙率较小,崩解剂吸水后有充分的膨胀余地,片剂胀裂崩解较快。 4)润滑剂与表面活性剂。当接触角 θ 大于90°时,$\cos\theta$ 为负值,水分不能透入到片剂的孔隙中,即片剂不能被水所湿润,所以难以崩解。这就要求药物及辅料具有较小的接触角 θ,如果 θ 较大,例如疏水性药物阿司匹林接触角 θ 较大,则需加入适量的表面活性剂,改善其润湿性,降低接触角 θ,使 $\cos\theta$ 值增大,从而加快片剂的崩解。片剂中常用的疏水性润滑剂也可能严重地影响片剂的湿润性,使接触角 θ 增大,水分难以透入,造成崩解迟缓。例如,硬脂酸镁的接触角为121°,当它与颗粒混合时,将吸附于颗粒的表面,使片剂的疏水性显著增强,使水分不易透入,崩解变慢,尤其是硬脂酸镁的用量较大时,这种现象更为明显。同样,疏水性润滑剂与颗粒混合时间较长、混合强度较大时,颗粒表面被疏水性润滑剂覆盖得比较完全。因此片剂的孔隙壁具有较强的疏水性,使崩解时间明显延长。因此,在生产实践中,应对润滑剂的品种、用量、混合强度、混合时间加以严格的控制,以免造成大批量的浪费。 (2)其他辅料的影响。 1)淀粉的影响,淀粉能使不溶性或疏水性药物较快崩解,但与水溶性药物作用较差。

	2)黏合剂黏结力强,用量多,能使崩解时限超限。 3)润滑剂用量多,能使崩解时限超限。 (3)片剂贮存条件的影响。片剂经过贮存后,崩解时间住住延长,这主要和环境的温度与湿度有关,亦即片剂缓缓地吸湿,使崩解剂无法发挥其崩解作用,片剂的崩解因此而变得比较迟缓。含糖的片剂贮存温度高或引湿后,明显延长崩解
花斑与印斑 (片剂表面有色泽深浅不同的斑点,造成外观不合格)	(1)因压片时油污由上冲落入颗粒中产生油斑,需清除油污,并在上冲套上橡皮圈防止油污落入。 (2)黏合剂用量过多、颗粒过于坚硬、含糖类品种中糖粉熔化或有色片剂的颗粒因着色不匀、干湿不匀、松紧不匀或润滑剂未充分混匀,均可造成印斑。可改进制粒工艺使颗粒较松,有色片可采用适当方法,使着色均匀后制粒,制得的颗粒粗细均匀,松紧适宜,润滑剂应按要求先过细筛,然后与颗粒充分混匀。 (3)复方片剂中原辅料深浅不一,若原辅料未经磨细或充分混匀易产生花斑,制粒前应先将原料磨细,颗粒应混匀才能压片,若压片时发现花斑应返工处理。 (4)压过有色品种清场不彻底而被污染
叠片(叠片指两片叠成一片)	由于粘冲或上冲卷边等原因致使片剂粘在上冲,此时颗粒填入模孔中又重复压一次成叠片或由于下冲上升位置太低,不能及时将片剂顶出,而同时又将颗粒加入模孔内重复加压而成。压成叠片使压片机易受损伤,应解决粘冲问题与冲头配套、改进装冲模的精确性、排除压片机故障
爆冲	冲头爆裂缺角,金属屑可能嵌入片剂中。由于冲头热处理不当,本身有损伤裂痕未经仔细检查,经不起加压或压片机压力过大,以及压制结晶性药物时均可造成爆冲。应改进冲头热处理方法、加强检查冲模质量、调整压力、注意片剂外观检查。如果发现爆冲,应立即查找碎片并找出原因加以克服
断冲	冲头断裂或者冲尾细脖处断裂。由于冲模热处理不当,本身有损伤裂痕未经仔细检查,经不起加压或压片机压力过大,以及超过冲模本身疲劳极限均可造成断冲。应改进冲头热处理方法、加强检查冲模质量、调整压力、注意片剂外观检查。同时,模具使用寿命 不能无限制,一般在 3000 万~5000 万片时,就应该报废,不能为省钱不更换新的,老冲模冲尾容易磨断。上冲断冲容易打加料器,下冲断冲容易打下冲轨道。如果出现断冲将损坏加料器或者下冲轨道。因此,要经常检查模具并及时更换老模具。 另外,可以在设备上加断冲保护装置,以防万一断冲时能保护加料器和轨道,避免被损坏而造成更大的损失
声音异常	(1)同步带不平行造成摩擦,产生异响。解决办法是调整电机使其主轴上的同步带轮和蜗杆轴上的同步带轮平行。 (2)减速箱缺油造成摩擦增大,产生噪声,应定期检查润滑油状况。 (3)转台和拦片板(加料器)轻微摩擦,产生噪声,解决办法是调整拦片板(加料器)和转台的间隙。 (4)个别轴承缺油或损坏,应涂润滑油或更换损坏轴承。 (5)冲杆塞冲、转动不灵活。解决办法是对压片室定期清场,清洗冲杆

2. 结构部件常见问题

(1)转台部分:旋转压片机的转台是一圆形盘,各冲杆孔和中模孔均匀分布在周边。当其在主轴的带动下作旋转运动时,各冲杆沿曲线导轨上下运动,从而完成压片过程。转台是压片机的主要工作部件,在连续的工作过程中,其常见故障的分析及解决方法有以下几种。

1)冲杆孔或中模孔经长期磨损造成两孔同轴度不符合要求:在使用过程中,冲杆与中模孔由于不同程度的磨损将可能出现不同轴现象,使冲杆上下移动摩擦阻力增大,严重时会导致无法正常压片。若磨损不是很严重可以通过用铰刀铰冲杆孔的办法来恢复其同轴度,而磨损严重时需更换转台。

2)转台上移影响充填或出片:转台上移一般是由固定转台的锥度锁紧块松动所致,通过紧固锥度锁紧块可以解决。如果是紧固螺丝有问题要立即更换。

3)中模顶丝松动导致中模上移,磨坏加料器:中模上移,大多是中模顶丝松动所致,紧固中模顶丝即可解决。中模顶丝为易损件,长期使用磨损而起不到紧固中模的作用,应及时更换。

(2)导轨部分:导轨是保证冲杆作曲线轨迹运动的重要部件,大多数故障是由润滑不到位引起的。其常见故障分析及解决方法有以下几种。

1)导轨磨损:冲杆是在导轨上作曲线运动,并以滑动摩擦的方式进行正常工作的,所以导轨的磨损是最常见的维修故障之一。导轨分为上导轨和下导轨组件,冲杆与导轨磨损,轻者可以用油石研磨导轨恢复正常,磨损严重者只有更换导轨解决。

2)导轨组件松动:导轨组件经连续工作可能出现松动现象,应及时紧固解决,并应注意使导轨过渡圆滑。

3)下导轨过桥板磨损,致冲杆磨损导轨主体:下导轨过桥板是保护导轨主体的,若磨损,轻者用油石修复,磨损严重者只能更换解决。

(3)压轮部分:压轮部分可分为上压轮与下压轮,也是调节药片压力、增加保护的装置。其常见故障分析及解决方法有以下几种。

1)压轮磨损:压轮外圆磨损严重,会导致冲杆尾部阻力大,须重新更换压轮。当压轮内孔与压轮轴磨损严重时,也须更换压轮或压轮轴。另外,压轮轴有时会断裂变形,主要是由于承受压力过大所致,多数是因为物料难压而调节过度造成的,这时需更换压轮轴,调整物料,重新调节压力。

2)压轮轴轴承缺油或损坏:定期对压轮轴轴承进行润滑保养,出现损坏及时进行更换。

(4)调节系统(压力调节、充填调节):调节系统包括压力调节系统和充填调节系统,常见故障分析及解决方法有以下几种。

1)调节失灵:一般情况下,调节失灵是手轮螺丝松动使手轮调节不起作用,或是调节蜗轮卡死所致,此时要检查调节手轮和蜗轮,并可以通过紧固螺丝、润滑转动蜗轮等措施解决。

2)充填不稳,主要原因有以下几种:①物料因素,制粒不均匀或物料流动性差;②冲模具磨损造成片型不一或总高超差;③料斗高度调节不当,加料器后面格栅填料不足;④充填轨组件中的充填前轨磨损严重,产生跳冲,此时应更换充填轨组件;⑤充填轨组件中升降杆磨损严重,导致调整间隙大而产生充填轨抖动,此时应更换充填轨组件;⑥加料器底面磨损严重,造成加料器底面与转盘间隙不均匀;⑦刮粉板磨损严重,导致刮粉效果差,此时应更换刮粉板;⑧下冲吸尘效果差,产生塞冲。

3)片剂松散或片剂外观质量不好:片剂松散或外观质量不好,主要由压力偏小、颗粒不均匀、含水量偏低或物料成分不易压制造成,解决方法是调整压力手轮增加压力、调整颗粒及辅料成分,颗粒过干可喷75％的乙醇润湿。

4)压片时机器振动有较大响声:压片时,机器有较大响声系由于两边压力不均衡造成,调整压力解决。

(5)加料部分:加料部分包括加料器与料斗两部分,常出现的故障分析及解决方法有以下几种。

1)漏粉:漏粉现象一般是由于加料器底面或刮粉板和转台平面间隙过大所致,调整加料器或刮粉板和转台平面的间隙将问题解决。刮粉器与转盘一定要有缝隙,一般用塞尺去测量。安装时螺丝禁锢,一定要平,以保证安装精度,防止间隙过大或过小而产生漏粉或磨坏旋转台,可以在固定时垫一张纸,紧固后抽出。

2)溢料或料不足:出现溢料或料不足的原因主要是物料流速和转台转速不相匹配所致。当转台转速低而物料流速快时,则会出现溢料现象;当转台转速高而物料流速慢时,则会出现料不足现象。这时,应根据转台转速适当调整物料流速解决。

(6)过载保护系统:过载保护系统常见故障分析及解决方法:报警频繁主要原因是压片压力超载或过载保护弹簧设定压力太小所致,解决方法是调节压力手轮,减小压力或增大过载保护弹簧设定压力。

(7)减速箱:减速箱由蜗轮、蜗杆及箱体构成,其常见故障分析及解决方法:减速箱漏油主要由法兰盘螺钉松动或油封老化造成,解决方法是旋紧法兰盘螺钉或更换油封并涂密封胶。

(8)压片机模具:压片机在使用中经常要更换模具,磨具直接关系到产品的质量,许多设备故障是由模具更换调节不当引起的。压片机模具安装前,须切断压片机电源,拆下盖板、下冲上行轨、料斗、加料器。打开右侧门,将转台工作面、模孔和安装用的冲模逐渐清洗干净,并在中模及冲杆外,涂些植物油,将片厚调至5 mm以上位置。

1)冲模安装:冲模安装前,必须切断电源,卸下料斗、加料器、前罩、前罩座、打开前门、安装过程中使用试车手轮盘车。具体安装如下所示:①中模安装。旋松中模固紧螺钉(旋出转台外圆2 mm),但中模紧固螺钉头部不应露转盘外圆表面;用中模清理刀,清除中膜孔内污物;在中模外壁涂少许润滑油,将中膜放置在中膜孔上方对正,用手锤(铜质)先轻打,使中膜正确导入2/3深度,再加安装垫(胶板)重击使其到位;用尺检查中膜端面与中冲膜工作台面0～-0.05 mm;旋紧冲模固紧螺钉。②下冲安装。将下冲清理干净,涂油;右手持下冲插入下冲孔,左手按下压片,右手上推,使下冲进入中膜孔内;调整下冲顶柱,使下冲运动灵活,而不自由滑落。上冲安装。将上冲杆清理干净,涂油;在导轨盘缺口处将上冲插入上冲孔即可。

2)异形冲模的安装:①中模安装。旋松中模紧固螺钉,但中模紧固螺钉头部不应露出冲盘端面;用中模清理刀,清除中模孔内污物;拆去上冲装卸轨及盖板,上冲用导向键定位,不能旋转,所以中模与上冲须同步安装。把上冲装入上冲孔,中模入模孔时需先套入上冲轻巧入中模孔,然后再用打棒将中模打入,以上冲为导杆轻打使中模导入中模孔2/3时,再用中模打棒(铜质)重击,使其到位。再用上冲试认模,如正常,将上冲装在导轨盘上即可。不正常则卸下中模重新安装;用刀口尺检查中模端面与中转盘工作台面0～0.05 mm;旋紧冲模固紧组合。②下冲安装。将下冲杆清理干净,涂油;右手持下冲插入下冲孔,左手按下压片,右手上推,使下冲进入中模孔内;调整顶柱,使之运动灵活,而不自由滑落(中模全部安装完毕后,应再检查一遍冲模固紧组合,确保中模紧固正常)。

3)冲杆磨损:冲杆和导轨是压片机运动最频繁的部件,减少磨损的有效办法就是润滑。冲杆和导轨应每班检查润滑情况。用机械油润滑,每次加少许,防止污染。加油部位要按维护保养SOP进行维护,上冲、下冲及轨道这些重点加油部位,每班要加1~2遍。对于物料较涩、黏度较大的品种,下班前应检查上下冲的活动情况。不易活动时要清洁模孔、冲模。压轮、轴承要定期加油。

4)拉冲:压片机在正常压片时由于颗粒黏度的影响,使上下冲在运动中不能自由活动,称为拉冲(也叫吊冲)。压片机运转时出现拉冲会有异常声响,严重时冲头断裂,并将轨道撞坏。分析解决办法:①调整室内的湿度,相对湿度控制在40%~60%;②调整颗粒的黏度,把某些辅料换成吸湿剂或用乙醇制粒;③冲杆与冲模孔间隙过大时要及时更换冲模,工作中要及时清理吸尘器。

(9)电器部分:①开机后几分钟即停机:大多是因为压力过大使得过载保护,应将压力降低,重新启动;②油泵不打油或供油太多:油泵不打油使轨导、冲杆等部位得不到润滑,打油过多将污染药片,其原因大多是因为变频器参数设置问题,重新设置变频器参数,调整打油时间即可;③辅助电源没电:多是因为线路问题,查线路解决;④转速表、计数器不显示、按键失灵、面板坏、轴流风机坏、报警灯折断、灯泡坏、整流桥烧坏等。电器件故障有线路问题,须检查线路,电器件的损坏须更换解决。

(10)辅机部分:辅机部分主要是吸尘机,其故障多数是和主机连接或配置不当造成,具体问题可查解决。

(三)包衣设备

片剂包衣是指在素片(或片芯)外层包上适宜的衣料,使片剂与外界隔离。通常片剂不需包衣,但为了下述目的,常将片剂包衣:①对湿、光和空气不稳定的药物可增加其稳定性;②掩盖药物的不良嗅味,减少药物对消化道的刺激和不适感;③有些药物遇胃酸、酶敏感,不能安全到达小肠,则需包肠溶衣;④控制药物释放速度;⑤可防止复方成分发生配伍变化;⑥改善片剂外观,易于区分,患者乐于服用。

包衣的质量要求:衣层应均匀、牢固、与药片不起作用;经较长时期贮存,仍能保持光洁、美观、色泽一致,并无裂片现象,且不影响药物的溶出与吸收。

根据使用的目的和方法的不同,片剂的包衣通常分糖衣、薄膜衣及肠溶衣等;包衣方法有滚转包衣法、流化包衣法、压制包衣法等。

【包衣工艺】

(1)包糖衣片操作步骤:片芯→隔离层(胶浆)→粉衣层(滑石粉)→糖衣层→有色糖衣→打光(川蜡)→干燥。

(2)包薄膜衣操作步骤:片芯→薄膜衣料溶液→干燥。

【常用包衣方法与包衣设备】

(一)滚转包衣法包衣设备

滚转包衣法是目前生产中常用的方法,主要设备为包衣锅,又称为锅包衣法。

1. 普通包衣机(普通包衣锅)

普通包衣机见表5-16。

表 5-16 普通包衣机介绍表

名称	普通包衣机(普通包衣锅)
结构	由荸荠形或球形(莲蓬形)包衣锅、动力部分、加热器和鼓风装置等组成,材料大多使用紫铜或不锈钢等金属(图 5-8)
工作原理	包衣锅的轴与水平的夹角为 30°~45°,转速为 20~40r/min,以使药片在包衣锅转动时既能随锅的转动方向滚动(呈弧线运动),又有沿轴向的运动(在锅口附近形成漩涡),使混合作用更好
工作过程	包衣时,包衣材料直接从锅口喷到药片上,用可调节温度的加热器对包衣锅加热,并用鼓风装置通入热风或冷风,使包衣液快速挥发,在锅口上方装有排风装置
特点	具有空气交换效率低、干燥速度慢、气路不封闭、粉尘和有机溶剂污染环境等缺点
结构示意图	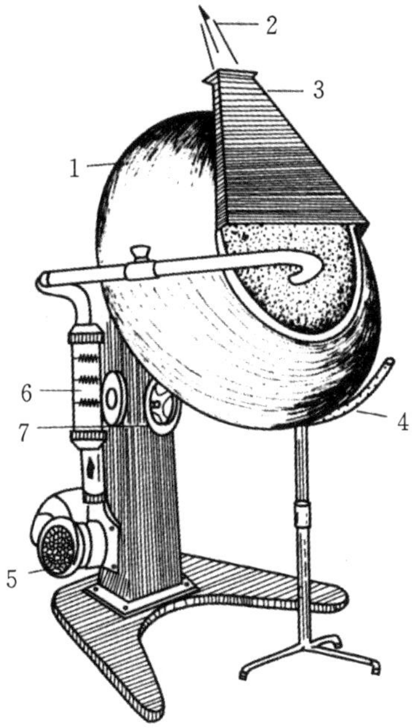

图 5-8 普通包衣锅
1.包衣锅;2.接排风;3.吸粉罩;4.煤气管加热器;5.鼓风机;
6.电热丝;7.包衣锅角度调节器

2. 埋管包衣机

为了克服普通包衣机的气路不密封、粉尘和有机溶剂污染环境等不利因素而改良的设备(表 5-17,表 5-18)。

表 5-17 埋管包衣机介绍表

名称	埋管包衣机
工作原理	在普通包衣锅内底部装有可输送包衣材料溶液、压缩空气和热空气的埋管,埋管喷头插入物料层内(图 5-9,图 5-10)

工作过程	工作时,使包衣液的喷雾直接喷在片剂上,同时干热空气从埋管吹出穿透整个包衣锅,干燥速度快
结构示意图	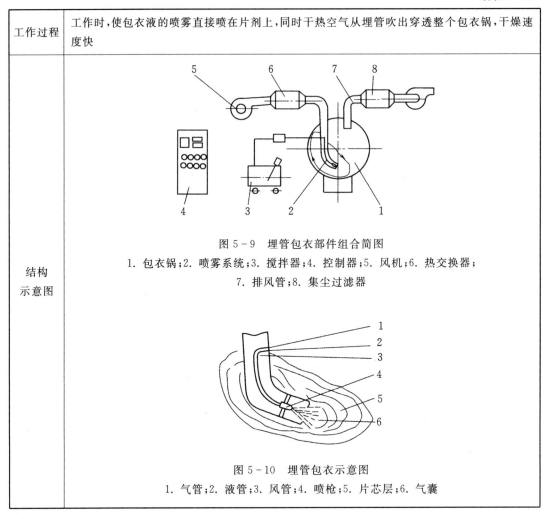图 5 – 9　埋管包衣部件组合简图 1. 包衣锅;2. 喷雾系统;3. 搅拌器;4. 控制器;5. 风机;6. 热交换器; 7. 排风管;8. 集尘过滤器 图 5 – 10　埋管包衣示意图 1. 气管;2. 液管;3. 风管;4. 喷枪;5. 片芯层;6. 气囊

表 5 – 18　BY – 1000 型糖衣锅标准操作规程

BY – 1000 型糖衣锅标准操作规程	
准备过程	(1)检查设备应有完好标识,已清洁标识。 (2)检查供电系统是否正常,机器各部件接头无松动现象
操作过程	(1)合上总闸,启动主电机,使锅体空运转 2min,以便判断有无故障。 (2)称量基片,确定每锅包衣用片的重量。 (3)向糖衣机内倒入称量后的基片。 (4)按"糖衣机开"按钮、"吸尘开"按钮。 (5)向锅内加入适量的糖浆和滑石粉。 (6)按"冷风开""热风开""加热器开"按钮,对片子进行干燥。 (7)待片子干燥后,按"加热器关""热风关""冷风关"按钮。 (8)按"糖衣机关"按钮,让片子自然降温。 (9)按"糖衣机开"按钮,使糖衣机旋转。

	(10)向锅内加入适量的糖浆。
	(11)按"冷风开"按钮,对片子进行干燥。
	(12)按"冷风关"按钮,停止对片子进行干燥。
	(13)向锅内加入适量的有色糖浆。
	(14)按"冷风开"按钮,对片子进行干燥。
	(15)待片子干燥后,按"冷风关"按钮。
	(16)向锅内撒入适量的川蜡粉和硅油蜡粉,使片子达到光亮为止。
	(17)按"糖衣机关""吸尘关"按钮,关掉总电源。
	(18)将包制好的糖衣片卸出
结束过程	每次使用完以后,必须对设备进行清洗、消毒、灭菌。执行《BY-1000型糖衣机清洁规程》。 出现异常现象及时进行检查,如有损坏应及时维修更换

3. 高效包衣机

为了克服普通包衣机干燥能力差得缺点而设计开发的新型包衣机,包衣过程处于密闭状态,具有安全、卫生、干燥速度快、效果好等优点。常用设备包括网孔式高效包衣机(表 5-19)、间隔网孔式高效包衣机(表 5-20)、无孔式高效包衣机(表 5-21,表 5-22)。

表 5-19 网孔式高效包衣机介绍表

名称	网孔式高效包衣机
结构	在包衣锅的锅体整个圆周都带有 $\varphi 1.8 \sim 2.5mm$ 的圆孔(图 5-11)
工作原理	经过滤并加热后的净化空气从锅右上部通过网孔进入锅内,热空气穿过运动状态的片芯间隙,由锅底下部的网孔穿过再经排风管排出。热空气流动有直流式和反流式,这两种方式使片芯分别处于"紧密"和"疏松"的状态,可根据品种的不同进行选择
工作过程	工作时,片芯在包衣机有网孔的旋转滚筒内做复杂的运动。包衣介质由蠕动泵(或糖浆泵)至喷枪,从喷枪喷到片芯,在排风和负压作用下,热风穿过片芯、底部筛孔,再从风门排出,使包衣介质在片芯表面快速干燥
结构示意图	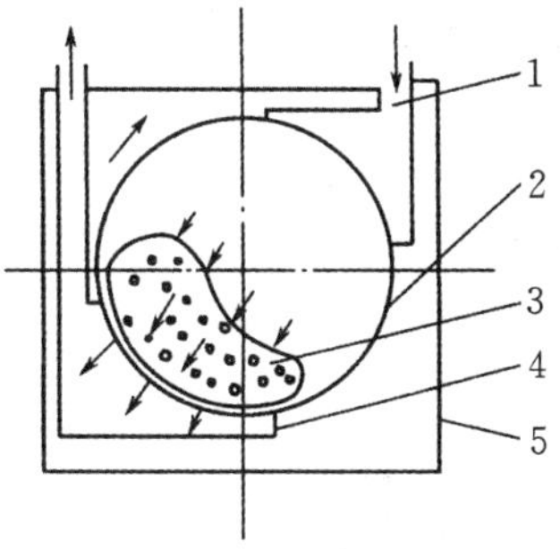 图 5-11 网孔式高效包衣机 1.进气管;2.锅体;3.片芯;4.排风管;5.外壳

表 5-20 间隔网孔式高效包衣机介绍表

名称	间隔网孔式高效包衣机
结构	包衣机的开孔部分不是整个圆周,而是按圆周的几个等分部位。图中是 4 个等分,即圆周每隔 90°开孔一个区域,并与 4 个风管连接(图 5-12)
工作原理	工作时 4 个风管与锅体一起转动。由于 4 个风管分别与 4 个风门连通,风门旋转时分别间隔地被出风口接通每一管道而达到排湿的效果。旋转风门的 4 个圆孔与锅体 4 个管道相连,管道的圆口正好与固定风门的圆口对准,处于通风状态
特点	这种间隙的排湿结构使锅体减少了打孔的范围,减轻了加工量。同时热量也得到充分的利用,节约了能源;不足之处是风机负载不均匀,对风机有一定的影响
结构示意图	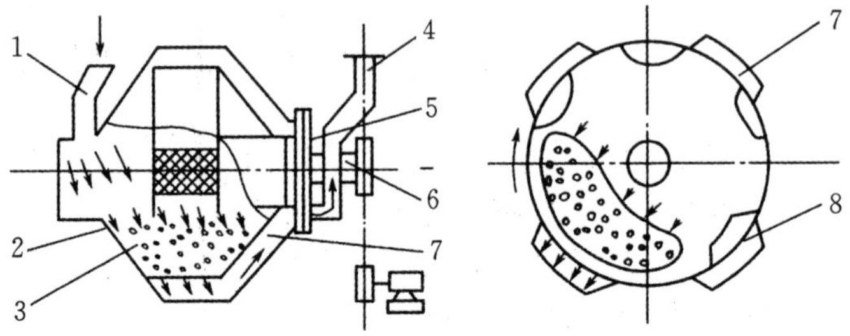 图 5-12 间隔网孔式高效包衣机示意图 1. 进风管;2. 锅体;3. 片芯;4. 出风管;5. 风门;6. 旋转主轴; 7. 风管;8. 网孔区

表 5-21 无孔式高效包衣机介绍表

名称	无孔式高效包衣机
结构	锅的圆周没有圆孔,其热交换通过另外的形式进行。目前已知的有两种。①是将布满小孔的 2～3 个吸气桨叶浸没在片芯内,使加热空气穿过片芯层,再穿过桨叶小孔进入吸气管道内被排出(图 5-13)。风管 6 引入干净热空气,通过片芯层 4 再穿过桨叶 2 的网孔进入排风管 5 并被排出机外。②是采用了一种较新颖的锅型结构,目前已在国际上得到应用。其流通的热风是由旋转轴的部位进入锅内,然后穿过运动着的片芯层,通过锅的下部两侧而被排出锅外(图 5-14)。这种新颖的无孔高效包衣机所以能实现一种独特的通风路线,是靠锅体前后两面的圆盖特殊的形状,在锅的内侧绕圆周方向设计了多层斜面结构。锅体旋转时带动圆盖一起转动,按照旋转的正反方向而产生两种不同的效果(图 5-15)。当正转时(顺时针方向),锅体处于工作状态,其斜面不断阻挡片芯流入外部,而热风却能从斜面处的空当中流出。当反转时(逆时针方向)处于出料状态,这时由于斜面反向运动,使包好的药片沿切线方向排出
特点	机器能达到与有孔机器同样的效果外,由于锅体内表面平整、光洁,对运动着的物料没有任何损伤,在加工时也省却了钻孔这一工序,而且机器除适用于片剂包衣外,也适用于微丸等小型药物的包衣

结构示意图	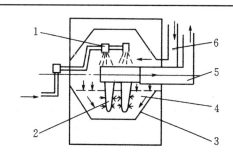 图 5-13　无孔式高效包衣机示意图 1. 喷枪;2. 带孔浆叶;3. 无孔锅体;4. 片芯层;5. 排风管;6. 进风管 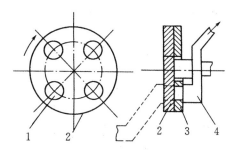 图 5-14　新颖无孔式高效包衣机示意图 1. 后盖;2. 喷雾系统;3. 进风;4. 前盖;5. 锅体;6. 片芯;7. 排风 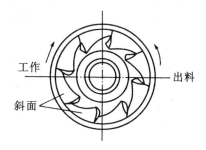 图 5-15　新颖无孔包衣机圆盖示意图

表 5－22　BGB150D 型高效包衣机标准操作规程

	BGB150D 型高效包衣机标准操作规程
准备过程	(1)检查设备应有完好标识,已清洁标识。 (2)打开电源、蒸汽输送系统、压缩空气总成、清洗用水、排水系统。 (3)检查供电系统是否正常,热风柜,排风柜运转是否正常,各连接无松动现象。主机在启动调试时,应采取点动方法,检查传动系统运转是否正常,若无不正常现象,则可正式启动传动系统进行调试

操作过程	(1)称量基片,确定包衣用片的重量。 (2)根据基片重量,配制包衣溶液。 (3) 调整输送及喷洒雾化系统的压力和流量,使雾化达到最佳效果。 (4)将待包衣的片芯倒入包衣滚筒内,打开蒸气开关,设定所需温度。 (5)本机操作分为自动控制和手动控制两种。 (6)设备自动控制。 1)在显示屏上进入"系统监控"中的"程序设置"进行自动生产的工艺程序设置。 2)按生产工艺要求控制各对象的工作时间;按工艺要求同时启停多个控制对象;按工艺要求进行多达 99 次循环操作;;按工艺要求具备各工步的控制、可设有 9 个不同工艺程序。负压和风量可以在触摸屏上手动调整。 3)包衣过程中热风温度、主机转速、运转时间等工艺参数可以按不同规格、形状、重量的片芯及各种不同性质的包衣敷料的工艺要求编制程序,操作面板上的按键,输入可编程序控制器,控制工艺过程。并可随时更改工艺过程,使片芯得到理想的薄膜包衣。最后进行滚光和冷却。 4)包衣完成后,按开机的相反顺序进行关闭操作。 5)将喷枪支架及喷枪转出包衣机滚筒外。 6)装上内外出料器,把药片卸出。 7)进行清洁处理程序后关闭总电源。 (7)设备手动控制。 1)在显示屏上进入"系统监控"中的"手动"操作,将符合工艺要求的各项操作参数通过手动的方式通过触摸屏上的按键进行操作。每次操作只能进行一个指令的生产操作。根据生产实际调整热风温度、主机转速、喷浆速度、送风量、排风量的设定数值。 2)包衣完成后,按开机的相反顺序进行关闭操作。 3)将喷枪支架及喷枪转出包衣机滚筒外。 4)装上内外出料器,把药片卸出。 5)进行清洁处理程序后关闭总电源
结束过程	按《BGB150D 型高效包衣机清洁规程》进行清洁、消毒、灭菌
注意事项	(1)操作过程中不可随意打开包衣机门。 (2)薄膜包衣时,加热搅拌保温罐不可接电源。 (3)出现异常情况及时进行检查,发现有损坏及时维修更换
结束	生产结束后,及时、准确、认真、完整地填写设备运行记录

(二)流化包衣法包衣设备

流化包衣法包衣常用设备是流化床包衣机(表 5 - 23)。

表 5 - 23 流化床包衣机介绍表

名称	流化床包衣机
结构	与流化床制粒机相似
工作原理	将片芯置于流化床中,通入气流,借急速上升的气流使片剂悬浮于包衣室的空间上下翻动处于流化状态,将包衣液喷在片剂表面的同时,加热的空气使片剂表面熔剂挥发,至衣膜厚度达到规定要求(图 5 - 16)

特点	工作速度快、时间短、容易实现自动控制;整个生产过程在密闭容器中进行,无粉尘,环境污染小,应用范围广
结构示意图	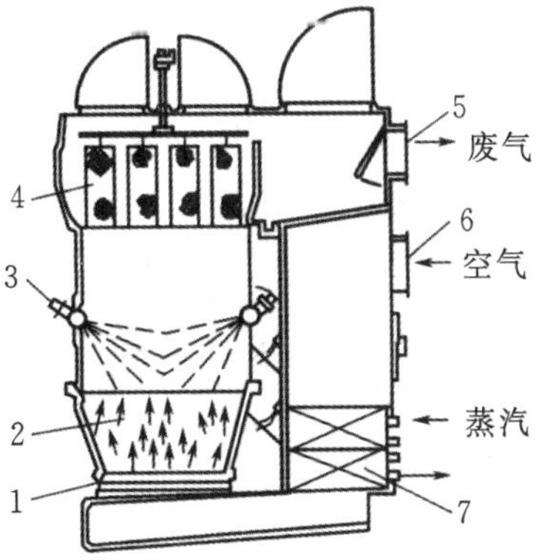 图 5 - 16 流化床包衣机示意图 1.气体分布器;2.流化室;3.喷嘴;4.袋滤器;5.排气口; 6.进气口;7.换热器

(三)压制包衣法包衣设备

压制包衣法又称干法包衣,是用颗粒状包衣材料将片芯包裹后在压片机上直接压制成型,该法适用于对湿热敏感的药物的包衣。常用设备是干法包衣机(表 5 - 24)。

表 5 - 24 干法包衣机介绍表

名称	干法包衣机
工作原理	压制包衣设备一般是将两台压片机以特制的转动器连接配套使用,一台压片机专门用于压制片芯,然后由转动器将压成的片芯输送至第二台压片机的模孔中(此模孔已填入适量包衣材料作为底层),在片芯上加入适量包衣材料填满模孔,加压制成包衣片
特点	生产流程短、自动化程度高,可避免水分、高温对药物的不良影响,但对压片机的精度要求较高
结构示意图	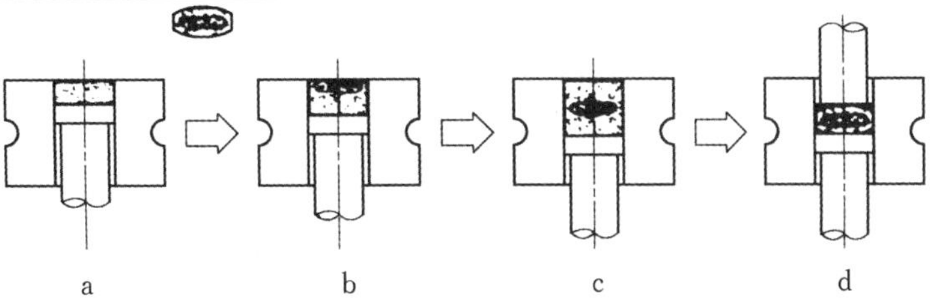 图 5 - 17 压制包衣过程示意图 a.充填粉末;b.加入片芯;c.充填粉末;d.压缩

【包衣常见问题】

表 5-25 包衣常见问题表

问题	原因	解决方法
1. 粘片	由于喷量太快,违反了溶剂蒸发平衡原则而使片相互粘连	应适当降低包衣液喷量,提高热风温度,加快锅的转速等
2. 出现"桔皮"膜	由于干燥不当,包衣液喷雾压力低而使喷出的液滴受热浓缩程度不均造成衣膜出现波纹	应立即控制蒸发速率,提高喷雾压力
3. "架桥"	是指刻字片上的衣膜造成标志模糊	放慢包衣喷速,降低干燥温度,同时应注意控制好热风温度
4. 出现色斑	由于配包衣液时搅拌不匀或固体状特质细度不够所引起的	配包衣液时应充分搅拌均匀
5. 药片表面或边缘衣膜出现裂纹、破裂、剥落或者药片边缘磨损	包衣液固含量选择不当、包衣机转速过快、喷量太小	应选择适当的包衣液固含量,适当调节转速及喷量的大小
	片心硬度太差	应改进片心的配方及工艺
6. 衣膜表现出现"喷霜"	由于热风湿度过高、喷程过长、雾化效果差引起的	应适当降低温度,缩短喷程,提高雾化效果
7. 药片间有色差	由于喷液时喷射的扇面不均或包衣液固含量过度或者包衣机转速慢所引起的	应调节好喷枪喷射的角度,降低包衣液的固含量,适当提高包衣机的转速
8. 衣膜表面有针孔	由于配制包衣液时卷入过多空气而引起的	在配液时应避免卷入过多的空气

五、片剂生产质量控制点(压片前工序与颗粒剂相同)

表 5-26 片剂生产质量控制表

工序	质量控制点	质量控制项目	频次
压片	片子	平均片重	1 次/20min
		片重差异	1 次/20min
		崩解时限	1 次/20min
		硬度、脆碎度	1 次/20min
		外观	随时
		含量、均匀度、溶出度(指规定品种)	每批
包衣	包衣片	外观	随时
		崩解时限	每批

	瓶子	清洁度	每批
	包装成品	装量、封口、瓶签、填充物	随时
包装	装盒	数量、说明书、标签	随时
	标签	内容、数量、使用记录	每批
	装箱	数量、合格证、印刷内容、装箱者代号	每箱

项目六 硬胶囊剂生产

一、实训任务

【实训任务】 诺氟沙星胶囊(0.1g)的生产。

【处方】

原料：	诺氟沙星	20g
内加辅料：	淀粉	22.4g
	微晶纤维素	10g
黏合剂：	15％预胶化淀粉浆	24.8g
外加辅料：	羧甲基淀粉钠	1.68g
	硬脂酸镁	0.32g
	制成	200 粒

【工艺流程图】 工艺流程见图6-1。

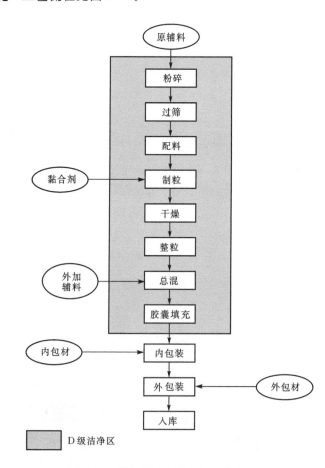

图6-1 诺氟沙星胶囊生产工艺流程图

【生产操作要点】

(一)生产前确认

(1)每个工序生产前确认上批产品生产后清场应在有效期内,如有效期已过,须重新清场并经 QA 检查颁发清场合格证后才能进行下一步操作。

(2)所有原辅料、内包材等物进入车间都应按照:物品→拆外包装(外清、消毒)→自净→洁净区的流程进入车间。

(3)每个工序生产前应对原辅料、中间品或包材的物料名称、批号、数量、性状、规格、类型等进行复核。

(4)每个工序生产前应对计量器具的称量范围、校验效期进行复核。不在校验效期内不得使用。

(二)备料

1. 领料

从仓库领取合格原辅料,送入车间称量暂存间。

2. 粉碎过筛

将以下物料依次粉碎过筛,过筛后再次称量,计算物料平衡,并严格复核(表 6-1)。

表 6-1 物料前处理要求

原辅料名称	粉碎目数	过筛目数
诺氟沙星	140 目	140 目
淀粉	—	100 目
微晶纤维素	—	100 目
羧甲基淀粉钠	—	100 目
硬脂酸镁	—	60 目

3. 称量配料

以原料含量为 99.5% 计算,生产 19.9 万粒的生产处方如下(表 6-2)。

表 6-2 物料投料量

	原辅料名称	投料量(kg)
原料	诺氟沙星	20.0
内加辅料	淀粉	22.4
	微晶纤维素	10.0
黏合剂	15%预胶化淀粉浆	24.8
外加辅料	羧甲基淀粉钠	1.68
	硬脂酸镁	0.32

(三)制粒

1. 混合

内加辅料与原料的混合:用高速混合制粒机混合,混合时间为 180s。加入黏合剂的混合要求:加入黏合剂后,混合制粒 60s。

2. 制粒

粒度应细小均匀,外观检查无异物。

3. 干燥

采用高效沸腾干燥机干燥。干燥过程最高温度不能超过 55℃。颗粒水分须低于 9.0%。

4. 整粒

用快速整粒机整粒,20 目筛。整粒过程,操作间相对湿度必须低于 60%。

5. 总混

采用三维混合机混合,总混时间为 20min。总混时,加入外加辅料羧甲基淀粉钠和硬脂酸镁。

(四)半成品检验

填充前进行一次半成品检验。检验项目主要是性状、水分、鉴别、主药含量、微生物限度等。

总混后的干颗粒要求如下。

(1)粒度能全部过 20 目筛,但能过 60 目筛的颗粒应少于 35%。

(2)测得水分应低于 9.0%(硬胶囊内容物的含水量过高可能使充填后的胶囊剂外壳软化甚至破漏;还会影响被充填颗粒的流动性,从而影响胶囊剂的装量差异)。

(3)干颗粒外观呈淡黄色或白色,色泽均匀,无异物。

(五)填充

采用全自动胶囊填充机填充,使用 2 号蓝白胶囊。填充过程,必须控制操作间相对湿度保持在 60% 以下。

(六)半成品检验

半成品检验项目有外观、崩解时限/溶出度、装量差异等。

(七)内包装

略。

(八)外包装

略。

(九)成品检验

硬胶囊剂的成品检验为该产品的全项检验。

硬胶囊剂质量检查项目有性状、水分、装量差异、崩解时限、溶出度/释放度、微生物限度检查等。

(十)入库

除另有规定外,胶囊剂应密闭贮存,其存放环境温度不高于 30℃,湿度应适宜,防止受潮、发霉、变质。

二、硬胶囊剂质量要求与检测方法

(一)水分

中药硬胶囊剂水分不得过 9.0%。内容物为液体或半固体者不检查水分。

（二）装量差异

检查法：除另有规定外，取供试品 20 粒（中药取 10 粒），分别精密称定重量，倾出内容物（不得损失囊壳），硬胶囊囊壳用小刷或其他适宜的用具拭净，再分别精密称定囊壳重量，求出每粒内容物的装量与平均装量。每粒装量与平均装量相比较（有标示装量的胶囊剂，每粒装量应与标示装量比较），超出装量差异限度的不得多于 2 粒，并不得有 1 粒超出限度 1 倍（表6-3）。

表6-3　胶囊剂的装量差异限度要求

平均装量或标示装量	装量差异限度
0.30g 以下	±10%
0.30g 及 0.30g 以上	±7.5%（中药±10%）

（三）崩解时限

凡规定检查溶出度或释放度的胶囊剂，一般不再进行崩解时限的检查。

【岗位生产记录】

表6-4　整粒总混操作记录

专业：_____　　班级：_____　　组号：_____

姓名：_____　　场所：_____　　时间：_____

	检查内容	检查结果
生产前准备	检查操作间是否有清场合格证并在有效期内。 检查设备是否已清洁并在有效期内。 检查设备状态是否完好。 检查操作间温湿度是否在规定范围内。 （温度：18～26℃，湿度：45%～65%） 检查捕尘设施状态是否完好。 检查容器具是否已清洁并在有效期内	是否已贴《清场合格证》副本（　　　　） 设备：（　　　　） 设备状态：（　　　　） 温度：（　　　　）℃ 湿度：（　　　　）% 捕尘设施：（　　　　） 容器具：（　　　　）
检查人：	QA：	日期：
	操作步骤	记录结果
操作过程	将干燥后颗粒，经 16 目筛整粒，将整好后的颗粒装在洁净容器（储料桶）内，检查三维混合机运行是否正常，待总混机空车运行停止后，打开总混机进料口，将整好粒的颗粒及硬脂酸镁倒入混合机中，关紧进料口，固定牢栓。混合 20min	总混时间：（　　：　　～　　：　　）
操作人：	复核人：	日期：

物料平衡	整粒前颗粒重量 A	整粒后颗粒重量 B	粗颗粒重量 C	硬脂酸镁重量 D	总混后重量 E	物料平衡 F＝C＋E /A＋D ＊100%

计算人：　　　　　　　　复核人：　　　　　　　　日期：

表 6-5 胶囊充填记录

专业：＿＿＿＿＿＿＿＿   班级：＿＿＿＿＿＿＿＿   组号：＿＿＿＿＿＿＿＿

姓名：＿＿＿＿＿＿＿＿   场所：＿＿＿＿＿＿＿＿   时间：＿＿＿＿＿＿＿＿

产品名称		生产日期		规　格	
产品批号		计划产量		指令单号	
设备名称		设备编号		房间编号	

	检查内容	检查结果
生产前准备	检查操作间是否有清场合格证并在有效期内。 检查设备是否已清洁并在有效期内。 检查设备状态是否完好。 检查操作间温湿度是否在规定范围内。 （温度：18～26℃，湿度：45％～60％） 检查模具是否已清洁并在有效期内。 检查压缩空气应不低于6bar。 检查真空度应不低于－6bar。 检查电子天平是否在校验有效期内	是否已贴《清场合格证》副本（　　　　） 设备（　　　　） 设备状态（　　　　） 温度（　　　　）℃ 湿度（　　　　）％ 容器具（　　　　） 压缩空气（　　　　）bar 真空度（　　　　）bar 电子天平（　　　　）

检查人：　　　　　　　QA：　　　　　　　　　　　　日期：

	操作步骤	记录结果
操作过程	领料：按批生产指令领取2号胶囊和颗粒 装模具：装上2号模具。 充填：启动电源，设定运行参数。 试充填调整好装量后，开始充填。 抛光：启动胶囊抛光机，开始抛光。 质量检查：每20min检查一次装量。 随时检查胶囊的外观质量	2号胶囊：（　　　　）万粒 颗粒：（　　　　）kg 模具：（　　　　）号 全自动胶囊充填机： 装量：（　　　　）g 抛光机： 见装量差异检查表

操作人：　　　　　　　复核人：　　　　　　　　　　日期：

物料平衡	领用量 A	成品量 B	废品量 C	剩余量 D	收率 E＝B/A－D	物料平衡 F＝B＋C/A－D
	颗粒					
	胶囊					

计算人：　　　　　　　复核人：　　　　　　　　　　日期：

	清场内容	检查结果
清场	移出所有物料。 移出所有容器具和其他物品。 清洁设备。 清洁房间卫生。 清洁完毕，检查合格后，挂已清洁和已清场卡	（　　　　） （　　　　） （　　　　） （　　　　） （　　　　）

检查人：　　　　　　　QA：　　　　　　　　　　　　日期：

表 6-6 胶囊充填装量差异检查记录

专业：_____ 班级：_____ 组号：_____

姓名：_____ 场所：_____ 时间：_____

产品名称		生产日期		规 格	
产品批号		计划产量		指令单号	
设备名称		设备编号		房间编号	
空心胶囊型号		号	空心胶囊平均重量		g
理论装量		g/粒	装量差异限度		
控制范围					

粒重	检查时间									
1										
2										
3										
4										
5										
6										
7										
8										
9										
10										
11										
12										
13										
14										
15										
16										
17										
18										
19										
20										
平均装量										
装量差异										
结论										

检查人		复核人		口期	

备注：

【项目考核评价表】

表 6-7 硬胶囊剂生产考核表

专业:＿＿＿＿＿＿＿＿＿　　　班级:＿＿＿＿＿＿＿＿＿　　　组号:＿＿＿＿＿＿＿＿＿

姓名:＿＿＿＿＿＿＿＿＿　　　场所:＿＿＿＿＿＿＿＿＿　　　时间:＿＿＿＿＿＿＿＿＿

考核项目	考核标准	得分
处方	处方组成、批量换算	
工艺流程	生产工艺流程图	
粉碎、过筛	设备的使用;收率符合要求	
称量、配料	称量配料准确、双人复核	
制粒	设备的使用	
干燥	设备的使用	
总混	混合均匀	
充填	胶囊充填机的使用,记录填写	
包装	铝塑包装机的使用,记录填写	
记录完成情况	记录真实、完整,字迹工整清晰	
清场完成情况	清场全面、彻底	
产品质量检查	操作准确,检查合格	
物料平衡率	符合要求	
总分		
总结		

考核教师:

三、硬胶囊剂生产工艺

(一)胶囊剂的基本知识

1.胶囊剂的定义

胶囊剂系指将药物装于空心硬质胶囊中或密封于弹性软质胶囊中所制成的固体制剂。填装的药物可为粉末、液体或半固体。构成上述空心硬质胶囊壳或弹性软质胶囊壳的材料是明胶、甘油、水以及其他的药用材料,但各成分的比例不尽相同,制备方法也不同。

2.胶囊剂分类

胶囊剂可分硬胶囊剂、软胶囊剂(即胶丸)和肠溶胶囊剂,一般供口服用。

(1)硬胶囊剂系将药材用适宜方法加工后,加入适宜辅料填充于空心胶囊或密封于软质囊材中的制剂。目前应用较广泛。随着科学技术的发展,硬胶囊现在也可装填液体和半固体药物。

(2)软胶囊剂系指将药材提取物或液体药物与适宜辅料混匀后密封于软质囊材中,用滴制法或压制法制成的制剂。软胶囊剂常称胶丸剂。近年来也有将固体、半固体药物制成胶丸剂内服的。

(3)肠溶胶囊剂系指不溶于胃液,但能在肠液中崩解而释放活性成分的胶囊剂。肠溶胶囊可将硬胶囊或软胶囊囊壳用适宜的肠溶材料和方法加工制成。

近年来为了适应医疗上的不同需要,还制成了许多供其他给药途径应用的胶囊剂,它们有植入胶囊、气雾胶囊、直肠和阴道胶囊和外用胶囊等,这类胶囊使用远不如口服胶囊广泛。

3. 胶囊剂特点

(1)优点。

1)患者服药顺应性好。胶囊剂可以掩盖药物的苦味和不适的臭味;可具有各种颜色以示区别,美观,易于服用,携带方便,深受患者欢迎。

2)生物利用度高。胶囊剂在胃肠道中分散快、溶出快,吸收好,一般比片剂起效快,生物利用度高。

3)弥补其他固体剂型的不足。剂型中含油量高不容易制成片剂或丸剂的药物可以制成胶囊剂。又如主药的剂量小,难溶于水,在消化道内不容易吸收的药物,可将其溶于适宜的油中,再制成胶囊剂,以利吸收。

4)提高药物的稳定性。对光敏感、遇湿热不稳定的药物,如抗生素等,可填装入不透光的胶囊中,以防止药物受湿气、空气中氧和光线的作用,以提高其稳定性。

5)处方和生产工艺简单。与片剂相比,胶囊剂处方中辅料种类少,生产过程简单,所以胶囊剂常用于新药临床试验的给药剂型。

6)可使药物具有不同释药特性。对需起速效的难溶性药物,可制成固体分散体,然后装于胶囊中;对需要药物在肠中发挥作用时可以制成肠溶胶囊剂;对需制成长效制剂的药物,可将药物先制成具有不同释放速度的缓释颗粒,再按适当的比例将颗粒混合均匀,装入胶囊中,即可达到缓释、长效的目的。如布洛芬缓释胶囊。

(2)缺点。

1)药物的水溶液和稀醇溶液能使胶囊壁溶解,不能制成胶囊剂;易溶性药物如溴化物、碘化物、水合氯醛以及小剂量极性剧药,因在胃中溶解后,局部浓度过高而刺激胃黏膜也不能填装成胶囊剂。

2)风化药物和吸湿性药物因分别可使胶囊壁软化和干燥变脆,使应用受到限制,但采取适当措施,可克服或延缓这种不良影响,如吸湿性药物加入少量惰性油混合后,装入胶囊,可延缓胶壳变脆。

3)胶囊剂一般不适用于儿童。

4. 硬胶囊剂规格

硬胶囊剂是由囊身、囊帽紧密配合的空胶囊(胶壳),内填充各种药物而成的制剂。空胶囊呈圆筒形,由大小不同的囊身、囊帽两节密切套合而成,是以明胶为主要原料另加入适量的增塑剂,食用色素和遮光剂、防腐剂等制成。其大小规格有 000、00、0、1、2、3、4、5 八种,一般常用 0~5 号。胶囊可制成各种色泽和透明或不透明的,以使制成的胶囊剂具有不同的外观,借以识别特殊的混合内容物。胶囊填充药物后应密闭以保证囊体和囊帽不分离。现在以制成锁口胶囊应用者较好。

(二)硬胶囊剂的生产工艺流程

1. 硬胶囊剂生产主要单元操作

硬胶囊剂的制备一般分为填充物料的制备、胶囊充填、胶囊抛光、分装盒包装等过程。填充物料的制备如粉碎、过筛、混合制粒等操作方式与片剂基本相同,其中胶囊填充是关键步骤。

生产过程应在温度为25℃左右和相对湿度为30%～45%的条件下的环境中进行,以防止胶囊壳变脆或软化。

2. 硬胶囊剂生产工艺流程

硬胶囊剂生产工艺流程见图6-2。

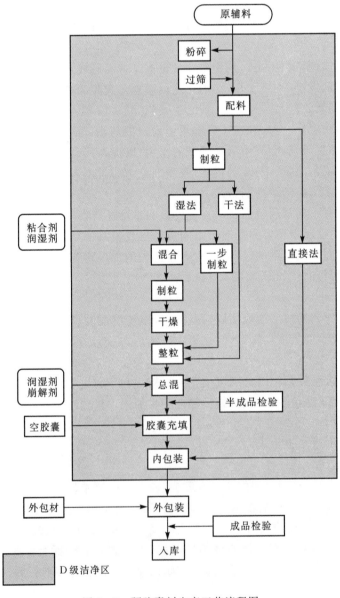

图6-2　硬胶囊剂生产工艺流程图

四、硬胶囊剂生产设备

硬胶囊填充机是生产硬胶囊剂的专用设备,对于品种单一、生产量较大的硬胶囊剂多采用全自动胶囊充填机。安装主工作盘的运动方式,全自动胶囊填充机可分为间歇回转和连续回转两种类型。虽然两种类型之间在执行机构的动作方面存在差异,但生产工艺过程几乎相同。常用胶囊充填设备有间歇回转式全自动胶囊充填机(表6-8,表6-9)。

表6-8　间歇回转式全自动胶囊充填机介绍表

名称	间歇回转式全自动胶囊充填机
特点	近年研制开发的新型设备,如全自动 NJP 系列产品,包括 NJP－200、400、600、800、1000 等,是国内外较为先进的制药设备,系列中 200、400、600……代表该系列设备的生产能力,即每分钟填充胶囊的粒数
结构	采用自动间歇回转运动形式,设备工作台面上有可绕轴旋转的主工作盘,主工作盘可带动胶囊板以每分钟 6~14 转的转速作周向旋转。围绕主工作盘设有空胶囊排序与定向装置、拔囊装置、药物填充装置、剔除废囊装置、闭合胶囊装置、出囊装置和清洁装置等。如图6-3所示。在各工位短暂停留的时间里,各种作业同时自动进行。在回转盘下边的机壳里装有传动系统,将运动传递给各装置及机构,以完成充填胶囊的工艺。电控系统采用 PLC 控制、触摸面板操作(图6-3,图6-4)
工作过程	工作时,自贮囊斗落下的杂乱无序的空胶囊经排序与定向装置后,均被排列成胶囊帽在上的状态,被压囊爪逐个推入主工作盘上的囊板孔中。在拔囊区,拔囊装置利用真空吸力使胶囊体落入下囊板孔中,而胶囊帽则留在上囊板孔中。在帽体错位区,上囊板连同胶帽一起移开,并使胶囊体的上口置于计量盘的下方。在填充区,剔除装置将未拔开的空胶囊从上囊板孔中剔除出去。在胶囊闭合区,上、下囊板孔的轴线对中,并通过外加压力使胶囊帽与胶囊体闭合。在出囊区,闭合胶囊被出囊装置顶出囊板孔,并经过出囊滑道进入包装工序。在清洁区,清洁装置将上、下囊板孔中的药粉、胶囊皮屑等污染物清除。随后,进入下一操作循环。由于每一区域的操作工序均要占用一定的时间,因此主工作盘是间歇转动的

设备结构 示意图	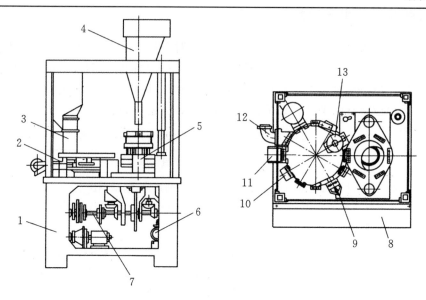 图 6-3　全自动胶囊充填机外形图 1. 机架;2. 胶囊回转机构;3. 胶囊送进机构;4. 加料机构;5. 计量充填机构; 6. 真空泵系统;7. 传动装置;8. 电气控制系统;9. 废胶囊剔出机构;10. 合囊机构; 11. 成品胶囊排出机构;12. 清洁吸尘机构;13. 颗粒充填机构 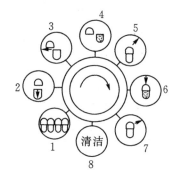 图 6-4　主工作盘及各工位示意图 1. 排列;2. 拔囊;3. 帽、体错位;4. 计量充填; 5. 剔除废囊;6. 闭合;7. 出料 8. 清洁;9. 主工作盘
各工位 工作原理	(1)胶囊排列与定向:为防止空心胶囊变形,出厂的机用空心硬胶囊均为帽体合一的套合的胶囊。使用前,首先要对杂乱胶囊进行排序。 胶囊送进机构是设备开始工作的第一个工位。排囊板的上部与料斗相通,内部设有多个圆形孔道,每一孔道的下部均设有卡囊簧片。机器运转时,装在料斗里的空心胶囊随着机器的运转,排囊板上、下往复运动,胶囊自动落入到排囊板的滑槽中。当排囊板上行时,卡囊簧片将一个胶囊卡住;当排囊板下行时,紧固在机体上的一个撞块将簧片架旋转一个角度,从而使卡囊簧片松开胶囊,排囊板上下往复滑动一次,每一孔道输出一粒胶囊,如图 6-5 所示。

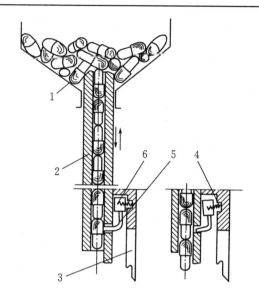

图 6-5 空胶囊排序装置
1. 胶囊料斗;2. 排囊板;3. 压囊爪;4. 弹簧;5. 卡囊簧片;6. 簧片架

空胶囊的定向:从排序装置排出的空胶囊有的帽朝上,有的帽朝下,为便于空胶囊的帽、体分离,需要将空胶囊按照帽在上、体在下的方式进行定向排列,由定向装置完成(图 6-6)。从排囊板输出的胶囊落入定向滑槽中,由于定向滑槽的宽度(垂直纸面方向上)略大于胶囊体直径而略小于胶囊帽的直径,这样就使滑槽对胶囊帽有个夹紧力,但并不与胶囊体接触。当顺向推爪推动胶囊运动时,只能作用于直径较小的胶囊体中部,顺向推爪与定向滑槽对胶囊帽的夹紧点之间形成一个力矩,总是使胶囊体朝前被水平推到定向囊座的边缘,此时垂直运动的压囊爪使胶囊体翻转 90°并垂直地推入囊板孔中。

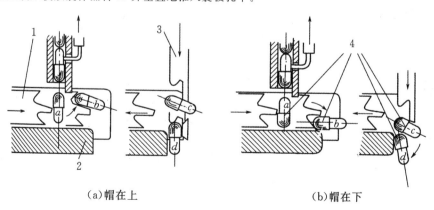

（a）帽在上　　　　　　　　　　　（b）帽在下

图 6-6 定向装置结构与工作原理
1. 推爪;2. 矫正座块;3. 压爪;4. 夹紧点
a、b、c、d 分别表示定向过程中胶囊所处的空间状态

(2)拔囊:空胶囊经定向排序后的下一个工序是拔囊,即帽体分离,将囊帽和囊体分开,由拔囊装置完成,该装置由上、下囊板和真空系统组成,是利用真空吸力将套合的胶囊拔开,如图6－7。当空胶囊被压囊爪推入囊板孔后,气体分配板上升,上表面与下囊板的下表面贴紧,此时接通真空,顶杆随气体分配板同步上升并升入到下囊板的孔中,使顶杆与气孔之间形成环隙,以减少真空空间。上、下囊板孔的直径相同,都为台阶孔,上下囊板台阶小孔的直径分别小于囊帽和囊体的直径。当囊体被真空吸至下囊板孔中时,上囊板中的台阶可挡住囊帽下行,下囊板孔中的台阶可使囊体下行到一定位置时停止,以免囊体被顶杆顶破,从而达到体帽分离的目的。

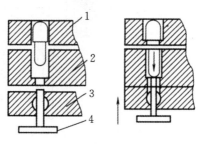

(a)接通真空前　　(b)接通真空后

图 6－7　空胶囊拔囊装置

1. 上囊板;2. 下囊板;3. 真空气体分配板;4. 顶杆

(3)帽、体错位:空胶囊体帽分离后,上囊板将连同胶囊帽移开,与下囊板轴线错开,使胶囊上口置于计量充填装置的下方,以便于充填药物。

(4)药物填充:接着药物填充装置将定量的药物填入下方的胶囊体中,完成药物的充填过程。药物定量填充装置的类型很多,如填塞式定量装置、插管定量装置、活塞-滑块定量装置等。

　　A. 填塞式定量法(见图6－8)。

　　填塞式定量也称夯实式及杯式定量,它是用填塞杆逐次将药物装粉夯实在定量杯里,最后在转换杯里达到所需充填量。药粉从锥形贮料斗通过搅拌输送器直接进入计量粉斗,计量粉斗里有多组孔眼,组成定量杯,填塞杆经多次将落入杯中药粉夯实;最后一组将已达到定量要求的药粉充入胶囊体。这种充填方式可满足现代粉体技术要求。其优点是装量准确,误差小,特别对流动性差的和易粘的药物,调节压力和升降充填高度可调节充填重量。

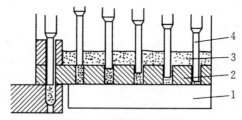

图 6－8　填塞式定量法

1. 计量盘;2. 定量杯;3. 药粉或颗粒;4. 填塞杆

　　B. 间歇插管式定量法(见图6－9)。

　　该法采用将空心计量管插入药粉斗,由管内的冲塞将管内药粉压紧,然后计量管离开粉面,旋转180°,冲塞下降,将孔里药料压入胶囊体中。由于机械动作是间歇式的,所以称为间歇式插管定量。

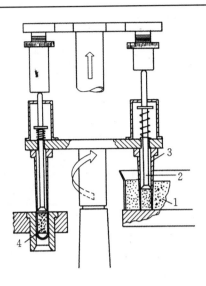

图 6 - 9　间歇插管式定量法
1. 药粉斗；2. 冲杆；3. 计量管；4. 囊体

C. 连续插管式定量法（见图 6 - 10）。

该法同样是用计量管计量，但其插管、计量、充填是随机器本身在回转过程连续完成的。被充填的药粉由圆形贮粉斗输入，粉斗通常装有螺旋输送器的横向输送装置。一个肾形的插入器使计量槽里的药粉分配均匀并保持一定水平，这就使生产保持良好的重现性。每副计量管在计量槽中连续完成插粉、冲塞、提升，然后推出插管内的粉团，进入囊体。凸轮精确地控制这些计量管和冲塞的移动。当充填量很少时（如 4 号、5 号胶囊），关键的是计量管中的压缩力必须足够，以使粉团在排出时有一相应的冲力。作用在所有管子的压力能精确地控制，以产生所需的密度、粉团的精确长度和充填物所需技术特性。机器在运转中定量着中药物重量也可精确调整。

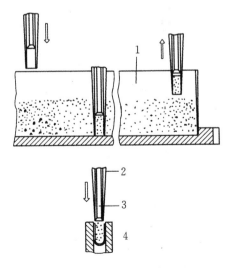

图 6 - 10　连续插管式定量法
1. 计量槽；2. 计量管；3. 冲塞；4. 囊体

D. 双滑块定量法(见图 6－11)。

双滑块定量法是依据容积定量原理,利用双滑块按计量室容积控制进入胶囊的药粉量,该法适用于混有药粉的颗粒充填,对于几种微粒充入同一胶囊体特别有效。

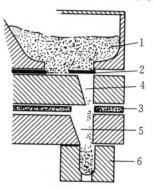

图 6－11 双滑块定量法

1. 药粉斗;2. 计量滑块;3. 计量室;4. 出料滑块;5. 出粉口;6. 囊体套

E. 活塞-模块定量装置(见图 6－12)。

此法同样是容积定量法,微粒流入计量管,然后输入囊体。微粒往一个料斗流入微粒盘中,定量室在盘的下方,它有多个平行计量管,此管被一个滑块与盘隔开,当滑块移动时,微粒经滑块的圆孔流入计量管,每一计量管内有一定量活塞,滑块移动将盘口关闭后,定量活塞向下移动,使定量管打开,微粒通过此孔流入胶囊体。

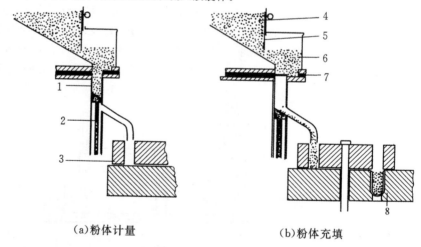

(a)粉体计量　　　　　　　　　　(b)粉体充填

图 6－12 滑块/活塞定量法

1. 计量管;2. 定量活塞;3. 星形轮;4. 药斗;5. 调节板;6. 微粒盘;7. 滑块;8. 囊体盘

F. 活塞定量法(见图 6－13)。

活塞定量法是依据在特殊计量管里采用容积定量。微粒从药物料斗进入定量室的微粒盘,计量管在盘下方,可上下移动。充填时,计量管在微粒盘内上升,至最高点时,管内的活塞上升,这样使微粒经专用通路进入胶囊体。

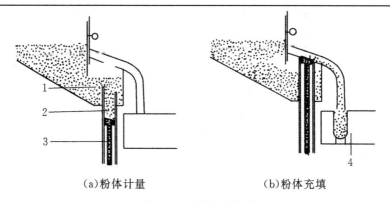

（a）粉体计量　　　　　（b）粉体充填

图 6 - 13　活塞定量法

1. 微粒盘；2. 计量管；3. 活塞；4. 囊体盘

G. 定量圆筒法（见图 6 - 14）。

微粒由药物料斗进入定量斗，此斗在靠近边上有一具有椭圆形定量切口的平面板，其作用是将药物送进定量圆筒里，并将多余的微粒刮去。平板紧贴一个有定量圆筒的转盘，活塞使它在底部封闭，而在顶部由定量板爪完成定量和刮净后，活塞下降，进行第二次定量及刮净，然后送至定量圆筒的横向孔里，微粒经连接管进入胶囊体。

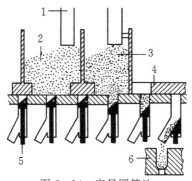

图 6 - 14　定量圆筒法

1. 料斗加料；2. 第一定量斗；3. 第二定量斗；4. 滑块底盘；

5. 定量活塞；6. 囊体盘

H. 定量管法（见图 6 - 15）。

定量管法也是容积定量法，但它是采用真空吸力将微粒定量。在定量管上部加真空，定量管逐步插入转动的定量槽，定量活塞控制管内的计量腔体积，以满足装量要求。

(5)废囊剔除：在帽、体分离过程中，极少未能分离而滞留在上囊板孔中，不能充填药物，为防止这些空胶囊混入成品中，在胶囊闭合前要将其剔除。剔除装置如图 6 - 16 所示。一个可以上下往复运动的顶杆架装置于上囊板和下囊板之间。当上、下囊板转动时，顶杆架停在下限位置上，顶杆脱离囊板孔。当囊板在此工位停位时，顶杆架上行，安装在顶杆架上的顶杆插入到上囊板孔中，如果囊板孔中存有已拔开的胶囊帽时，上行的顶杆与囊帽不发生干涉；如果囊板孔中存有未拔开的空胶囊时，就被上行的顶杆顶出上囊板，并借助压缩空气风力，将其吹入集囊袋中。

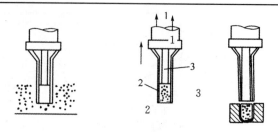

图 6-15 定量管法

1. 真空;2. 定量管;3. 定量活塞

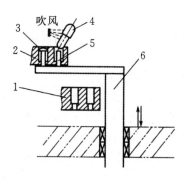

图 6-16 剔除装置结构

1. 下囊板;2. 上囊板;3. 胶囊帽;4. 未分离空胶囊;5. 顶杆;6. 顶杆架

(6)胶囊闭合:经过剔除工位以后,胶囊闭合由弹性压板和顶杆等装置完成。当上、下囊板的轴线重合,即胶囊帽、体轴线对中时,弹性压板下行,将胶囊帽压住,下方的顶杆上行自下囊板孔中插入顶住胶囊体底部,随着顶杆的上升,胶囊帽、体被闭合锁紧,见图 6-17。

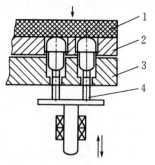

图 6-17 胶囊闭合装置结构

1. 弹性压板;2. 上囊板;3. 下囊板;4. 顶杆

(7)出囊装置:出囊装置利用出料顶杆自下囊板下端孔内由下而上将胶囊顶出囊板孔。如图 6-18所示。出料顶杆靠凸轮控制上升,将胶囊顶出囊板孔,一般还在侧向辅助以压缩空气,利用风压将顶出囊板的胶囊吹到出料滑道中,并被输送至包装工序。

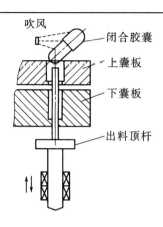

图 6－18 出囊装置结构

(8)清洁装置:上、下囊板经过拔囊、填充药物、出囊等工序后,囊板孔可能会受到污染,因此在进入下一周期操作前,应进行清洁。清洁装置如图 6－19 所示。当囊孔轴线对中的上、下囊板在主工作盘拖动下,停在清洁工位时,正好置于清洁室缺口处,这时压缩空气系统接通,将囊板孔中粉末、碎囊皮等由下而上吹出囊孔。置于囊板孔上方的吸尘系统将其吸入吸尘器中,使囊板孔保持清洁。随后上、下囊板离开清洁室,进行下一周期的循环操作。

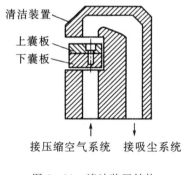

图 6－19 清洁装置结构

表 6－9 全自动胶囊充填机标准操作规程

NJP－1200 型全自动胶囊充填机标准操作规程	
准备过程	(1)检查设备应有完好标识,已清洁标识。 (2)检查供电系统是否正常,吸尘器,空气压缩机,真空泵运转是否正常,接头无松动现象

操作过程	(1)开机前用手转动主电机轴轮,使机器运转 1～2 个循环,观察机器运转情况。 (2)向胶囊料斗内填入空心胶囊(手动状态)。 (3)按下主机"点动"按键,使转盘转动三至四个工位。 (4)转动手轮,让模具中充满胶囊。 (5)将药粉装入药粉料斗。 (6)按下主机"点动"按键,使机器转动,并检查充填重量。 (7)将主机起停由"手动"转换成"自动",开机生产。 (8)根据工艺要求,充填过程中每 5 分钟检查 1 次,每间隔一定时间检单孔一次,发现变化及时调整充填管,确保装量差异稳定。 (9)充填结束后,充填机空转一周,把模具内剩余胶囊剔出。 (10)关掉总电源开关
结束	结束过程,清洗机器按《NJP-1200 型全自动胶囊充填机清洁规程》进行

五、硬胶囊剂生产质量控制点

硬胶囊剂生产质量控制点见表 6-10,其他工序与片剂相同。

表 6-10 硬胶囊剂生产质量控制表

工序	质量控制点	质量控制项目	频次
充填	硬胶囊	温度、湿度	随时/班
		装量差异	3～4 次/班
		崩解时限	1 次以上/班
		外观	随时/班
		含量、均匀度	每批

项目七 软胶囊剂生产

一、实训任务

【实训任务】 维生素 E 软胶囊生产。

【处方】 维生素 E 100g,大豆油 200g,明胶 2kg,甘油 1kg,水 2kg。

【规格】 50mg/粒,批量 10 万粒。

【工艺流程图】 工艺流程见图 7-1。

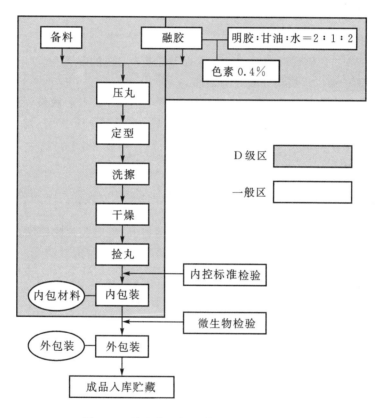

图 7-1 维生素 E 软胶囊生产工艺流程图

【生产操作要点】

（一）生产前确认

（1）检查操作间、工具、容器、设备等是否有清场合格标志,并核对是否在有效期内。否则按清场标准程序进行清场并经 QA 人员检查合格后,填写清场合格证,方可进入下一步操作。

（2）根据要求选择适宜软胶囊剂生产设备,设备要有"合格"标牌,"已清洁"标牌,并对设备状况进行检查,确证设备正常,方可使用。

（3）检查相关容器、用具是否清洁干燥,必要时用 75％乙醇溶液对化胶罐、干燥转笼及软胶囊机进行消毒。

(4)根据生产指令填写领料单,从备料称量间领取原辅料,并核对品名、批号、规格、数量、检验报告单无误后,进行下一步操作。

(5)确保温湿度在生产工艺要求范围内,室温18~25℃、相对湿度30%~45%。

(6)挂本次运行状态标志,进入配制操作。

(二)配料操作

(1)人员经"一更""二更"后进入配制间,按生产任务要求进行操作。

(2)称量处方量的维生素E溶于等量的大豆油中,搅拌使其充分混匀。

(3)加入剩余的处方量的大豆油混合均匀,通过胶体磨研磨三次,真空脱气泡。

(4)在真空度-0.10MPa以下和温度:90~100℃进行2h脱气。

(5)及时填写生产记录并进行清场工作。

(三)溶胶操作

(1)按2:1:2的比例称取明胶、甘油、水以及总量0.4%的姜黄素。

(2)明胶先用约80%水浸泡使其充分溶胀。

(3)将剩余水与甘油混合,置真空化胶桶中加热至75℃,加入明胶液,搅拌使之完全熔融均匀约1~1.5h,加入姜黄色素,搅拌使混合均匀,放冷,保温60℃静置,除去上浮的泡沫,滤过,测定胶液粘度约为40mps^{-1}左右。

(四)压丸操作

(1)开动机器,使胶盒温度在50~60℃之间,喷体温度在36~40℃之间,然后将化胶罐通上空压机,调节压力的大小,使胶液以合适的速度进入软胶囊机。

(2)打开风机,喷一些液体石蜡到辊模上,将制冷打开,控制胶片的厚度在0.8mm左右。

(3)将制成合格的胶片及内容物药液通过自动软胶囊机压制成软胶囊。

(五)定型、洗丸操作

(1)将压制成的软胶囊在网机内20℃下吹风定形,定形1.5~2h。

(2)用90%的乙醇在洗擦丸机中洗去胶囊表面油层,吹干洗液。

(六)干燥、选丸操作

(1)将已经乙醇洗涤后的软胶囊于网机内吹干约4h。

(2)将干燥后的软胶囊进行人工拣丸或机械拣丸,拣去大小丸、异形丸、明显网印丸、漏丸、瘪丸、薄壁丸、气泡丸等。

(3)将合格的软胶囊丸放入洁净干燥的容器中,称量,容器外应附有状态标志,标明产品名称、重量、批号、日期,用不锈钢桶加盖封好后,送中间站。

(七)内包

略。

(八)外包

略。

(九)质量检测

外观、鉴别、含量测定、装量差异、崩解时限、微生物限度。

（十）入库

略。

二、软胶囊剂质量要求与检测方法

【装量差异】

检查法:除另有规定外,取供试品 20 粒(中药取 10 粒),分别精密称定重量,倾出内容物(不得损失囊壳),软胶囊或内容物为半固体或液体的硬胶囊囊壳用乙醚等易挥发性溶剂洗净,置通风处使溶剂挥尽,再分别精密称定囊壳重量,求出每粒内容物的装量与平均装量。每粒装量与平均装量相比较(有标示装量的胶囊剂,每粒装量应与标示装量比较),超出装量差异限度的不得多于 2 粒,并不得有 1 粒超出限度 1 倍(表 7-1)。

表 7-1 胶囊剂的装量差异限度要求

平均装量或标示装量	装量差异限度
0.30g 以下	±10%
0.30g 及 0.30g 以上	±7.5%(中药±10%)

【岗位生产记录】

表 7-2 配料岗位记录

专业:＿＿＿＿＿＿＿＿＿＿ 班级:＿＿＿＿＿＿＿＿＿＿ 组号:＿＿＿＿＿＿＿＿＿＿

姓名:＿＿＿＿＿＿＿＿＿＿ 场所:＿＿＿＿＿＿＿＿＿＿ 时间:＿＿＿＿＿＿＿＿＿＿

品名		批号		规格		批量	
操作前准备	1.检查操作间门上是否挂有"清场合格证(副本)"标示。□ 2.检查房间、设备、工器具是否清洁完好,是否在规定的有效期内。□ 3.检查计量器具是否在规定的计量有效期内,校正计量器具。□ 4.按生产指令领取各种物料,核对品名、编号(批号)、规格、检验报告单等。□ 5.检查设备、岗位 SOP 等文件是否齐全。□ 注:检查合格在□中划√,不合格划× 操作者: 工段长: 年 月 日						
操作过程	按称量、复核标准操作规程称取各种原辅料,按岗位操作法进行操作,将已称取好的原辅料进行称量、配料						
项目	测量时间	测量结果		测量者		质量检查员	标准
温度							
湿度							
压差							

1.原辅料的称量与复核:执行称量、复核标准操作规程 C－SOP008					
生产日期	年　月　日				
原辅料名称	批号	毛重(g/mL)	皮重(g/mL)	净重(g/mL)	备注
操作者:		复核者:		质量检查员:	监督人:

表 7-3　配液岗位记录

专业: _____　　班级: _____　　组号: _____

姓名: _____　　场所: _____　　时间: _____

产品名称		规格		批号		批量	
设备							
配料		品名	批号	配料量	品名	批号	配料量
投料搅拌	投料总量			搅拌时间			
过滤	滤网数目			配液量			
操作人			复核人			日期	
物料平衡	$$\frac{配液量(\quad)＋废液量(\quad)}{投料量(\quad)}×100\% ＝$$ 计算人:　　　　　　复核人: 结论: 质量监控员:						
备注							
班组长				工艺员			

【项目考核评价表】

表 7－4　维生素 E 软胶囊剂生产考核表

专业：_____　　班级：_____　　组号：_____
姓名：_____　　场所：_____　　时间：_____

考核项目	考核标准	得分
工艺流程	生产工艺流程(图 7－1)	
配料	维生素 E 溶于等量的大豆油中温度、时间、投料顺序、比例	
溶胶	明胶：甘油：水的比例 色素的用量 操作的工艺流程	
压丸	软胶囊机的标准操作流程	
定型、洗丸	洗丸剂的配制 温度、时间的把握	
干燥、选丸	干燥的时间 选丸的标准	
记录完成情况	记录真实、完整,字迹工整清晰	
清场完成情况	清场全面、彻底	
产品质量检查	操作准确,检查合格	
物料平衡率	符合要求	
总分:100 分		
总结		

考核教师：

三、软胶囊剂生产工艺

(一)软胶囊剂的基本知识

1.软胶囊剂的定义

软胶囊剂(又称胶丸)系指将一定量的液体原料药物直接包封或将固体原料药物溶解或分散在适宜的辅料中制备成溶液、混悬液、乳状液或半固体,密封于软质囊材中而制成的胶囊剂。

2.软胶囊的特点

(1)优点。

1)外表整洁、美观,装有口服药物的软胶囊制剂,与片剂相比,崩解速度快、生物利用度高、易于吞服,便于贮存和携带。

2)可以掩盖药物的不适味道。

3)可以制成速效、缓释、肠溶、胃溶等软胶囊剂。

4)剂型中含油量高、不容易制成片剂或丸剂的药物可以制成软胶囊剂,或者主药的剂量小、难溶于水,在消化道内不容易吸收的药物,可将其溶于适宜的油中再制成软胶囊剂。

5)对光敏感及不稳定的药物,可填装于不透光的胶囊中,以防止湿气或空气中的氧、光线对药物的作用,提高其稳定性。

6)由于完全密封,其内容物不易被破坏,具有防伪功能。

7)可制成保健品、化妆品等。

(2)缺点。

1)药物的水溶液或稀醇溶液能使明胶溶解,不能制成软胶囊剂。

2)一般不适用于婴幼儿及消化道有溃疡的患者。

3)遇热易分解。

3.软胶囊的组成

(1)囊材:软胶囊的囊壳是由明胶、增塑剂、水三者所构成的,其重量比例通常是干明胶:增塑剂(甘油、山梨醇或二者的混合物):水＝1:(0.4～0.6):1。软胶囊的囊壁具有可塑性与弹性是软胶囊剂的特点,也是该剂型成立的基础,所以,若增塑剂用量过低,则会造成囊壁过硬。由于软胶囊在制备及放置过程中只有水分可以损失,因此,明胶与增塑剂的比例对软胶囊剂的制备及质量有着十分重要的影响。

明胶液制备:首先用纯化水或注射用水将明胶溶解,加入增塑剂,在真空溶解罐中搅拌,待完全均匀溶解后开动真空溶解罐的真空,除去明胶溶液中的气泡,边加热边蒸除去明胶溶液中的水分,直至达到所规定的黏度。

(2)药物与附加剂:由于软质囊材以明胶为主,因此对蛋白质性质无影响的药物和附加剂均可填充,如各种油类和液体药物、药物溶液、混悬液和固体物。但有些情况会使软胶囊壳受到破坏,应加以控制。液体药物若含水5%或为水溶性、挥发性、小分子有机物,如乙醇、酮、酸、酯等,能使囊材软化或溶解,醛可使明胶变性,因此,均不宜制成软胶囊。液态药物pH以4.5～7.5为宜,否则易使明胶水解、变性,导致泄漏或影响崩解和溶出,可选用缓冲液加以调整。

(二)软胶囊剂的生产工艺流程

1.软胶囊剂的制备方法

在生产软胶囊时,填充药物与成型是同时进行的。软胶囊的制法可分为压制法和滴制法,其中压制法制成的软胶囊称为有缝软胶囊,滴制法制成的软胶囊称为无缝软胶囊。

成套的软胶囊生产设备包括明胶液溶配制设备、药液配制设备、软胶囊压(滴)制设备、软胶囊干燥设备、回收设备等。

软胶囊产品质量与生产环境有关,一般温度为22～24℃,相对湿度为20%～40%。

2.软胶囊剂生产工艺流程图

(1)压制法:压制法是将胶液制成厚薄均匀的胶片,再将药液置于两个胶片之间,用钢板模或旋转模压制软胶囊的一种方法(图7-2)。

(2)滴制法:滴制法适用于液体药剂制备软胶囊,是指通过滴制机制备软胶囊的方法。制备时,将明胶液与油状药液(如鱼肝油)分别置于两贮液槽内,经定量控制器将定量的胶液和油液通过双层喷头(外层通入胶液,内层通入油液),并使两相按不同的速度滴出,使胶将油包裹,滴入液状石蜡的冷却液中,胶液遇冷由于表面张力的作用收缩成球状并逐渐凝固而成胶丸,收集胶丸,用纱布拭去附着的液状石蜡,再用石油醚、乙醇先后各洗涤两次以除净液状石蜡,于25～35℃烘干即可(图7-3)。

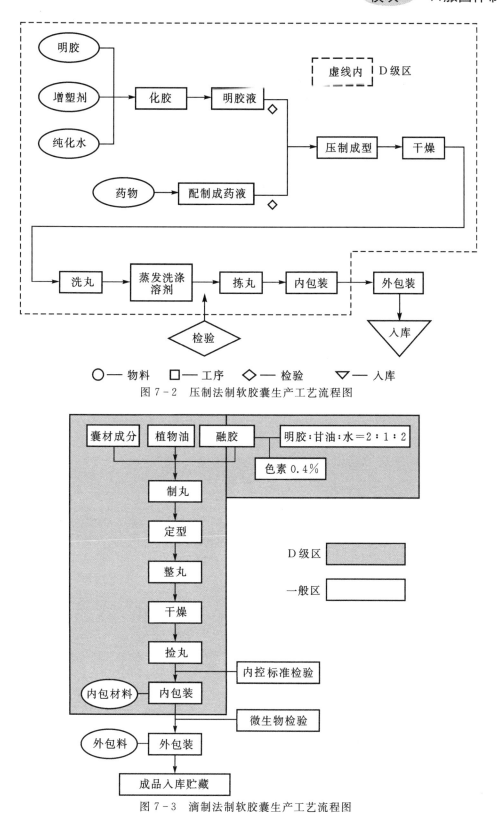

图 7-2 压制法制软胶囊生产工艺流程图

图 7-3 滴制法制软胶囊生产工艺流程图

影响软胶囊质量的因素有以下几种。

1)明胶液的处方组成与比例。

2)胶液的黏度。明胶液的黏度以 30～50mPa·s 为宜。

3)胶液、药液、冷却液三者的密度。三者密度要适宜,保证胶囊剂在冷却液中有一定沉降速度,又有足够时间使之冷却成球形。

4)胶液、药液、冷却液的温度。一般胶液与药液应保持 60℃,喷头处温度应为 75～80℃,冷却液应为 13～17℃。

5)软胶囊的干燥温度。常用干燥温度 20～30℃,并配有通风设施。

滴制法生产设备简单,在生产甘油明胶液的用量较模压法少。

四、软胶囊机生产设备

(一)化胶设备

软胶囊化胶(或称煮胶)是指将明胶、水、甘油及防腐剂、色素等辅料,使用规定的化胶设备,煮制成适用于压制软胶囊的明胶液的操作。常用化胶设备有 VMP-60 真空化胶桶(表7-5)。

表 7-5　VMP-60 真空化胶桶介绍表

名称	VMP-60 真空化胶桶
结构	电机、搅拌桨、水浴加热器、温度表、温控系统、安全阀
工作原理	VMP-60 真空化胶桶是一种控温水浴式加热搅拌罐,罐内可承受一定的正、负压力。溶胶能力 2.5～15kg,可化胶、贮胶,并可实现地面压力供胶。该搅拌罐是用不锈钢焊接而成的三层夹套容器。内桶用于装胶液,夹层装加热用的纯净水。罐体上带有温度控制组件及温度指示表,可准确控制和指示夹层中的水温,以保证胶液需要的工作温度。罐盖上设有气体接头、安全阀及压力表,工作安全可靠,通过压力控制可将罐内胶液输送至主机的胶盒中
工作过程	1.开机前检查和准备 (1)使用前应注意检查各气阀有无泄漏,各仪表是否正常,搅拌系统是否能正常运转,各机件有无松脱,发现异常情况应通知维修或设备管理人员处理后方可使用。 (2)检查化胶罐夹套是否有水(纯化水),水位应漫至视镜高度 2/3,若低于 1/3,应及时补充。 2.生产操作 (1)接通电源,设定加热温度为 70℃,按比例称取原料(明胶、纯化水、增塑剂、色素等)。 (2)将纯净水倒入化胶桶中,待桶内温度上升至约 70℃,加入增塑剂、色素并搅拌至完全溶解。将明胶投入,边投边用不锈钢棍搅拌均匀,防止结块。 (3)放入搅拌桨,盖要放平稳并扣紧,防止搅拌桨与桶内壁碰撞(注意:应先抽出吸液管,避免与运作的搅拌桨碰撞)。 (4)接通搅拌机电源,听搅拌桨运转声音是否正常(不正常应断电重盖),80℃保温搅拌至胶液黏度测定达到 40mps^{-1} 左右。 (5)开启真空阀脱气,脱气过程胶液液面会上升,观察液面,调节排空阀,不要让液面上升接近真空出口。脱气后取样检查胶液是否无气泡,检查合格后停止搅拌,设定 50～55℃保温(保温时间长温度设置应稍低,防止黏度被破坏,临用前再升高)。

工作过程	3.生产结束 (1)关闭罐底的出液口,往罐内放入热水,用不掉毛尼龙刷刷洗,直至内部及罐底出液口上无残留胶渍,用纯化水冲淋。 (2)取出搅拌桨和吸液管,用热水冲洗,直至无残留胶渍,然后用纯化水冲淋。 (3)用饮用水擦拭罐外壁,至设备外无浮尘、无污渍,待搅拌桨、吸液管等部件干燥后,安装到罐上,罐外挂"已清洁"标志,上填写清洗人、清洗日期、有效期等
使用范围	软胶囊制备过程中的化胶、贮胶

(二)压制设备

软胶囊压制是指将合格的药物油溶液或混悬液,使用规定的模具和软胶囊压制设备,压制成合格软胶囊的操作。目前生产上主要采用旋转模压法,模具的形状可为椭圆形、球形或其他形状。常用设备为滚模式软胶囊压制机(表 7-6,表 7-7)。

表 7-6 滚模式软胶囊机介绍表

名称	滚模式软胶囊机
结构	加药斗、供药泵、喷嘴、辊模系统、下丸器、鼓轮、明胶盒、加热器、胶皮冷却系统和电气控制系统等
工作原理	明胶液由化胶桶利用压缩空气分别压填到软胶囊机两边的明胶盒内,然后由明胶盒下面流出铺到转动的干燥鼓轮上形成两条胶带,自动制出的两条胶带,由左右两旁向中央共相对合的方向靠拢移动,然后经胶带传送导杆和传送滚柱,从模具上部对应送入两平行对应吻合转动的一对圆柱形辊模间,使两条对合的胶带一部分先受到楔形注液器加热与模压作用而先黏合,此时内容物料液泵同步随即将内容物料液定量输出,通过料液管与楔形注液器,经喷射孔喷入,充入两胶带间所形成的由模腔包托着的囊腔内。因滚模不断地转动,使喷液完毕后的囊腔旋即模压黏合而完全封闭,形成软胶囊(图 7-4)
工作过程	(1)开动机器,设定喷体温度在 36~40℃ 之间,然后将化胶罐通上空压机,调节压力的大小0.03MPa,连接电热输胶管至胶盒,给输胶管和胶盒的电热管加热,设定温度在 50~60℃ 之间,待温度平稳后,使胶液以合适的速度进入软胶囊机。 (2)调节机器的速度控制旋钮,使机器按一定转速运转,打开风机,喷液体石蜡一些到辊模上,辊模转速设定在 1~2rpm 为宜。 (3)将左右胶盒的出胶挡板适量开启,明胶液均匀涂布在转动的胶皮轮上形成胶皮。 (4)开启冷风机,并调节冷风机的风温、风量,以胶皮不粘在胶皮轮上为宜; (5)将胶皮轮带出的胶皮送入胶皮导轮,然后进入模具,胶皮从模具挤出后,用镊子引导胶皮进入下丸器的胶丸滚轴及拉网轴,最后送入废胶桶。 (6)检查胶皮的厚度,视实际情况调节明胶盒上面两个出胶挡板的开启度,控制胶片的厚度在 0.8mm 左右。 (7)检查胶网的输送情况,若正常,放下喷体,使喷体以自重压在胶皮上。 (8)设定喷体温控仪的目标温度为 36~40℃(温度视室温、胶皮厚等情况而定),开启喷体加热开关,插在喷体上的发热棒受电加热。 (9)调节模具的加压旋钮,令左右转模受力贴合,调节量以胶皮刚好被转模切断为准,注意模具过量的靠压会损坏。

工作过程	(10)待喷体加热至目标温度后,将喷体上的滑阀开关杆向内推动,接通料液分配组合的通路,定量的药液喷入两胶皮之间,通过模具压成胶丸。此时应检查每个喷孔对应的胶丸装量(即内容物重),及时修正柱塞泵的喷出量(通过转动供料泵后面调节手轮进行调节,改变柱塞行程,进而改变装量)。 (11)启动干燥转笼,将压出的符合要求的软胶囊送入干燥转笼内进行定型、干燥即可
使用范围	适用于药品、食品、化妆品、各种油类物质和疏水悬液或糊状物定量压注并包封于明胶皮内
结构示意图	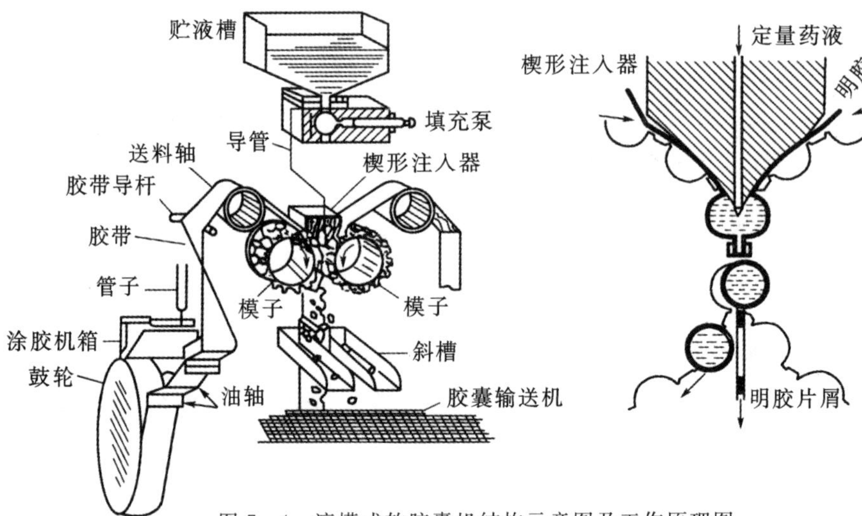 图7-4 滚模式软胶囊机结构示意图及工作原理图

表7－7 JLR－100型软胶囊机标准操作规程

JLR－100型软胶囊机标准操作规程	
开机前准备	(1)检查设备主机、真空搅拌罐、干燥转笼、风机等完好、清洁,悬挂"完好""已清洁"状态标志并在清洁有效期内。 (2)检查水、汽供应情况。 (3)试开机运行,检查设备运转是否正常,有无异常声响
运行	(1)开动机器,设定喷体温度在36～40℃之间,然后将化胶罐通上空压机,调节压力的大小0.03MPa,连接电热输胶管至胶盒,给输胶管和胶盒的电热管加热,设定温度在50～60℃之间,待温度平稳后,使胶液以合适的速度进入软胶囊机。 (2)调节机器的速度控制旋钮,使机器按一定转速运转,打开风机,喷液体石蜡一些到辊模上,辊模转速设定在1～2rpm为宜。 (3)将左右胶盒的出胶挡板适量开启,明胶液均匀涂布在转动的胶皮轮上形成胶皮;开启冷风机,并调节冷风机的风温、风量,以胶皮不粘在胶皮轮上为宜。 (4)将胶皮轮带出的胶皮送入胶皮导轮,然后进入模具,胶皮从模具挤出后,用镊子引导胶皮进入下丸器的胶丸滚轴及拉网轴,最后送入废料桶;检查胶皮的厚度,视实际情况调节明胶盒上面两个出胶挡板的开启度,控制胶片的厚度在0.8mm左右。 (5)检查胶网的输送情况,若正常,放下喷体,使喷体以自重压在胶皮上。

运行	(6)设定喷体温控仪的目标温度为 36～40℃（温度视室温、胶皮厚等情况而定），开启喷体加热开关，插在喷体上的发热棒受电加热。 (7)调节模具的加压旋钮，令左右转模受力贴合，调节量以胶皮刚好被转模切断为准，注意模具过量的靠压会损坏。 (8)待喷体加热至目标温度后，将喷体上的滑阀开关杆向内推动，接通料液分配组合的通路，定量的药液喷入两胶皮之间，通过模具压成胶丸。此时应检查每个喷孔对应的胶丸装量（即内容物重），及时修正柱塞泵的喷出量（通过转动供料泵后面调节手轮进行调节，改变柱塞行程，进而改变装量）。 (9)启动干燥转笼，将压出的符合要求的软胶囊送入干燥转笼内进行定型、干燥即可
清场	(1)按 JLR－100 型软胶囊机清洁规程进行清洁。 (2)清场结束填写清场及设备清洁记录，并由 QA 检查员检查确认清场合格后，贴挂"清场合格证"及"已清洁"标示

五、软胶囊剂生产质量控制点

软胶囊剂生产质量控制点见表 7 - 8。

表 7 - 8　软胶囊剂生产质量控制表

工序	质检点	质监项目	频次
配料	投料	含量、数量、异物	一次/班
融胶	投料、溶胶真空度、温度、时间	黏度、水分、冻力	每料/次
压丸	胶丸成形	形丸、装量、渗漏	20min/次
干燥	转笼	外观、温度、湿度	每班一次
洗丸	洁净情况	清洁度	每班一次
拣丸	丸形	大小丸、异形丸	每班一次
包装	瓶装	数量、密封度、文字、批号	随时/班
	盒装	数量、说明书、标签	抽检/批
	装箱	数量、装箱单、印刷内容	抽检/批
	标签	批号、文字、使用数	每班一次

项目八　丸剂生产

一、实训任务

【实训任务】　大山楂丸(9g/丸)的生产。

【处方】　山楂1000g,六神曲(麸炒)150g,炒麦芽150g。

【制法】　以上三味,粉碎成细粉,过筛,混匀;另取蔗糖600g,加水270mL与炼蜜600g,混合,炼至相对密度约为1.38(70℃)时,滤过,与上述粉末混匀,制成大蜜丸,即得。

【工艺流程图】　工艺流程见图8-1。

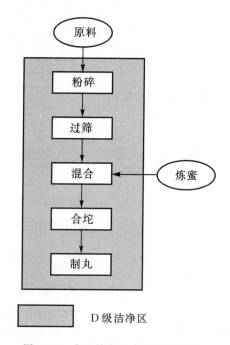

图8-1　大山楂丸生产工艺流程图

【生产操作要点】

(一)生产前确认

(1)每个工序生产前确认上批产品生产后清场是否在有效期内,如有效期已过,须重新清场并经QA检查,给予清场合格证后方能进行下一步操作。

(2)所有原辅料、内包材料进入车间都应按照:物品→拆外包装(外清、消毒)→自净→洁净区的流程进入车间。

(3)每个工序生产前应对原辅料、中间品或包材的物料名称、批号、数量、性状、规格、类型等进行复核。

(4)每个工序生产前应对计量器具的称量范围、校验效期进行复核。不在校验效期内不得使用。

（二）备料

1.领料

从仓库领取合格原辅料,送入车间称量放于中间站。

2.粉碎过筛

将以下物料依次粉碎过筛,过筛后再次称量,计算物料平衡,并严格复核(表8-1)。

表 8-1 物料前处理要求

原辅料名称	粉碎目数	过筛目数
山楂	80 目	80 目
六神曲	80 目	80 目
炒麦芽	80 目	80 目

3.混合

将以上三种原料细粉混合均匀,颜色一致,备用。

（三）炼蜜

取蜂蜜放置于可倾式夹层锅内,加入水与蔗糖,加热至沸后继续炼制,至蜜表面起黄色气泡,手捻之有一定黏性,但两手指分开时无长丝出现即达到要求。

（四）制丸

1.制丸块

将炼制好的蜂蜜趁热(以 60～80℃为宜)与混合均匀的细粉充分搅拌,混合均匀,以随意塑形而不开裂,不黏手,不黏附器壁。色泽一致,滋润为优。

2.制丸条、分粒

多采用全自动中药制丸机进行,根据丸剂规格要求,选用不同刀轮模具,制备所需规格。

（五）半成品检验

丸剂的半成品检验需在制丸后进行,主要进行外观、重量差异等。

（六）包装

利用内、外包材对制备好的丸剂进行包装。

（七）成品检验

成品检验为全项检验,包括外观、水分、重量差异、溶散时限、微生物限度等。

（八）入库

略。

【大蜜丸质量要求与检测方法】

（一）水分

照水分测定法测定。除另有规定外,蜜丸中所含水分不得过 15.0%。

（二）重量差异

除另有规定外,蜜丸照下述方法检查,应符合规定。

检查法:以 10 丸为 1 份(丸重 1.5g 及 1.5g 以上的以 1 丸为 1 份),取供试品 10 份,分别称定重量,再与每份标示重量(每丸标示量×称取丸数)相比较(无标示重量的丸剂,与平均重量比较),按下表规定,超出重量差异限度的不得多于 2 份,并不得有 1 份超出限度 1 倍(表 8-2)。

表 8-2　丸剂的重量差异限度

标示丸重或平均丸重	重量差异限度
0.05g 及 0.05g 以下	±12%
0.05g 以上至 0.1g	±11%
0.1g 以上至 0.3g	±10%
0.3g 以上至 1.5g	±9%
1.5g 以上至 3g	±8%
3g 以上至 6g	±7%
6g 以上至 9g	±6%
9g 以上	±5%

(三)溶散时限

除另有规定外,大蜜丸及研碎、嚼碎后或用开水、黄酒等分散后服用的丸剂不检查溶散时限。

【岗位生产记录】

表 8-3　炼蜜岗位生产记录

专业:＿＿＿＿＿＿＿＿＿＿　　班级:＿＿＿＿＿＿＿＿＿＿　　组号:＿＿＿＿＿＿＿＿＿＿

姓名:＿＿＿＿＿＿＿＿＿＿　　场所:＿＿＿＿＿＿＿＿＿＿　　时间:＿＿＿＿＿＿＿＿＿＿

品名		批号			
领取蜜量	1	kg		3	kg
	2	kg		4	kg
	总量:　　kg	称量人:		复核人:	QA:
要求炼蜜程度					
炼蜜		加蜜量		初始含水量	最终含水量
	1				
	2				
总炼蜜量:　　　　kg		领用炼蜜量:　　　　kg		领用时间:	

表 8-4　合坨岗位生产记录

专业：＿＿＿＿＿＿＿＿＿　　　　班级：＿＿＿＿＿＿＿＿＿　　　　组号：＿＿＿＿＿＿＿＿＿

姓名：＿＿＿＿＿＿＿＿＿　　　　场所：＿＿＿＿＿＿＿＿＿　　　　时间：＿＿＿＿＿＿＿＿＿

品名				扎号	
药蜜比	和坨次数	细粉量（kg）	炼蜜量（kg）	搅拌时间	
	1			时　　分至　　时　　分	
	2			时　　分至　　时　　分	
	3			时　　分至　　时　　分	
合坨总量：　　　kg	操作人		复核人		QA

表 8-5　制丸岗位生产记录

专业：＿＿＿＿＿＿＿＿＿　　　　班级：＿＿＿＿＿＿＿＿＿　　　　组号：＿＿＿＿＿＿＿＿＿

姓名：＿＿＿＿＿＿＿＿＿　　　　场所：＿＿＿＿＿＿＿＿＿　　　　时间：＿＿＿＿＿＿＿＿＿

品名		批号			
工艺过程	操作标准及工艺要求	记录结果	操作人	复核人	QA
生产前检查	检查清场结果记录 1.无与本批无关的指令与记录； 2.环境符合要求； 3.无与本批无关的物料； 4.检查物料名称、数量、卡物相符； 5.设备计量器具清洁完	1.符合规定（　　） 2.符合规定（　　） 3.符合规定（　　） 4.符合规定（　　） 5.符合规定（　　）			
物料检查	1.从上工序领取物料并检查标签卡物相符,盛装容器状况符合要求移至操作间。 2.润滑剂浓度≥95%	1.符合规定（　　） 2.符合规定（　　）			
制丸、晾丸	将领入的软材陆续加入制丸机药槽内,按相应要求进行制丸;晾丸温度16～26℃;湿度45%～65%	执行（　　）			
接收药坨重量(kg)	制丸总重量(kg)	晾丸后重量(kg)	制丸后尾料重量(kg)		废弃物重量(kg)
物料平衡收率计算	物料平衡＝(制丸总重量＋制丸后尾料重量＋废弃物重量)/接收药坨重量×100%＝ 收率＝晾丸后重量/接收药坨重量×100%＝		计算人	复核人	QA

注:符合要求打"√";不符合要求打"×"。

每 30min 进行一次重量差异检查,每次检查 10 丸至 20 丸,属废弃物重量

【项目考核评价表】

表 8-6　大山楂丸生产考核表

专业：＿＿＿＿＿＿＿＿　　班级：＿＿＿＿＿＿＿＿　　组号：＿＿＿＿＿＿＿＿

姓名：＿＿＿＿＿＿＿＿　　场所：＿＿＿＿＿＿＿＿　　时间：＿＿＿＿＿＿＿＿

考核项目	考核标准	参考分数	得分
工艺设计	工艺流程图是否清晰、明确	5	
备料	原料、辅料选用及称量是否准确;是否为双人复核	10	
粉碎、过筛	粉末是否达到工艺要求	10	
炼蜜	蜂蜜炼制过程所需温度、时间是否准确;是否测定炼蜜的相对密度	10	
制丸块	物料不黏手,可任意塑形,外观颜色一致,软硬适度	10	
制丸	丸粒大小均匀,圆润有光泽	15	
包装	包装材料是否消毒,密封严	5	
记录完成情况	记录真实、完整,字迹工整清晰	10	
清场完成情况	清场全面、彻底	10	
产品质量检查	操作准确,检查合格	5	
物料平衡率	97％≤V＜100％	10	
总分		100	

考核教师：

【实训任务】　冰片滴丸的生产。

【处方】　冰片 200g,PEG6000,700g。

【制法】　将 PEG6000 熔融后,加入冰片搅拌至溶化,混合均匀,调节设备恒温箱温度为 80～85℃保温,滴制,控制滴速为 30～35 滴/分,每粒重 50mg。冷却,收集、除去冷却介质、剔除废次品,干燥即得。

【工艺流程图】　工艺流程见图 8-2。

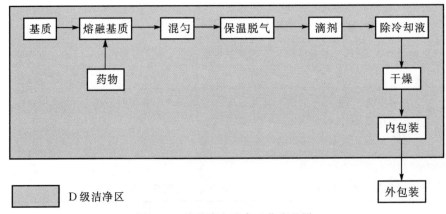

图 8-2　冰片滴丸生产工艺流程图

【生产操作要点】

（一）生产前确认

（1）每个工序生产前检查生产现场、设备及容器具清洁状况,清场合格证是否在有效期内,如有效期已过,须重新清场并经 QA 检查,给予清场合格证后方能进行下一步操作。

（2）检查各工序房间的温湿度计、压力表是否有校验合格证及有效期限。

（3）检查计量器具的称量范围、校验效期进行复核。不在校验效期内不得使用。

（4）准备工作完成后,在房间及生产设备处换上"生产中"状态标识。

（二）生产过程

1.领料

从中间站领取待熔融的基质 PEG6000,核对物料名称、批号、数量、性状、规格、类型等进行复核。

2.熔融基质

按批用量称取 PEG6000、冰片后,先将 PEG6000 在调料罐内进行加热,融化后,再加入规定量冰片,待搅拌均匀后,油浴保温处理。

3.保温脱气

将油浴设置为 80～85℃保温 30min,以排除其中所夹带的空气。

4.滴制

控制滴速为 30～35 滴/分,每粒重 50mg。

5.冷却

选择二甲基硅油或氢化植物油为冷却液,进行冷却。

6.拣丸

剔除掉异形丸、含气泡丸、大小不一致丸。

7.干燥

用纱布擦去冷凝液,冷风吹干后,在室温下铺晾即可。

8.半成品检验

半成品检验包括外观、重量差异、溶散时限检查,需在滴丸包装前进行。

9.包装

利用内、外包材对制备好的滴丸行包装。

10.成品检验

滴丸剂的成品检验项目除了半成品检验的项目外,还需进行微生物限度检查。

11.入库

【滴丸质量要求与检测方法】

（一）外观

除另有规定外,丸剂外观应圆整,大小、色泽应均匀,无粘连现象。滴丸表面应无冷凝介质黏附。

（二）重量差异

除另有规定外,滴丸剂照下述方法检查,应符合规定。

检查法:取供试品 20 丸,精密称定总重量,求得平均丸重后,再分别精密称定每丸的重量。

每丸重量与标示丸重相比较(无标示丸重的,与平均丸重比较),按下表中的规定,超出重量差异限度的不得多于 2 丸,并不得有 1 丸超出限度 1 倍(表 8 - 7)。

表 8 - 7　滴丸剂的重量差异限度

标示丸重或平均丸重	重量差异限度
0.03g 及 0.03g 以下	±15％
0.03g 以上至 0.1g	±12％
0.1g 以上至 0.3g	±10％
0.3g 以上	±7.5％

(三)溶散时限

除另有规定外,取供试品 6 丸,选择适当孔径筛网的吊篮(丸剂直径在 2.5mm 以下的用孔径约 0.42mm 的筛网;在 2.5～3.5mm 之间的用孔径约 1.0mm 的筛网;在 3.5mm 以上的用孔径约 2.0mm 的筛网),照崩解时限检查法(通则 0921)片剂项下的方法加挡板进行检查。滴丸剂不加挡板检查,应在 30min 内全部溶散,包衣滴丸应在 1h 内全部溶散。上述检查,应在规定时间内全部通过筛网。如有细小颗粒状物未通过筛网,但已软化且无硬心者可按符合规定论。

【岗位生产记录】

表 8 - 8　滴制岗位生产记录

专业:＿＿＿＿＿＿＿＿＿　　班级:＿＿＿＿＿＿＿＿　　组号:＿＿＿＿＿＿＿＿＿

姓名:＿＿＿＿＿＿＿＿＿　　场所:＿＿＿＿＿＿＿＿　　时间:＿＿＿＿＿＿＿＿＿

品名			批号				
工艺过程	操作标准及工艺要求		记录结果		操作人	复核人	QA
生产前检查	检查清场结果记录 1.无与本批无关的指令与记录; 2.环境符合要求; 3.无与本批无关的物料; 4.检查物料名称、数量、卡物相符; 5.设备计量器具清洁完		1.符合规定(　　) 2.符合规定(　　) 3.符合规定(　　) 4.符合规定(　　) 5.符合规定(　　)				
滴制	达到基质完全熔融状态; 物料混合均匀; 保温参数设置及达到标准; 滴制成丸成形与冷却		执行(　　　)				
	晾丸温度 16～26℃;湿度 45％～65％		执行(　　　)				
领料总量	制丸总重量(kg)		晾丸后重量(kg)	废弃物重量(kg)			
物料平衡收率计算	物料平衡＝(制丸总重量＋废弃物重量)/领料总量×100％＝ 收率＝晾丸后重量/领料总量×100％＝				计算人	复核人	QA
注:符合要求打"√";不符合要求打"×"。 每 30min 进行一次重量差异检查,每次检查 20 丸,属废弃物重量							

【项目考核评价表】

表8-9 冰片滴丸生产考核表

专业：＿＿＿＿＿＿＿＿ 班级：＿＿＿＿＿＿＿＿ 组号：＿＿＿＿＿＿＿＿

姓名：＿＿＿＿＿＿＿＿ 场所：＿＿＿＿＿＿＿＿ 时间：＿＿＿＿＿＿＿＿

设备型号与名称：＿＿＿＿＿＿＿＿＿＿＿＿＿＿＿＿＿＿＿＿＿

考核项目	理论分数	考核标准	得分
工艺设计	5	工艺流程图是否清晰、明确	
备料	10	原料、辅料选用及称量是否准确；是否为双人复核	
基质熔融	10	基质完全熔融状态	
混合	5	物料混合均匀	
保温除气	5	保温参数设置正确；时间符合标准	
制丸	20	滴制成丸成形与冷却，丸粒大小均匀，圆润有光泽	
干燥	5	干燥时间准确	
包装	5	包装材料是否消毒，密封严	
记录完成情况	5	记录真实、完整，字迹工整清晰	
清场完成情况	10	清场全面、彻底	
产品质量检查	10	操作准确，检查合格	
物料平衡率	10	$97\% \leqslant V < 100\%$	
总结			

二、丸剂生产工艺

(一)丸剂的基本知识

1.丸剂的定义

丸剂系指原料药物与适宜的辅料制成的球形或类球形固体制剂。一般供口服应用。小到直径约为 $500 \sim 1500 \mu m$ 的微丸，大到重达 15g 的大蜜丸。

2.丸剂的分类

丸剂的种类较多，中药丸剂包括蜜丸、水蜜丸、水丸、糊丸、蜡丸、浓缩丸、滴丸等。化学药丸剂包括滴丸、糖丸等。

(1)蜜丸：系指饮片细粉以炼蜜为黏合剂制成的丸剂。

(2)水蜜丸：系指饮片细粉以炼蜜和水为黏合剂制成的丸剂。

(3)水丸：系指饮片细粉以水(或根据制法用黄酒、醋、稀药汁、糖液、含5％以下炼蜜的水溶液等)为黏合剂制成的丸剂。

(4)糊丸：系指饮片细粉以米粉、米糊或面糊等为黏合剂制成的丸剂。

(5)蜡丸：系指饮片细粉以蜂蜡为黏合剂制成的丸剂。

(6)浓缩丸：系指饮片或部分饮片提取浓缩后，与适宜的辅料或其余饮片细粉，以水、炼蜜或炼蜜和水为黏合剂制成的丸剂。根据所用黏合剂的不同，分为浓缩水丸、浓缩蜜丸和浓缩水蜜丸等。

(7)糖丸:系指以适宜大小的糖粒或基丸为核心,用糖粉和其他辅料的混合物作为撒粉材料,选用适宜的黏合剂或润湿剂制丸,并将原料药物以适宜的方法分次包裹在糖丸中而制成的制剂。

(8)滴丸剂:系指原料药物与适宜的基质加热熔融混匀,滴入不相混溶、互不作用的冷凝介质中制成的球形或类球形制剂。

3.丸剂的特点

(1)优点。

1)作用持久,与汤剂等相比较,传统的水丸、蜜丸、糊丸、蜡丸内服后在胃肠道中溶散缓慢,逐渐释放药物,吸收显效迟缓,作用持久。

2)可缓和某些药物的毒性和不良反应,对某些毒性、刺激性药物可通过选用适宜赋形剂,制成如糊丸、蜡丸等,延缓其在胃肠道的吸收。

3)能容纳多种形态的药物,丸剂制备时能容纳固体、半固体的药物,还能容纳黏稠性的液体药物,可分层制备,避免药物相互作用,亦可利用包衣来掩盖药物的不良臭味,对芳香挥发性药物或有特殊不良气味的药物,可通过制丸工艺,使其在丸剂中心层,减缓其挥散。

4)某些新型丸剂可用于急救如苏冰滴丸、复方丹参滴丸等,是用药材提取的有效成分与水溶性基质制成,融化迅速,奏效快。

(2)缺点。

部分丸剂服用剂量大,小儿服用困难;中药原料多以原粉入药,微生物超标问题尚未完全解决,水丸溶散时限较难控制。

(二)丸剂的生产工艺流程及设备

1.塑制法

塑制法是目前丸剂制备的常用方法,系指药材细粉与适宜的黏合剂,混合均匀,制成软硬适宜、可塑性较大的丸块,再依次制丸条、分粒、搓圆而成丸粒的一种制丸方法。用于蜜丸、水蜜丸、浓缩丸、糊丸、蜡丸的制备。其制丸的工艺流程为:原辅料准备→制丸块→制丸条→分粒→搓圆→干燥→整丸→质量检查→包装。

(1)原辅料准备:按照处方将所需质量合格的原材料称量配齐,对其进行适当处理。

蜂蜜是蜜丸的主要赋形剂,主要成分是葡萄糖和果糖,另外含有少量的有机酸、维生素、酶类等。通常蜜丸分为大蜜丸和小蜜丸,其中每丸重量在 0.5g(含 0.5g)以上的称为大蜜丸,每丸重量在 0.5g 以下的称小蜜丸。用于制备蜜丸的蜂蜜应选用半透明的光泽浓稠的液体,白色至淡黄色或橘黄色至黄褐色,25℃相对密度应在 1.349 以上,还原糖不得少于 64.0%。有香气味道甜而不酸不涩,清洁无杂质。用碘试液检查应无淀粉、糊精。

炼蜜是指将蜂蜜加热熬炼至一定程度的操作。炼蜜的目的是为了除去杂质,降低水分含量,破坏酶类,杀死微生物,增加黏性等。方法是将蜂蜜放于锅中加入适量水加热煮沸,捞去浮沫,用三号或四号筛滤过,除去死蜂等杂质,再在锅中继续加热炼至规定程度。常用设备为电热炼蜜锅。

根据不同处方要求,蜂蜜需炼制不同程度。嫩蜜,蜂蜜加热至 105~115℃,含水量为17%~20%,相对密度为 1.35 左右,色泽无明显变化,稍有黏性,适合于含较多油脂、黏液质、胶质、糖、淀粉、动物组织等黏性较强的药物制丸。中蜜,又称炼蜜,是将嫩蜜继续加热温度达到 116～118℃,含水量为 14%～16%,相对密度为 1.37 左右,用手捻有黏性,当两手指分开时,有白丝出现,适合于黏性中等的药物制丸。老蜜,将中蜜继续加热温度达到 119～122℃,含水量在 10% 以下,相对密度为 1.40 左右,出现红棕色具有光泽较大气泡,手捻之甚黏,当两手指分开时出现长白丝,滴入水中呈珠状,滴水成珠,适用丁黏性差的矿物质和纤维性的药物制丸。

确定蜂蜜炼制的程度,不仅与丸剂药材性质有关,而且与其药粉含水量、制丸季节、气温亦有关系,在其他条件相同情况下,一般冬季多用稍嫩蜜,夏季多用稍老蜜。

(2)制丸块:制丸又称和药、合坨,这是制丸的关键工序,丸剂的软硬程度直接影响丸粒成型和在贮存中是否变形。应达到混合均匀、色泽一致、滋润柔软、具有可塑性,软硬适度。常用设备为捏合机(表 8-10)。

制丸块需要注意以下几点:①蜂蜜炼制程度,过嫩黏性不强,丸粒不光滑;过老则丸块发硬,难以搓丸;②和药的蜜温应以 60～80℃ 为宜。若中药丸剂中含有冰片等易挥发药物,则应采用低温炼蜜;③用蜜量随着丸剂类型的不同亦有不同,蜜丸用蜜量多为 1:1～1:1.5,水蜜丸多为 1:0.4 左右,另外炼蜜与水的比例为 1:2.5～3.0。当含糖类、淀粉、黏液质、胶质等黏性强的药粉时用蜜量宜少;含纤维和矿物质、质地轻松、黏性极差的药粉,用蜜量宜多,蜜丸用蜜量可高达 1:2,水蜜丸可用刀 1:0.5;手工与机械和药,也以前者用量多,后者用量少为宜。

表 8-10　捏合机介绍表

名称	捏合机
工作过程	将药粉、炼蜜及其他辅料投入金属箱槽内,在两组不同转速且反向转动的桨叶作用下,将各物料进行搅拌与捏合,直至全部混匀、色泽一致(图 8-3)
设备结构示意图	 图 8-3　捏合机

(3)制丸条、分割、搓圆:将丸块分段,搓成长条,将其等量分割成段,再将其搓成圆形。目前大生产多采用全自动中药制丸机,以上步骤可连续性操作,一步到位,可制备蜜丸、水蜜丸、浓缩丸、水丸等多种剂型,实现一机多用。常用设备有中药自动制丸机(表 8-11,表 8-12)。

表 8-11　中药自动制丸机介绍表

名称	中药自动制丸机
结构	主要由进料斗、制条部件、切丸搓丸部件、控制系统和传动部件组成(图8-4,图8-5)
工作原理	工作时,制作好的药坯由进料斗通过上、下两块翻板连续送入料仓内,在螺旋推进器的挤压下,药坯从出条板的孔中挤出制成需要的药条。药条的直径直接决定所制丸剂的直径,可以通过更换不同孔径的出条板实现调节。药条经编码器、顺条轮和顺条器进入切丸搓丸的刀轮。两只刀轮在反向旋转切制药条的同时,沿其轴向做往复运动,将切成段的药条搓制成球形的药丸。为防止刀轮黏附药物,在开机的同时必须不断由酒精喷洒器向刀轮上喷洒酒精;而且刀轮的外侧装有毛刷,在刀轮旋转的同时由毛刷将其上黏附的药物刷掉。整机由 PLC 控制,保证螺旋推进器推出药条的速度与刀轮切制药条的速度相匹配。 根据所制丸径的大小,刀轮与出条板相匹配,一般刀轮上凹槽的直径与丸径相符。设备的关键部件是切丸搓丸的刀轮,安装调整两只刀轮的合适与否,直接影响成品丸粒的外观质量。两只刀轮的牙尖应严格对齐
特点	适合制作丸径2～10mm的药丸
设备结构示意图	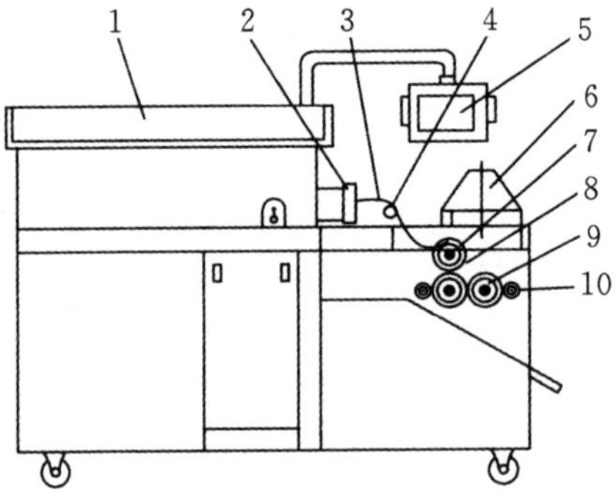 图 8-4　中药自动制丸机 1.进料斗;2.出条口;3.药条;4.编码器;5.触摸屏; 6.酒精筒;7.顺条轮;8.顺条器;9.刀轮;10.毛刷 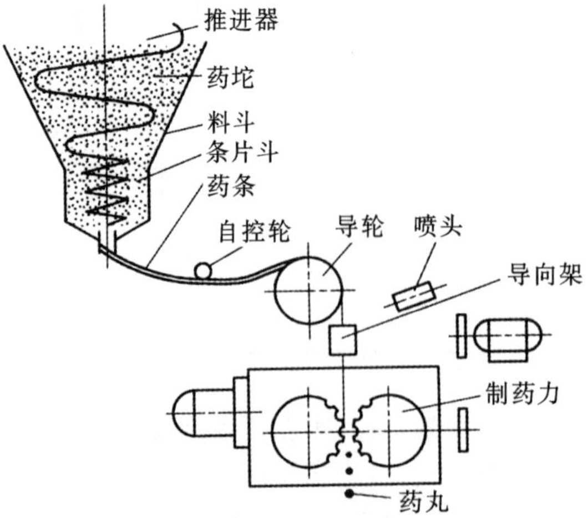 图 8-5　制丸机工作原理图

表 8－12　中药自动制丸机标准操作规程

	WZ－180 卧式中药制丸机标准操作规程
准备工作	(1)检查制丸机是否具有"已清洁""完好"的状态标志。 (2)检查水、电的供应情况。 (3)检查制丸刀是否对正。 (4)检查酒精箱中酒精是否达到刻度值
操作过程	(1)打开电源开关,进行空试车。 (2)查看自控系统是否灵敏,推料系统是否正确,酒精系统是否正常,并通过酒精喷头将导条轮、导条架、制丸刀喷上少量酒精。 (3)待一切正常后,把药坨加入到左料箱。 (4)把左料箱推出的料条加入到右料箱中,待推出的药条光滑后启动切丸措丸开关。 (5)调整好切丸速度,打开酒精喷头开关,其量的大小由阀门控制,以不粘刀为准。 (6)将药条通过自控导轮,经过分条架及导条轮喂入导条架进入筛丸刀中便可连续制成药丸。 (7)操作完毕后,切断电源开关
结束	工作结束后,按《WZ－180 卧式中药制丸机清洁规程》对制丸机进行清洁
注意事项	(1)运行中要均匀向料斗中加料,以保证出条匀速,以免拉长拉断造成丸型不均。 (2)各条挂条绕度应尽量一致。 (3)一旦有异物堵塞出条片,不许用硬棒捅,以免损伤出条孔的精度而造成出条速度的不均。 (4)在操作过程中酒精严禁泄露以防止引起火灾。 (5)在操作过程中严禁将手伸入到药箱中以免造成严重事故。 (6)清洗时不许划伤出条孔表面。 (7)操作过程中出现异常情况应立即停机,待异常情况解决后,经同意方可开机

(4)干燥:多数情况下蜜丸成丸后应立即分装,可保证蜜丸的滋润状态。若需进行干燥,一般采用微波干燥、远红外辐射干燥等方法。

2.泛制法

泛制法是指将药物细粉用水或其他液体黏合剂交替润湿,在适宜的容器或机器中不断翻滚,逐层增大的一种制丸法。可用于制备水丸、水蜜丸、糊丸、浓缩丸。其制丸的工艺流程为:原辅料粉碎→混合→起模→成型→盖面→干燥→选丸→质量检查→包装。

(1)原辅料粉碎:药材及辅料的粉碎程度与工艺流程中各环节的要求不同而不同,起模用药粉通常过六号筛,用于成型的药粉多为细粉或最细粉,过六号筛或七号筛,而用于盖面的药粉多为最细粉。泛丸用工具应充分清洁、干燥。

(2)起模:起模是丸粒基本母核形成的操作,是泛制法制丸的关键工序,也是制丸的基础。模子形状直接影响成品的圆整度,模子的大小也影响制丸过程中的筛选次数和丸粒的规格及药物含量均匀性。起模应选用处方中黏性适中的药物细粉。起模用粉量,以生产实践经验所得公式为:

$$C : 0.625 = D : X$$
$$X = 0.625 \times D/C$$

式中:C—成品药丸100粒干重(g);

D—药粉总量(kg);

X—一般起模用粉量(kg);

0.625—标准模子100粒重量(g)

(4)成型:将母丸逐渐加大至接近成品的操作。将模子放于机器内,加润湿剂润湿后,加入药粉旋转,使药粉均匀黏附于丸模上,再加入润湿剂与药粉,反复操作,直至达到所需大小的丸粒。

每次加粉与润湿剂都应均匀分散开,且用量要适中。

(5)盖面:是将已经增大、筛选均匀的丸粒用剩余粉料或特制的超细粉加大到成丸的过程。"盖面"环节可使丸剂的外形更加美观。通常有干粉盖面、清水盖面与清浆盖面三种方法。

1)干粉盖面:操作时只用干粉,潮丸干燥后,丸面色泽比其他盖面浅,接近于干粉本色。干粉盖面,需从药粉中先用100目筛筛取极细粉供盖面用,或根据处方规定,选用方中特定的药物细粉盖面。撒粉前,丸粒湿润要充分,然后滚动至丸面光滑,再均匀地将干粉撒于丸面上,快速转动至粉粒全部黏附于丸面,迅速取出。

2)清水盖面:操作时不需要留有极细粉,在潮粒干燥后,以水充分润湿打光,并迅速取出,立即干燥即可,否则丸剂干燥后色泽不均匀。成品色泽较干粉盖面差一些。

3)清浆盖面:清浆为药粉或废丸粒加水制成的药液。操作过程与清水盖面相同,盖面时将水改为清浆,丸粒表面充分润湿后迅速取出,立即干燥即可,否则会出现"花面"。

常用设备有小丸连续成丸机生产线(表8-13)。

表 8-13 小丸连续成丸机生产线介绍表

名称	小丸连续成丸机生产线
工作过程	操作时,输送带将药粉输送到加料斗内,开动成丸机、加料器,将料斗中的药粉均匀地振动入成丸锅内,待粉盖满成丸锅底面时,开始喷液,粉末遇到液体后形成微粒,之后依次加粉和药液,使丸逐渐增大,直至规定规格(图8-6)
设备结构示意图	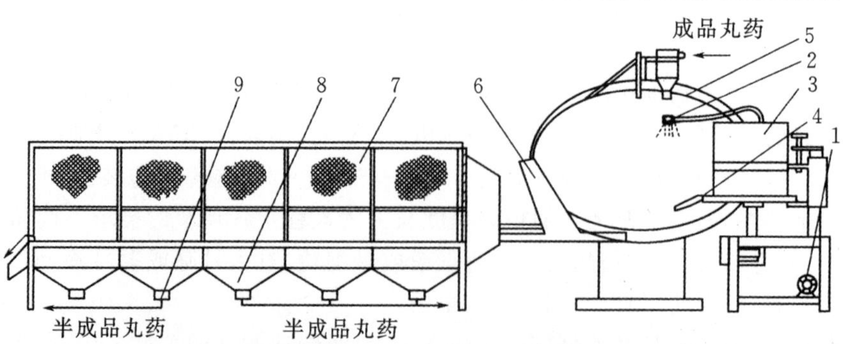

图 8-6 小丸连续成丸机生产线示意图

1.喷液泵;2.喷头;3.加料斗;4.粉斗;5.成丸锅

6.滑板;7.圆筒筛;8.料斗;9.吸射器

（5）干燥：盖完面的丸剂含水量较大，需要及时进行干燥处理。多采用烘房、烘箱干燥。温度宜控制在80℃以下，若采用沸腾干燥，床内温度一般宜控制在75～80℃，目前生产企业大生产时常采用隧道式微波干燥，具有干燥温度低、速度快、内外干湿度均匀、有效成分不易被破坏、节省能源等优点。

（6）选丸：为保证丸粒圆整，大小均匀，服用剂量准确，干燥后还需要进行成品的筛选与挑拣。丸剂筛选可以使用滚筒筛、螺旋式选丸机等。

常用筛丸设备有滚筒筛（表8-14）、螺旋式选丸机（表8-15）。

表8-14　滚筒筛介绍表

名称	滚筒筛
工作过程	筛子由薄铁片卷成,筒上布满筛眼,筒身分三段,每节筒筛筛号不同,前段的筛孔小,后段的筛孔大。丸粒由进料口进入,顺滚筒的坡度边转边向前运动,按丸径大小经四个出料口分成尺寸不同的物料。嵌在筛孔中的丸粒由毛刷将其压下(图8-7)
特点	适用于丸粒状物料的筛选、分类。多用于分离泛丸加大过程中出现的过大、过小、畸形丸粒;也可用于干燥后的丸筛选
设备结构示意图	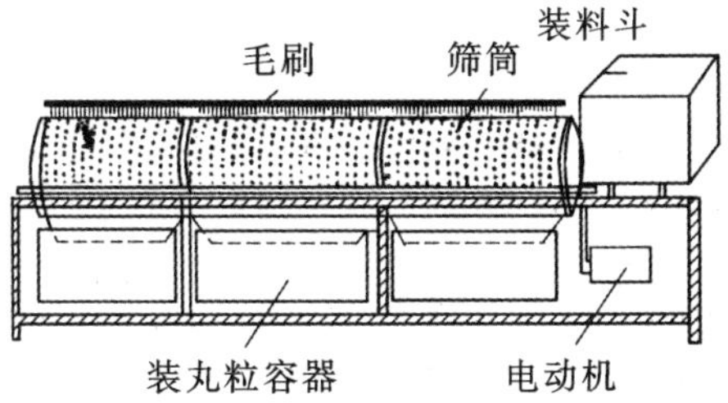 图8-7　滚筒筛

表8-15　螺旋式选丸机介绍表

名称	螺旋式选丸机
工作过程	设备是用白铁皮制成,不需动力部分,可借铁丝连接其他机械颤动之力,使丸粒不断从斜口下来,丸型物料放置于贮料斗内,设置好选丸机下料口开口大小,丸型物料跌落至螺旋轨道槽内后,在槽底斜平面上做匀加速圆周运动,在离心力作用下不同物料丸剂滑行速度不同。大小均匀的、圆的丸粒从外围轨道流入合格接受器中,不圆或并粒的由于摩擦力大,由内轨道流入废品接受筒中,将符合圆度要求的物料与不合格物料自动分开,达到选丸的目的(图8-8)
特点	此机主要用于干燥丸粒的检选

设备结构示意图	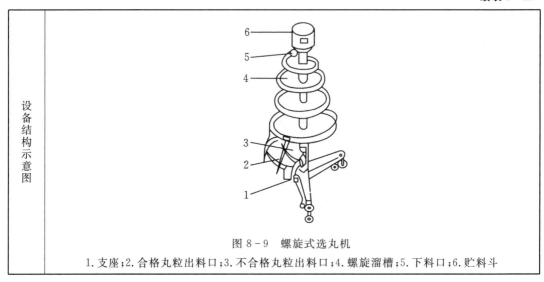 图 8－9　螺旋式选丸机 1.支座；2.合格丸粒出料口；3.不合格丸粒出料口；4.螺旋溜槽；5.下料口；6.贮料斗

3.滴制法

滴丸是指固体或液体药物与基质加热熔后溶解、乳化或混悬于基质中，再滴入不相混溶的冷凝液中，液滴收缩冷凝成的球状制剂。主要供口服使用，也可供外用和局部使用，如眼、鼻、直肠、阴道等部位。特别适用于含有液体药物、主药体积小及有刺激性的药物制丸。

滴丸的制备工艺流程为：

药物＋基质→混悬或熔融→保温脱气→滴制→冷却→干燥→选丸→质量检查→包装。

（1）药物与基质混悬或熔融：先将基质加热熔化，若为多种基质混合使用，应先融化熔点较高的基质，再加热融化熔点低的基质；然后将再加入药物使其溶解、混悬或乳化在已熔化的基质中，对液体药物可直接由基质吸收，对极性小、难溶于水的药物可先溶于适宜的溶剂，再加入到基质中。

滴丸中除主药以外的赋形剂均称为基质。它与滴丸的成型、溶出度、稳定性及药物含量等有密切关系。所选用基质应不与主药发生反应，不影响主药的疗效和含量测定；对人体无毒无害；熔点应较低，在 60～100℃能熔化成液体，遇冷能凝固为固体，且在室温条件下仍能保持固体状态。

滴丸剂常用的基质有水溶性基质、非水溶性基质两类。

a.水溶性基质：聚乙二醇（PEG）类、聚氧乙烯单硬脂酸酯（S－40）、硬脂酸钠、甘油、明胶、尿素、泊洛沙姆（Poloxamer）等。

b.非水溶性基质：硬脂酸、单硬脂酸甘油酯、虫蜡、氢化植物油、十八醇（硬脂醇）、十六醇（鲸蜡醇）、半合成脂肪酸酯等。

在基质的选用时，应遵循相似相溶的原则，尽可能选用与药物极性或溶解度相近的基质，也可以将水溶性基质与非水溶性基质混合使用，利于滴制成型，实际生产中常将 PEG6000 与适量硬脂酸混合在一起应用。

（2）保温脱气：药物在加入到基质的过程中，需要搅拌使药物溶解或分散完全，同时会带入一定量的空气，导致在滴制过程中形成的滴丸夹带气泡，致使剂量不准确，所以在药物与基质混匀后需要在 80～90℃保温一定时间,以排除其中所夹带的空气。

(3)滴制与冷却:将经保温脱气的药液,用一定大小管径的滴头,等速滴入冷凝液中,凝固成型的丸粒缓缓沉于底部或浮于冷凝液表面,即得滴丸,除去冷凝剂,取出即可。当药液相对密度大于冷凝液相对密度时,可选择由上向下滴,反之则由下向上滴制。

这一生产环节中,冷凝液的选择尤为重要,如果处理不彻底,仍可能产生毒性,因此冷凝液的选择应考虑以下几点:①安全无害,或虽有毒性,但易于除去;②与药物和基质不相混溶,不发生化学反应;③有适宜的相对密度,应略高于或略低于滴丸的相对密度,便于液滴缓缓上浮或下沉,有足够的时间冷凝,丸形圆整;④黏度适当,使液滴与冷凝液间的黏附力小于液滴的内聚力而收缩凝固成丸。

冷凝液通常有两类:一类是水溶性冷凝液,常用的有水或不同浓度的乙醇等;另一类是油溶性冷凝液,常用的有液状石蜡、二甲基硅油、植物油、汽油或以上两种的混合物。通常根据滴丸基质的性质选择冷凝液。水溶性基质滴制成丸过程中常选用油溶性冷凝液,如液体石蜡、植物油、二甲基硅油、煤油或液体石蜡与煤油的混合物作冷凝液;非水溶性基质滴制成丸过程中常选用水溶性基质,如水或不同浓度的乙醇作冷凝液。

在滴制过程中,需要注意丸重的大小与滴管口半径、药液恒温状态、滴管口与冷凝液面的距离(最佳控制在 5cm 以下)均有关系;滴制成形,丸滴的内聚力应大于药液与冷凝液间的黏附力,如成形较差,可在冷凝液中加入适量表面活性剂聚山梨酯类或脂肪酸山梨坦类,有利于滴丸的形成;滴丸的圆整度,一是与液滴在冷凝液中移动的速度有关,移动越快,受重力(或浮力)的影响越大,易成扁形;二是冷凝液上部的温度,温度太低,液滴还未在到达冷凝液表面时已完成收缩成凝固,导致滴丸不圆整、气泡未逸出而产生空洞或气泡未及时溢出而形成尾巴,以 40～60℃为宜;三是与液滴的大小有关,液滴大小不同,其比表面积亦不同,面积大收缩成球所需力量强,故以小丸圆整度好;四是与处方或冷凝液的选择有关,选择不当液滴可在冷凝液产生部分溶散现象(图 8-9)。

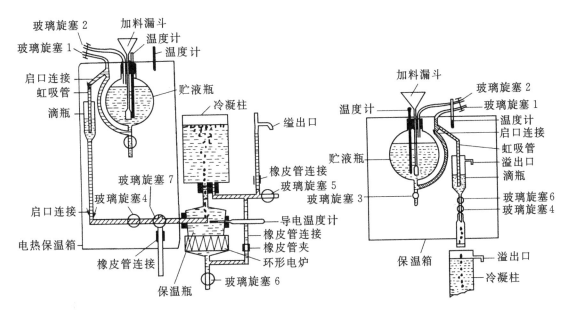

图 8-9　滴制法制备滴丸示意图

目前工业生产中应用的滴丸机概括起来可以分为三类。①向下滴的小滴丸机:药液借位能和重力由滴头管口自然滴出,丸重主要由滴头口径的粗细来控制,管口过粗时药液充不满,使丸重差异增大,因此,这种滴丸机只能生产重70mg以下的小滴丸;②大滴丸机:一般使用定量泵,由柱塞的行程来控制丸重;③向上的滴丸机:用于药液密度小于冷却剂的品种。

常用设备滴丸生产线(表8-16,表8-17)。

表8-16　滴丸生产线介绍表

名称	滴丸生产线
分类	滴丸机生产设备可根据制备的滴丸大小、滴丸材质、生产能力等不同分别划分为小滴丸机(0.5～7mg)、滴丸机(7～70mg)、大滴丸机(7～600mg);实心滴丸机、胶丸滴丸机;小型滴丸生产线(1～12孔滴头)、中型滴丸生产线(24～36孔滴头)、大型滴丸生产线(100孔滴头)、组合式滴丸生产线(由若干100孔滴头大型生产单元组合而成)等
工作过程	将原料与基质放入调料罐内,通过加热、搅拌制成滴丸的混合药液,经送料管道输送到滴灌到滴嘴。当温度满足设定值后,打开滴嘴开关,药液由滴嘴小孔流出,在端口形成液滴后,滴入冷却柱内的冷却液中,药滴在表面张力作用下成型,冷却液在磁力泵的作用下,从冷却柱内的上部向下部流动,滴丸在冷却液中坠落,并随着冷却液的循环,从冷却柱下端流入塑料钢丝螺旋管,并在流动中继续降温冷却变成球体,最后在螺旋冷却管的上端出口落到传送带上,滴丸被传送带送出,冷却液经过传送带和过滤装置流回到制冷箱中。滴丸经离心机甩油,再由振动筛或旋转筛分级筛选后包装出厂(图8-10)。
各系统结构	(1)药物调剂供应系统:由调料罐(包括保温层、加热层、电动减速搅拌机、自动喷淋清洗装置)、油浴循环加热泵、药液自动输出开关、压缩空气输送机构等组成。其功能为将药液与基质放入调料罐内,通过油浴加热、融化、搅拌制成滴丸的混合药液,然后用压缩空气,通过送料管道将其输送到滴罐内。调料罐、药液开关、送料管道、滴罐等部位,均为夹层,全程油浴循环加热、保温。 (2)动态滴制收集系统:动态滴制收集系统由冷却柱、加热器、输送管道等组成。 　　冷却柱为柱形圆筒,作用是接收滴嘴滴落的药液,任其坠落,在冷却剂中冷却收缩成球形并输送到出粒口。其高度为不小于1.0m,再配以塑料钢丝螺旋管,盘旋在冷却住外壳,使之形成从滴头到塑料钢丝螺旋管出口的长度不小于4.0m的冷却行程,让滴丸充分冷却。冷却柱能以气动或机械方式升降,便于滴头安装和调节最佳滴距。 　　滴罐内液位通过液位传感器控制与供料系统联结,使滴液罐内保持一定液位,同时调节真空度,使罐内处于衡压状态,从而保证均匀稳定滴速。冷却柱上部加热器可提高上部冷却液的温度,使冷却液温度自上而下成梯度降低,药液由滴头滴入到此冷却液,在表面张力作用下适度充分的收缩成丸,使滴丸成型圆滑,丸重均匀。 (3)制冷系统:制冷系统包括制冷机组、制冷箱、蒸发器等部件。其作用是使冷却介质冷却并保持在一定的温度。 (4)循环系统:循环系统包括制冷箱、磁力泵、80目不锈钢过滤器、阀门等。其功能是冷却液循环、冷却。 (5)电控系统:电控系统的作用是为各系统及装置提供动力电源和开关控制。 (6)计算机触摸屏控制系统:计算机触摸屏控制系统由PLC触摸屏组成,可显示系统流程和参数设置、自动、手动自由调节,其功能是控制整机各电气元件运转正常,按设定程序和参数进入自动状态下工作。

	(7)在线清洗系统:在线清洗系统由加热管、输送管道、排水管道组成,其功能是利用独立的操作系统对整个外置罐、调料罐、滴液罐及输药管道进行清洗,以便于清洁作业和更换品种。 (8)集丸离心机:集丸离心机由集丸料斗和离心机组成,与滴丸机配套使用。作用是经集丸料斗收集滴丸进入网袋,将网袋放入离心机转笼,按设定转速旋转而离心去油。该机由变频器控制,操作简单,离心机转速无级可调。 (9)筛选干燥机:筛选干燥机由二级振动筛或旋转筛、擦油转笼组成。筛孔直径按丸重差异标准的上限和下限设定,合格滴丸应通过上限,不通过下限。擦油转笼安装无纺布,滴丸在旋转时与其接触,擦除多余的冷却液。它具有自动化程度高、操作简单方便之优点,是自动滴丸机必不可少的后续设备

表 8－17　滴丸机标准操作规程

	DWJ－2000S5 滴丸机标准操作规程
准备过程	(1)检查设备应有完好标识,已清洁标识。 (2)检查供电系统是否正常
操作过程	(1)关闭滴头开关。 (2)油箱内加入所需冷却剂。 (3)接入压缩空气管道。 (4)打开"电源"开关,接通电源;滴液罐及冷却柱处照明灯点亮。 (5)将"制冷温度""油浴温度"、"药液温度"和"底盘温度"显示仪的温度,调节到所要求的温度值。 (6)按下"制冷"开关,启动制冷系统。 (7)按下"油泵"开关,启动磁力泵,并调节柜体左侧面下部的液位调节旋钮,使其冷却剂液位平衡。 (8)按下"油浴加热"开关,启动加热器为滴罐内的导热油进行加热。 (9)按下"滴盘加热"开关,启动加热盘为滴盘进行加热保温。 　注意:5、6 项在第一次加热时,应将二者温度显示仪先设置到 40℃,当加热达到 40℃时,关闭"油浴加热"或"滴盘加热"开关,停留 20min,使导热油或滴盘温度适当传导后,再将二者温度显示仪调到所需温度;按下"油浴加热"或"滴盘加热"开关进行加热,直到温度达到要求。 (10)启动已准备好的空气压缩机,让其达到 0.7MPa 的压力。 (11)药液温度靠油浴温度影响,当药液温度达到所需温度时,将滴头用开水加热浸泡 5min后,装入滴罐下方。 (12)将加热熔融好的滴制滴液从滴罐上部加料口处加入;在加料时,可调节面板上的"真空"旋钮,让滴罐内形成真空,滴液能迅速地进入滴罐。 (13)加料完成后,要将加料口的盖上好(保证滴罐内不漏气)。 　注意:滴罐玻璃罐处与照明灯处温度较高,请不要将手及怕烫的物品放置在上面,以免烫伤、烫坏。 (14)按动"搅拌"开关,调节"调速"按钮,使搅拌器在要求的转速下进行工作。 　注意:a.搅拌器不允许长期开启。b.调节转速不易过高,一般在指示的前 2～4 格内;60～00 转/分。

	(15)一切工作准备完毕后(即制冷温度、药液温度和底盘温度显示为要求值时),方可进行滴丸滴制工作。
	(16)缓慢扭动滴罐上的滴头开关,打开滴头开关,需要时可调节面板上的"气压"或"真空"旋钮,使滴头下滴的滴液符合滴制工艺要求,药液稠时调"气压"旋扭,药液稀时调"真空"旋扭。一旦调好不要随便旋动,以保证丸重均匀。 注意:滴罐增加压力操作必须把有机玻璃窗放下,以保证安全。
	(17)当药液滴制完毕时,首先关闭滴头开关,再按照12~17项进行下一循环操作。
	(18)当该批滴制滴液全部滴制完成后,关闭面板上的"制冷""油泵"开关,按加料方法,将准备好的热水(≥80℃)加入滴罐内,对滴罐进行清洗工作
清洁	(1)清洗时,打开"搅拌"开关,对滴罐内的热水进行搅拌,提高搅拌器转速,使残留的滴液溶入热水中,打开滴头开关,将热水从滴头排出。如此反复几次至滴罐洗净为止。
	(2)清洗完成后,关闭"电源开关",拔下电源插头,清理设备表面和工作现场

(4)干燥:从冷凝液中捞出的丸剂,拣去废丸,先用纱布擦去冷凝液,然后用适宜的溶液搓洗除去冷凝液,用冷风吹干后,在室温下晾 4h 即可。

(5)质量检查:根据药典要求检查滴丸的各项指标是否合格。

(6)包装:滴丸包装时要注意温度的影响,包装要严密。一般采用玻璃瓶、瓷瓶、铝塑复合材料包装,贮存于干燥阴凉处即可。

三、丸剂生产质量控制点

丸剂生产质量控制点见表 8－18。

表 8－18　丸剂生产质量控制表

工序		质量控制点	质量控制项目	频次
蜜丸	备料	原辅料检验	水分、真伪	每批
		称量复核	投料量	每批
	制丸	丸剂	水分	每批
			重量差异	3~4 次/班
	包装	铝塑包装、标签	数量、密封度、文字、批号	每批抽检
滴丸	熔融基质	投料、保温温度	黏度、水分	每料
	配料	投料	数量、异物	1 次/班
	制丸	滴丸溶散、丸重	溶散时限、重量差异	每批、3~4 次/班
	干燥	转笼	外观、温度、湿度	1 次/班
	拣丸	丸形	大小丸、外观	1 次/班

模块三 液体制剂

▶ 学习目标

1. 掌握常见液体制剂的生产工艺,常用生产设备的分类、结构、工作原理、适应对象以及标准操作规程。

2. 熟悉液体制剂的关键岗位生产记录和质量控制点,熟悉生产设备的使用范围。

3. 了解生产中常见的问题及解决方法。

项目九 液体制剂生产

一、实训任务

【实训任务】 葡萄糖酸钙口服液的生产。

【处方】 葡萄糖酸钙 1kg,乳酸 50g,氢氧化钙 5g,蔗糖 2kg,香精 2mL。

【规格】 10mL/瓶,批量:1000 瓶。

【工艺流程图】 工艺流程参见图 9-1。

【生产操作要点】

(一)生产前确认

(1)每个工序生产前确认上批产品生产后清场应在有效期内,如有效期已过,须重新清场并经 QA 检查颁发清场合格证后才能进行下一步操作。

(2)所有原辅料、内包材等物进入车间都应按照:物品→拆外包装(外清、消毒)→按进洁净区的流程进入车间。

(3)每个工序生产前应对原辅料、中间品或包材的物料名称、批号、数量、性状、规格、类型等进行复核。

(4)每个工序生产前应对计量器具的称量范围、校验效期进行复核。计量器具应定期检定,有检定合格证,并在有效期内的。

(二)配料

(1)配料前核对原辅料名称、批号、生产厂家、规格及数量,均应与检验报告单相符。配料岗位的操作人员按生产任务要求将原辅材料领入配料间,配料间需经 QA 人员检查清场合格,配制条件应符合生产条件要求。

(2)准备工作完毕后,称量前所有人员都应按主配方用量对物料进行逐个核对、称量,核对内容包括原辅料的名称、批号、产地,与原辅料检验报告单逐一核对,符合完毕签字后方可进行

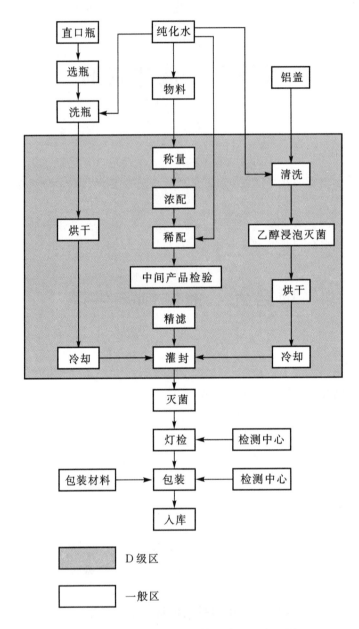

图 9-1 葡萄糖酸钙口服液生产工艺流程图

称量操作。称量过程中要做到一人称量，另一人复核，无复核不得称量投料，且所用器具要每料一个，不得混用，避免交叉污染。

（3）剩余的原辅料应密封贮存，在容器外标明品名、批号、日期、剩余量等。

（4）操作完毕，将设备、器具按相应的标准操作规程进行清洗、消毒、干燥处理，将工作场所打扫干净，并做好清场记录。

（三）配液

（1）按生产任务要求将原辅料经传递窗送入配液间，存放在原辅料存放室。检查上批清场记录,将《清场合格证》附入批生产记录。配液间按《D级洁净区清洁消毒规程》进行清洁消毒,经QA人员检查合格签发《生产许可证》后进行操作。

(2)取配药量60%～70%的纯化水,投入到有夹层的配药罐。缓缓开汽加热,保持进气压力小于0.2Mpa,罐内纯化水沸腾后,搅拌下加入1kg的葡萄糖酸钙,煮沸后马上关小蒸气阀门,并开始计时,煮沸2h。

(3)煮沸至规定时间后,再把5g的氢氧化钙加入上述葡萄糖酸钙溶液中。待氢氧化钙完全溶解后,关闭蒸汽阀门,打开冷却水阀门,进行冷却,冷却至50～60℃。在上述溶液中加入50g的乳酸,缓缓开汽加热,保持进气压力小于0.2Mpa,煮沸后马上闭小蒸气阀门,并开始计时,煮沸45min。

(4)用冷却水冷却至70～80℃,加入2kg的蔗糖,待蔗糖完全溶解后,继续冷却至50～60℃。

(5)加纯化水稀释至10000mL,加入2mL的香精,搅拌均匀,由车间化验员取样,进行半成品检测。

【性状】

本品为无色至淡黄色黏稠液体;气芳香,味甜。

【检查】

pH值:应为4.2～5.0(电测)。

相对密度:应为1.11～1.15(比重计)。

溶液的澄清度:取本品10mL,加水稀释至50mL,溶液应澄清。

【含量测定】

本品含葡萄糖酸钙($C_{12}H_{22}CaO_{14} \cdot H_2O$)应为9.15%～10.50%(g/mL)。

(四)洗瓶、接瓶

(1)查看交接班记录,了解设备运转情况以及当日生产的品种、产量,开启烘箱,将烘干温度控制到150℃以上。按《洗瓶机清洁操作规程》清洁洗瓶机以及室内环境卫生。检查水、气管路是否清洁、无渗漏。

(2)按《洗瓶机操作规程》进行洗瓶操作。生产中随时检查有无碎瓶、破瓶、掉底等情况,如出现则按停止按钮,用镊子将其取出。

(3)洗瓶结束:依次关闭水阀门、压缩空气阀门,按停止按钮。依据《洗瓶机清洁操作规程》清洁设备并认真、及时填写批生产记录。

(4)接瓶:口服液瓶通过清洗干燥后由传送带出口传出,接瓶人员将碎瓶、带水瓶挑出后,将合格的口服液瓶用刮板整齐搂入铝筐中,放好转交单,摆放到接瓶室指定位置。清洗或干燥后的瓶子应在24h内用完,如超过24h未用完,应返回洗瓶重新洗涤。工序结束后,认真、及时填写批生产记录。

(五)洗盖

(1)将挑好的铝盖1100枚倒入不锈钢容器内,放纯化水至距桶底10～15 cm处,缓缓打开压缩空气阀门,开至整个槽内的铝盖全部翻动。洗涤过程3min,关闭压缩空气,放净水后再注入新的纯化水,如此反复清洗两次。将洗好的铝盖捞至清洁干净的筛网筐内,控净水。

(2)将控净水的铝盖放入备好的75%乙醇溶液中,浸泡30s后,取出,控净乙醇,装入洁净的筛网筐内。

（3）打开烘干箱，将控干的铝盖放于烘干箱内，烘干温度（90±2）℃保持1.5h，然后将铝盖冷却并置贴有标签的自封袋内备用。消毒后的铝盖，应在24h用完，放置超过24h，应重新处理。

（六）灌封

（1）用75％乙醇消毒。按《口服液灌封机清洁操作规程》清洁口服液灌封机。

（2）依据《口服液灌封机操作规程》进行灌封操作。操作者定时用量管检查装量，将装量控制在10.1～10.3mL/支范围内。检查产品锁口质量，有无假锁、翘边、歪盖等情况，不合格品及时挑出。

（3）生产结束后，对灌封机和生产环境进行清场操作。

（七）灭菌

（1）准备：了解当日生产品种的名称、规格、批号、数量。操作间有清场合格证及生产许可证，状态标识。灭菌人员检查水、电、气、风等情况运转是否正常，不在要求范围内不能开机，检查灭菌柜运转情况是否正常。

（2）操作：灭菌人员依据《口服液检漏灭菌器操作规程》进行操作，严格遵守灭菌温度、时间（100℃，40min）。认真核对接收数量与灌封转交数量是否相符。灭菌后产品摆放整齐，填好半成品转交单，放在指定的存放区域。

（3）灭菌结束：每批生产结束后，依据《清场操作规程》清场。

（八）灯检

（1）准备：了解当日生产品种、规格、批号、数量。操作间有清场合格证及生产许可证，待检状态标识。将贴好避光纸的门关上，保证室内黑暗、肃静。准备好放成品、不合格品的空筐及所用工具，挂好状态标志牌。

（2）操作：灯检人员依据车间《灯检岗位操作规程》进行操作，认真核对接收数量与灯检转交数量是否相符；严格控制灯检次数与速度（伞棚灯下正反翻2次，每次停留5s）；灯检后的产品摆放整齐，填好转交单，放在指定的存放区域。每批生产结束后，应按车间《清场操作规程》清场。

（九）包装

钠钙玻璃管制口服液体瓶10mL×12支×5盒。

（十）成品检验

全项检验项目包括：外观、水分、鉴别、含量、装量差异、崩解时限、微生物限度等。

（十一）入库

略。

【口服液剂质量要求与检测方法】

制备完成的口服液，必须经过相应的质量检查，合格后才能作为成品应用。根据2015版《中国药典》四部的要求，口服溶液剂一般做如下项目质量检查。

（一）装量

除另有规定外，单剂量包装的口服溶液剂、口服混悬液和口服乳剂的装量，照下述方法检查,应符合规定。

检查法:取供试品 10 袋(支),将内容物分别倒入经标化的量入式量筒内,检视,每支装最与标示装量相比较,均不得少于其标示量。

凡规定检查含量均匀度者,一般不再进行装量检查。

多剂量包装的口服溶液剂、口服混悬剂、口服乳剂和干混悬剂照最低装量检查法检查,应符合规定。

【装量差异】

除另有规定外,单剂量包装的干混悬剂照下述方法检查,应符合规定。

检查法:取供试品 20 袋(支),分别精密称定内容物,计算平均装量,每装又)装量与平均装量相比较,装量差异限度应在平均装量的±10％以内,超出装量差异限度的不得多于 2 袋(支),不得有 1 袋(支)超出限度 1 倍。

凡规定检查含量均匀度者,一般不再进行装量差异检查。

【干燥失重】

除另有规定外,干混悬剂照干燥失重测定法(通则 0831)检查,减失重量不得过 2.0％。

【沉降体积比】

口服混悬剂照下述方法检查,沉降体积比应不低于 0.90。

检查法:除另有规定外,用具塞量筒量取供试品 50mL,密塞,用力振摇 1min,记下混悬物的开始高度 H。静置 3h,记下混悬物的最终高度 H,按下式计算:

$$沉降体积比 = H ／ H。$$

干混悬剂按各品种项下规定的比例加水振摇,应均匀分散,并照上法检查沉降体积比,应符合规定。

【微生物限度】

除另有规定外,按照非无菌产品微生物限度检查:微生物计数法和控制菌检查法及非无菌药品微生物限度标准检查,应符合规定。

【岗位生产记录】

表 9-1　配液岗位记录

专业:＿＿＿＿＿＿＿＿＿　　班级:＿＿＿＿＿＿＿＿＿　　组号:＿＿＿＿＿＿＿＿＿

姓名:＿＿＿＿＿＿＿＿＿　　场所:＿＿＿＿＿＿＿＿＿　　时间:＿＿＿＿＿＿＿＿＿

产品名称:		批号:	生产日期:
批量:			
生产前检查	物料: 　　　合格 □　不合格 □	现场: 　　　合格 □　不合格 □	检查人:
	清洁、清场、状态标记情况: 　　　合格 □　不合格 □	设备、容器具清洁情况: 　　　合格 □　不合格 □	复核人:
	计量器具:　　　已校对 □　　　未校对 □		

配液工序	1. ____时____分于____号配液罐中加入纯净水____mL 2. ____时____分于配液罐夹层内通入蒸汽升温,____时____分罐内纯净水沸腾 3. ____时____分搅拌下加入投料量的葡萄糖酸钙,溶解后至沸 4. ____时____分搅拌下加入投料量的氢氧化钙,并冷却至____℃ 5. ____时____分搅拌下加入投料量的乳酸,溶解后煮沸至____时____分 6. ____时____分投入投料量的白糖,并冷却至____℃ 7. ____时____分搅拌下通纯化水至____mL,静置,浓配液的温度为____℃ ____时____分加入香精,____时____分____时____分搅拌		
	操作人:	复核人:	QA员:

投料配料操作记录	物料名称	重量(g)	物料名称	重量(g)
	称量人:	复核人:		日期时间:
	配料工艺要求:	物料外观质量情况:		工艺质量执行情况:
	工艺员:	审核人:		QA员:
	备注:			

表 9-2 灌封岗位记录

专业:_____   班级:_____   组号:_____

姓名:_____   场所:_____   时间:_____

品名:葡萄糖酸钙品服液	规格: 10mL	产品批号:		批量:
生产日期: 年 月 日	设计依据:执行工艺规格		版本号:	
工艺要求		实际操作		
1.室内温度:18~26℃;相对湿度:45%~65%		室内温度:____℃;相对湿度:____%;		
2.澄清度		符合□ 不符合□		
3.锁口质量;无假锁、翘边、歪盖		符合□ 不符合□		
4.装量:9.7~10.1mL/支		符合□ 不符合□		
检查人:		复核人:		
灌装操作时间: 年 月 日 ____时____分____时____分____;				
灌装总支数_____支				

时间 ＼ 机台号 ＼ 装量			
操作人			

平均装量：＿＿＿ mL/支　　　　　检查人：　　　　　　复核人：

【项目考核评价表】

表 9－3　葡萄糖酸钙口服液生产考核表

专业：＿＿＿＿＿＿＿＿＿　　　　班级：＿＿＿＿＿＿＿＿＿　　　　组号：＿＿＿＿＿＿＿＿＿

姓名：＿＿＿＿＿＿＿＿＿　　　　场所：＿＿＿＿＿＿＿＿＿　　　　时间：＿＿＿＿＿＿＿＿＿

考核项目	考核标准	得分
处方	处方组成	
工艺流程	生产工艺流程图	
称量、配料	称量配料准确、双人复核	
配液	工艺温度的控制 样品检测的内容和标准	
洗瓶、接瓶	洗瓶机操作规程	
洗盖	洗盖的工艺流程	
灌封	灌封机的使用 灌封合格的标准	
记录完成情况	记录真实、完整，字迹工整清晰	
清场完成情况	清场全面、彻底	
产品质量检查	操作准确，检查合格	
物料平衡率	符合要求	
总分		
总结		

考核教师：

二、口服溶液剂生产工艺

(一)口服溶液剂的基本知识

1.口服溶液剂的定义

口服液剂系指药物或药材用水或其他溶剂,采用适当的方法溶解、提取、浓缩制成的单剂量包装的口服液体剂型。

2.口服溶液剂的类型

口服溶液剂属于液体制剂的一部分,准确地说,口服溶液剂属于液体制剂中小分子溶液剂的范畴。为了更好地掌握口服溶液剂,现将液体制剂的内容做一个简要的介绍,一般情况下,可将液体制剂按给药途径和分散系统两个方面。

(1)按给药途径分类。

1)内服液体制剂:如口服溶液剂、糖浆剂、混悬剂、乳剂等。

2)外用液体制剂:如洗剂、搽剂、滴眼剂、滴鼻剂、滴耳剂、含漱剂、灌洗剂等。

(2)按分散系统分类(表9-4,图9-2)。

1)均相液体制剂:药物以分子或离子状态均匀分散在分散介质中而形成的澄明溶液,属于热力学稳定体系。

A.低分子溶液剂:亦称真溶液,是由低分子药物分散在分散介质中形成的液体制剂。分散相为小于1nm的分子或离子,如葡萄糖酸钙口服液、复方碘溶液、小儿止咳糖浆等。

B.高分子溶液剂:亦称胶体溶液,当以水为分散介质时,又称亲水胶体。分散相为1~100nm的高分子化合物,如明胶水溶液、胃蛋白酶合剂等。

2)非均相液体制剂:药物以分子聚集体的状态分散在分散介质中而形成的多相的、不均匀的分散体系,属于热力学不稳定体系。

A.溶胶剂:亦称胶体溶液,当以水为分散介质时,又称疏水胶体。分散相为1~100nm的固体药物,如氢氧化铁溶胶、氯化银溶胶等。

B.混悬剂:是由不溶性固体药物以微粒状态分散在分散介质中形成的不均匀分散体系。分散相为大于500nm的固体药物,一般外观浑浊,如炉甘石洗剂、磺胺嘧啶混悬液等。

C.乳剂:亦称乳浊液,是由不溶性液体药物以液滴状态分散在分散介质中形成的不均匀分散体系。分散相多为大于100nm的液体药物,一般外观呈乳白色不透明状,如鱼肝油乳剂等。

表9-4　液体制剂按分散体系的分类与特征

类型	分散相大小	特征
低分子溶液	<1 nm	以分子或离子分散,透明溶液,单相体系,体系稳定,能透过滤纸和半透膜
高分子溶液	1~100nm	以高分子分散,属热力学稳定体系,扩散慢,能透过滤纸,不能透过半透膜
溶胶剂	1~100nm	以微粒分散,为多相分散体系,属热力学不稳定体系,扩散慢,能透过滤纸,不能透过半透膜,具有丁达尔效应
混悬剂	>500nm	以固体微粒分散,多相分散体系,属动力学和热力学不稳定体系
乳剂	>100nm	以液体微粒分散,多相分散体系,属动力学和热力学不稳定体系

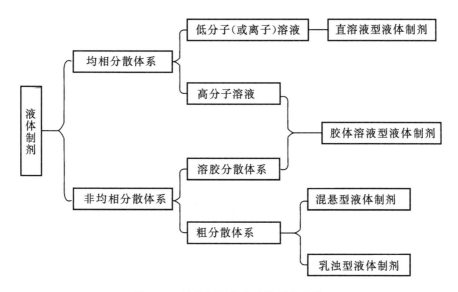

图 9 - 2 液体制剂按分散体系的分类

3.口服溶液剂的特点

(1)口服溶液剂为液体制剂,吸收快,起效迅速。

(2)服用方便,口感好,便于分剂量,尤其适宜于老年患者和婴幼儿服用。

(3)制备工艺控制严格,口服溶液剂质量和疗效稳定。

(4)制成口服溶液剂,避免某些药物由于局部浓度过高而导致的刺激性。

(5)口服溶液剂由于制备工艺复杂,设备要求较高,成本相对较高。

(6)口服溶液剂大多以水为溶剂,容易霉变,具有生物不稳定性,故常需加入防腐剂。

(7)口服溶液剂中的药物若具有化学不稳定性,则易水解降低药效,甚至失效,液体制剂一般体积较大,携带、贮运也比较不方便。

4.口服溶液剂的辅料

为了保证口服溶液剂的安全性、有效性及稳定性等,常在制剂中加入除主药以外的一些辅料,也称为附加剂。口服溶液剂常用的辅料有以下几种。

(1)常用溶剂:水是制备口服溶液剂最常用的溶剂,水能与乙醇、甘油、丙二醇等以任意比例混溶。水能溶解大多数的无机盐类和极性大的有机药物,还能溶解中药材中的生物碱盐类、苷类、糖类、鞣质、酸类等成分。

水有蒸馏水、江河水、泉水、去离子水、井水等。在制备口服溶液剂时常选择蒸馏水或去离子水。自来水中常含有少量的氯,易使中药材中某些活性成分发生变化,此外还含有较多的水溶性杂质,这些杂质有时会对药材中活性成分的提取产生影响;江河水污染严重不可使用;泉水和井水含有较多的 Ca^{2+}、Mg^{2+} 等矿物质,水质硬度比较高,水中含钙量大于百万分之 13.5 时,会与中药材中某些成分发生化学反应,产生沉淀,影响口服溶液剂质量;此外硬度较高的水受热后,水中的固体物沉淀出来,形成水垢附着在容器壁上,使传热效率下降;水的 pH 值的高低对口服溶液剂的制备亦会产生影响。在具体的制备过程中,洗涤、煎煮等用水量很大,合格的自来水、泉水、洁净的井水、清洁的江河水也可以使用。

水之所以被选为溶媒是因为水的溶解范围比较广,又无药理作用,且价廉易得,是人体最重要的养料,也是体内细胞质和体液的主要成分,水分子很小,易透过人体的生物膜而被机体所吸收。

口服溶液剂中所用的水也有其不足之处,易水解药物不易稳定,此外水中溶解有一定量的氧气,故使得易氧化的药物变质。水的化学活性比有机溶媒强,但容易增殖微生物,使得某些蛋白质或碳水化合物发酵分解;并且口服溶液剂不易长久贮存。故水在口服溶液剂的制备中是首选的分散介质,但水无防腐作用,有些药物在水中易产生霉变,制剂中应加入适宜的防腐剂。

(2)潜溶剂:某些药物在一种溶剂中难溶,但在混合溶剂中却有较大的溶解度,如甲硝唑在水中的溶解度为10%(w/v),如果使用水-乙醇混合溶剂,则溶解度提高5倍。在混合溶剂中当各溶剂达到一定比例时,药物在混合溶剂中的溶解度比药物在各单纯溶剂中的溶解度出现极大值,这种现象称潜溶,此混合溶剂称潜溶剂。能与水形成潜溶剂的有乙醇、甘油、丙二醇、聚乙二醇等。

(3)增溶剂:增溶是指某些难溶性药物在表面活性剂的作用下,溶解度增大并形成澄清溶液的过程。具有增溶能力的表面活性剂称为增溶剂,被增溶的物质称为增溶质。对于以水为溶剂的药物,增溶剂的最适 HLB 值为15~18,常用的增溶剂有吐温类和卖泽类等。能起到增溶作用的表面活性剂,必须达到临界胶束浓度(CMC)以后,在溶液中形成胶束才能起到增溶作用。

(4)助溶剂:在难溶性药物中加入一种物质后,可因其与难溶性药物形成络合物、复盐或分子缔合物等而使难溶性药物在溶剂(主要是水)中的溶解度大大增加,此种物质称为助溶剂。助溶剂多为低分子化合物,不是表面活性剂,如碘与碘化钾可形成络合物 $KI \cdot I_2$ 而增加了碘在水中的溶解度,碘化钾为助溶剂。

(5)防腐剂:防腐剂亦称抑菌剂,是指能抑制微生物生长、繁殖的化学物质。口服溶液剂特别是以水为溶剂时,易被微生物污染而发霉变质,尤其是含有糖类、蛋白质等营养物质的液体制剂,更易引起微生物的滋长和繁殖,微生物的存在严重影响了口服溶液剂的质量及人体的用药安全,故在口服溶液剂生产中常需添加适宜的防腐剂,以达到有效的防腐目的。常用的防腐剂有以下几类。

1)羟基苯甲酸酯类:亦称尼泊金类,分对羟基苯甲酸甲酯、乙酯、丙酯、丁酯四类。其抑菌作用随烷基碳数的增加而增加,但溶解度则减小,抑菌浓度分别为甲酯0.05%~0.25%、乙酯0.05%~0.15%、丙酯0.02%~0.075%、丁酯0.01%。本类防腐剂应用广泛,化学性质稳定,在酸性、中性溶液中均有效,但在酸性溶液中作用较强,在弱碱性溶液中作用较弱。

2)苯甲酸及其盐类:为常用防腐剂,其为未解离的分子状态时抑菌作用强,所以在酸性溶液中抑菌效果较好,最适 pH 值是4,当溶液的 pH 值增高时其解离度增大,防腐效果降低。苯甲酸的常用量一般为0.1%~0.3%,苯甲酸钠的常用量是0.2%~0.5%。苯甲酸在水中的溶解度较小(0.29%),而在乙醇中的溶解度较大(43%),故常将其配成20%的乙醇溶液应用。

3)山梨酸及其盐类:为白色至黄白色结晶性粉末,因分子状态的山梨酸有防腐作用,故山梨酸也是在酸性溶液中的抑菌效果好。山梨酸与其他防腐剂联合使用会产生协同作用,但与吐温类合用,因二者发生络合反应,抑菌作用有所减弱。在水溶液中尤其敏感,遇光时更不稳定,可与没食子酸、苯酚联合使用使其稳定性增加。山梨酸在 pH 值为4的酸性水溶液中效果较好。此外,山梨酸盐类,如山梨酸钾、山梨酸钙作用与山梨酸相同,亦需在酸性溶液中使用。

在口服溶液剂中山梨酸的常用量为 0.05%～0.2%。

4)苯扎溴铵:又称新洁尔灭,为阳离子型表面活性剂。淡黄色黏稠液体,低温时形成蜡状固体,溶于水和乙醇,微溶于丙酮和乙醚。性质稳定,作防腐剂使用时常用浓度为 0.02%～0.2%。

5)其他防腐剂:20%以上的乙醇溶液,0.5%的苯甲醇,0.5%的三氯叔丁醇,含桂皮油为0.01%、含薄荷油为 0.05%的溶剂等均有一定的防腐作用。

(6)矫味剂。

1)甜味剂:用于掩盖口服溶液剂的苦、涩、咸等不良味道时常需加入甜味剂,甜味剂包括天然和合成的两大类。天然的甜味剂有蔗糖、单糖浆、果汁糖浆、甜菊苷等。其中蔗糖和单糖浆应用最广泛;果汁糖浆(如橙皮糖浆、桂皮糖浆)兼具矫臭作用;甜菊苷为微黄白色粉末,无臭,有清凉甜味,甜度比蔗糖高约 300 倍,常用量为 0.025%～0.05%,本品甜味持久且不被吸收,但甜中带苦,故常与蔗糖或糖精钠合用。合成的甜味剂有糖精钠和阿斯巴甜等。糖精钠的甜度为蔗糖的 200～700 倍,常用量为 0.03%,易溶于水,常与单糖浆或甜菊苷合用,常作咸味药物的矫味剂。阿斯巴甜,也称蛋白糖,甜度为蔗糖的 150～200 倍,可以有效地降低热量,适用于糖尿病、肥胖症患者。

2)芳香剂:在口服溶液剂的生产中有时需要添加少量的香料和香精以掩盖药物的不良臭味,这些香料与香精称为芳香剂,包括天然的和合成的两大类。天然产品有薄荷挥发油、橙皮油、桂皮油、薄荷水、桂皮水等。合成产品是各种香精,如苹果香精、香蕉香精、柠檬香精等。

(7)着色剂:着色剂又称色素或染料。有时为了改善口服溶液剂的外观颜色,识别制剂的浓度,区分应用方法和增加患者用药的顺应性等往往需要在制剂中添加适宜的着色剂。常用的着色剂有天然色素(如甜菜红、胡萝卜素、叶绿素、焦糖等)和合成色素(如苋菜红、胭脂红、柠檬黄、日落黄、伊红、品红、美蓝等)两类。

(8)其他附加剂:在液体制剂中为了增加其稳定性,有时还需要加入抗氧剂、pH 调节剂、金属离子络合剂等。

5.包装材料（口服液瓶）

口服溶液剂属于溶液型液体制剂的典型代表,其包装的核心材料主要是装药小瓶和封口盖。目前,口服液主要有以下四种形式的包装。

(1)安瓿瓶包装:20 世纪 60 年代初,将液体制剂按照注射剂工艺灌封于安瓿瓶中,成为一种新型口服液。该包装服用方便、可较长期保存、成本低,所以早年使用十分普及,但服用时需用小砂轮割去瓶颈,极易使玻璃碎屑落入口服液中,现已淘汰。

(2)塑料瓶包装 :伴随着意大利塑料瓶灌装生产线的引进而采用的一种包装形式。该联动机入口处以塑料薄片卷材为包装材料,通过将两片分别热成型,并将两片热压在一起制成成排的塑瓶,然后自动灌装、热封封口、切割得成品。

这种包装成本较低,服用方便,但由于塑料透气、透湿性较高,产品不易灭菌,对生产环境和包装材料的洁净度要求很高,产品质量不易保证。

(3)直口瓶包装:一般有玻璃和塑料两种材质。由于 C 型直口瓶外形美观,很受欢迎,此种包装的口服溶液剂目前市场占有率最高。但由于易拉盖式口服液瓶在撕拉过程中铝盖有时会断裂,给服用造成麻烦;由于包装材料的不一致,易出现封盖不严的情况,从而影响药物的保质期。直口瓶的规格见表 9-5,直口瓶外形见图 9-3。

表 9－5　C 型直口瓶规格

满口容量	规格尺寸(mm)			
(mL)	D	H	d	h
10	18.0	70.0	12.5	8.7
12	18.4	72.0	12.0	7.5

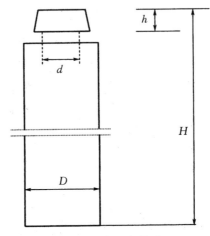

图 9－3　直口瓶外形

(4)螺口瓶：螺口瓶是在直口瓶基础上新发展的一种很有前景的改进包装,它克服了封盖不严的隐患,而且结构上取消了撕拉带这种启封形式,且可制成防盗盖形式,但由于这种新型瓶制造相对复杂,成本较高,而且制瓶生产成品率低,所以现在药厂实际采用的还不很多。

口服液玻璃瓶也简称为口服液瓶,常用的规格有 5mL、10mL、20mL、40mL 等。口服液瓶的封口适用硅胶塞或丁基胶塞,普通双涂铝盖或铝塑组合盖。

(二)口服溶液剂的生产工艺流程

1.口服溶液剂的制法

口服液的制备工艺较汤剂、合剂复杂。其制备过程主要包括中药材的浸提、浸提液的净化、浓缩、配液、分装、灭菌等工艺过程。

(1)药材的浸提首先将中药材饮片洗净,适当加工成片、段或粉,一般按汤剂的煎煮方法进行提取,由于一次投料量大,故煎煮时间每次为 1～2h,通常煎 2～3 次,滤过,合并滤液备用。如果处方中含有芳香挥发性成分的药材,可先用蒸馏法收集挥发性成分,药渣再与处方中其他药材一起煎煮、滤过,收集滤液,并与挥发性成分分别放置、备用。此外,亦可根据药材有效成分的特性,选用不同浓度的乙醇或其他溶剂,采用渗流法、回流法等方法浸提。

(2)浸提液的净化中药材提取液中成分复杂,常含有大量高分子物质,例如黏液质、多糖、蛋白质、鞣质、果胶等,这些杂质在药液中形成胶体分散体系,药液在长期贮存过程中因胶体溶液"陈化"而影响口服液制剂的澄明度。因此口服液的澄清与过滤工艺研究显得很重要。口服液的制备,绝大多数采用水提醇沉净化处理方法除去提取液的高分子杂质,但此种方法醇的使用量大,而且还会造成醇不溶性成分大量损失,影响药物的疗效。

(3)浓缩、配液净化后的药液须适当浓缩,一般以每日服用量在 30～60mL 为宜。经过醇沉净化处理的口服液,应先回收乙醇,再浓缩,每日服用量控制在 20～40mL。汤剂处方经剂型改进,制成口服液,其浓缩液的计算方法,原则上为汤剂 1 日量改制成的口服液量在 1 日内用完。此外根据需要加入适宜附加剂,例如矫味剂、防腐剂等。

(4)分装灭菌配好的药液可按注射剂制备工艺要求粗滤、精滤后,灌装于无菌洁净干燥的容器中,或者按单剂量灌装于指形管或适宜容器中,密封或熔封。此外采用适宜的方法灭菌,也有进行避菌操作,灌装后不经灭菌,直接包装者。

口服液的灭菌多采用热压灭菌法、煮沸灭菌法或流通蒸汽灭菌法。

2.口服溶液剂生产主要单元操作

称量、配制、精滤、洗瓶、洗盖、灌封、灭菌、灯检、包装、入库。

3.口服溶液剂生产工艺流程

口服溶液剂生产工艺流程见图 9-4。

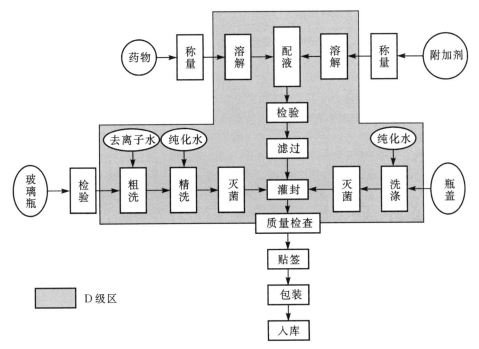

图 9-4　口服溶液剂生产工艺流程图

三、口服溶液剂生产设备

(一)配制设备

配液罐又称配制罐、调配罐,是将一种或几种物料按工艺配比进行混配的混合搅拌容器,能将原料药与附加剂等按标准操作规程与适宜的分散介质混合,制成符合生产指令及质量标准要求的液体制剂的操作过程。溶液型液体制剂在配液时主要采取两种方式,即浓配法和稀配法。

制|剂|生|产|工|艺|与|设|备|

(1)浓配法:系指先将药物用少量的溶剂溶解,将其制成高浓度溶液,过滤后再用剩余的溶剂将药液稀释至所需的浓度的操作方法。此法适用于原料质量较差、杂质较多,且药物的溶解度相对较大的物料。

(2)稀配法:是指将药物溶解于足量的溶剂中,搅拌使之溶解,一步配制成所需浓度的方法。此法适用于原料质量较好、杂质较少,且药物的溶解度较小的物料。

常用配制设备有配液罐(表9-6,表9-7)。

表9-6 配液罐介绍表

名称	配液罐
结构	蒸汽、冷却水进口、清洗口、人孔、出料口、冷凝水出口、冷却水出口、搅拌器(图9-5)
工作原理	配液罐多采用不锈钢制成,罐体内壁加工较光滑以便于清洗,其罐体外有夹层,夹层内可通入蒸汽以加热药材加速药材的溶解,又可通入冷却水以吸收药物溶解热起降温作用。搅拌器安装在罐盖上并由电机经减速器带动,对原料进行搅拌以加速原辅料的扩散溶解并促进传热,以防产生局部过热现象。搅拌器的形状有:直棒式、平浆式、旋浆式、耙式、涡轮式等,需根据液体的黏度、数量及配液容器的形状等条件加以选用
工作过程	(1)按生产任务要求将原辅料经传递窗送入配液间,存放在原辅料存放室。检查上批清场记录,将《清场合格证》附入批生产记录。配液间按《D级洁净区清洁消毒规程》进行清洁消毒,经QA人员检查合格签发《生产许可证》后进行操作。 (2)配液前先用纯化水冲洗配液罐的内、外标尺,用滤过合格的纯化水冲洗管道,罐内用纯蒸汽消毒,同时检查配液罐的电机工作是否正常,接通电源后,试运转一下。 (3)打开纯化水注入阀,向配液罐中加入适量的纯化水(处方全量的1/10)。然后打开加料盖,将原料放入配液罐中,开启搅拌装置,使其完全溶解。 (4)向上述制得的溶液中添加纯化水至处方全量,搅匀后关闭搅拌器。 (5)待药物全部溶解后,取样测定其含量及pH值,并观察色泽及其澄明度
使用范围	广泛应用于口服液、糖浆剂等液体制剂的配制
结构示意图	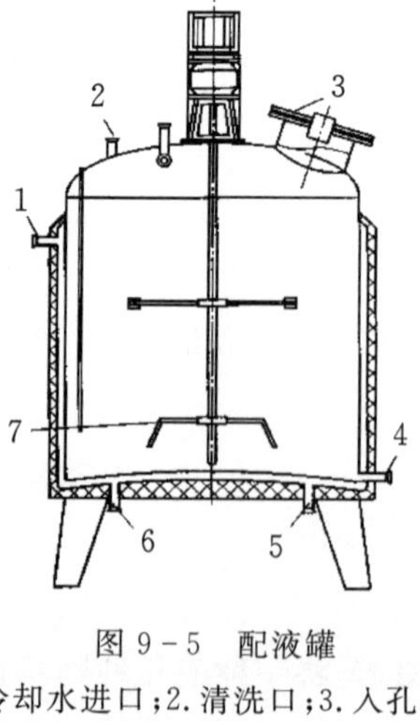 图9-5 配液罐 1.蒸汽、冷却水进口;2.清洗口;3.人孔;4.出料口 5.冷凝水出口;6.冷却水出口;7.搅拌器

表9－7 配液罐标准操作规程

16－3000L 配液罐标准操作规程	
准备工作	(1)检查确认配液罐已清洗消毒待用,检查确认各连接管密封完好,各阀门开启正常。检查确认各控制部分(含电气、仪表)正常。 (2)检查各泵的电路连接,确保各泵的电机电路连接正常,防止反转、缺相等故障发生。 (3)检查各仪表的安装状态,确保各仪表按照规范进行安装,量程符合生产要求,且各仪表均在校定有效期内使用。 (4)检查系统的气密性,确保各管道无跑冒滴漏等现象
工作	(1)开启进料阀及物料输送泵电源进料,观察液位高度,到适量后关闭进料阀及输送泵电源。 (2)如需加热或冷却,开启夹套蒸汽或冷冻水进口和出口,通过夹套对料液进行加热或冷却处理,观察温度表,达到工艺要求的温度后,关闭换热系统进出口阀门。 (3)运行中时刻时刻注意换热系统的温度表、压力表的变化,避免超压超温现象。 (4)需要出料时,开启出料阀,通过泵输送至各使用点。 (5)搅拌适时后,关停搅拌器;先关闭媒介进口,后关闭媒介出口。 (6)开启出料阀,排料送出。 (7)出料完毕,关闭出料阀
结束	(1)关闭配电箱总电源。 (2)对配液罐按设备保养条款进行清洗、消毒

(二)口服液联动线设备

1.洗瓶设备

在制备口服溶液剂前必须对口服溶液剂的容器——口服液瓶进行充分的清洗以保证口服液剂达到工艺要求,从而防止口服液被微生物污染而导致药液腐败变质,所以还应对包装物进行清洗。在口服溶液剂的生产及运输过程中污染是不可避免的,为防止交叉污染,瓶的内外壁均需清洗,而且每次清洗后,必须除去残水,最后用纯化水对瓶子的内外进行彻底的清洗,即可。

洗瓶设备按照洗瓶方式和原理的不同,分为毛刷式洗瓶机、喷淋式洗瓶机、自动洗瓶机和超声波式洗瓶机四种类型。

(1)毛刷式洗瓶机:这种洗瓶机可以单独使用,也可接与联动线,以毛刷的机械运动再配以碱水或酸水、自来水、纯化水使得口服液瓶获得较好清洗效果。此法洗瓶的缺点:该法是以毛刷的运动来进行洗刷,难免会有一些毛掉入口服液瓶中,此外瓶壁内粘的很牢的杂质不易被清洗掉,还有一些死角也不易被清洁干净,所以此类洗瓶机档次不高,在此不作详细介绍。

(2)喷淋式洗瓶机:该设备是用泵将水加压,经过滤器压入喷淋盘,由喷淋盘将高压水流分成许多股激流将瓶内外冲洗干净,这一类设备亦属于档次不高型,主要由人工操作。此外,有些制药厂的瓶子很脏,需以强洗涤剂预先将瓶浸泡数小时,然后喷淋清洗,有的辅以离心机甩水,从而将残水除净。国外有的厂家认为喷淋清洗方式优越,一直生产、使用高压大水量喷淋式洗瓶机。

(3)自动洗瓶机:自动洗瓶机主要由:进瓶传动系统、主传动系统、出瓶传动系统、压缩空气系统、纯化水系统、循环水箱等几部分组成,利用气、水交替喷射的方式对口服液瓶进行清洗,其洗瓶的原理与后面介绍的超声波洗瓶机有相似之处,该型设备是目前制药企业广泛使用的洗瓶设备之一(表9-8)。

表9-8　YQ12000/10自动清洗机介绍表

名称	YQ12000/10 自动清洗机
结构	进瓶传动系统、主传动系统、出瓶传动系统、压缩空气系统、纯化水系统、循环水箱
工作原理	本机采用无油除湿压缩空气、纯化水对经不锈钢传送网带传送过来的口服液瓶进行间隔冲洗,在冲洗过程中首先对口服液瓶进行三次循环水冲洗瓶内壁和一次循环水冲洗瓶外壁后,把瓶内的循环水用压缩空气吹净,然后用纯化水对瓶内壁进行冲洗,用压缩空气把瓶内的水吹净,反复两次完成冲洗过程,冲洗时间和时序由 PC 控制,由于气、水由各自的管路供给,因此不会造成瓶清洗中的相互污染,符合新版 GMP 的要求
工作过程	将周转盒内的待清洗口服液瓶放在不锈钢传送网带上,口服液瓶在网带的带动下向前依次送进。理瓶机构将口服液瓶推入水平 V 型槽内,再由水平推瓶机构把 V 型槽内的口服液瓶推入自动定心的瓶槽内。口服液瓶被推入瓶槽后,在间歇机作用下,随冲洗送瓶链依次向前推进,每次前进一个工位。口服液瓶到达工位后,每个工位的冲洗针管在凸轮作用下,通过瓶槽底孔将针插入瓶内,这时电磁阀在 PC 控制下打开阀门,气、水经针管射入瓶内壁,同时经外喷嘴冲洗瓶外壁。在清洗末尾工位,口服液瓶靠自重和拌动机构敲击下,自动滑入输出装置,输出装置由摆动组件和出瓶通道组件组成,摆动组件通过出瓶通道组件把瓶由倾斜状态翻转成瓶口朝上的垂直状态,然后依次进入出瓶网带,至此完成瓶的运行和清洗全过程
使用范围	适用于制药厂口服液瓶的清洗,也可以用于针剂安瓿的清洗

(4)超声波式洗瓶机:超声波清洗是利用超声波在液体中的空化作用、加速度作用及直进流作用直接或间接的作用到污物上,使污物层被分散、乳化、剥离而达到清洗目的。这种清洗方法是近几年来最为优越的清洗设备,具有简单、省时、省力、清洗成本低等优点。下面主要介绍制药工业生产中常用的和最新的一些超声波式洗瓶机。

1)转盘式超声波洗瓶机。设备主体部分为连续转动的立式大转盘,大转盘周向均布若干机械手机架,每个机架上装两个或三个机械手,这种洗瓶机突出特点是每个机械手夹持一支瓶子,在上下翻转中经多次水气冲洗,由于瓶子是逐个清洗,清洗效果能得到更好的保证(表9-9,表9-10)。

表9-9　YQC8000/10-C 型超声波洗瓶机介绍表

名称	YQC8000/10-C 型超声波洗瓶机
结构	料槽、超声波换能头、送瓶螺杆、提升轮、瓶子翻转工位、喷水工位、喷气工位、拨盘、滑道
工作原理	口服液瓶预先整齐地放置于贮瓶盘中,将整盘口服液瓶放入洗瓶机的料槽1中,用推板将整盘的瓶子推出,撤掉贮瓶盘,此时玻璃瓶留在料槽中,瓶子全部口朝上紧密靠紧,料槽的平面与水平面成30°的角,料槽中的瓶子在重力的分力作用下下滑,料槽上方置有淋水器,将玻璃瓶内注满循环水(循环水由机内泵提供压力,经过滤后循环使用)。装满水的玻璃瓶滑至水箱中水面以下时,利用超声波在液体中的空化作用对玻璃瓶进行清洗。超声波换能头紧紧地靠在料槽末端,其与水平面也成30°角,因此可以保证瓶子顺畅地通过。

	经过超声波初步清洗的玻璃瓶,由送瓶螺杆将瓶子理齐并逐个序贯送入提升轮的 10 个送瓶器中,送瓶器由旋转滑道带动做匀速回转的同时,受固定的凸轮控制作升降运动,旋转滑道运转一周,送瓶器完成接瓶、上升、交瓶、下降一个完整的运动周期。提升轮将玻璃瓶依次交给大转盘的机械手。大转盘周向均布 13 个机械手架,每机械架上左右对称装两对机械手夹子,大转盘带动机械手匀速转动,夹子在提升轮和拔轮 12 的位置上的由固定环上的凸轮控制开夹动作接送瓶子。机械手在位置 5 由翻转凸轮控制翻转 180°,从而使瓶口向下便于接受下面诸工位的水、气冲洗,在位置 6~11,固定在摆环上的射针和喷管完成对瓶子的三次水和三次气的内外冲洗。射针插入瓶内,从射针顶端的五个小孔中喷出的水流冲洗瓶子内壁和瓶底,与此同时固定喷头架上的喷头则喷水冲洗瓶外壁,位置 6、位置 7、位置 9 喷的是压力循环水和纯化水,位置 8、位置 10、位置 11 均喷压缩空气以便吹净残水。射针和喷管固定在摆环上,摆环由摇摆凸轮和升降轮控制完成"上升－跟随大转盘转动－下降－快速返回"这样的运动循环。洗净后的瓶子在机械手夹持下再经翻转凸轮作用翻转 180°,使瓶口恢复向上,然后送入拔盘 12,拔盘拔动玻璃瓶由滑道 13 送入下步操作(图 9 - 6)
工作过程	口服液瓶放入料槽,在拔瓶器和自身重力的作用下进入淋水器下方的水箱内,利用超声波在液体中的空化作用对玻璃瓶进行清洗。然后,被送瓶螺杆送至 6~11 工位进行气、水交替的清洗、吹干,最后,被拔盘送出,进入下一工序
使用范围	口服液瓶的清洗
结构示意图	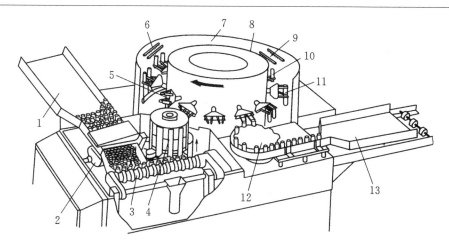

图 9 - 6　YQC8000/10 - C 型超声波洗瓶机
1.料槽;2.超声波换能头;3.送瓶螺杆;4.提升轮;5.瓶子翻转工位;
6,7,9.喷水工位;8,10,11.喷气工位;12.拔盘;13.滑道

表 9 - 10　自动清洗机标准操作规程

	YQ12000/10 自动清洗机标准操作规程
开机前准备	(1)检查设备有完好标识,已清洁标识。 (2)检查供电系统是否正常、压缩空气系统是否完好,各连接部位有无松动现象。 (3)打开纯化水管道阀门,检查水箱是否注满水

运行	(1)检查机械、电气设备无异常后,给洗瓶机送电。 (2)打开洗瓶机上电源按钮。 (3)将主电机、送瓶电机、理瓶电机、输出电机、循环水泵按钮置于自动状态,再将钥匙开关置于自动状态,然后启动电源,系统开始自动进行待清洗瓶的清洗工作
生产结束	(1)将纯化水、压缩空气阀门关好。 (2)关闭电源开关,将主电机、送瓶电机、理瓶电机、输出电机、循环水泵按钮置于"0"状态,再将钥匙开关置于"0"状态,机器停止运行。 (3)按《YQ12000/10 自动清洗机清洁规程》对设备进行清洗、消毒。 (4)及时、准确由操作工填写设备运行记录

2)转鼓式超声波洗瓶机,见表 9 - 11。

表 9 - 11 转鼓式超声波洗瓶机介绍表

名称	转鼓式超声波洗瓶机
工作过程	该机的主体部分为卧式转鼓,其进瓶装置及超声处理部分基本 YQC 8000/10 - C 相同,经超声处理后瓶子继续下行,经排列和分离,以定数瓶子为一组,由导向装置缓缓推入作间歇回转的转鼓上的针管上,随着转鼓的回转,在后续不同的工位上断续冲循环水、冲气、冲净水、再冲净水,瓶子在末工位从转鼓上退出,翻转使瓶口向上,从而完成洗瓶工序(图 9 - 7)
结构示意图	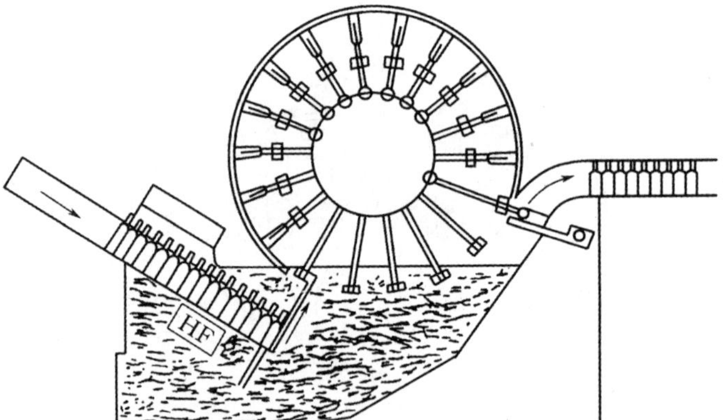 图 9 - 7 转鼓式超声波洗瓶机

2. 烘干设备

口服液瓶洗净后,必须进行灭菌干燥,才能符合口服液剂的生产要求,常见的灭菌干燥设备有手工操作的蒸汽灭菌柜、隧道式灭菌干燥机、对开门远红外灭菌烘箱等。其中,隧道式灭菌干燥机最为常用,该设备所采用原理为物理的干热灭菌法,物理干热灭菌法是当前国内外制药工业中对玻璃瓶灭菌,去除热原采用最可靠,最广泛的工艺方法。

隧道式灭菌干燥机由三条同步前进的不锈钢丝编织带形成输瓶通道,主传送带宽60cm,

水平安装,两侧带高 6cm,分别垂直于主传送带的两侧成倒兀形,共同完成对瓶子的约束和传送。瓶子从进入到移出隧道约需 40min,从而保证瓶子在热区停留 5 min 以上完成灭菌,三条传送带由一台小电机同步驱动,电机根据传送带上瓶满状态传感器的控制处于频繁的启停交替状态。

传送带携带布满的瓶子在隧道内先后通过预热区(长约 60cm)、高温灭菌区(长约 90cm)、冷却区(长约 150cm)。高温区的温度可由用户视需要自行设定,通过温度自控系统来实现,设定温度最高可达 350℃,在冷却区瓶子经大风量洁净冷风进行冷却,隧道出口处的瓶温应降至常温附近。

在隧道传送带的下方安装有高效排风机,在它的出口处装有调节风门,根据需要可以调节风门以控制排出的废气量和带走热量。

常用烘干设备是隧道式灭菌干燥机(表 9 – 12、表 9 – 13)。

表 9 – 12 　隧道式灭菌干燥机介绍表

名称	隧道式灭菌干燥机
结构	该设备的主要工作机构一般分三部分,第一部分为预热部分,第二部分为干燥、灭菌部分,第三部分为冷却部分
工作原理	(1)预热部分:预热部分主要由层流箱体 1、前层流风机 2、高效空气过滤器 5 等组成。开机后,层流箱体上腔的前层流风机从干燥消毒部分的上箱中吸入经过初级过滤的空气,然后,压入层流箱体下腔,经过高效空气过滤器将洁净的空气压向容器,从而在容器周围产生一个隔离腔,使外面的脏空气不能进入风道内,故可始终保持容器的洁净度(图 9-8)。 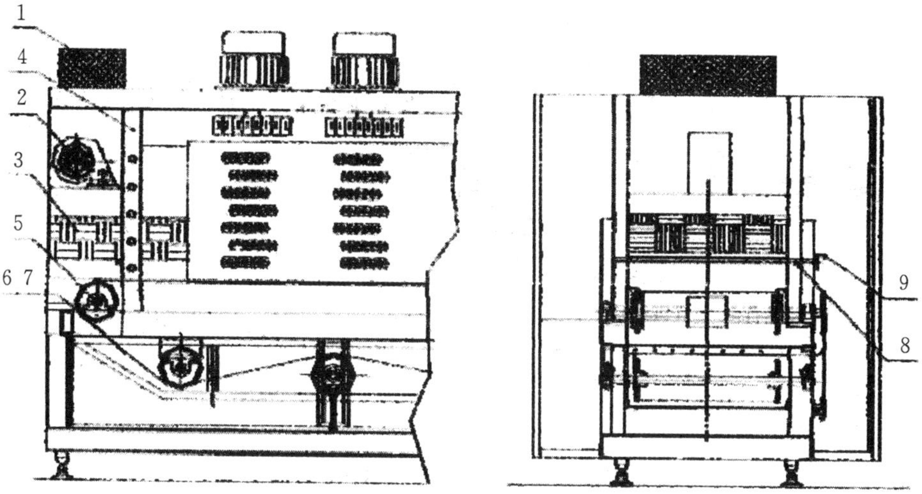 图 9 - 8 　预热段结构示意图 1.粗效过滤器;2.预热段小风机;3.高效过滤层;4.保温层;5.被动轮; 6.网带护条;7.不锈钢网带;8.隔板调节齿条;9.隔板调节把手

(2)干燥、灭菌部分:干燥、灭菌部分由两部分组成,一部分为烘箱的箱体,另一部分则为烘箱上腔。烘箱上腔由箱体和预热中效过滤器组成,整个箱体处于密封状态,其一端与预热部分层流箱体相连,预热前层流风机从中吸入气体,再排向预热高效空气过滤器。烘箱箱体主要由箱体、高温水冷风机、不锈钢电热管、高温高效空气过滤器和初级过滤器等组成。开机时,少量空气由初级过滤器进入,按箭头方向向上经过不锈钢电热管,将空气加热后,被高温风机吸入,再按箭头方向经过高温高效过滤器,通过高温洁净空气对容器进行干燥和杀菌消毒。热空气通过网带下方导流结构流向加热座,经再次加热后被热风机吸入,如此循环。而其湿热空气沿着底下箭头的方向被底座风机抽走,排向室外。烘箱箱体中将过滤部分与加热部分用隔板分开,形成如图示箭头方向所示的明显的层流风道,不会产生层流紊乱,因此此结构可使容器在烘箱箱体内形成均匀的层流压强保护,避免箱体外的脏空气进入,故可始终保持容器的洁净度,同时采用循环加热方式,节约能源(图9-9)。

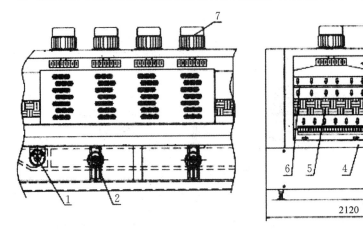

图 9 - 9 高温加热灭菌段结构示意图

1.压带轮;2.托带轴;3.加热管;4.保温玻璃石棉;5.高效过滤器;6.匀风栅;7.热循环风机

(3)冷却部分:冷却部分和预热部分结构和原理基本一样,所不同之点是在箱体本身上装有初级过滤器,风机直接吸入室内空气对容器进行冷却,使容器在经过冷却部分后的温度不得高于室温15℃,以便下道工序进行灌装封口。

冷却部分还可采用热交换原理,即在冷却段高效过滤器下面配置一件温度感应探头,通过温控仪控制,当冷却风温度超过或低于设定温度值时,则温控仪产生信号到表冷器气动角座阀,控制表冷器的流量,以调节冷却风的温度。采用表冷器装置,冷却区的空气循环为内循环(先风机直接吸入排出的热风经风管进入风箱,在经中效过滤器过滤、表冷器冷却,通过低冷却层流风机压向高效过滤器后对容器进行冷却,然后热风再通过风机排向表冷器,如此循环)无须从洁净区室内大量采风并向外排出大量湿热洁净空气,因而减少了送风系统往洁净室送入新鲜空气的需求量,不仅大大地降低净化费用,而且容易保证洁净区内压力、压差的平衡,冷却效率高(图9-10)。

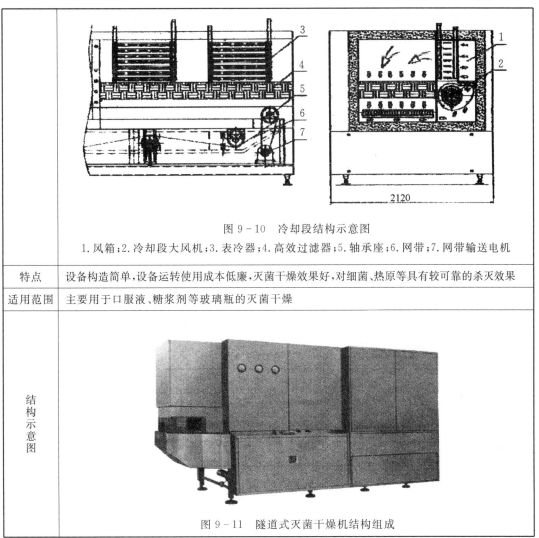

图 9-10 冷却段结构示意图
1.风箱;2.冷却段大风机;3.表冷器;4.高效过滤器;5.轴承座;6.网带;7.网带输送电机

特点	设备构造简单,设备运转使用成本低廉,灭菌干燥效果好,对细菌、热原等具有较可靠的杀灭效果
适用范围	主要用于口服液、糖浆剂等玻璃瓶的灭菌干燥
结构示意图	图 9-11 隧道式灭菌干燥机结构组成

表 9-13 隧道式灭菌干燥机操作规程

GMS-540C 隧道式灭菌干燥机操作规程	
开机前准备	(1)检查设备是否具有"已清洁"标识,并在有效期内。 (2)使用前检查各部件安装是否完整。 (3)检查控制面板上的相关控件是否运作正常,有无异响
运行	(1)接通电源开关,将功能选择开关置于手动。 (2)启动送风风机,即将进瓶口风机开关,出瓶口风机开关置于手动,启动排风风机,即将排风机开关置于手动。 (3)打开加热器开关,接通加热管。打开传输带开关,按传输带按钮,启动传输带。 (4)调节送风机调节风量手轮及排风机门,使层流正压值达到要求,调节变频器30～50Hz,使传送带速度正常。

(5)旋转升降旋钮置降位,风门关闭,隧道内开始升温。
(6)一切手动工序完成后,即可使洗瓶机洗过的口服液瓶进入传送带,使其进入干燥状态。
(7)生产结束后,应先关加热器,烘箱温度达 150℃ 以下时再关闭排风机,送风机,最后关闭主电源。
(8)按清洁规程进行清洁。
(9)及时填写设备运行记录

3.灌封设备

口服液的灌封设备是用于易拉盖口服液玻璃瓶的自动定量灌装和封口的设备。结合生产的实际需要,液体灌装机可有多种的类型和型号,口服液灌封机是口服液剂生产设备中的主机。目前在药厂生产中,为节省生产成本,提高工作效率,大多采用全自动化灌装设备,它是集理瓶、输瓶、灌装、理盖、送盖、轧盖、出瓶工序于一体的全自动化灌装设备。

常用灌封设备有口服液灌封机(表 9 - 14,表 9 - 15)。

表 9 - 14　口服液灌封机介绍表

名称	口服液灌封机
结构	机座、电机、振动盘、控制面板、送瓶机构、灌装系统(含缺瓶止灌)、轧盖机构、出瓶盘(图 9 - 12)
工作原理	将直口瓶的铝筐放到进瓶处,同时将已清洗消毒后的铝盖倒入铝盖振荡器中,开启振荡器开关,调节合适的震动频率,利用振动盘的电磁螺旋震荡原理,使振荡器跑道填满铝盖。将铝筐的筐门拆下,开启进瓶开关,经进瓶输送轨道使直口瓶顺利进入灌装轨道,当口服液瓶进入到灌针下面时,由缺瓶止灌机构顶住瓶身,然后灌针在跟踪机构的控制下,插入瓶口,与瓶子同步向前运行,实现跟踪灌装。灌装好的直口瓶在轨道中继续运动,当经过戴盖机构时,由瓶子挂着盖子经过压盖板,使盖子戴正。口服液瓶戴好盖子进入轧盖头转盘后,已经张开的三把轧刀将以瓶为中心,随转盘向前转动,在凸轮的控制下压住盖子,这时三把轧刀在锥套的作用下,同时向盖子轧来,轧好后,同时又离开盖子,回到原位。最后,机器将灌装好的口服液送出轨道,整个灌封过程完成
工作过程	口服液剂灌封机的工作过程一般如下。 (1)备料:准备好需灌装的药液,用铝框装好已经灭菌的灌装瓶、铝盖。 (2)放置灌装瓶和瓶盖:将准备好的灌装瓶及瓶盖分别放入到进料斗和振动盘中。 (3)接通需灌装的物料:将用容器装好的需灌装的物料用塑料胶管跟机械相连接。 (4)输瓶、灌装、轧盖:开启震荡盘开关,使振荡器跑道填满铝盖,启动灌封开关,机械可完成自动输瓶、灌装、轧盖等工序。 (5)出瓶:完成轧盖后,灌装好的瓶子会由机械自动带出,放置于出料口处,然后将其移放到铝框里面,插上框门即可
适用范围	口服液体制剂的灌封操作

| 设备结构示意图 | 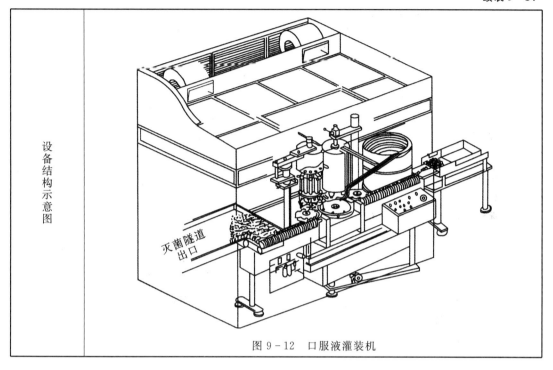
灭菌隧道出口
图 9-12　口服液灌装机 |

表 9-15　灌封机标准操作规程

	YGF 系列口服液灌封标准操作规程
开机前准备	(1)检查设备完好,清洁,悬挂"完好""已清洁"状态标志并在清洁有效期内。 (2)打开电源开关,按一下复位键,此时系统处于初始状态。频率、步数、回转步数均保留上一次使用数据。调整步进电机的转速,使灌封机速度保持 120 支/分至 140 支/分。 (3)调整步进电机的转动步数,蠕动泵的转数,从而调节装量。调节装量具体操作可旋动调节螺钉,支承架将向下或向上张开,使大滚柱与泵管接触并压紧,使泵管关闭到一个合适程度,即调节完毕。 (4)调整轧头中心位置。 (5)调整轧头高度,可松开螺钉,拧动升降调整丝杠将轧头调整到所需要的高度,再拧紧螺钉使之固定即可。 (6)调整轧口的位置,可松开螺母,拧动调整丝杠,使压盖小轴处于一个合适的位置,再拧紧螺母即可。 (7)将空口服液瓶对正下料针头,开机,仔细观察各运动部件,应无异常位移,晃动,运转正常,无异常噪声
运行	(1)将已清洗消毒后的铝盖倒入铝盖振荡器中,打开振荡器开关,使铝盖振入轨道备用。 (2)通过进瓶机构的进瓶斗下瓶,经输送链条使瓶子顺利进入工作等分盘。 (3)按启动按钮,进行生产灌封操作
结束	(1)生产结束后,按《YGF 系列口服液灌封机清洁规程》对设备进行清洗、消毒。 (2)及时、准确由操作工填写设备运行记录

此外,有时为了生产的需要和进一步保证产品质量,也可以采用口服液联动线来进行生产,它是由多种设备有机地连接起来而形成的生产线。主要包括洗瓶机、灭菌干燥设备、灌封设备、贴签机等。采用联动线生产方式能提高和保证口服液剂的生产质量。在单机生产中,从洗瓶机到灌封机,都必须由人工搬运,在此过程中,很难避免污染的可能,例如人体的触摸、空瓶等待灌封时环境的污染等,因此,采用联动线灌装口服液可保证产品质量达到 GMP 需求。在联动线生产中,减少了人员数量和劳动强度,设备布置更为紧密,车间管理得到了改善。

口服液联动方式有串联方式和分布或联动方式。前者每台单机在联动线中只有一台,因而各单机的生产能力要相互匹配,此种方式适用于产量中等情况,在联动线中,生产能力高的单机要适应生产能力低的设备,这种方式易造成一台设备发生故障时,整条生产线就要停下来;而后者是将同一种工序的单机布置在一起,完成工序后产品集中起来,送入下道工序,此种方式能够根据各台单机的生产能力和需要进行分布,可避免一台单机故障而使全线停产,该联动线用于产量很大的品种。国内口服液剂一般采用串联式联动方式,各单机按照相同生产能力和联动操作要求协调原则设计,确定各单机参数指标,尽量使整条联动线成本下降,节约生产场地。两种联动方式见图 9 – 13,表 9 – 16。

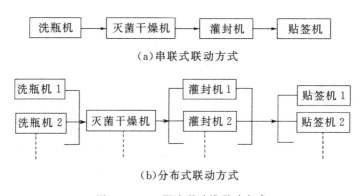

图 9 – 13　口服液联动线联动方式

表 9 – 16　YLX 8000/10 系列口服液自动灌装联动线介绍表

名称	YLX 8000/10 系列口服液自动灌装联动线
结构	超声波洗瓶机、灭菌干燥机、灌封机
工作过程	YLX 8000/10 系列口服液自动灌装联动线是工业生产中常见的口服液灌封联动设备,见图 9 – 14。口服液瓶从洗瓶机入口处被送入后,洗干净的口服液瓶被推入灭菌干燥机隧道,隧道内的传送带将瓶子送到出口处的振动台,再由振动台送入灌封机入口处的输瓶螺杆,在灌封机完成灌装封口后,再由输瓶螺杆送到贴口处。 与贴签机连接目前有两种方式,一种是直接和贴签机相连完成贴签;另一种是由瓶盘装走,进行清洗和烘干外表面,送入灯检带检查,看瓶中是否含有杂质,再送入贴签机进行贴签。贴签后即可装盒、装箱

| 结构示意图 | 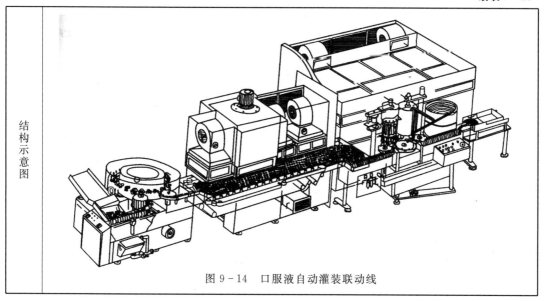 |

图 9 - 14　口服液自动灌装联动线

（三）灭菌方法与设备

灭菌是指应用物理或化学等方法把物体上或介质中所有的微生物及其芽孢（包括致病的和非致病微生物）全部杀死，达到无菌状态的总过程。所应用的灭菌方法称为灭菌法。灭菌方法可分为物理灭菌法、化学灭菌法、无菌操作法三大类。

1. 物理灭菌法

物理灭菌法是利用高温或其他方法，如滤过除菌、紫外线等杀死微生物的方法。加热可使微生物的蛋白质凝固、变性，导致微生物死亡。

（1）干热灭菌法：干热灭菌法是利用干热空气或火焰使细菌的原生质凝固，并使细菌的酶系统破坏而杀死细菌的方法。

干热空气灭菌法，系利用热辐射和灭菌器内空气的对流来传递热量而使细菌的繁殖体因体内脱水而停止活动的一种方法。由于干热空气的穿透力弱且不均匀、比热小、导热性差，故需长时间、高温度，才能达到灭菌目的。一般需 135～145℃灭菌 3～5h、160～170℃灭菌 2～4h、180～200℃灭菌 0.5～1h；热原经 250℃灭菌 30min 或 200℃灭菌 45min，可破坏。

本法适用于耐高温的玻璃、金属等用具以及不允许湿气穿透的油脂类和耐高温的粉末化学药品，如油、蜡及滑石粉等，但不适用于橡胶、塑料及大部分药品。注射剂容器安瓿、输液瓶、西林瓶及注射用油宜用干热空气灭菌法灭菌。

（2）湿热灭菌法：湿热灭菌法系利用饱和水蒸气或沸水来杀灭微生物的一种方法，包括热压灭菌法、流通蒸汽灭菌法、煮沸灭菌法。

1）热压灭菌法系指在密闭的高压蒸汽灭菌器内，利用压力大于常压的饱和水蒸气来杀灭微生物的方法。具有灭菌完全可靠、效果好、时间短、易于控制等优点，能杀灭所有繁殖体和芽孢。适用于输液灭菌。

热压灭菌温度与时间的关系如下：115℃（68kPa）灭菌 30min，121℃（98kPa）灭菌 20min，126℃（137kPa）灭菌 15min。

2)流通蒸汽灭菌法系指在常压下,置于不密闭的灭菌箱内,用 100℃流通蒸汽 30～60min 来杀灭微生物的方法。本法适用于 1～2mL 注射剂及不耐高温的品种,但不能保证杀灭所有的芽孢,故制品要加抑菌剂。

3)煮沸灭菌法系把待灭菌物品放入水中煮沸 30～60min 进行灭菌。本法不能保证杀灭所有的芽孢,故制品要加抑菌剂。

影响湿热灭菌因素有以下几种。

1)微生物的性质和数量:各种微生物对热的抵抗力相差较大,繁殖期的微生物对高温的抵抗力要比衰老时期抵抗力大得多,芽孢的耐热性比繁殖期的微生物更强。在同一温度下,微生物的数量越多,则所需的灭菌时间越长,因为微生物在数量比较多的时候,其中耐热个体出现的机会也越多,它们对热具有更大的耐热力,故每个容器的微生物数越少越好。因此,在整个生产过程中应尽一切可能减少微生物的污染,尽量缩短生产时间,灌封后立即灭菌。

2)药液的性质:有些药液比如注射液中含有营养性物质如糖类、蛋白质等,对微生物有一种保护作用,能增强其抗热性。另外,注射液的 pH 值对微生物的活性也有影响,一般微生物在中性溶液中耐热性最大,在碱性溶液中次之,酸性不利于细菌的发育,如一般生物碱盐注射剂用流通蒸汽灭菌 15min 即可。因此,注射液的 pH 值最好调节至偏酸性或酸性。

3)灭菌温度与时间:一般说灭菌所需时间与温度成反比,即温度越高,时间越短。但温度增高,化学反应速度也增快,时间越长,起反应的物质越多。为此,在保证药物达到完全灭菌前提下,应尽可能地降低灭菌温度或缩短灭菌时间,如维生素 C 注射剂用流通蒸汽 100℃灭菌 15min。另外,一般高温短时间比低温长时间更能保证药品的稳定性。

4)蒸汽的性质:饱和水蒸气热含量高,穿透力大,灭菌效力高。湿饱和水蒸气热含量较低、过热蒸汽与干热空气差不多,它们的穿透力均较差,灭菌效果不好。

(3)射线灭菌法。

1)紫外线灭菌法:本法是指用紫外线照射杀灭微生物的方法。一般波长 200～300nm 的紫外线可用于灭菌,灭菌力最强的是波长 254nm。紫外线是直线传播,其穿透较弱,作用仅限于被照射物的表面,不能透入溶液或固体深部,故只适宜于无菌室空气、表面灭菌,装在玻璃瓶中的药液不能用本法灭菌。

紫外线对人体有一定的影响,照射时间过久,能产生结膜炎、红斑及皮肤烧灼等现象。为此,在操作前开灯 1～2h 后,再进行操作。由于不同规格紫外线灯,均有一定使用期限规定,一般为 3000h,故使用时应记录开启时间,并定期检查灭菌效果。

2)辐射灭菌法:本法是以放射性同位素（60 Co 或 137 Cs）放射的 γ 射线杀菌的方法。其特点是可不升高产品的温度,穿透力强,所以适用于不耐热药物的灭菌,如激素、维生素、抗生素等。但辐射灭菌设备费用高,某些药品经辐射后,有可能效力降低或产生毒性物质且溶液不如固体稳定,操作时还须有安全防护措施。

3)微波灭菌法:本法是指用微波照射产生热而杀灭微生物的方法。频率在 300～300 000 MHz 之间的微波,可被水吸收,进而水分子转动、摩擦而生热。其特点是低温、省时（2～3min）、常压、均匀、高效、保质期长、节约能源、不污染环境、操作简单、易维护。能用于水性注射液的灭菌。但存在灭菌不完全及劳动保护等问题。

4)滤过除菌法:本法是利用滤过方法除去活的或死的微生物的方法。本法适用于很不耐热药液的灭菌。常用的滤器有 G6 号垂熔玻璃漏斗、0.22μm 的微孔滤膜等。为保证无菌,采用本法时,必须配合无菌操作法,并加抑菌剂;所用滤器及接受滤液的容器均必须经 121℃ 热压灭菌。

2.化学灭菌法

化学灭菌法是指用某些化学药品直接作用于微生物而将其杀灭,同时不损害制剂质量的灭菌方法。用于杀灭微生物的化学药品称为杀菌剂。以气体或蒸气状态杀灭微生物的化学药品称为气体杀菌剂,一般用于无菌操作室或固体原料药物的灭菌用。

(1)环氧乙烷:多用于固体原料药物的灭菌,作用快,对大多数固体呈惰性,有较强的扩散与穿透力,对芽孢、真菌等均有杀灭作用。适用于对热敏感的固体药物、塑料容器、纸板、塑料包装的药物、橡胶制品、器械及既不能加热又不能滤过的混悬液型注射剂和粉针剂的灭菌。塑料、橡胶及皮革与环氧乙烷有强亲和力,故灭菌后需经一定时间通空气驱除。环氧乙烷具可燃性,其蒸汽在空气中含量达 3%(v/v)时可爆炸,故使用时必须用惰性气体二氧化碳或氟利昂稀释。

(2)甲醛蒸汽:甲醛蒸汽的杀菌力更大,但本品穿透力差,只能用作无菌室内空气的杀菌。小型无菌室可用福尔马林溶液加热熏蒸,大型无菌室采用甲醛蒸气发生装置。一般每 1m³ 空间用 40% 甲醛溶液 30mL。室内相对湿度宜高(75%),以增强灭菌效果。

由于甲醛很难从灭菌物品中完全移除,剩余的甲醛气体对黏膜又有强刺激性,需通入氨气吸收排除,最后通入经处理的无菌空气,直至室内无甲醛味为止。

(3)丙二醇蒸汽:使用时将丙二醇置蒸发器中加热,使蒸汽弥漫全室,待丙二醇气体下沉即可。用量为每 1m³ 空间 1mL。本品灭菌效果比甲醛好,且对眼部、黏膜无刺激性。

(4)苯酚:常用浓度为 1.5%~3%,用于擦门窗、墙壁、操作台及空气灭菌等。

(5)新洁尔灭溶液:常用浓度为 0.1%~0.2%,用于消毒手、皮肤及手术器械等。本品不宜与肥皂等阴离子型去污剂同时使用,否则能使杀菌力降低。

此外,还有 75% 乙醇、2% 左右的酚或煤酚皂等。

3.无菌操作法

无菌操作法是指整个过程控制在无菌条件下进行的一种操作方法。该法适合于一些不耐热药物的注射剂、眼用制剂、皮试液、海绵剂和创伤剂的制备。按无菌操作法制备的产品,一般不再灭菌。为了保证其无菌,对特殊(耐热)品种亦可进行再灭菌(如青霉素 G 等)。最终采用的灭菌产品,其生产过程一般采用避菌操作(尽量避免微生物污染),如大部分注射剂的制备等。

生产过程中口服溶液剂所用的容器具、灌装部件、部分原辅料及最终产品的灭菌多采用热压灭菌法,热压灭菌使用的设备是热压灭菌柜(表 9－17,表 9－18)。

表 9－17 热压灭菌柜介绍表

名称	热压灭菌柜
结构	保温层、箱体、安全阀、压力表、淋水排管、内壁、蒸汽排管、导轨、格车、格车轨道(图 9－15)
工作原理	以高温高压的蒸汽为灭菌介质,直接通入热压灭菌柜内,利用湿热蒸汽的穿透力和热能,对待灭菌物品进行加热灭菌,冷凝后的饱和水及过剩蒸汽由柜体底部排出

工作过程	先将待灭菌的口服溶液剂放入室内,夹层内通入蒸汽进行预热,然后进行真空脉动,目的是将内室的空气除去,这样蒸汽更容易穿透待灭菌物品,灭菌的温度也更加均匀,设定好灭菌时间、温度等参数,开始灭菌操作。灭菌结束后,再次启动真空泵对内室的湿热饱和蒸汽进行抽除,连同夹层蒸汽的加热共同完成对内室物品的干燥,干燥时间到了以后,外界空气经过 $0.22\mu m$ 滤器对内室进行常压化,内室到达常压后待温度下降以后,就可以打开柜门,将灭菌的口服溶液剂取出,灭菌完成
适用范围	口服液、安瓿等玻璃容器以及输液袋的灭菌与检漏
结构示意图	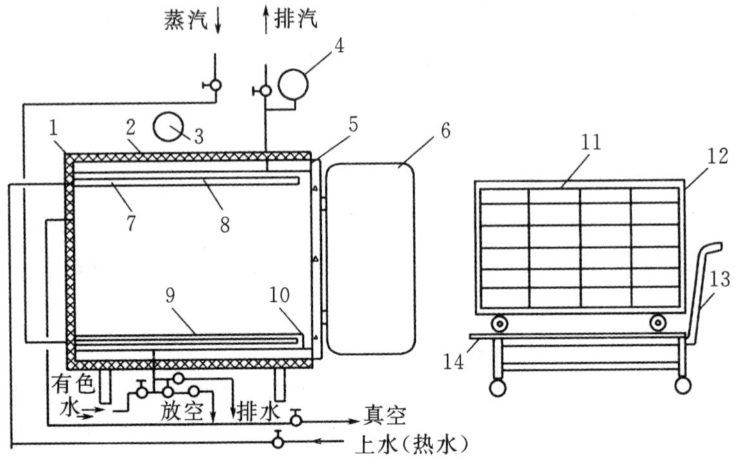 图 9-15 卧式热压灭菌柜 1.保温层;2.箱体;3.安全阀;4.压力表;5.高温密封圈;6.箱门;7.淋水排管; 8.内壁;9.蒸汽排管;10.导轨;11.药液盘;12.格车;13.搬运车;14.格车轨道

表 9-18 灭菌柜标准操作规程

	灭菌柜标准操作规程
开机前准备	(1)检查设备完好,清洁,悬挂"完好""已清洁"状态标志并在清洁有效期内。 (2)检查水、汽供应情况。 (3)试开机运行,检查设备运转是否正常,有无异常声响
运行	(1)按产品交接卡核对待灭菌检漏药品:品名、规格、批号、产量。准确无误后,将药品移至脉动真空灭菌检漏器内。 (2)将灭菌器门关严,按脉动真空灭菌器操作规程,设置灭菌时间、温度等参数,开始灭菌操作。 (3)灭菌结束后,按脉动真空灭菌器操作规程设定抽真空的参数,先抽真空,后注入水浸没药品,1~2min开始排水,将水排净。 (4)根据药品品种设定干燥时间及温度,真空灭菌器开始自动操作。 (5)灭菌结束后,按"开门"按钮,取出药品

清场	(1)清除脉动真空灭菌器内遗留药品,并将废弃物装入废物贮器传出室外。 (2)按脉动真空灭菌器清洁规程进行清洁。 (3)灭菌检漏室按灭菌检漏室清洁规程进行清洁。 (4)清场结束填写清场及设备清洁记录,并由 QA 检查员检查确认清场合格后,贴挂"清场合格证"及"已清洁"标示

(四)灯检设备

灯检是指在一定光源的背景下,利用肉眼或灯检仪对透明瓶装药品的澄明度进行检测,将不合格药品进行逐一剔除,从而保证药品质量符合相关标准的一种行为。常见的异物主要有玻璃屑、纤维、白点、白块等。光源一般采用 20W 日光灯,光照度 1000～4000 勒克斯(Lx),背景多采用不反光黑色背景和白色背景,光源至检品 20cm,检品至眼睛的距离 15～20cm。

灯检不合格品判断标准如下。

1.溶液可见异物有下列情况之一者为不良品

(1)溶液变色,浑浊,沉淀,装量不足,胶塞内有异物。

(2)溶液中有玻璃屑、漂浮物、纤维、色点等异物。

(3)溶液中有能目视可见的白块。

2.有下列外观缺陷之一者为不良品

(1)铝盖未轧紧,发觉有松动者。

(2)铝盖的边口轧成翻边或明显齿状(轻微齿状,已轧紧者可作合格品)。

(3)铝盖的边口或其他任何部位已经轧裂或轧破。

(4)由于进刀量不够或刀的位置移动,造成铝盖轧口深度不够或外观不美观者。

(5)胶塞和瓶子之间或铝盖和胶塞之间夹有异物(如头发、纤维等)。

目前,灯检的方法主要有人工灯检、全自动灯检仪,根据检测产品品种的不同可分为安瓿瓶灯检仪、口服液灯检仪、西林瓶灯检仪、冻干品灯检仪。

1.人工灯检

人工目测检查主要依靠待测液体被振摇后药液中微粒的运动从而达到检测目的,人工灯检的步骤一般按照直、横、倒三步法旋转检视。按照我国 GMP 的有关规定,一个灯检室只能检查一个品种。检查时一般采用 40W 的日光灯作光源,并用挡板遮挡以避免光线直射入眼内,背景应为黑色或白色(检查有色异物时用白色),使其有明显的对比度,提高检测效率。检测时将待测玻璃瓶置于检查灯下距光源约 20cm 处轻轻转动安瓿,目测药液内有无异物微粒。人工灯检要求灯检人员视力不低于 0.9(每年必须定期检测视力)。

但人工灯检有其不可避免的短板,灯检人员视力不同,检测结果不同,质量不均一,操作工眼睛易疲劳,容易误检或漏检,人工灯检的漏检率普遍较高。长时间工作对操作工的眼睛有一定损害,员工思想压力大,易造成质量波动,产生漏检,生产效率低,每人每小时检查约 1500～2000 支,是大规模生产的产能瓶颈(表 9 - 19,表 9 - 20)。

表 9 - 19　伞棚式安瓿检查灯介绍表

名称	伞棚式安瓿检查灯
结构	机架、光源、背景板、控制面板
工作原理	伞棚式安瓿检查仪是依靠人工目测来检查检查异物,设备以黑色或白色(检查有色异物时用白色)为背景,用 40W 的日光灯作光源,依靠待测安瓿被振摇后药液中微粒的运动从而达到检测目的
工作过程	打开电源开关,然后用光感仪检测灯检时的光照强度在 1000～1500Lx,然后根据检测的需要选择合适的背景,在伞棚边缘处,手持口服液瓶颈部,药品与人眼相距 20～25cm,轻轻旋转药液,按照直立、倒立、平视三步检查法旋转检视
适用范围	口服液、安瓿、大输液等瓶装药液的澄明度检查

表 9 - 20　伞棚式安瓿检查仪标准操作规程

伞棚式安瓿检查仪标准操作规程	
准备工作	(1)了解当日生产品种、规格、批号、数量。 (2)将贴好避光纸的门关上,保证室内黑暗、肃静。 (3)准备好放成品、不合格品的空筐及所用工具,挂好状态标志牌
操作	(1)打开伞棚灯开关,用白色纸板作衬景,将待检产品整齐地靠在角铁上,用手转动药支,挑出假锁、歪头、漏胶、豁口及氧化盖等不合格品。 (2)用夹子夹住直口瓶颈部,在伞棚灯下正反翻 2 次,均匀震荡后停留 5s,检出玻璃、毛、点、装量不合格、变色、炸纹、异物等不合格品。 (3)将挑出的不合格品分别置于不合格分类盘中,每批生产结束后,统一送至不合格品存放区,挂好状态标志,并记录。 (4)灯检合格品按规定支数摆入洁净铝筐内,挂上合格标志,并放入填有品名、生产日期、批号、灯检代号的转交单,然后将铝筐整齐交叉地摆放在托盘上。 (5)每灯检 2h,休息 10min
清场	(1)每批生产结束后,要严格依照《清场操作规程》进行清场,检查地面和操作台有无零支产品和标示物,检查合格后,方可进入下个品种(或下批次)生产。 (2)清场结束填写清场及设备清洁记录,并由 QA 检查员检查确认清场合格后,贴挂"清场合格证"及"已清洁"标示

2.全自动灯检仪

全自动灯检仪是集光源发生系统、视觉识别系统、图像处理系统、计算分析系统、高精密机械制造于一体的高端设备。由于人工灯检存在很多无法解决的难题,越来越多的企业倾向于用全自动灯检机来代替人工灯检(表 9 - 21)。

全自动灯检仪的原理是利用旋转的药瓶带动药液一起旋转,当药瓶突然停止转动时,药液由于惯性会继续旋转一段时间。在药瓶停转的瞬间,以束光照射安瓿,在光束照射下产生变动的散射光或投影,背后的荧光屏上即同时出现药瓶及药液的图像。利用光电系统采集运动图像中(此时只有药液是运动的)微粒的大小和数量的信号,并排除静止的干扰物,再经电路处理可直接得到不溶物的大小及多少的显示结果,再通过机械动作及时准确地将不合格品剔除。

表 9 - 21 自动灯检仪介绍表

名称	自动灯检仪
结构	机架、进瓶装置、设在机架上的转动盘、与转动盘对应的压瓶旋转装置、制动装置、光源检测装置、出瓶装置和伺服系统(图 9 - 16)
工作原理	利用旋转的药瓶带动药液一起旋转,当药瓶突然停止转动时,药液由于惯性会继续旋转一段时间。在药瓶停转的瞬间,以束光照射安瓿,在光束照射下产生变动的散射光或投影,背后的荧光屏上即同时出现药瓶及药液的图像。利用光电系统采集运动图像中(此时只有药液是运动的)微粒的大小和数量的信号,并排除静止的干扰物,再经电路处理可直接得到不溶物的大小及多少的显示结果,再通过机械动作及时准确地将不合格品剔除
工作过程	其工艺流程:待检品→输送带→进瓶拨轮→光电检测区→第一次旋瓶→第一次刹车→第一次检测→第二次旋瓶→第二次刹车→第二次检测→第三次旋瓶→第三次刹车→第三次检测→出瓶拨轮→出瓶绞龙→分瓶器根据软件指令区分合格品、不合格品→合格品与不合格品分别出瓶。利用机器视觉系统对可见异物进行检测,当被检测物送到输送带 1 后,由输送带输送到进瓶拨轮 2,由进瓶拨轮输送到检测区连续旋转大盘上 3。当到达旋瓶位置时,旋瓶电机高速旋转被检测物,使得被检测物高速旋转,进入光电检测时,通过刹车制动,使得被检测物停止旋转,而瓶内的液体仍在旋转,此时被检测物体进入光电检测区,光源照射到被检测物上,工业相机对被检测物高速拍照。经过多幅图像进行比较,如果被检测物内液体含有可见异物,即可判定为不合格品,检测结果不受瓶壁影响,通过工业相机采集到的图像还可以判定液位是否满足要求。为保证检测精度,被检测物再经过两次重复检测,无论任何一次检测结果判定为不合格,此被检测物将被视为不合格品。分瓶装置由 4,5,6 组成,其把合格品与不合格品区分开并自动进入相应的区域
适用范围	口服液、安瓿等瓶装药液的澄明度检查
结构示意图	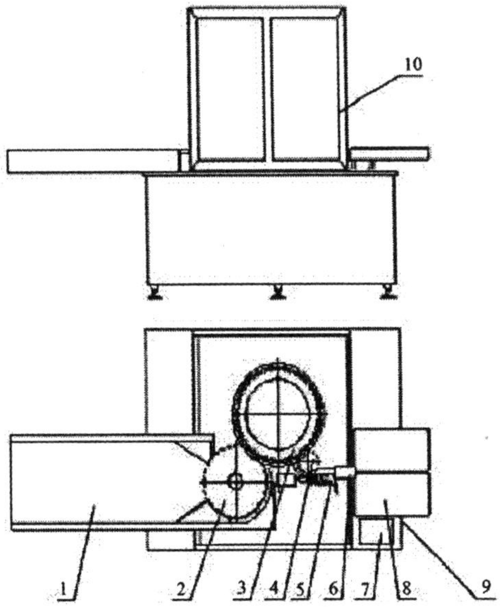 图 9 - 16 全自动灯检仪结构示意图

四、口服溶液剂生产质量控制点

表 9-22 口服溶液剂生产质量控制表

工序	控制点	质量控制项目 生产过程	质量控制项目 中间产品	频次
备料	前处理	工艺要求	物料合格标识	每批
备料	称量	代号、品名、入库编号、重量与指令一致,双人复核	标识	每批
配制	配液	纯化水、温度、时间、均匀性	性状、密度、pH 等理化指标	每批
配制	过滤	过滤速度、过滤材质、清洗方法	澄明度	每批
配制	储存	温度、时间	标识	每批
洗瓶、盖	洗涤	水质、清洗剂、清洁方法	清洁度、澄明度	每批
洗瓶、盖	干燥、灭菌	温度、时间、储存条件	干燥程度	每锅
灌装	灌装	管道、设备清洁,设备稳定性	装量及装量差异	一次/30min
灌装	压塞、盖	设备稳定性	密封性	随时
灌装	储存	温度、时间	标识	每批
灭菌	灭菌	温度均匀性、时间	微生物	每锅
灯检	灯检	照明度、操作人员视力	异物、澄清、标识	每支
包装	贴签	数额、废旧标签处理、复核	文字打印准确、清晰	每批
包装	装盒、箱	防差错措施	数量、合格证、标识、拼箱符合要求	
包装	物料平衡	有标准、有记录、符合标准		每批
成品储存		温度、相对湿度	标识	每班
放行	成品检测	取样方法、检测方法	性状、理化、微生物	每批
放行	过程审核	审核制度		每批

项目十　糖浆剂生产

一、实训任务

【实训任务】　小儿止咳糖浆的生产。

【处方】　甘草流浸膏 750mL，桔梗流浸膏 150mL，橙皮酊 100mL，氯化铵 50g，蔗糖 3250g，苯甲酸钠 10g。

【规格】　120mL/瓶。

【工艺流程图】　工艺流程参见图 10-1。

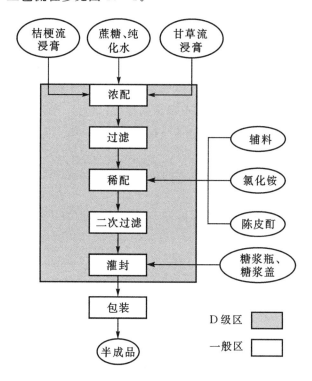

图 10-1　小儿止咳糖浆生产工艺流程图

【生产操作要点】

(一)生产前确认

(1)检查确认生产场所是否还留存有前批生产的产品或物料，生产场所是否已清洁，并取得"清场合格证"。

(2)检查确认生产现场的机器设备和器具是否挂上"已清洁"状态标示牌。

(3)检查确认所使用的原辅料是否准备齐全。是否有相关质检报告单，合格品才能使用。

(4)检查确认与生产品种相适应的批生产指令、相应配套文件及有关记录是否已准备齐全。

(5)检查确认生产场所的温度与湿度是否在规定范围内,室内温度应控制到 $18\sim26℃$;湿度应控制到 $45\%\sim65\%$。

(6)称量前,称量器必须每次校零,并定期专人校验,做好记录。

(二)配制工序

1.称量

只有质量管理部门批准放行的原辅材料,方可配料使用。称量前应核对原辅料品名、批号、生产厂家、规格等,应与检验报告单相符。

注意:称量前,台称及天平必须每次校零,定期校验,并有检定合格证,称量时按限额领料单核对原料品名、批号、重量、检验报告单号。称量时必须有复核人,操作人和复核人均应在称量原始记录上签名。

2.浓配

每一批配液罐必须标明所配制药液的品名、规格、批号和配制量,配液时,每一种原辅料的加入和调制必须由核对人确认并做好记录。

注意:配制过程中的温度和配制的最后定量均要有复核人确认,并有操作人和复核人签字。

将注射水 2L 加入夹层锅内(也可用不锈钢锅替代),搅拌下加入甘草流浸膏、桔梗流浸膏(温度控制在 $95\sim100℃$),待煮沸后开始计时搅拌煎煮 30min,将蔗糖 3250g 投入,搅拌煎煮 30min 混合均匀,关闭。

注意:如不用夹层锅可能会因为水蒸气的蒸发而影响配液的准确度。

3.过滤

开启过滤系统及浓配罐开关,将煎煮好的药液趁热过滤(180 目)至稀配罐,加适量注射用水,关闭电源及阀门。

4.稀配

浓配液输入稀配罐后,开启搅拌机,循环冷却水,将其冷却至 50℃ 以下,然后将处方量的陈皮酊、氯化铵以及苯甲酸钠 10g(用适量注射水溶解)加入配料罐内,加注射水至 5L。继续搅拌,混合 30min。

5.二次过滤

开启二次过滤系统及稀配罐开关,将稀配好的药液过滤(180 目),药液的过滤在 D 级洁净级别的房间内进行,均采用密闭系统。过滤药液至药液纯净、均匀,经检验合格后才能灌装。

注意:配制好的药液一般应在当天灌装完毕,否则应将药液在规定条件下保存(最多不超 2 天),确保药液不变质。

6.灌封

工作前检查有清场合格证,设备、环境清洁状况,合格后生产,调节计量泵装量(103.0±3.0)mL。灌装机操作执行灌装机操作 SOP,开始时抽查装量每次按顺序抽取 6 瓶,装量在(103.0±3.0)mL 之间,检查瓶盖,依次取 6 瓶,有无破损、压制不严密,操作过程中和结束时,检查一下装量和封盖情况,封盖后的半成品通过输送带送贴签机贴签后,再传检漏工序。

(三)印批号

略。

（四）贴标

略。

（五）外包

略。

（六）成品检验

略。

（七）入库

略。

【岗位生产记录】

表 10 - 1　配制岗位记录

专业：＿＿＿＿＿＿＿＿＿＿　　班级：＿＿＿＿＿＿＿＿＿＿　　组号：＿＿＿＿＿＿＿＿＿＿

姓名：＿＿＿＿＿＿＿＿＿＿　　场所：＿＿＿＿＿＿＿＿＿＿　　时间：＿＿＿＿＿＿＿＿＿＿

品名	小儿止咳糖浆剂		代号		
批号		批量		规格	

1. 秤校验应在合格期内，称量前对台秤进行计量检查，确认台秤称量准确。
2. 称量操作，称量人和复核人各自称量，称量结果分别记录。
3. 称量人与复核人的称重偏差不得超过千分之三。
4. 称重后应对物料及时贴上标签，内容为物料名称、物料重量、批号、称重日期、物料代码、操作人、复核人等

设备		编码		精度	
配料地点			编码		

操作项目 品名	称量 容器重(g)	复称量 容器重(g)	称量 药重(g)	复称量 药重(g)

称量人		操作日期		QA签字	
复称人		操作日期		监控日期	

物料称量复称量偏差是否小于3‰		是□　　否□	
异常情况记录			
备注			

表 10-2　灌封岗位记录

专业：_____　　　班级：_____　　　组号：_____

姓名：_____　　　场所：_____　　　时间：_____

品名	小儿止咳糖浆剂		生产指令单											
规格			批号											
设备名称			设备编号											
操作时间														
指令	工艺参数		操作参数											
1.核对药液、瓶子名称数量、质量	所配制药液合格证		有□　　　无□											
	瓶干燥灭菌合格证		有□　　　无□											
	名称、数量与物料标志卡一致		药液名称：_____　　　瓶子名称：_____ 药液数量：_____mL　　　瓶子数量：_____盘												
2.灌封机正常清洁	正常、清洁		正常□　　不正常□											
			清洁□　　不清洁□											
3.按灌封机操作规程、灌封岗位操作规程进行灌封	生产工程中，每隔15min检查一次灌装量，抽样量为10瓶；灌装量符合工艺要求。见右表：	时间	1	2	3	4	5	6	7	8	9	10	平均		
		15													
		30													
		45													
		60													
		75													
		90													
4.灌封好的中间产品	悬挂状态标志卡，合格者送下一道工序		灌封损耗数：_____支 取　　样：_____支 不合格品数：_____支 合格中间产品盘数：_____盘 送交：_____												
备注：														
说明：按实际情况在□内打"√"，不存在项在该行划"/"														
操作人			日期												
复核人			日期												

【项目考核评价表】

表 10-3　小儿止咳糖浆生产考核表

专业：_____　　　班级：_____　　　组号：_____

姓名：_____　　　场所：_____　　　时间：_____

考核项目	考核标准	得分
处方	处方组成	
工艺流程	生产工艺流程图	
称量、配料	称量配料准确、双人复核	
浓配	浓配的工艺流程浓配罐的使用	
过滤	过滤的目数	
稀配	稀配的工艺流程药物加入的顺序	
二次过滤	二次过滤的洁净级别过滤所用的目数	
灌封	灌封机的使用灌封合格的标准	
记录完成情况	记录真实、完整,字迹工整清晰	
清场完成情况	清场全面、彻底	
产品质量检查	操作准确,检查合格	
物料平衡率	符合要求	
总分		
总结		

考核教师：

二、糖浆剂生产工艺

(一)糖浆剂的基本知识

1.糖浆剂的定义

糖浆剂系指含有药物或芳香物质的浓蔗糖水溶液,供口服。糖浆中的药物可以是化学药物也可以是药材提取物。

2.糖浆剂的类型

糖浆剂可分为:①单糖浆,即为纯蔗糖的近饱和水溶液,含蔗糖量为 85%(g/mL)或 64.7%(g/g),除供制备含药糖浆外,一般作为矫味剂、助悬剂等应用;②矫味糖浆,又称为芳香糖浆,如单糖浆、姜糖浆、橙皮糖浆等,主要用于矫味,有时也作助悬剂用;③药物糖浆,主要用于疾病的治疗,如急支糖浆。

3.糖浆剂特点

(1)能掩盖某些药物的不良味道,给药方便,容易服用,尤其受儿童欢迎。

(2)糖浆剂中含蔗糖浓度高时,渗透压大,微生物的生长繁殖受到抑制,本身有防腐作用。

(3)糖浆剂中少量的蔗糖转化为葡萄糖和果糖,有还原性,能防止糖浆剂中药物的氧化变质。

4.糖浆剂的包装材料

糖浆剂通常采用玻璃瓶包装,封口主要有滚轧防盗盖封口、内塞加螺纹盖封口、螺纹盖封口等。

糖浆剂玻璃瓶规格可以从 25～1000mL,常用规格为 25～500mL,见表 10-4。

表 10-4 糖浆用玻璃瓶常见规格

规格/mL	25	50	100	200	500
满口容量/mL	30	60	120	240	600
瓶身外径/mm	34	42	50	64	83
瓶子全高/mm	74	89	107	128	168

(二)糖浆剂的生产工艺流程

1.糖浆剂的制法

糖浆剂的制备方法可分为溶解法和混合法。

(1)溶解法:又可分为热溶法与冷溶法。

1)热溶法:热溶法的制备工艺是:将蔗糖溶于一定量的热纯化水中,继续加热至沸,使其全溶,然后在适当的温度下加入药物,搅拌,再通过滤器加水至全量,分装,即得。不加药物可制成单糖浆。

热溶法有很多优点:蔗糖在水中的溶解度随温度升高而增加;溶解速度也加快,趁热容易滤过;可以杀死微生物;蔗糖内的一些高分子杂质如蛋白质等,可因加热而凝聚滤除。但加热过久或超过 100℃时,使转化糖的含量增加,糖浆剂颜色容易变深。热溶法适宜于对热稳定的药物糖浆的制备,包括单糖浆和含药糖浆。

2)冷溶法:冷溶法的制备工艺为:将蔗糖溶于冷纯化水或含药的溶液中制备糖浆剂的方法。冷溶法的优点是适用于对热不稳定或挥发性药物,制备的糖浆剂颜色较浅。但制备所需时间较长,在生产过程中容易污染微生物。

(2)混合法:混合法系将药物与单糖浆均匀混合制备而成。混合法适宜于制备含药糖浆。混合法的优点是方法简便、灵活,可大量配制也可小量配制。但所制备的含药糖浆剂含糖量较低,要特别注意加入防腐剂。

2.糖浆剂的主要单元操作

称量→浓配→过滤→稀配→二次过滤→灌封→印批号→贴标→外包。

3.糖浆剂的工艺流程

工艺流程见图 10-2。

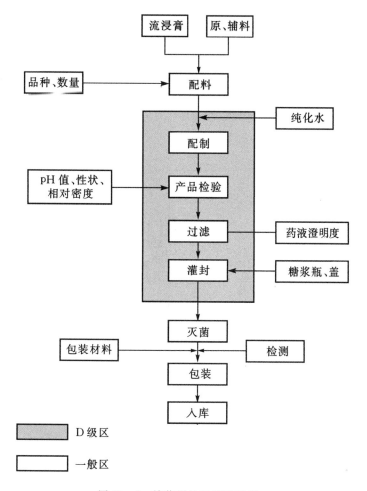

图 10-2 糖浆剂的工艺流程图

三、糖浆剂生产设备

糖浆剂常用灌装设备有四泵直线式灌装机(表 10-5)、液体灌装自动线(表 10-6，表 10-7)。

表 10-5 四泵直线式灌装机介绍表

名称	四泵直线式灌装机
结构	贮瓶盘、控制盘、计量泵、喷嘴、底座、挡瓶机、输瓶轨道、理瓶盘、贮药桶
工作原理	容器经整理后，通过输瓶轨道进入灌装工位，药液通过柱塞泵计量后，经直线式排列的喷嘴灌入容器

工作过程	首先,将空的容器瓶放入理瓶盘 8,打开贮药桶 9 进液管道阀门,接到洗瓶机工作人员通知后,开启输瓶开关,容器瓶进入输瓶轨道 7,经过冲洗的瓶子到拨轮位置后被 6 挡瓶机构阻挡进入灌装工位,然后在控制盘 2 上开启主机,并将主机调至适当的速度,先试灌几瓶,检查装量是否在工艺要求的范围内,如不符合要求,调节计量泵 3 的行程至装量准确、稳定。生产结束后,先关闭主机,然后关闭输瓶轨道,关总电源,最后关闭贮药桶进液管道阀门(图 10 - 3)
适用范围	糖浆剂的灌装
结构示意图	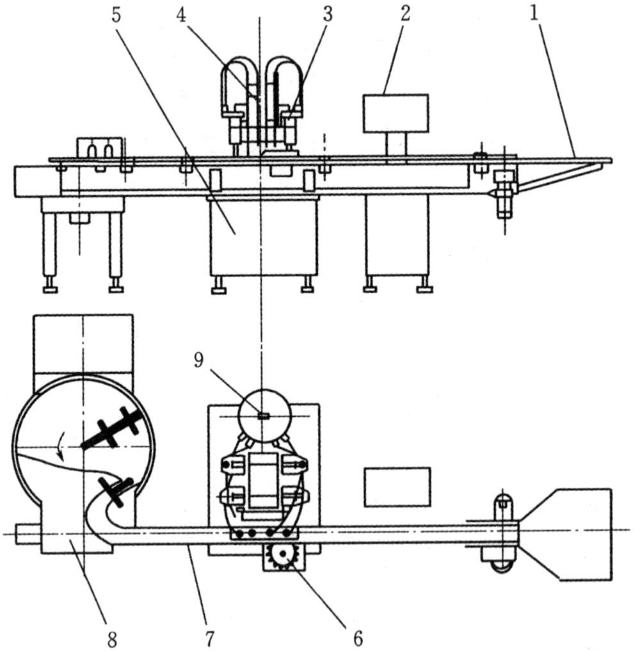 图 10 - 3 四泵直线式灌装机结构示意图 1.贮瓶盘;2.控制盘;3.计量泵,4.喷嘴;5.底座;6.挡瓶机; 7.输瓶轨道;8.理瓶盘;9.贮药桶

表 10 - 6 液体灌装自动线介绍表

名称	液体灌装自动线
结构	洗瓶机、四泵直线式灌装机、旋盖机、贴标机
工作原理	按照糖浆剂灌封工序的工作流程来设计,通过一个自动化的生产线来自动完成洗、灌、封、贴标的相关操作
工作过程	首先将空的容器瓶放入洗瓶机 1 进行洗瓶操作,洗干净的瓶子通过轨道直接送入四泵直线式灌装机 2 进行灌装,灌装完成后通过轨道进入旋盖机 3 对灌装完成的容器瓶进行旋盖操作,封口好的容器瓶被送至贴标机 4 处,完成贴标工作(图 10 - 4)
适用范围	糖浆剂的灌封

续表 10 - 6

| 结构示意图 | 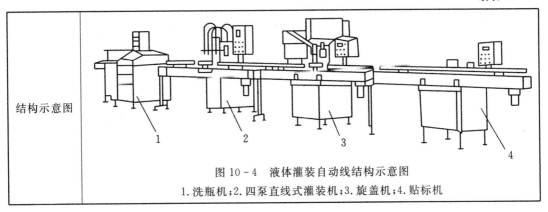 |

图 10 - 4　液体灌装自动线结构示意图

1.洗瓶机；2.四泵直线式灌装机；3.旋盖机；4.贴标机

表 10 - 7　GCB4 型四泵直线式灌装机标准操作规程

GCB4 型四泵直线式灌装机标准操作规程	
开机前准备	(1)检查设备完好,清洁,悬挂"完好""已清洁"状态标志并在清洁有效期内。 (2)检查各部件安装是否牢固,尤其是活动齿的固定螺母,拧紧螺丝。 (3)用水拨动皮带轮一个循环,看是否有卡阻。 (4)检查理瓶盘、输瓶链板运动方向是否与外形图示方向相同。 (5)空负荷开动各电机,确定运作是否正常
运行	(1)将空的容器瓶放入理瓶盘,打开贮药桶进液管道阀门。 (2)接到洗瓶机工作人员通知后,开启输瓶开关,容器瓶进入输瓶轨道。 (3)经过冲洗的瓶子到拨轮位置后被挡瓶机构阻挡进入灌装工位,然后在控制盘上开启主机。 (4)先试灌几瓶,检查装量是否在工艺要求的范围内,如不符合要求,调节计量泵的行程至装量准确、稳定。 (5)进行正式灌装操作
结束	(1)先关闭主机,然后关闭输瓶轨道,关总电源,最后关闭贮药桶进液管道阀门。 (2)按清洁规程进行清洁。 (3)及时填写设备运行记录

四、糖浆剂生产质量控制点

糖浆剂生产质量控制点见表 10 - 8。

表 10 - 8　糖浆剂生产质量控制表

工序	控制点	质量控制项目		频次
		生产过程	中间产品	
备料	前处理	工艺要求	物料合格标识	每批
	称量	代号、品名、入库编号、重量与指令一致,双人复核	标识	每批

	浓配	原辅料加入的顺序、纯化水,温度、时间、均匀性	性状、密度、pH 等理化指标	每批
配制	过滤	过滤速度、过滤材质、目数	澄明度	每批
	稀配	温度、时间、原辅料加入的顺序	温度、含量、pH、密度等理化指标	每批
	二次过滤	过滤速度、目数、洁净度	澄明度	每批
灌装	灌装	管道、设备清洁,设备稳定性	装量及装量差异	一次/30min
	压塞、盖	设备稳定性	密封性	随时
灭菌	灭菌	温度均匀性、时间	微生物	每锅
灯检	灯检	照明度、操作人员视力	异物、澄清、标识	每瓶
包装	贴签	数额、废旧标签处理、复核	文字打印准确、清晰	每批
	装盒、箱	防差错措施	数量、合格证、标识、拼箱符合要求	
	物料平衡	有标准、有记录、符合标准		每批
成品储存		温度、相对湿度	标识	每班
放行	成品检测	取样方法、检测方法	性状、理化、微生物	每批
	过程审核	审核制度		每批

模块四　注射剂生产

▶ 学习目标

1. 掌握注射剂的生产工艺；生产设备的分类、结构、工作原理、标准操作规程。
2. 熟悉注射剂的关键岗位生产记录；生产设备的使用范围、质量控制点。
3. 了解生产中常见问题及解决方法。

注射剂是药物与适宜的溶剂或分散介质制成的供注入体内的溶液、乳状液或混悬液及供临用前配制或稀释成溶液或混悬液的粉末或浓溶液的无菌制剂。注射剂由药物、溶剂、附加剂及特制的容器所组成，是临床应用中最广泛的剂型之一。

注射剂按分散系统可分为以下四类。

(1)溶液型注射剂：对于易溶于水而且在水溶液中稳定的药物，则制成溶液型注射剂，如氯化钠注射液、葡萄糖注射液等。

(2)注射用无菌粉末：注射用无菌粉剂亦称粉针，系将供注射用的无菌粉末状药物装入安瓿或其他适宜容器中，临用前用适当的溶剂溶解或混悬。例如遇水不稳定的药物青霉素、丙种球蛋白等粉针剂。

(3)混悬型注射剂：水难溶性药物或注射后要求延长药效作用的药物，可制成水或油混悬液，如醋酸可的松注射液。这类注射剂一般仅供肌内注射。

(4)乳剂型注射剂：水不溶性液体药物，根据医疗需要可以制成乳剂型注射剂，例如静脉注射脂肪乳剂等。

注射剂有以下特点。

(1)药效迅速、作用可靠：注射剂因直接注射入人体组织、血管或器官内，所以吸收快，作用迅速。特别是静脉注射，药液可直接进入血液循环，更适于抢救危重病症之用。并且因注射剂不经胃肠道，故不受消化系统及食物的影响，因此剂量准确，作用可靠。

(2)适用于不宜口服给药的患者：在临床上常遇到昏迷、抽搐、惊厥等状态的患者，或消化系统障碍的患者均不能口服给药，采用注射给药则是有效的途径。

(3)适用于不宜口服的药物：某些药物由于本身的性质不易被胃肠道吸收，或具有刺激性，或易被消化液破坏，可将这些药物制成注射剂。如酶、蛋白等生物技术药物由于其在胃肠道不稳定，常制成粉针剂。

(4)发挥局部定位作用：如牙科和麻醉科用的局麻药等。

(5)注射给药不方便且安全性较低：由于注射剂是一类直接入血制剂，使用不当更易发生危险。且注射时疼痛，易发生交叉污染，安全性差。故应根据医嘱由技术熟练的医务人员注射，以保证安全。

(6)其他注射剂制造过程复杂，生产费用较大，价格较高等。

项目十一　小容量注射剂生产

一、实训任务

【实训任务】　盐酸普鲁卡因注射液的生产。

【处方】　盐酸普鲁卡因 0.5g,氯化钠 8g,盐酸适量,注射用水加至 1000mL,制成 100 支。

【规格】　10mL/支。

【工艺流程图】　工艺流程见图 11-1。

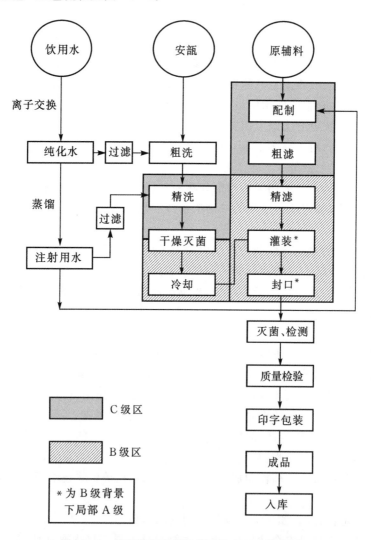

图 11-1　盐酸普鲁卡因注射液生产工艺流程图

【生产操作要点】

(一)生产前确认

(1)每个工序生产前确认上批产品生产后清场合格状态,清场时限应在有效期内,如有效期已过,须重新清场并经 QA 检查颁发清场合格证后才能进行下一步操作。

(2)所有原辅料、内包材等物进入车间都应按照:物料→拆外包装(外清、消毒)→自净→洁净区的流程进入车间。

(3)每个工序生产前应对原辅料、中间品或包材的物料名称、批号、数量、性状、规格、类型等进行复核。

(4)每个工序生产前应对计量器具的称量范围、校验效期进行复核。不在校验效期内不得使用。

(二)生产操作

(1)取注射用水约 80mL,加入氯化钠,搅拌溶解。

(2)再加盐酸普鲁卡因使之溶解。

(3)用 0.1mol/L 的盐酸调节 pH 值为 4.0~4.5。

(4)加注射用水至全量搅匀。

(5)过滤。

(6)半成品检验。

(7)将滤液灌封于安瓿中。

(8)流通蒸气 100℃30min 灭菌、灯检。

(三)制备注意事项

(1)本品保持稳定的关键是 pH 值,应控制在 3.5~5.0。

(2)灭菌温度不宜过高,时间不宜过长。

(3)安瓿处理:新鲜注射用水洗涤 3 次,甩干或干燥灭菌后备用。安瓿封口采用拉丝封口方法。

(4)配液容器的处理:将配液容器用洗涤剂或硫酸清洁液处理,用前用纯化水、新鲜注射用水洗净或干热灭菌。

(5)垂熔滤器的处理:1%~2%硝酸钠硫酸液中浸泡 12~24h,再用热纯化水、新鲜注射用水抽洗至中性且澄明。

(6)微孔滤膜处理:70℃左右的注射用水浸泡 12h 以上。

【岗位生产记录】

表 11-1 水针剂灌封工序记录

品名：_____ 规格：_____ 批号：_____ 生产日期：_____

<table>
<tr>
<td rowspan="5">生产前检查</td>
<td>生产文件检查</td>
<td colspan="4">1.岗位操作 SOP 齐全（ ）
2.各种记录表格齐全（ ）
3.其他相关文件齐全（ ）</td>
<td rowspan="2">检查人：</td>
</tr>
<tr>
<td>生产现场检查</td>
<td colspan="4">1.无上次遗留物（ ）
2.具有清场合格标志（ ）</td>
</tr>
<tr>
<td>设备及容器具检查</td>
<td colspan="4">1.灌封机、容器具清洁完好（ ）
2.计量器具在校验有效期内（ ）
3.滤器气泡点检查符合要求（ ）
4.各种管道连接符合要求（ ）
5.封口火头调节符合要求（ ）</td>
<td rowspan="3">复核人：</td>
</tr>
<tr>
<td rowspan="2">生产介质检查</td>
<td>名称</td>
<td>项目</td>
<td>标准</td>
<td>检查结果</td>
</tr>
<tr>
<td>氮气</td>
<td>压力
滤芯孔径</td>
<td>≥0.1Mpa
0.22μm</td>
<td></td>
</tr>
<tr>
<td rowspan="2"></td>
<td rowspan="2"></td>
<td>氧气</td>
<td>压力</td>
<td>≥0.1Mpa</td>
<td></td>
<td></td>
</tr>
<tr>
<td>燃气</td>
<td>压力</td>
<td>0.005Mpa</td>
<td></td>
<td></td>
</tr>
<tr>
<td rowspan="2">灌封</td>
<td>药液总量（mL）</td>
<td colspan="2">标示装量（mL）</td>
<td colspan="2">理论灌封支数</td>
<td>操作人：</td>
</tr>
<tr>
<td>开始时间</td>
<td>结束时间</td>
<td>灌封速度</td>
<td>装量控制量</td>
<td>实际灌封支数</td>
<td>复核人：</td>
</tr>
<tr>
<td rowspan="8">质量检查</td>
<td colspan="2" rowspan="2">项目</td>
<td colspan="4">抽查装量时间</td>
<td rowspan="4">检查人：</td>
</tr>
<tr>
<td>1</td>
<td>2</td>
<td>3</td>
<td>4</td>
</tr>
<tr>
<td colspan="2">烘干安瓿瓶清洁度</td>
<td></td>
<td></td>
<td></td>
<td></td>
</tr>
<tr>
<td rowspan="2">药液</td>
<td>色泽</td>
<td></td>
<td></td>
<td></td>
<td></td>
</tr>
<tr>
<td>澄明度</td>
<td></td>
<td></td>
<td></td>
<td></td>
<td rowspan="4">复核人：</td>
</tr>
<tr>
<td rowspan="2">封口</td>
<td>长度</td>
<td></td>
<td></td>
<td></td>
<td></td>
</tr>
<tr>
<td>外观</td>
<td></td>
<td></td>
<td></td>
<td></td>
</tr>
<tr>
<td rowspan="2">半成品</td>
<td>装量</td>
<td></td>
<td></td>
<td></td>
<td></td>
</tr>
<tr>
<td>交接</td>
<td colspan="5">移交数量：　　　　　移交人：　　　　　接收人：</td>
<td></td>
</tr>
</table>

续表 11－1

收率	理论收率(%)98%以上 灌装收率(%)＝灌装支数/理论支数×100%＝	检查人： 复核人：
清洁清场	1.废弃物、多余尾料、遗留物是否已处理（　） 2.设备、器具、工具是否已清洁（　） 3.生产环境(地面、门、墙、地漏)是否已清洁（　） 4.灌装头是否已按清洁规程清洁、灭菌（　） 5.生产记录是否填写完整（　）　　　　　　QA检查：	
备注		

【项目考核评价表】

表 11－2　水针剂生产考核表

序号	考核内容	考核标准	参考分数	得分
1	学习与工作态度	态度端正,学习方法多样,课堂认真,积极主动,责任心强,全部出勤	5	
2	团队协作	服从安排,积极与小组成员合作,共同制定工作计划,共同完成工作任务	5	
3	实训计划制定	有工作计划,计划内容完整,时间安排合理,工作步骤正确	5	
4	实训记录	实训记录单设计合理,完成及时,记录完整,结果分析正确	5	
5	能以标准操作规程进行洗瓶烘干操作	严格按操作规程进行洗瓶烘干操作,洗瓶完毕后按要求清场	15	
6	能以标准操作规程进行灌封操作	严格按操作规程进行灌封操作,灌封完毕后按要求清场	20	
7	能以标准操作规程进行灭菌操作	严格按操作规程进行灭菌操作,灭菌完毕后按要求清场	15	
8	设备的使用与维护	熟练使用和清洗安瓿超声波清洗机、SGZ420/20 型远红外加热杀菌干燥机,对出现的小故障可进行简单的维修	5	
9	排除设备运行过程中出现的一般故障	能排除生产所用设备运行过程中出现的故障,处理方法正确	10	
10	任务训练单	对老师布置的训练单,能及时上交,正确率在90%以上	5	
11	方法能力	能利用各种资源快速查阅获取所需知识,问题提出明确,表达清晰,有独立分析问题和解决问题的能力	5	

12	问题思考	开动脑筋,积极思考,提出问题,并对工作任务完成过程中的问题进行分析和解决	5	
	总分		100	

二、小容量注射剂生产工艺

(一)小容量注射剂的基本知识

1.小容量注射剂定义

小容量注射剂也称水针剂,指装量小于 50mL 的注射剂。水针剂生产过程有最终灭菌和非最终灭菌两种,目前我国大多采用最终灭菌生产工艺,其生产过程包括原辅料和容器的前处理、称量、配制、过滤、灌封、灭菌、质量检查、包装等步骤。

2.注射剂的溶剂

(1)注射用水:为纯化水经蒸馏所得的水。灭菌注射用水为注射用水经灭菌所得的水。纯化水可作为配制普通药物制剂的溶剂或试验用水,不得用于注射剂的配制。注射用水为配制注射剂用的溶剂。灭菌注射用水主要用于注射用灭菌粉末的溶剂或注射液的稀释剂。

注射用水的质量要求在《中国药典》(2015 年版)中有严格规定。除一般蒸馏水的检查项目如酸碱度、氯化物、硫酸盐、钙盐、二氧化碳、易氧化物、不挥发物及重金属等均应符合规定外,还必须通过热原检查。

(2)注射用油:《中华人民共和国药典》(2015 年版)对注射用油的质量要求,有明确规定。注射用油应无异臭,无酸败味;色泽、碘值、皂化值、酸值均应符合相关规定,常用的油有芝麻油、大豆油、茶油等。

酸值、碘值、皂化值是评定注射用油的重要指标。酸值说明油中游离脂肪酸的多少,酸值高质量差,从中也可以看出酸败的程度。碘值说明油中不饱和键的多少,碘值高,则不饱和键多,油易氧化,不适合注射用。皂化值表示油中游离脂肪酸和结合成酯的脂肪酸的总量多少,可看出油的种类和纯度。考虑到油脂氧化过程中,有生成过氧化物的可能性,故最好对注射用油中的过氧化物加以控制。

(3)其他注射用溶剂:①乙醇:可与水、甘油、挥发油任意混合。可供肌内或静脉注射,但浓度超过 10%肌内注射有疼痛感;②甘油:可与水、乙醇任意混合。利用它对许多药物具有较大的溶解性,常与乙醇、丙二醇、水混合使用。常用浓度一般在 1%～50%。

3.安瓿

(1)安瓿的种类与形式:水针剂使用的玻璃小容器称为安瓿。我国目前针剂生产所使用的容器都为玻璃安瓿。因为安瓿在灌装后能立即烧熔封口,可做到绝对密封并保证无菌,所以应用广泛。

国家标准规定水针剂使用的安瓿一律为曲颈易折安瓿(以下简称易折安瓿),以前使用的直颈安瓿、双联安瓿等均已淘汰。安瓿的规格有 1mL、2mL、5mL、10mL、20mL 五种。图 11－2为曲颈易折安瓿,表 11－3为易折安瓿的标准规格尺寸。

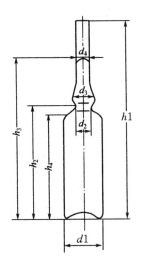

图 11－2　曲颈易折安瓿

表 11－3　易折安瓿的标准规格尺寸

规格/mL	身外径 d_1	颈外径 d_2	泡外径 d_3	丝外径 d_4	全高 h_1	底至颈高 h_2	底至测量点高 h_3	底至肩高 h_4	最小丝壁厚	最小底厚	全容量（至颈中）mL
1	10.00	6.3	7.8	5.0	60	25	57	21	0.2	0.2	1.5
2	11.50	7.0	8.5	5.5	70	36.5	67	32	0.2	0.2	2.9
5	16.00	8.2	10.0	6.0	87	43	84	38.5	0.2	0.3	6.8
10	18.40	8.8	11.0	6.8	102	58.5	99	53.5	0.25	0.3	12.3
20	22.00	10.5	13.0	7.3	126	76.5	123	68	0.3	0.35	23.5

易折安瓿有两种,即色环易折安瓿和点刻痕易折安瓿。色环易折安瓿是将一种膨胀系数高于安瓿玻璃两倍的低熔点粉末熔固在安瓿颈部成环状,冷却后由于两种玻璃膨胀系数不同,在环状部位产生一圈永久应力,用力一折即平整断裂,不易产生玻璃碎屑和微粒。点刻痕易折安瓿是在曲颈部分刻有一微细刻痕的安瓿,在刻痕上方中心标有直径为 2mm 的色点,折断时,施力于刻痕中间的背面;折断后,断面应平整。

(2)安瓿的质量应达到以下要求:①安瓿玻璃应无色透明,以便于检查澄明度、杂质以及变质情况;②应具有低的膨胀系数、优良的耐热性以及足够的物理强度,以耐受洗涤和灭菌过程中所产生的热冲击,避免在生产、装运和保存过程中造成破损;③应具有高度的化学稳定性,不改变溶液的 pH 值,不易被注射液所侵蚀;④熔点较低,易于熔封;⑤不得有气泡、麻点及砂粒。

(二)小容量注射剂的生产工艺流程

1.安瓿瓶清洗灭菌

(1)安瓿清洗灭菌流程见图 11－3。

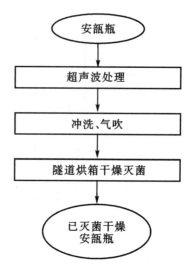

图 11-3　安瓿清洗灭菌流程图

（2）安瓿清洗灭菌工艺参数见表 11-4。

表 11-4　安瓿清洗灭菌工艺参数表

项目	工艺参数
清洗介质	循环水（经 $10\mu m$ 滤芯过滤）、注射用水（经 $0.22\mu m$ 滤芯过滤）、压缩空气（经 $0.22\mu m$ 滤芯过滤）
清洗程序	超声波循环水清洗内外壁 1 次、循环水冲洗瓶内壁 1 次，吹干 1 次，注射用水冲洗内壁，吹内外壁 2 次（三水三气）
注射用水压力	$\geqslant 0.2$ MPa
压缩空气压力	$\geqslant 0.3$ MPa
隧道烘箱灭菌段控制温度	330℃

（3）注意事项：①注射用水经可见异物检查合格后才能开始洗瓶；②清洗后安瓿瓶经可见异物抽样检查合格后才能进入下一工序；③应定时记录洗瓶机各压力表、隧道温度。

2.称量、配制

（1）称量、配制流程见图 11-4。

（2）配制工艺参数见表 11-5。

表 11-5　配制工艺参数表

关键项目	操作标准
原料投料量	按照标示量＊＊＊％投料
药用炭用量	0.1%（m/V）
脱炭过滤	$30\mu m$ 钛棒滤器
药液 pH 值、含量等	按所生产产品质量标准执行

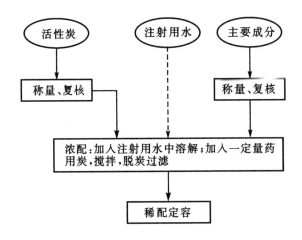

图 11-4 称量、配制流程图

(3)注意事项:①配制完成的药液及已灭菌物品的贮存时限应按有关规定执行;②本区域人员净化、物料管理、工艺卫生、洁净服装等要求,按照相应洁净区要求执行。

3.精滤

(1)精滤工艺流程见图 11-5。

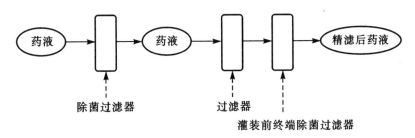

图 11-5 精滤工艺流程图

(2)精滤工艺参数见表 11-6。

表 11-6 精滤工艺参数表

关键项目	操作标准
滤芯孔径	0.22μm
滤芯材质、型号	聚醚砜

(3)注意事项:①过滤介质使用前应进行完整性检测,检测合格方可使用;②用于过滤药液的滤芯可以重复使用,但不同品种不能混用。

4.灌装

(1)灌装工艺流程见图 11-6。

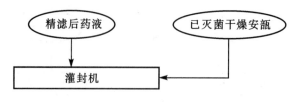

图 11-6 灌装工艺流程图

（2）工艺参数见表 11-7。

表 11-7 工艺参数表

关键项目	操作标准
拉丝封口	封口圆整无泄漏
灌装速度	按生产需要调整
灌装量	各规格装量按要求调整
抽检装量	定时抽查装量

（3）注意事项：①药液暴露阶段，应保证在 A 级层流的保护下流转；②操作人员应定时进行手消毒；③药液从稀配开始到灌封结束应在经验证的规定时间内完成；④本区域人员净化、物料管理、工艺卫生、洁净服装等要求，按照相应洁净区要求执行。

5.灭菌

（1）灭菌工艺过程见图 11-7。

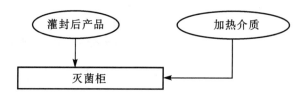

图 11-7 灭菌工艺过程图

（2）灭菌工艺参数：灭菌温度及时间根据不同产品的性质确定，保证达到规定的 F_0 值。

（3）注意事项：①灌封结束到灭菌开始应在经验证的规定时间内完成；②在进行灭菌时，要按照产品的验证装载数量进行，以确保灭菌效果。

6.灯检

（1）灯检工艺过程：①人工灯检：人工目测法检查安瓿澄明度；②自动灯检机灯检。

（2）注意事项：①每天进行灯检台照度检查，并填写相关记录；②将灯检合格的产品按要求计数放入指定存放区域。

7.贴标包装

（1）贴标：①物料准备：包装岗位操作人员根据批包装指令将包装所需外包材及相关物料，存放至指定存放区；②贴标：产品经过贴标机贴上已印"产品批号""有效期至"字样的标签，贴标要求高低适度，粘贴牢固，平整，倾斜度不得超过 2mm。

（2）包装：①打码印字：在包装盒上印好"生产日期""产品批号""有效期至"相应字样，经岗位负责人复核后，将打印样张贴在批生产记录上后方可正式开始打码印字操作。②装盒、装箱：进行包装并装箱、封箱。

三、小容量注射剂生产设备

小容量注射剂生产一般将安瓿洗瓶机安装在安瓿干燥灭菌与灌封工序前，组成洗、烘、灌、封联动生产流水线。

（一）配制与过滤设备

1.配制设备

配制设备有不锈钢配液罐（表11-8）。

表11-8 不锈钢配液罐介绍表

名称	不锈钢配液罐
结构及原理	配液罐在罐体带有夹层，罐盖上装有搅拌器，顶部一般装有喷淋装置便于配液罐的清洗
性能及适用范围	夹层既可通入蒸汽加热，提高原辅料在注射用水中的溶解速度；又可通入冷水，吸收药物溶解热。搅拌器由电机经减速器带动，加速原辅料的扩散溶解，并促进传热防止局部过热，配液罐分为浓配罐和稀配罐

2.过滤设备

过滤设备有钛棒滤器、微孔膜过滤器（表11-9）。

表11-9 钛棒滤器、微孔膜过滤器介绍表

名称	钛棒滤器	微孔膜过滤器
性能及适用范围	钛棒以工业纯钛粉为主要原料经高温烧结而成。主要特性有：①化学稳定性好，能耐酸、耐碱，可在较大pH范围内使用；②机械强度大，精度高、易再生、寿命长；③孔径分布窄，分离效率高；④抗微生物能力强，不与微生物发生作用；⑤耐高温，一般可在300℃以下正常使用；⑥无微粒脱落，不对药液形成二次污染。该滤器常用于浓配环节中的脱炭过滤以及稀配环节中的终端过滤前的保护过滤	微孔滤膜是一种高分子滤膜材料，具有很多的均匀微孔，孔径$0.025\sim14\mu m$不等，其过滤机制主要是物理过筛作用。微孔滤膜的种类很多，常用的有醋酸纤维滤膜、聚丙烯滤膜、聚四氟乙烯滤膜等。微孔滤膜的优点是孔隙率高、过滤速度快、吸附作用小、不滞留药液、不影响药物含量，设备简单、拆除方便等；缺点是耐酸、耐碱性能差，对某些有机溶剂如丙二醇适应性也差，截留的微粒易使滤膜阻塞，影响滤速，故应用其他滤器预滤后，才可使用该滤器过滤

（二）安瓿洗涤、干燥常用设备

安瓿作为盛放注射药品的容器，在其制造及运输过程中难免会被微生物及尘埃粒子所污染，为此在灌装针剂药液前安瓿必须进行洗涤，要求在最后一次清洗时，须采用经微孔滤膜精滤过的注射用水加压冲洗，然后再经灭菌干燥方能灌注药液。下面介绍目前常用的几种注射

剂容器处理设备。

1.安瓿洗涤设备

安瓿洗涤设备有气水喷射式安瓿洗瓶机组(表11-10)和超声波安瓿洗瓶机(表11-11)。

表 11-10　气水喷射式安瓿洗瓶机组介绍表

名称	气水喷射式安瓿洗瓶机组
结构	该机组主要由供水系统、压缩空气及其过滤系统、洗瓶机三大部分组成(图11-8)
工作原理	通过气水交替喷射安瓿的内壁进行洗涤,使安瓿达到洁净
工作过程	用滤过的纯化水与滤过的压缩空气由针头喷入安瓿内交替喷射洗涤,冲洗顺序一般为气→水→气→水→气。最后一次洗涤用水应是经过微孔滤膜精滤的注射用水
适用范围	适用于曲颈安瓿和大规格安瓿的洗涤、气水洗涤程序自动完成
结构示意图	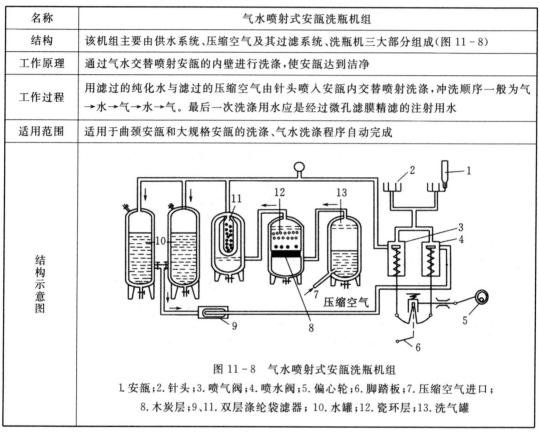 图 11-8　气水喷射式安瓿洗瓶机组 1.安瓿;2.针头;3.喷气阀;4.喷水阀;5.偏心轮;6.脚踏板;7.压缩空气进口; 8.木炭层;9、11.双层涤纶袋滤器;10.水罐;12.瓷环层;13.洗气罐

表 11-11　超声波安瓿洗瓶机介绍表

名称	超声波安瓿洗瓶机
结构	转鼓式结构或转盘式结构
工作原理	浸没在清洗液中的安瓿在超声波发生器的作用下,使安瓿与液体接触的界面处于剧烈的超声振动状态时所产生的一种"空化"作用,将安瓿内外表面的污垢冲击剥落,从而达到安瓿清洗的目的。所谓空化是在超声波作用下,液体中产生微气泡,小气泡在超声波作用下逐渐长大,当尺寸适当时产生共振而闭合。在小泡湮灭时自中心向外产生微驻波,随之产生高压、高温,小泡涨大时会摩擦生电,于湮灭时又中和,伴随有放电、发光现象,气泡附近的微冲流增强了流体搅拌及冲刷作用。在超声波作用下,微气泡不断产生与湮灭,"空化"不息。"空化"作用所产生的搅动、冲击、扩散和渗透等一系列机械效应大部分有利于安瓿的清洗。超声波的洗涤效果是其他清洗方法不能比拟的,将安瓿浸没在超声波清洗槽中,不仅可保证外壁洁净,也可保证安瓿内部无尘、无菌,从而达到洁净指标

工作过程	利用一个水平卧装的轴,拖动有 18 排针管的针鼓转盘间歇旋转,每排针管有 18 支针头,构成共有 324 个针头的针鼓。与转盘相对的固定盘上,于不同工位上配置有不同的水、气管路接口,在转盘间歇动时,各排针头座依次与循环水、压缩空气、新鲜蒸馏水等接口相通。从上图所标的顺序看,安瓿被引进针管后先灌满循环水,而后于 60℃的超声水槽中经过五个工位,共停留 25s 左右接受超声波空化清洗,使污物振散、脱落或溶解。针鼓旋转带出水面后的安瓿空两个工位再经三个工位的循环水倒置冲洗,进行一次空气吹除,于第 14 工位接受新鲜蒸馏水的最后倒置冲洗,尔后再经两个工位的空气吹净,即可确保安瓿的洁净质量。最后处于水平位置的安瓿由洁净的压缩空气推出清洗机(图 11 - 9)。 一般安瓿清洗时以蒸馏水作为清洗液。清洗液温度越高,越可加速污物溶解。同时,温度越高,清洗液的黏度越小,振荡空化效果越好。但温度增高会影响压电陶瓷及振子的正常工作,易将超声能转化成热能,做无用功,所以通常将温度控制在 60～70℃为宜
适用范围	适用于大多规格安瓿瓶的清洗,是目前制药行业较为先进、常用的安瓿洗瓶设备
结构示意图	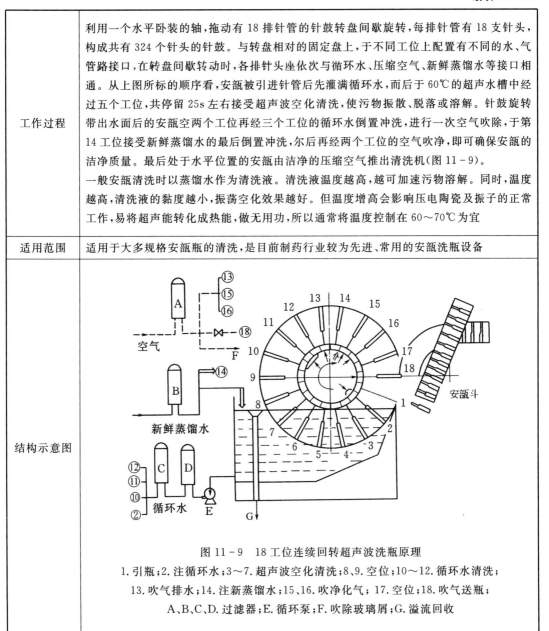 图 11 - 9　18 工位连续回转超声波洗瓶原理 1.引瓶;2.注循环水;3～7.超声波空化清洗;8、9.空位;10～12.循环水清洗; 13.吹气排水;14.注新蒸馏水;15、16.吹净化气;17.空位;18.吹气送瓶; A、B、C、D.过滤器;E.循环泵;F.吹除玻璃屑;G.溢流回收

2.安瓿干燥设备

安瓿干燥设备有电热隧道灭菌烘箱(表 11 - 12,表 11 - 13)。

表 11‐12　电热隧道灭菌烘箱介绍表

名称	电热隧道灭菌烘箱
结构	烘箱的基本形式为隧道式,由传送带、加热器、层流箱、隔热机架组成(图 11‐10)
工作原理及过程	(1)为了将安瓿水平运送入烘箱并防止安瓿走出传送带外,传送带由三条不锈钢丝编织网带构成。水平传送带宽 400mm,两侧垂直带高 60mm,三者同步移动。 (2)加热器 12 根电加热管沿隧道长度方向安装,在隧道横截上呈包围安瓿盘的形式。电热丝装在镀有反射层的石英管内,热量经反射聚集到安瓿上以充分利用热能。电热丝分两组,一组为电路常通的基本加热丝;另一组为调节加热丝,依箱内额定温度控制其自动接通或断电。 (3)该机的前后提供 A 级层流空气形成垂直气流空气幕,一则保证隧道的进、出口与外部污染的隔离;二则保证出口处安瓿的冷却降温。外部空气经风机前后的两级过滤达到 A 级净化要求。烘箱中段干燥区的湿热气经另一可调风机排出箱外,但干燥区应保持正压,必要时由 A 级净化气补充。 (4)隧道下部装有排风机,并有调节阀门,可调节排出的空气量。排气管的出口处还有碎玻璃收集箱,以减少废气中玻璃细屑的含量。 (5)为确保箱内温度要求及整机或联机的动作功能,均需由电路控制来实现。如层流箱未开或不正常时,电热器不能打开。平行流风速低于规定时,自动停机,待层流正常时,才能开机。电热温度不够时,传送带电机打不开,甚至洗瓶机也不能开动。生产完毕停机后,高温区缓缓降温,当温度降至设定值时(通常 100℃),风机会自动停机
结构示意图	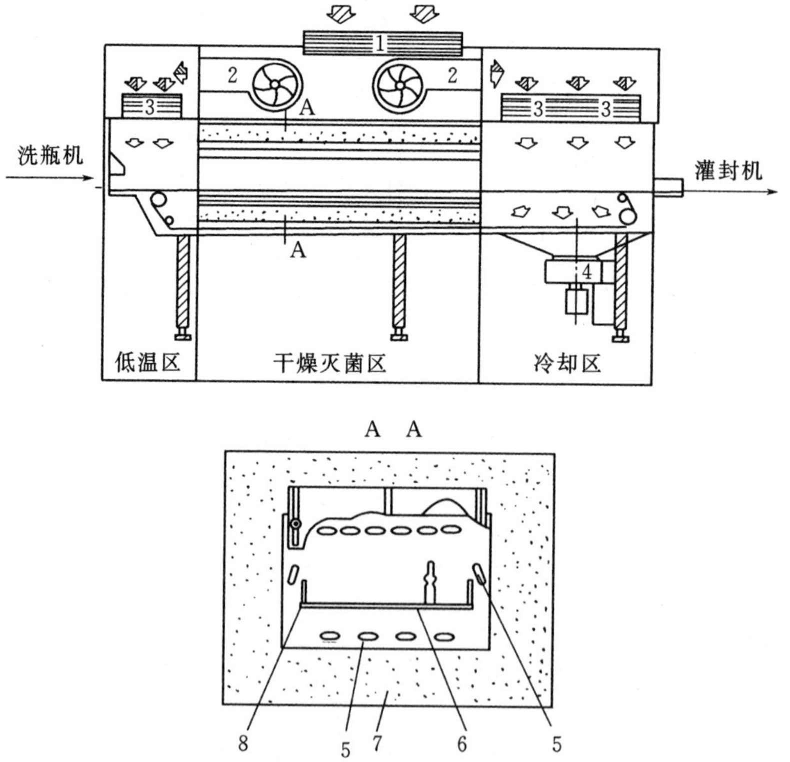 图 11‐10　电热隧道烘箱结构示意图 1.中效过滤器;2.送风机;3.高效过滤器;4.排风机 5.电热管;6.水平网带;7.隔热材料;8.竖直网带

表 11-13 安瓿洗瓶干燥机标准操作规程表

	安瓿洗瓶干燥机标准操作规程
目的	建立洗烘瓶岗位标准操作规程,使洗瓶岗位操作规范化,从而确保产品质量
适用范围	本标准操作规程适用于洗烘瓶岗位的操作
职责	本文件由生产部负责起草,质管部 QA 审核,生产管理负责人批准,洗烘瓶作人员负责实施,QA 人员负责监督
内容	(1)操作人员按相应《洁净区更衣标准操作规程》更衣进入生产区。 (2)根据批生产指令了解当天生产品种的品名、批号、批量、规格。 (3)生产前检查、准备: 1)生产开始前应对前次清场情况进行确认,确保设备和作业场所没有上批遗留的产品和与本批产品生产无关的物品。 2)检查岗位上是否有上批"清场合格证"副本,作为本批生产凭证。 3)检查本岗位文件夹应无与本批生产无关的标识及文件。 4)检查注射用水、压缩空气应在可供状态,各类仪器、仪表应有检验合格证,并在有效期内。 5)检查本岗位设施、设备应有"已清洁"标示牌,并在有效期内。 (4)洗烘操作。 1)打开注射用水阀门,超声波水槽里加水至水位超过超声波换能器,并检查瓶托与喷射管中心线应在一条线上。 2)把电源开关打开,电源指示灯亮后开启加热旋钮,打开蒸汽阀门至操作面板上温度显示器显示 50~55℃ 为止,并保持 50~55℃。 3)每批生产开始检查喷射管压力、洗瓶水温,注射用水压力为 0.1~0.2Mpa,洗瓶水温为 50~55℃。 4)检查设备和管道各连接处,确保连接正确无误,且有无泄漏情况。 5)检查确认与该批生产相关的文件及记录已准备齐全且到位。 6)根据批生产指令填写生产状态卡,内容应填写:房间名称、工序名称、品名、代码、批号、规格、生产日期操作人等,将填写好的生产状态卡挂在操作房间门上。 7)打开进水阀门将合格的注射用水注入超声波洗瓶机内,由 QA 人员检查注射用水的可见异物合格后,瓶子由网带进瓶,在进瓶区通过喷淋装置将瓶子注满水,进入超声波,在水温 50~60℃ 范围内清洗(在淋洗过程中及时检查循环水的澄明度,不合格及时更换滤棒)完成后自动进入清洗工位,经过八个工位的气水冲洗完成整个瓶子的清洗过程(在清洗过程中按规定检查水质)。自动进入烘干灭菌区,经预热,高温,冷却自动完成烘干灭菌〔注意温控 2mL290℃ 或 5mL(320±5)℃〕完成整个洗瓶烘干灭菌工序。 8)在运转过程中,如遇卡、爆玻璃瓶等紧急情况,应先停瓶机,然后采取措施排除故障。 9)停机时先将调速旋钮反时针旋到极限位,按主机停止按钮,按变频停止按钮,主传动停止工作,最后切断电源,清理现场。 10)洗烘操作人员必须严格检查输液瓶质量,发现有裂纹、畸形、气泡、结石,不得进入下一工序。 11)每批生产结束后,将本批使用的安瓿瓶进行统计,破碎的安瓿瓶清理出机器外,清点数量后放到指定位置。

	(5)清场、清洁。
	1)清场、清洁频次:更换品种、换批号、生产结束后。
	2)消毒频次:更换品种、生产结束后、停用超出 24h。
	3)批清场。①文件、标识的清理:a. 更换本岗位生产状态卡、设备状态标识卡。b. 清除文件夹上与下批生产无关的文件,经传递窗退出生产区,如连续生产相关文件可留在生产区。②废弃物的清理:把收集的不合格输液瓶等,统计数量后经弃物传递窗传出洁净区。③清场结束后,填写"批清场记录",经 QA 员检查,确认合格后在"批清场记录"上签字,并签发"清场合格证"。
	4)生产结束后的清场、清洁:①按 3)程序清场后,再按以下程序清场、清洁。②输送带、设备表面及变速箱外壁的清洁:先用丝光毛巾沾 3%碳酸钠溶液擦拭输送带及变速箱外壁至无污迹,再用丝光毛巾沾纯化水擦洗至洁净。
	5)清洁、清场结束后,填写"日批清场记录",经 QA 员检查,确认合格后在"日清场记录"上签字,并签发"清场合格证"。
	6)清洁、消毒后,填写清洁、消毒记录,经 QA 员检查合格后在记录上签字。
	7)操作人员按相应级别《洁净区更衣标准操作规程》逆向更衣程序更衣后离开工作区。
	(6)注意事项:
	1)设备运行时,应注意输液瓶的连续性,防止倒瓶、卡瓶、碎瓶等现象。
	2)调整速度时不易猛烈增加,以免损坏齿轮部件。
	3)操作时随时注意机器零件的运转情况,出现故障,应紧急停机,排除故障再启动。若出现异常情况及时通知上下工序及配制岗位人员和车间主任,以便做好相应协调。
	4)精洗理瓶机必须有专人操作,运转过程中,不许把手及工具伸进设备工作部位,严禁对运行的设备进行清洁操作,遵照安全生产原则,不得违章作业。
	5)精洗理瓶机运转过程中,操作人员不得离开岗位,经常注意各部位有无噪音、异味和震动,发现故障立即停机

(三)灌封设备

注射液灌封是注射剂装入容器的最后一道工序,也是注射剂生产中最重要的工序,注射剂质量直接由灌封区域环境和灌封设备决定。因此,灌封区域是整个注射剂生产车间的关键部位,应保持较高的洁净度。同时,灌封设备的合理设计及正确使用也直接影响注射剂产品质量的优劣。

目前我国使用的安瓿灌封设备主要是拉丝灌封机,由于安瓿规格大小的差异,灌封机分为 1～2mL,5～10mL 和 20mL 三种机型,但灌封机的机械结构形式基本相同,在此以应用最多的 1～2mL 安瓿灌封机(表 11 - 14,表 11 - 15,表 11 - 16)为例对其结构及作用原理作一介绍。

表 11 - 14　安瓿拉丝灌封机介绍表

名称	安瓿拉丝灌封机
结构	通过带轮的主轴传动,再经蜗轮、过桥轮、凸轮、压轮及摇臂等传动构件转换为设计所需的 13 个构件的动作,各构件之间均能满足设定的工艺要求,按控制程序协调动作。LAGI - 2 拉丝灌封机的主要执行机构是:送瓶机构、灌装机构及封口机构(图 11 - 11)

结构示意图	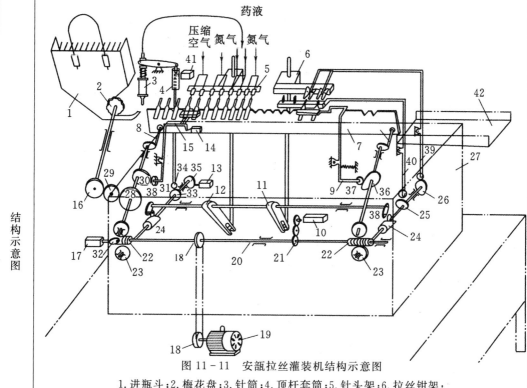 图 11 - 11　安瓿拉丝灌装机结构示意图 1.进瓶斗;2.梅花盘;3.针筒;4.顶杆套筒;5.针头架;6.拉丝钳架; 7.移瓶齿板;8.曲轴;9.封口压瓶机构;10.移瓶齿轮箱;11.拉丝钳上、下拨叉; 12.针头架上下拨叉,13.氮气阀;14.止灌行程开关;15.灌装压瓶装置; 16,21,28.圆柱齿轮;17.压缩气阀;18.皮带轮;19.电动机;20.主轴;22.蜗杆; 23.蜗轮;24,30,32,33,35,36.凸轮;25,26.拉丝钳开口凸轮;27.机架; 29.中间齿轮;31,34,37,39,40.压轮;38.摇臂压轮;41.电磁阀;42.出瓶斗
工作原理及过程	(1)送瓶机构:安瓿送瓶机构是将密集堆排的灭菌安瓿依照灌封机的要求,即在一定的时间间隔(灌封机动作周期)内,将定量的(固定支数)安瓿按一定的距离间隔排放在灌封机的传送装置上。上图为 LAGI - 2 拉丝灌封机送瓶机构的结构示意图。将前工序洗净灭菌后的安瓿放置在与水平成 45 度倾角的进瓶斗内,由链轮带动的梅花盘每转 1/3 周,将 2 支安瓿拨入固定齿板的齿槽中。固定齿板有上、下两条,使安瓿上、下两端恰好被搁置其上而固定,并使安瓿仍与水平保持 45 度倾角,口朝上,以便灌注药液。与此同时移瓶齿板在其偏心轴的带动下开始动作。移瓶齿板也有上下两条,与固定齿板等距离地装置其内侧(共有四条齿板,最上最下的两条是固定齿板,中间两条是移瓶齿板)。移瓶齿板的齿形为椭圆形,以防在送瓶过程中将瓶撞碎。当偏心轴带动移瓶齿板运动时,先将安瓿从固定齿板上托起,然后越过其齿顶,将安瓿移送两个齿距。如此反复动作,完成送瓶的动作。偏心轴每转 1 周,安瓿右移 2 个齿距,依次过灌药和封口两个工位,最后将安瓿送到出瓶斗。完成封口的安瓿在进入出瓶斗时,由移动齿板推动的惯性力及安装在出瓶斗前的一块有一定角度斜置的舌板的作用,使安瓿转动并呈竖立状态进入出瓶斗。此外应当指出的是偏心轴在旋转 1 周的周期内,前 1/3 周期用来使移瓶齿板完成托瓶、移瓶和放瓶的动作,后 2/3 周期供安瓿在固定齿板上滞留以完成药液的灌注和封口(图 11 - 12)。

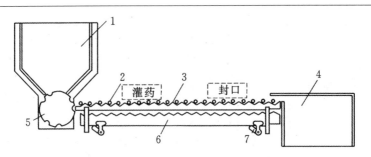

图 11-12 送瓶机构结构示意图

1.进瓶斗；2.安瓿；3.固定齿板；4.出瓶斗；5.梅花盘；6.移瓶齿板；7.偏心轴

（2）灌装机构（图 11-13）。

1）凸轮-杠杆机构：它的功能是完成将药液从贮液罐中吸入针筒内并输向针头进行灌装。凸轮 1 的连续转动，通过扇形板 2，转换为顶杆 3 的上、下往复移动，再转换为压杆 6 的上下摆动，最后转换为筒芯 20 在针筒 7 内的上下往复移动。当筒芯 20 在针筒 7 内向上移动时，筒内下部产生真空；下单向阀 8 开启，药液由贮液罐 17 中被吸入针筒 7 的下部；当筒芯向下运动时，下单向阀 8 关阀，针筒下部的药液通过底部的小孔进入针筒上部。筒芯继续上移，上单向阀 9 受压而自动开启，药液通过导管及伸入安瓿内的针头 10 而注入安瓿 13 内。与此同时，针筒下部因筒芯上提而造成真空再次吸取药液，如此循环，完成安瓿的灌装。

2）注射灌液机构：它的功能是提供针头进出安瓿灌注药液的动作。针头 10 固定在针头架 18 上，随它一起沿针头架座 19 上的圆柱导轨作上下滑动，完成对安瓿的药液灌装。一般针剂在药液灌装后尚需注入某些惰性气体如氮气或二氧化碳以增加制剂的稳定性。充气针头与灌液针头并列安装在同一针头托架上，一起动作。

3）缺瓶止灌机构：其功能是当送瓶机构因某种故障致使在灌液工位出现缺瓶时，能自动停止灌液，以免药液的浪费和污染。当灌装工位因故致使安瓿空缺时，拉簧 15 将摆杆 12 下拉，直至摆杆触头与行程开关 14 触头相接触，行程开关闭合，致使开关回路上的电磁阀 4 动作，使顶杆 3 失去对压杆 6 的上顶动作，从而达到了自动止灌的功能。

（左侧栏）工作原理及过程

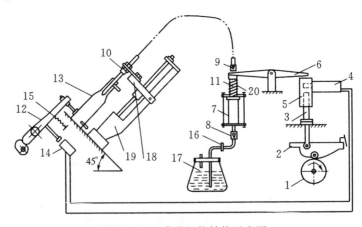

图 11-13 灌装机构结构示意图

1.凸轮；2.扇形板；3.顶杆；4.电磁阀；5.顶杆座；6.压杆；7.针筒；

8、9.单向玻璃阀；10.针头；11.压簧；12.摆杆；13.安瓿；14.行程开关；

15.拉簧；16.螺丝夹；17.贮液罐；18.针头托架；19.针头托架座；20.针筒芯

(3)拉丝封口机构。

拉丝封口主要由拉丝机构、加热部件及压瓶机构三部分组成。拉丝机构动作包括拉丝钳的钳口开闭及钳子上下运动。按其传动形式有气动拉丝和机械拉丝两种,两者不同之处在于如何控制钳口的开闭,气动拉丝通过气阀凸轮控制压缩空气经管道进入拉丝钳使钳口开闭,而机械拉丝则由钢丝绳通过连杆和凸轮控制拉丝钳口开闭。气动拉丝结构简单,造价低,维修方便。机械拉丝结构复杂,制造精度要求高,适用于无气源的地方,并且不存在排气的污染(图 11-14)。

气动拉丝钳工作过程:灌好药液的安瓿经移瓶齿板作用进入图示位置时,安瓿由压瓶滚轮压住以防止拉丝钳拉安瓿颈丝时安瓿随拉丝钳移动。蜗轮转动带动滚轮旋转,从而使安瓿旋转,同时压瓶滚轮也旋转。加热火焰由煤气、压缩空气和氧气混合组成,火焰温度为 1400℃左右。对安瓿颈部需加热部位圆周加热到一定火候,拉丝钳口张开向下,当达到最低位置时,拉丝钳收口,将安瓿头部拉住,并向上将安瓿熔化丝头抽断而使安瓿闭合。当拉丝钳到达最高位置时,拉丝钳张开、闭合两次,将拉出的废丝头甩掉,这样整个拉丝动作完成。拉丝过程中拉丝钳的张合由气阀凸轮控制压缩空气完成。安瓿封口完成后,由于凸轮作用,摆杆将压瓶滚轮拉起,移瓶齿板将封口安瓿移至下一位置,未封口安瓿送入火焰进行下一个周期动作。

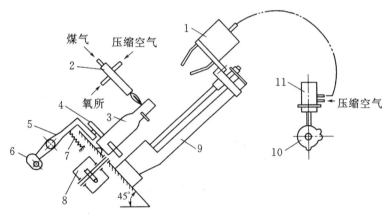

图 11-14　拉丝封口机构结构示意图

1.燃气喷嘴;2.压瓶滚轮;3.拉簧;4.摆杆;5.压瓶凸轮;

6.固定齿板;7.安瓿;8.滚轮;9.半球形支头;10.涡轮涡杆箱;

11.钳座;12.拉丝钳;13.气阀;14.凸轮

表 11-15　安瓿灌封机标准操作规程

安瓿灌封机标准操作规程	
目的	本规程用以规范操作人员正确使用、维护安瓿灌封机
范围	本规程适用于各使用车间
职责	安瓿灌封机操作工负责本规程的实施;设备部经理负责监督本规程的实施
内容	1.操作 (1)检查。 1)检查模具是否是符合要求。 2)检查燃气、氧气是否符合要求,打开阀门。

内容	3)检查惰性保护气体是否乎合要求,打开阀门。
	4)检查药液及药液管路,灌装泵是否乎合要求。
	(2)使用。
	1)转动手轮使机器运行1~3个循环,检查是否有卡滞现象。
	2)打开电控柜,将断路全部合上,关上柜门,将电源置于NO。
	3)先启动层流电机,检查层流系统是否符合要求。
	4)在操作画面上按主机启动按钮,在旋转调速旋钮,开动主机。由慢速逐渐调湘高速,检查是否正常,然后关闭主机。
	5)检查已烘干瓶是否已将机器网带部分排好,并将倒瓶扶正或镊子夹走。
	6)手动操作将灌装管路充满药液,排空管内空气。
	7)开动主机运行在设定速度试罐装,检查装量,调节装量调节装置,使装量在标准范围之内,然后停机。
	8)在操作画面按抽风启动按钮。
	9)在操作画面按氧气启动按钮。
	10)点燃各火嘴,根据经验调节流量计开关,使火焰达到设定状态。
	11)按下转瓶点击按钮。
	12)开动主机至设定速度,按动绞龙制动按钮,停止进瓶,看灌装、拉丝效果,将火焰调至最佳,尽量减少药液及包材浪费,按绞龙制动按钮进瓶开始生产。
	13)拉丝完后用推板把瓶赶入接瓶盘中,同时可用镊子夹走明显不合格产品。
	14)中途停机时先按绞龙制动按钮,待瓶走完后方可停机,以免浪费药液及包材。
	15)总停机时先按氧气停止按钮,火焰变色后再按抽风停止按钮,转瓶停止按钮,之后按层流停止按钮,最后关断总电源。
	(3)操作后工作。
	1)关闭燃气、氧气、保护气、压缩空气总阀门。
	2)拆下装泵及管路,移往指定清洁位置清洁消毒。注意泵体与活塞应配对做好标识以免混装。
	3)对储液罐进行清洗,并擦拭干净。
	4)对房间进行清洁。
	5)填写设备运行记录。
	6)关闭房间照明系统,开启紫外光消毒灯具。
	2.维护
	(1)熟悉本机说明书,减速机,变频器,PLC,触摸屏使用说明书。
	(2)在停机状态打开后盖门。前盖板,定期给凸轮,齿轮,滑套处注润滑脂、减速器注润滑油。
	(3)开机前检查齿轮形带的松紧,并根据情况进行调整维修或更换。
	(4)检查电机轴旋转方向与指示牌方向是否一致。
	(5)开机前先手动盘车2至3个运动循环。
	(6)单独空载启动各电机,检查电机是否正常运转,电机启动后及运转中经常检查控制面板的指示灯及控制器的显示值,聆听电机声音,发现异常情况立即报告维修工。
	(7)检查燃气管路是否堵塞,是否有泄漏,发现异常及时处理。
	(8)检查灌装泵,玻璃分液器,单向阀是否存在泄漏,及时更换泄漏件。

内容	(9)检查层流风速是否符合要求。检查层流是否存在泄露,如泄漏则更换过滤器。 (10)随时更换损坏件,定期对紧固件进行紧固。 (11)操作完毕后,关闭电源,按清洁操作规程对设备进行清洁。 (12)当电机不运转时,应检查电源开关是否合上,接线是否牢固,继电器是否有问题,并采取相应措施。 (13)严禁更改已有电气程序。 (14)每次操作时最好按相同速度运行。 (15)检查针头是否堵塞及变形,及时处理。 (16)检查灌装管路是否堵塞,是否泄漏,发现异常及时处理

【灌封过程中常见问题及解决方法】

1. 冲液

冲液是指在注液过程中,药液从安瓿内冲起溅在瓶颈上方或冲出瓶外,冲液的发生会造成药液浪费、容量不准、封口焦头和封口不密等问题。

解决冲液现象的主要措施有以下几种方法:注液针头出口多采用三角形的开口,中间拼拢,这样的设计能使药液在注液时沿安瓿瓶身进液,而不直冲瓶底,减少了液体注入瓶底的反冲力;调节针头进入安瓿的位置使其恰到好处;凸轮的设计使针头吸液和注药的行程加长,不给药时的行程缩短,保证针头出液先急后缓。

2. 束液

束液是指注液结束时,针头上不得有液滴沾留挂在针尖上,若束液不好则液滴容易弄湿安瓿颈,既影响注射剂容量,又会出现焦头或封口时瓶颈破裂等问题。

解决束液不好现象的主要方法有:灌药凸轮的设计,使其在注液结束时返回快;单向玻璃阀设计有毛细孔,使针筒在注液完成后对针筒内的药液有微小的倒吸作用;另外,一般生产时常在贮液瓶和针筒连接的导管上夹一只螺丝夹,靠乳胶管的弹性作用控制束液。

3. 封口火焰调节

封口火焰的温度直接影响封口质量,若火焰过大,拉丝钳还未下来,安瓿丝头已被火焰加热熔化并下垂,拉丝钳无法拉丝;火焰过小,则拉丝钳下来时瓶颈玻璃还未完全熔融,不是拉不动,就是将整支安瓿拉起,均影响生产操作。此外,还可能产生“泡头”“瘪头”“尖头”等问题,产生原因及解决方法如下。

(1)泡头。煤气太大、火力太旺导致药液挥发,需调小煤气;预热火头太高,可适当降低火头位置;主火头摆动角度不当,一般摆动 1°～2°角;压脚没压好,使瓶子上爬,应调整上下角度位置;钳子太低,造成钳去玻璃太多,玻璃瓶内药液挥发,压力增加,而成泡头,需将钳子调高。

(2)瘪头。瓶口有水迹或药迹,拉丝后因瓶口液体挥发,压力减少,外界压力大而瓶口倒吸形成平头,可调节灌装针头位置和大小,不使药液外冲;回火火焰不能太大,否则使已圆好口的瓶口重熔。

(3)尖头。预热火焰太大,加热火焰过大,使拉丝时丝头过长,可把煤气量调小些;火焰喷枪离瓶口过远,加热温度太低,应调节中层火头,对准瓶口,离瓶3～4mm;压缩空气压力太大,造成火力急,温度低于软化点,可将空气量调小一点。

由上述可见，封口火焰的调节是封口好坏的首要条件，封口温度一般调节在 1400℃，由煤气和氧气压力控制，煤气压力大于 0.98kPa，氧气压力为 0.02～0.05MPa。火焰头部与安瓿瓶颈间最佳距离为 10mm，生产中拉丝火头前部还有预热火焰，当预热火焰使安瓿瓶颈加热到微红，再移入拉丝火焰熔化拉丝，有些灌封机在封口火焰后还设有保温火焰，使封好的安瓿慢慢冷却，以防止安瓿因突然冷却而发生爆裂现象。

表 11 - 16　安瓿洗烘灌封联动机介绍表

名称	安瓿洗烘灌封联动机
结构	在实际生产中，为了减少药液暴露在空气中的机会，将安瓿瓶的清洗、干燥灭菌、药液灌封等工序的设备组合在一起，装配成安瓿洗烘灌封联动机。联动机由安瓿超声波清洗机、隧道灭菌箱和多针拉丝安瓿灌封机三部分组成。除了可以连续操作之外，每台单机还可以根据工艺需要，进行单独的生产操作(图 11 - 15)
特点	(1)采用了先进的超声波清洗、多针水气交替冲洗、热空气层流消毒、层流净化、多针灌装和拉丝封口等先进生产工艺和技术，全机结构清晰、明朗、紧凑，不仅节省了车间、厂房场地的投资，而且减少了半成品的中间周转，使药物受污染的可能降低到最小限度。 (2)适合于 1mL、2mL、5mL、10mL、20mL 5 种安瓿规格，通用性强，规格更换件少，更换容易。但安瓿洗、烘、灌封联动机价格昂贵，部件结构复杂，对操作人员的管理知识和操作水平要求较高，维修也较困难。 (3)全机设计考虑了运转过程的稳定可靠性和自动化程度，采用了先进的电子技术和微机控制，实现机电一体化，使整个生产过程达到自动平衡、监控保护、自动控温、自动记录、自动报警和故障显示
结构示意图	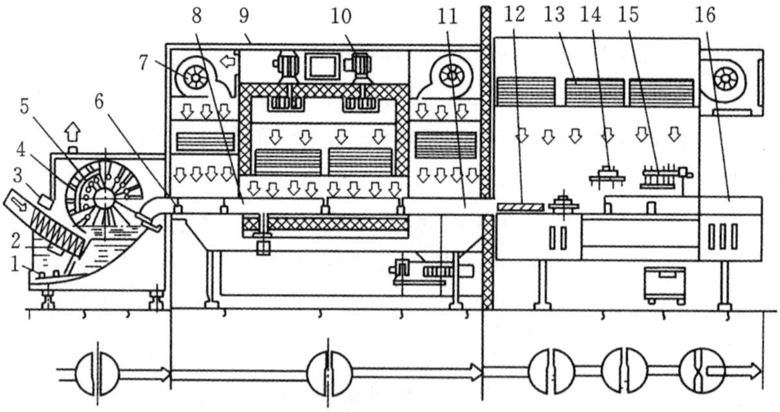 图 11 - 15　安瓿洗、烘、灌封联动机 1.水加热器；2.超声波换能器；3.喷淋水；4.冲水、气喷嘴；5.转鼓； 6.预热器；7，10.风机；8.高温灭菌区；9.高效过滤器；11.冷却区； 12.不等距螺杆分离；13.洁净层流罩；14.充气灌药工位； 15.拉丝封口工位；16.成品出口

（四）灭菌检漏设备

对灌封后的安瓿必须进行高温灭菌，以杀死可能混入药液或附在安瓿内的细菌。一般为双扉式灭菌柜，如热压灭菌检漏器（表 11-17）。

表 11-17　热压灭菌检漏器介绍表

名称	热压灭菌检漏器
工作原理及过程	安瓿热压灭菌箱工作程序包括灭菌、检漏、冲洗三个功能。 （1）高温灭菌：灭菌箱使用时先开蒸汽阀，让蒸汽通入夹层中加热约 10min，压力表读数上升到灭菌所需压力。同时将装有安瓿的格车沿轨道推入灭菌箱内，严密关闭箱门，控制一定压力，箱内温度达到灭菌温度时开始计时，灭菌时间到达后，先关蒸汽阀，然后开排气阀排除箱内蒸汽，灭菌过程结束。 （2）色水检漏：安瓿检漏方法有两种：①真空检漏技术，其原理是将置于真空密闭容器中的安瓿于 0.09MPa 的真空度下保持 15min 以上时间，使封口不严密的安瓿内部也处于相应的真空状态，其后向容器中注入色水（常用 0.05% 亚甲基蓝或曙红溶液），将安瓿全部浸没于水中，色水在压力作用下将渗入封口不严密的安瓿内部，使药液染色，从而与合格的、密封性好的安瓿得以区别。②在灭菌后趁热直接将颜色溶液压入箱内，安瓿突然遇冷时内部空气收缩形成负压，颜色溶液也被漏气安瓿吸进瓶内，这样合格品与不合格品能够初步分开。 （3）冲洗色迹：检漏之后安瓿表面留有色迹，此时淋水排管可放出热水冲洗掉这些色迹。到此，整个灭菌检漏工序完成，安瓿从灭菌箱内用搬运车取出，干燥后直接剔除漏气安瓿（图 11-16）
结构示意图	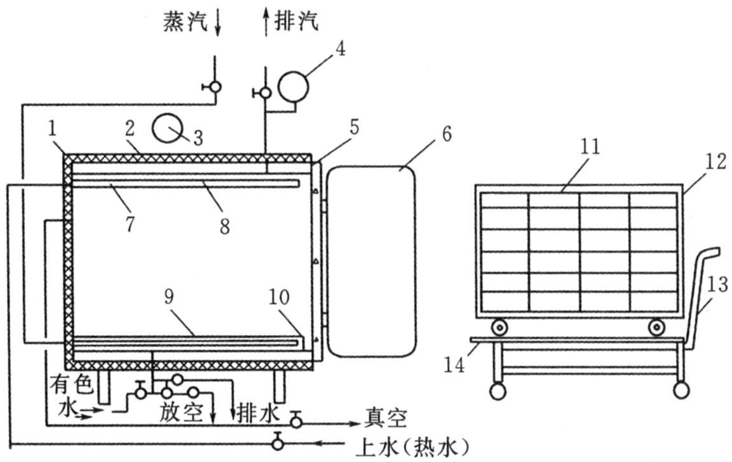

图 11-16　热压灭菌检漏器

1.保温层；2.外壳；3.安全阀；4.压力表；5.高温密封圈；6.箱门；7.淋水管；
8.内壁；9.蒸汽管；10.消毒箱轨道；11.安瓿盘；12.格车；13.小车；14.格车轨道

(五)灯检设备

常用灯检设备有自动灯检机(表 11-18)。

表 11-18 自动灯检机介绍表

名称	自动灯检机
工作原理	安瓿异物自动检查仪的原理是利用旋转的安瓿带动药液一起旋转,当安瓿突然停止转动时,药液由于惯性会继续旋转一段时间。在安瓿停转的瞬间,以束光照射安瓿,在光束照射下产生变动的散射光或投影,背后的荧光屏上即同时出现安瓿及药液的图像。利用光电系统采集运动图像中(此时只有药液是运动的)微粒的大小和数量的信号,并排除静止的干扰物,再经电路处理可直接得到不溶物的大小及多少的显示结果。再通过机械动作及时准确地将不合格安瓿剔除
工作过程	图 11-17 为自动灯检机的主要工位示意图。待检安瓿放入不锈钢履带上输送进拨瓶盘,拨盘和回转工作台同步作间歇运动,安瓿 4 支一组间歇的进入回转工作转盘,各工位同步进行检测。第一工位是顶瓶夹紧。第二工位高速旋转安瓿带动瓶内药液高速翻转。第三工位异物检查,安瓿停止转动,瓶内药液仍高速运动,光源从瓶底部透射药液,检测头接收中异物产生的散射光或投影,然后向微机输出检测信号。第四工位是空瓶、药液过少检测,光源从瓶侧面透射,检测头接收信号整理后输入微机程序处理,第五工位是对合格和不合格品由电磁阀动作,不合格品从废品出料轨道予以剔除,合格品则由正品轨道输出
结构示意图	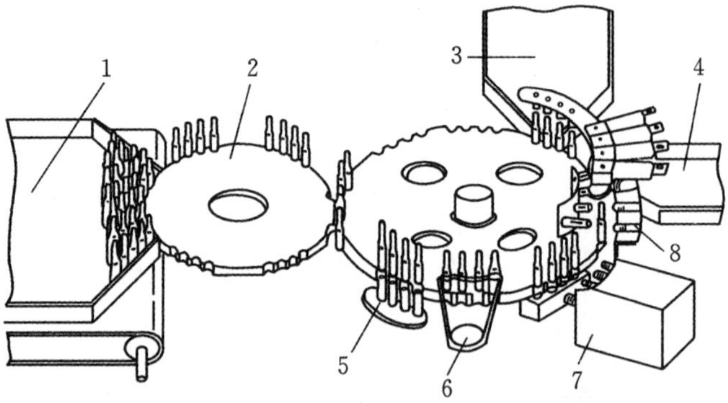

图 11-17 自动灯检机检查工位示意图

1.输瓶盘;2.拨瓶盘;3.合格贮瓶盘;4.不合格贮瓶盘;

5.顶瓶;6.转瓶;7.异物检查;8.空瓶、液量过少检查

四、小容量注射剂生产质量控制点

小容量注射剂生产质量控制点见表 11 – 19。

表 11 – 19　小容量注射剂生产质量控制点

工序	控制项目		标准	
洗瓶、灭菌	洗瓶用注射用水可见异物检查		不得检出	
	清洗后安瓿瓶清洁度检查		每小时抽取 10 只安瓿瓶检查，瓶的内外壁不得有污迹	
配剂	药液	pH、含量、性状	应符合规定	
		微生物限度	每 100mL 不超过 10cfu	
灌装	装量		应符合规定	
灯检	内容物		可见异物（玻璃、纤维、毛）、少量、炭化等	不允许有
	安瓿外观		炸瓶、畸形、结石、气泡线、钩尖等	
包装	包装质量		按包装岗位要求进行检查	

项目十二 大容量注射液生产

一、实训任务

【实训任务】 葡萄糖注射液。

【处方】 注射用葡萄糖 500g，1‰盐酸适量，注射用水加至 10000mL，制成 40 瓶。

【规格】 250mL，12.5g。

【最终灭菌大容量注射剂(玻璃瓶)工艺流程图】 工艺流程见图 12-1。

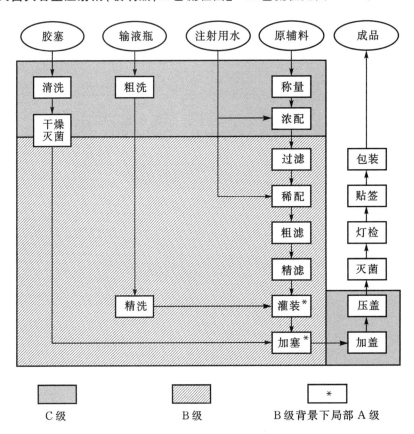

图 12-1 最终灭菌大容量注射剂(玻璃瓶)工艺流程图

【大容量注射剂(复合膜袋)工艺流程图】 工艺流程见图 12-2。

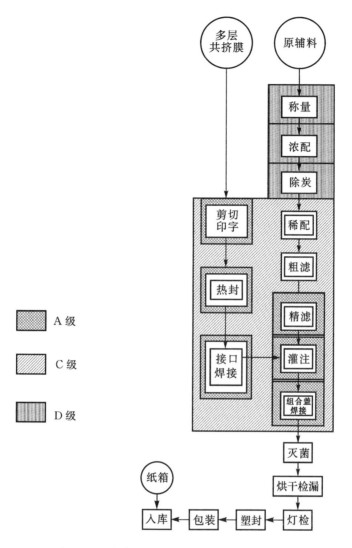

图 12-2　大容量注射剂(复合膜袋)工艺流程图

【生产操作要点】

(一)生产前准备

(1)每个工序生产前确认上批产品生产后清场合格状态,清场时限应在有效期内,如有效期已过,须重新清场并经 QA 检查颁发清场合格证后才能进行下一步操作。

(2)所有原辅料、内包材等物进入车间都应按照:物品→拆外包装(外清、消毒)→自净→洁净区的流程进入车间。

(3)每个工序生产前应对原辅料、中间品或包材的物料名称、批号、数量、性状、规格、类型等进行复核。

(4)每个工序生产前应对计量器具的称量范围、校验效期进行复核。不在校验效期内不得使用。

(二)生产操作

1.配液

按处方精密称取注射用葡萄糖,配成50%～70%浓溶液,经煮沸、加活性炭吸附、脱碳滤过后,再用注射用水稀释至所需浓度。

2.滤过

滤过操作应在密闭管道系统内进行,以减少污染。配制好的溶液经微孔薄膜滤器除菌过滤。

3.灌封

灌封前用滤过的注射用水倒冲再灌入药液,灌到规定装量时,立即用胶塞塞紧瓶口,并加上铝盖扎紧使之密封。

4.灭菌

大容量注射剂灌装后立即灭菌。一般采用表压68.6kPa(0.7kg/cm^2)115℃热压灭菌30min。

5.质量检查与包装

大容量剂质量检查项目有:澄明度检查、热原检查、无菌检查、pH值测定及含量测定等。检查方法和标准按《中国药典》等有关规定进行。质检合格后,应逐瓶贴上标签。标签上须注明名称、规格、含量、用法与用量、使用注意事项、批号、生产单位等。贴好标签即可包装。

【岗位生产记录】

表12-1　配制工序生产记录Ⅰ

品名:＿＿＿＿＿＿＿＿＿＿注射液　　　　　规格:＿＿＿＿＿mL

批号:＿＿＿＿＿＿＿＿＿＿　　　　　生产日期:＿＿＿＿年＿＿月＿＿日

本岗位执行配制标准操作规程　编号:SOPXXXX　配制时间:　时　分　时　分	
生产前准备	使用的主要设备及工艺操作要求
清洁、清场彻底,有清场合格证　□ 无上批生产遗留物　□ 有执行的岗位标准操作规程　□ 检查调节配制设备、称量器具至正常　□ 人员着装,工序环境符合要求　□ 核对原辅料名称、批号、检验单号并进行复称　□ 检查过滤器材完整性至合格　□ 挂生产标示牌　□	主要设备:浓配灌、稀配灌 设备按相关设备SOP执行 依据批生产指令,计算称取原辅料,并按规定投料,称量必须复核,操作人,复核人均应在原始记录上签名。 剩余的原辅料应封口储存,在包装外标明品名、代号、批号、日期、剩余量及使用人签名。 浓配:用新鲜注射用水配成XX%的浓配液,加活性炭,搅拌溶解,煮沸XXmin脱炭,打入稀配灌中。
说明:检查符合要求用"√"表示,不符合要求用重新整改至符合要求。 检查人:＿＿＿＿＿＿＿ 复核人:＿＿＿＿＿＿＿	稀配:稀配灌中加入注射用水,待浓配液全部滤完后,用注射用水顶净浓配灌、泵、滤灌管道中药液,加水至标示量,加活性炭搅均。调pH值、测含量至规定标准,继续搅拌约XXmin后,用钛棒过滤,再用0.22μm滤器过滤至药液可见异物合格后,保温待灌。
备注:	药液从稀配到灌装结束,不宜超过4h。剩余尾料及时处理

物料使用情况							
原辅料名称	代码	批号	检验单号	投料量	供应商	操作者	复核者
操作人： 负责人： 复核人：							

表 12 - 2 配制工序生产记录 Ⅱ

品名：_____注射液 规格：_____mL 批号_____ 生产日期：_____年___月___日

浓配	稀配
浓配灌号	稀配灌号
浓配灌内放置注射用水_____ L	在稀配灌内输入的浓配液中加注射用水至配制药液体积含量_____ L
投入原料待溶解后在投入活性碳_____ g	加活性碳_____ g
加 pH 调节剂名称：_____体积：_____	加 pH 调节剂名称：_____体积：_____
搅拌时间： 时 分～ 时 分	回收药液批号来源：
加热时间： 时 分～ 时 分	批号： 体积：
保温时间： 时 分～ 时 分	搅拌时间： 时 分～ 时 分
压滤时间： 时 分～ 时 分	回流时间： 时 分～ 时 分
操作者：	稀配时间： 时 分～ 时 分
	药液总体积： L
	损耗药液体积： L
	剩余尾料： L
复核者：	交灌装药液体积： L
	剩余尾料处理情况：
操作人： 负责人： 复核人：	

pH值含量测试	pH 值	主药含量	主药含量	化验者	复核者

异常情况处理：		
清场记录		
△清除包装袋、绳子,取下生产标示牌	负责人检查结果	质检员检查结果
△无本批生产遗留物		
△洗净配制所用容器及附属装置并挂状态标示牌		
△剩余的原辅料用后立即封口,并做好状态标志		
□滤器材冲净并做完整性测试		
□净天棚、墙壁、门窗、地面、操作台、称量工具、传递窗及其他附属装置或用消毒剂擦净		
说明:清场符合要求,检查情况用"√"不符合要求重新清场至合格。 "△"代表批清场,"□"代表日清场		
清场人:　　　负责人:　　　复核人:　　　清场日期:　　年　月　日		

表 12－3　灌装加塞工序生产记录

文件编号:BPRXXX

品名:＿＿＿＿＿　注射液　规格:＿＿＿＿mL　批号:＿＿＿＿　生产日期:＿＿＿＿年＿＿月＿＿日

本岗位执行灌装加塞标准操作规程　　编号:SOPXXX			灌装时间:　　时　分～　　时　分			
生产前准备			使用的主要设备及工艺操作要求			
清洁、清场彻底,有清场合格证　　　□ 无上次生产遗留物　　　　　　　　□ 检查并调整灌装加塞机正常运行　　□ 有执行的本岗位操作规程　　　　　□ 人员着装,工序环境符合要求　　　□ 洗净灌装机、加塞机及其他用具　　□ 准备胶塞,挂生产标示牌　　　　　□			主要设备:灌装机编号＿＿＿＿＿ 　　　　　加塞机编号＿＿＿＿＿ 设备按灌装机、加塞机 SOP 执行 药液从稀配到灌装结束必须在 4h 内完成 灌装作业人员不得裸手操作,必须戴消毒过的无菌手套,灌装时应经常检查半成品装量与澄明度。 清洗合格的胶塞必须在 2h 内完成,否则重新清洗。 输液瓶随用随洗,每批结束或中途停机立即清理重洗			
压力表压力(0.6～0.8MPa)	MPa	符合规定□				
超声波水槽水温	℃	符合规定□				
喷射管路压力(0.1～0.15MPa)	MPa	符合规定□				
温度:＿＿＿＿＿　湿度:＿＿＿＿＿			胶塞使用情况			
符合要求用"√"不符合要求用重新整改至符合要求 检查人:＿＿＿＿　复核人:＿＿＿＿			领用数	损耗数	实用数	结存数
半成品装量、澄明度检查情况			空瓶破损数	半成品破损数	灌装药液体积	
时　间	装量	可见异物	检查人			

| 时　分 | | | 操作人： | |
| 时　分 | | | 复核人： | |

备注		

清场记录		
清场项目	负责者检查结果	质监员检查结果
△清除破瓶、废胶塞等、无本批产品遗留物		
△所有用具排列整齐,取下本批生产标示牌,地面无积水		
△冲净灌装、加塞设备及用具		
△胶塞退回洗塞室		
□擦净天棚、墙壁、门窗、地面、传递窗及附属装置并消毒		
清场符合要求,检查情况用"√"不符合清场要求的重新清场至合格		
"△"代表批清场,"□"代表日清场。清洁:执行相关设备、环境清洁规程。清场:执行清场SOP		
清场人：　　　负责人：　　　复核人：　　　清场：　　年　月　日		

表 12 - 4　轧盖工序生产记录

文件编号:BPRXXXX

品名:＿＿＿＿　注射液　规格:＿＿＿＿mL　批号:＿＿＿＿　生产日期:＿＿＿年＿＿月＿＿日

本岗位执行轧盖标准操作规程　　编号:SOPXXX 压盖时间：　时　分～　时　分	
生产前准备	使用的主要设备及工艺操作要求
清洁、清场彻底,有清场合格证　□ 无上次生产遗留物　□ 检查并调整轧盖机正常运行　□ 有执行的本岗位操作规程　□ 人员着装,工序环境符合要求　□ 检查核对所领用铝盖符合要求　□	主要设备:轧盖机编号＿＿＿＿ 设备按轧盖机 SOP 执行 轧盖应端正,边缘要整齐紧密牢固不松动。 未扣上盖的瓶子要及时手工对扣,不得有未扣盖的流入下工序。
符合要求用"√"不符合要求用重新整改至符合要求 检查人：＿＿＿＿ 复核人：＿＿＿＿	轧盖不合格的,凡胶塞完整不掉塞者,重新轧盖,其他情况一律销毁,并统计数量记入批记录签名确认

压盖情况			铝盖使用情况				
抽查时间	抽查质量	抽查员	代号	批号	检验单号	生产厂家	发放人
时　分							
时　分			领取数	领取人	破瓶数	损耗数	实用数	结存数
时　分							

时　分			损耗数（　　）
备　注			$\dfrac{\text{损耗数（　　）}}{\text{领取数（　　）}-\text{结存数（　　）}}\times100\%=$ 限度≤3%
			符合限度：□　　　不符合限度：□
			操作者：　　　　　复核者：

清场项目	负责者检查结果	质监员检查结果
△清除废铝盖、废胶塞、碎玻璃		
△无本批产品遗留物		
△取下本批生产标志牌		
□剩余铝盖、不合格铝盖退库，擦净设备。		
□擦净天棚、墙壁、门窗及附属装置。		
清场符合要求,检查情况用"√"不符合要求用"×"		
"△"代表批清场,"□"代表日清场。清洁:执行相关设备、环境清洁规程。清场:执行清场 SOP		
清场人:　　　负责人:　　　复核人:　　　　　清场日期:　　　年　　月　　日		

表 12－5　灭菌岗位生产记录

品名:_____　注射液　规格:_____mL　批号:_____　生产日期:_____年___月___日

本岗位执行灭菌岗位标准操作规程　　编号:SOPXXX　灭菌时间:　　时　分～　　时　分	
生产前准备	使用的主要设备及工艺操作要求
清洁、清场彻底,有清场合格证　　　　□ 无上次生产遗留物　　　　　　　　　□ 检查并校正灭菌设备,自动记录装置处于正常状态 　　　　　　　　　　　　　　　　　□ 有执行的本岗位操作规程　　　　　　□ 人员着装,工序环境符合要求　　　　□ 挂生产标示牌　　　　　　　　　　　□	主要设备:大输液水容式灭菌器 设备执行:大输液水容式灭菌器 SOP 将通过电脑控制的灭菌温度和时间调至将要灭菌产品所需的工艺条件。 灌装后的药液必须在 X 小时内灭菌。超过时限产品报废。 灭菌过程中密切注意各仪器仪表并记录灭菌数据。 灭菌完毕待压力降至 0 个大气压,温度低于 80℃才可以出柜。
符合要求用"√"不符合要求用重新整改至符合要求 检查人:_____ 复核人:_____	"已灭菌和待灭菌"的药品严格分开,切状态标志明显。 清洁:执行相关设备环境等清洁规程。 清场:执行《清场 SOP》
工艺规定灭菌温度　　　　　℃　　　　　时间:	

灭菌柜号	灭菌车数	进柜时间	到温时间	温度	压力	灭菌结束时间	冷却结束时间	操作人	复核人

灭菌总数	损耗数	送下瓶数	备 注：

清场项目	负责者检查结果	质监员检查结果	
△清除碎瓶等杂物			温度自动记录仪附于记录后面
△排空灭菌柜内喷淋水			
△无本批产品的遗留物			
△取下本批生产标示牌			
△灭菌车排列整齐,状态标志齐全。			
□擦净设备、天棚、墙壁、地面、输送带及其他附属装置			

清场符合要求,检查情况用"√"不符合要求重新清场至合格。
"△"代表批清场,"□"代表日清场。
清场人：　　工序负责人：　　QA：　　清场日期：　　年　　月　　日

【项目考核评价表】

表 12 - 6　项目考核评价表

序号	考核内容	考核标准	参考分值	得分
1	学习与工作态度	态度端正,学习方法多样,课堂认真,积极主动,责任心强,全部出勤	5	
2	团队协作	服从安排,积极与小组成员合作,共同制定工作计划,共同完成工作任务	5	
3	实训计划制定	有工作计划,计划内容完整,时间安排合理,工作步骤正确	5	
4	实训记录	实训记录单设计合理,完成及时,记录完整,结果分析正确	5	
5	能以标准操作规程进行洗瓶操作	严格按操作规程进行洗瓶烘干操作,洗瓶完毕后按要求清场	15	
6	能以标准操作规程进行灌封操作	严格按操作规程进行灌封操作,灌封完毕后按要求清场	20	
7	能以标准操作规程进行灭菌操作	严格按操作规程进行灭菌操作,灭菌完毕后按要求清场	15	
8	设备的使用与维护	熟练使用洗瓶机、灌装机,对出现的小故障可进行简单的维修	5	
9	排除设备运行过程中出现的一般故障	能排除生产所用设备运行过程中出现的故障,处理方法正确	10	
10	任务训练单	对老师布置的训练单,能及时上交,正确率在90%以上	5	

11	方法能力	能利用各种资源快速查阅获取所需知识,问题提出明确,表达清晰,有独立分析问题和解决问题的能力	5	
12	问题思考	开动脑筋,积极思考,提出问题,并对工作任务完成过程中的问题进行分析和解决	5	
总分			100	

二、大容量注射剂生产工艺

(一)大容量注射剂基本知识

1.大容量注射剂定义

大容量注射剂简称输液或输液,指供静脉滴注输入体内的大剂量(除另有规定外,一般不小于 100mL)注射液。通常包装在玻璃或塑料的输液瓶或袋中,不含抑菌剂。使用时通过输液器调整滴速,持续而稳定地进入静脉,以补充体液、电解质或提供营养物质。

2.大容量注射剂生产的特殊要求

(1)由于产品直接进入人体血液,因此应在生产全过程中采取各种措施防止微粒、微生物、内毒素污染产品,确保安全。

(2)所用的主要设备,包括灭菌设备、过滤系统、空调净化系统、水系统均应验证,按标准操作规程要求维修保养,实施监控。

(3)直接接触药液的设备、内包装材料、工器具(如配液罐、输送药液的管道等)的清洁规程须进行验证。

(4)任何新的加工程序,其有效性都应经过验证并需定期进行再验证。当工艺或设备有重大变更时,也应进行验证。

3.大容量注射剂包装材料

(1)输液盛装容器。

输液玻璃瓶为硬质中性玻璃制成,物理化学性质稳定,其质量要符合国家标准。瓶口内径必须符合要求,光滑圆整,大小合适,否则将影响密封程度。但玻璃瓶有重量重、易脆、有无机物溶出等缺点。

聚丙烯塑料输液瓶耐水耐腐蚀,具有无毒、质轻、耐热性好、机械强度高、化学稳定性强的特点,可以热压灭菌。

输液用塑料袋由无毒聚氯乙烯制成。有重量轻、运输方便、不易破损、耐压等优点。但此种塑料袋尚存在一些缺点,如湿气和空气可透过塑料袋,影响贮存期的质量。同时其透明性和耐热性也较差,强烈振荡,可产生轻度乳光。

非 PVC 多层共挤膜输液袋是由生物惰性好、透水汽低的材料多层交联挤出的筒式薄膜在 A 级环境下热合制成,集印刷、制袋、灌装、封口等四道工序合一生产,每层为不同比率的 PP 和 SEBS 组成。有透明性佳、抗低温性能强、韧性好、可热压消毒、无增塑剂、易回收处理等优点,是目前被广泛使用的输液包装。

(2)橡胶塞。

橡胶塞的质量要求：①富于弹性及柔软性；②针头刺入和拔出后应立即闭合，能耐受多次穿刺而无碎屑脱落；③具耐溶性，不致增加药液中的杂质；④可耐受高温灭菌；⑤有高度化学稳定性；⑥对药液中药物或附加剂的吸附作用应达最低限度；⑦无毒性，无溶血作用。

采用天然胶塞时，需用涤纶膜。涤纶膜的要求：对电解质无通透性，理化性能稳定，用稀酸或水煮均无溶解物脱落，耐热性好（软化点 230℃以上）并有一定的机械强度，灭菌后不易破碎。

输液橡胶塞质量正在逐步提高，硅橡胶塞质量较好，但成本贵。目前我国已推广合成橡胶塞如丁基橡胶的使用，达到不用隔离膜衬垫。

（二）大容量注射剂生产工艺流程（多层共挤膜袋装大容量注射剂为例）

1. 称量、配制

(1)称量配制工艺流程见图 12 - 3。

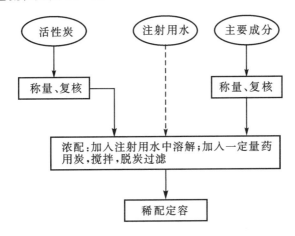

图 12 - 3　称量配制工艺流程图

(2)工艺参数见表 12 - 7。

表 12 - 7　大容量注射剂生产工艺参数表

浓配	加水量	加水量满足称量的原料成要求浓度
	药用炭加入量	0.3%W/V
	搅拌时间	搅拌 10~20min
	温度	开冷却水将药液降温至 50~60℃
	时限	从浓配开始到浓配结束应在规定时间内完成
稀配	定容搅拌时间	20~25min
	pH 值	符合质量标准要求
	含量控制	符合质量标准要求
	时限	从稀配开始到灌装结束时间间隔不超过规定时间
	药液温度	50~70℃

（3）注意事项：从浓配开始到浓配结束应在2h内完成，药液配制从稀配开始到灌装结束应在10h内完成。

2. 精滤

（1）精滤工艺流程见图12-4。

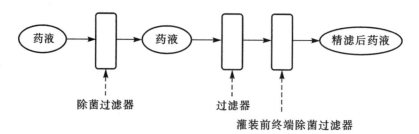

图12-4 精滤工艺流程图

（2）精滤工艺参数见表12-8。

表12-8 精滤工艺参数表

关键项目	操作标准
滤芯孔径	$0.22\mu m$
滤芯材质、型号	聚醚砜

（3）注意事项：①过滤介质使用前应进行完整性检测，检测合格方可使用；②用于过滤药液的滤芯可以重复使用，但不同品种不能混用。

3. 灌装

（1）灌装工艺流程见图12-5。

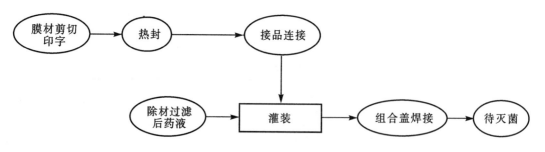

图12-5 灌装工艺流程图

（2）灌装工艺操作过程：①每次生产操作前，必须进行清场确认；每次灌装前必须用75％的乙醇对灌装机台面进行消毒；②灌装机的上料震荡器用75％的乙醇溶液擦拭，料斗内壁必须用蒸汽灭菌处理过的清洁毛巾擦拭。在自动制袋灌装机上通过分膜、印字、剪切、热封等工位，将多层共挤输液用膜压制成型；将药液灌装的输液袋中，装量调节在合格范围内（100mL药液装量≥103mL；250mL药液装量≥253mL；500mL药液装量≥501mL）；再用塑料输液容器用聚丙烯组合盖焊接封口，传至一般生产区；③印字的生产日期、生产批号、有效期至应清晰、完好、准确无误。

(3)注意事项:①操作过程中如遇紧急情况按急停按钮;②药液是否始终在 A 级层流的保护下流转;③药液从稀配开始到灌装结束时间间隔不超过 10h;④灌装开始到灭菌开始时间间隔不超过 10h;⑤直接接触过药液的或在使用过程中掉落的接口、口盖不可使用,也不可在重新清洗后使用。

4.灭菌

(1)运行前准备:①操作前检查确认;②确认所有仪表已处于正常工作状态,无报警信号显示;③确认灭菌柜内温度探头已安放正确;将控制系统内所有开关复位,确认灭菌门已关闭。

(2)灭菌操作:①注水:将灭菌柜内注入纯化水;②程序启动:按指定的灭菌程序将药品 115℃水浴灭菌 30 min;F$_0$ 值必须>8,灭菌柜压力系数范围为 4.0~4.3;③灭菌后的输液软袋经过隧道干燥机烘干,烘干后的输液软袋经过检漏机检漏。

(3)注意事项:①灭菌结束后产品出柜时操作人员远离柜门,防止烫伤;②所有电气部分在维修或更换新元件之前必须首先切断电源;③高温部分的维修操作,必须待操作部分冷却后进行处理;④设备应在干燥通风的环境下运行,禁止用水冲洗设备外表面。

5.灯检

(1)将经过检漏的输液软袋进行逐袋检查,应符合灯检质量检查标准,挑出不合格的产品。

(2)灯检合格品做灯检人标记,灯检不合格品做状态标识。

(3)注意事项:①定期检查灯检灯光照度,照度应在 2000~3000Lx;②按产品、规格、批号进行产品存放,状态标识明显;③将灯检不合格品移至灯检不合格品间进行销毁。

6.包装

略。

三、大容量注射剂主要生产设备

1.理瓶机

理瓶机的作用是将拆包取出的瓶子按顺序排列起来,并逐个输送给洗瓶机。理瓶机类型很多,常见的有圆盘式理瓶机(表 12－9)及等差式理瓶机(表 12－10)。

表 12－9　圆盘式理瓶机介绍表

名称	圆盘式理瓶机
结构	由转盘拨杆等组成
工作原理及过程	圆盘式理瓶机如图 12－6 所示靠离心力进行理瓶送瓶。低速旋转的圆盘上搁置着待洗的玻璃瓶,固定的拨杆将运动着的瓶子拨向转盘周边,经由周边的固定围沿将瓶子引导至输送带上

| 结构示意图 | 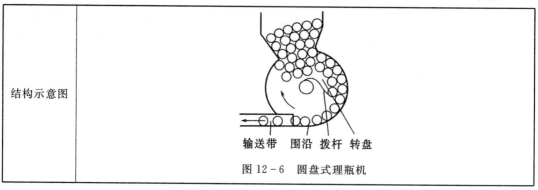
输送带　围沿　拨杆　转盘

图 12－6　圆盘式理瓶机 |

表 12－10　等差理瓶机介绍表

名称	等差理瓶机
结构	等差理瓶机由不同速度的传送带组成
原理及工作过程	等差式理瓶机如图 12－7 所示。数根平行等速的传送带被链轮拖动着一致向前，传送带上的瓶子随着传送带前进。与其相垂直布置的差速输送带，利用不同齿数的链轮变速达到不同速度要求，第Ⅰ、第Ⅱ输送带以较低速度运行，第Ⅲ输送带的速度是第Ⅰ输送带的 1.18 倍，第Ⅳ带的速度是第Ⅰ带的 1.85 倍。差速是为了达到在将瓶子引出机器的时候，避免形成堆积从而保持逐个输入洗瓶的目的。在超过输瓶口的前方还有一条第Ⅴ带，其与第Ⅰ带的速度比是 0.85，而且与前四根带子的传动方向相反，其目的是把卡在出瓶口处的瓶子迅速带走
结构示意图	玻璃瓶出口 差速进瓶机 等速进瓶机 图 12－7　等差理瓶机

2. 洗瓶机

常见的洗瓶机有箱式洗瓶机(表 12－11)。

表 12-11 箱式洗瓶机介绍表

名称	箱式洗瓶机
原理及工作过程	箱式洗瓶机整机是个密闭系统,是由不锈钢铁皮或有机玻璃罩了罩起来工作的。箱式洗瓶机工位如图所示,玻璃瓶在机内的工艺流程: 热水喷淋 → 碱液喷淋 → 热水喷淋 → 冷水喷淋 → 喷水毛刷清洗 → 冷水喷淋 → 蒸馏水喷淋 （两道） （两道） （两道） （两道） （两道） （两道） （三喷两淋） → 沥干 （三工位） 其中"喷"是指用喷嘴由下向上往瓶内喷射具有一定压力的流体,可产生较大的冲刷力。"淋"是指用淋头,提供较多的洗水由上向下淋洗瓶外,以达到将脏物带走的目的。 洗瓶机上部装有引风机,将热水蒸气、碱蒸气强制排出,并保证机内空气是由净化段流向箱内。各工位装置都在同一水平面内呈直线排列,其状如图所示。在各种不同淋液装置的下部均设有单独的液体收集槽,其中碱液是循环使用的。为防止各工位淋溅下来的液滴污染轧道下边的空瓶盒,在箱体内安装有一道隔板收集残液。 玻璃瓶在进入洗瓶机轨道之前是瓶口朝上的,利用一个翻转轨道将瓶口翻转向下,并使瓶子成排（一排 10 支）落入瓶盒中。瓶盒在传送带上是间歇移动前进的。因为各工位喷嘴要对准瓶口喷射,所以要求瓶子相对喷嘴有一定的停留时间。同时旋转的毛刷也有探入、伸出瓶口和在瓶内作相对停留时间(3.5s)的要求。玻璃瓶在沥干后,仍需利用翻转轨道脱开瓶盒落入局部层流的输送带上
结构示意图	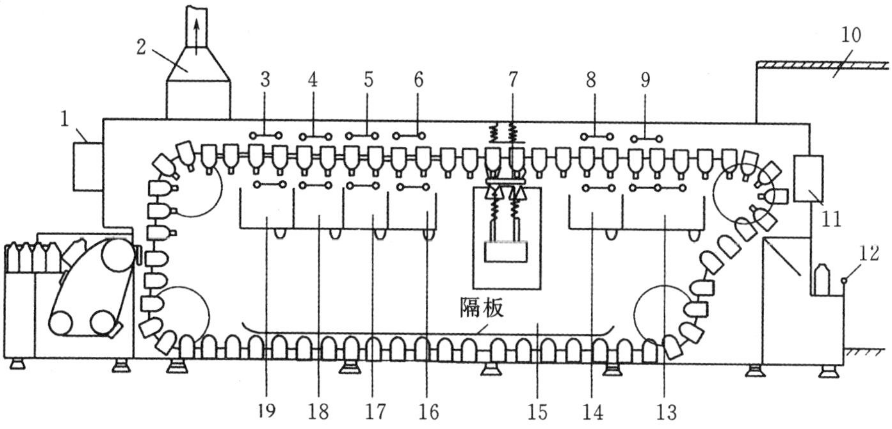 图 12-8 箱式洗瓶机工位示意图 1、11.控制箱;2.排风管;3、5.热水喷淋;4.碱水喷淋;6、8.冷水喷淋;7.喷水毛刷清洗; 9.蒸馏水喷淋;10.出瓶净化室;12.手动操作杆;13.蒸馏水收集槽;14、16.冷水收集槽; 15.残液收集槽;17、19.热水收集槽;18.碱水收集槽

3.灌装机

灌装机有许多形式,按运动形式分有直线式间歇运动、旋转式连续运动;按灌装方式分有常压灌装、负压灌装、正压灌装和恒压灌装 4 种;按计量方式分有流量定时式、量杯容积式、计量泵注射式 3 种。如用塑料瓶,目前装置则常在吹塑机上成型后于模具中立即灌装和封口,再脱模出瓶,这样更易实现无菌生产。以下两种为常用的灌装机:量杯式负压灌装机(表12-12)、计量泵注射式灌装机(表12-13)。

表 12-12　量杯式负压灌装机介绍表

名称	量杯式负压灌装机
结构	由药液量杯、托瓶装置及无级变速装置三部分组成
工作原理及过程	盛料桶中装有 10 个计量杯,量杯与灌装套用硅橡胶管连接,玻璃瓶由螺杆式输瓶器经拨瓶星轮送入转盘的托瓶装置,托瓶装置由圆柱凸轮控制升降,灌装头套住瓶肩形成密封空间,通过真空管道抽真空,药液负压流进瓶内(图12-9)。 量杯式计量是以容积定量,如图 12-10 所示,药液超过液流缺口就自动从缺口流入盛料桶,这是计量粗定位。误差调节是通过计量调节块在计量杯中所占的体积而定,旋动调节螺母使计量块上升或下降,从而达到装量精确的目的。吸液管与真空管路接通,使计量杯的药液负压流入输液瓶内。计量杯下部的凹坑使药液吸净
结构示意图	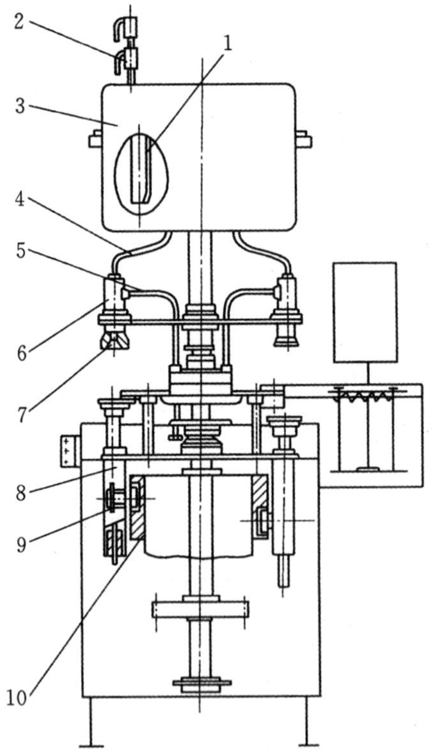 图 12-9　量杯式负压灌装机 1.计量标;2.进液调节阀;3.盛料桶; 4.硅橡胶管;5.真空吸管;6.瓶肩定位套; 7.橡胶喇叭口;8.瓶托;9.滚子;10.升降凸轮 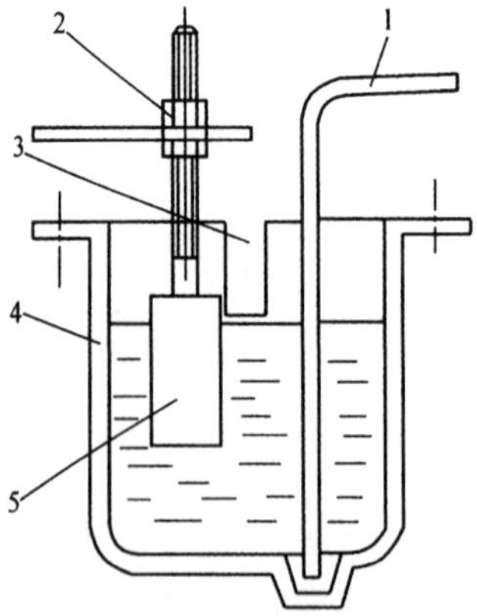　　图 12-10　量杯计量示意图 1.吸液管;2.调节螺母;3.量杯缺口; 4.计量杯;5.计量调节块

表 12-13 计量泵注射式灌装机介绍表

名称	计量泵注射式灌装机
结构	通过注射泵对药液进行计量并在活塞的压力下将药液充填于容器中。充填头有 2 头、4 头、6 头、8 头、12 头等。机型有直线式和回转式两种
工作原理及过程	输送带上洗净的玻璃瓶每 8 个一组由两星轮分隔定位,V 形卡瓶板卡住瓶颈,使瓶口准确对准充氮头和进液阀出口。灌装前,先由 8 个充氮头向瓶内预充氮气,灌装时边充氮边灌液。充氮头、进液阀及计量泵活塞的往复运动都是靠凸轮控制。从计量泵泵出来的药液先经终端过滤器再进入进液阀。由于采用容积式计量,计量调节范围较广,从 100~500mL 之间可按需要调整,改变进液阀出口类型可对不同容器进行灌装,如玻璃瓶、塑料瓶、塑料袋及其他容器。因为是活塞式强制充填液体,可适应不同浓度液体的灌装。无瓶时计量泵转阀不打开,可保证无瓶不灌液。药液灌注完毕后,计量泵活塞杆回抽时,灌注头止回阀前管道中形成负压,灌注头止回阀能可靠地关闭,加之注射管的毛细管作用,可靠地保证了灌装完毕不滴液(图 12-11)。 计量泵是以活塞的往复运动进行充填,常压灌装。计量原理同样是以容积计量。首先粗调活塞行程,达到灌装量,装量精度由下部的微调螺母来调定,它可以达到很高的计量精度(图 12-12)
结构示意图	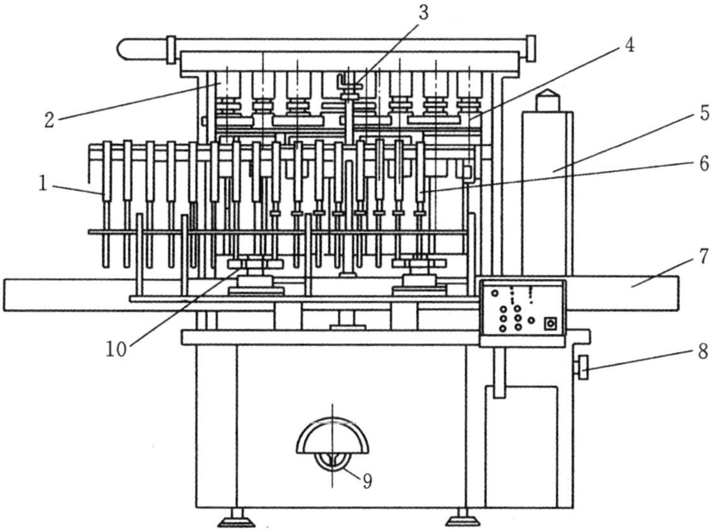 图 12-11 计量泵注射式灌装机 1.预充氮头;2.进液阀;3.灌装头位置调节手柄;4.计量缸;5.接线箱; 6.灌装头;7.灌装台;8.装量调节手柄;9.装置调节手柄;10.星轮

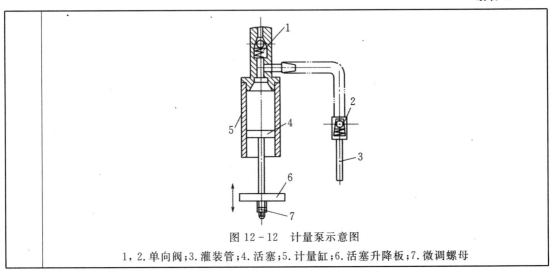

图 12 – 12　计量泵示意图

1,2.单向阀;3.灌装管;4.活塞;5.计量缸;6.活塞升降板;7.微调螺母

4.封口设备

封口机械是与灌装机配套使用的设备,药液灌装后必须在洁净区内立即封口,免除药品的污染和氧化。我国使用的封口形式有翻边形天然橡胶塞和"T"形橡胶塞,胶塞的外面再盖铝盖并轧紧,封口完毕。目前需翻边的天然橡胶塞基本已被淘汰。

(1)塞胶塞机见表 12 – 14。

表 12 – 14　塞胶塞机介绍表

名称	塞胶塞机
工作原理	图 11 – 13 为"T"形胶塞塞塞机构。当夹塞爪(机械手)抓住"T"形塞,玻璃瓶瓶托在凸轮作用下上升,密封圈套住瓶肩形成密封区间,真空吸孔充满负压,玻璃瓶继续上升,夹塞爪对准瓶口中心,在外力和瓶内真空的作用下,将塞插入瓶口,弹簧始终压住密封圈接触瓶肩
适用范围	塞胶塞机主要用于"T"形胶塞对 A 型玻璃输液瓶封口,可自动完成输瓶、螺杆同步送瓶、理塞、送塞、塞塞等工序
结构原理示意图	图 12 – 13　"T"形胶塞塞塞原理 1.真空吸孔;2.弹簧;3.夹塞爪;4."T"形塞;5.密封圈

（2）轧盖机见表 12-15。

表 12-15 玻璃输液瓶轧盖机介绍表

名称	玻璃输液瓶轧盖机
结构	由振动落盖装置、掀盖头、轧盖头等组成
工作原理及过程	能够进行电磁振荡输送和整理铝盖、挂铝盖、轧盖。轧盖时瓶子不转动，而轧刀绕瓶旋转。轧头上设有三把轧刀，呈正三角形布置，轧刀收紧由凸轮控制，轧刀的旋转是由专门的一组皮带变速机构来实现的，且转速和轧刀的位置可调。 轧刀如图 12-14 所示，整个轧刀机构沿主轴旋转，又在凸轮作用下作上下运动。三把轧刀均能自行以转销为轴自行转动。轧盖时，压瓶头抵住铝盖平面，凸轮收口座继续下降，滚轮沿斜面运动，使三把轧刀（图中只绘一把）向铝盖下沿收紧并滚压，即起到轧紧铝盖作用
结构示意图	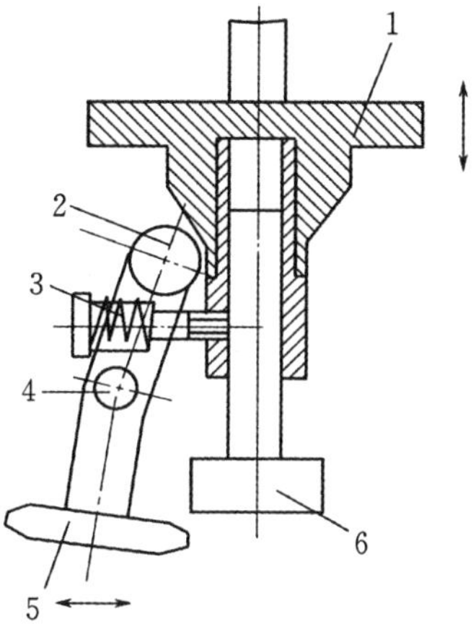 图 12-14 轧刀机构示意图 1.凸轮收口座；2.滚轮；3.弹簧；4.转销；5.轧刀；6.压瓶头

5.灭菌设备

灭菌是指利用物理或化学的方法杀灭或除去所有致病和非致病微生物繁殖体和芽孢的过程。一般有化学法、物理法。制剂的灭菌既要除去或杀灭微生物，又要保证稳定性，保证药品的理化性质和治疗作用不受任何影响。一般用物理法灭菌，包括干热灭菌法、湿热灭菌法、射线灭菌法、滤过除菌法。

灭菌工序对保证大输液在灌封后的药品质量非常关键，目前较为常用的有高压蒸汽灭菌柜和水浴式灭菌柜（表 12-16）（参见项目九口服溶液剂灭菌设备）。

表 12-16 水浴灭菌柜介绍表

名称	水浴灭菌柜
原理及工作过程	水浴式灭菌柜是采用国际上通用的输液灭菌方法，它是由矩形柜体、热水循环泵、换热器及微机控制柜组成（图 12-15）。以去离子水为载热介质，对输液瓶进行加热升温、保温灭菌、降温。而对载热介质去离子水的加热和冷却都是在柜体外的热交换器中进行的。 灭菌柜中，利用循环的热去离子水通过水浴式（即水喷淋）达到灭菌目的。适应玻璃瓶或塑料瓶（袋）装输液，灭菌效果达到《中国药典》标准

结构示意图	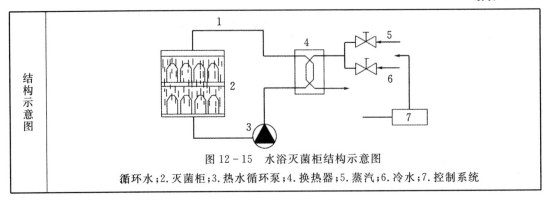图 12－15　水浴灭菌柜结构示意图 1.循环水;2.灭菌柜;3.热水循环泵;4.换热器;5.蒸汽;6.冷水;7.控制系统

四、大容量注射剂生产质量控制点

大容量注射剂生产质量控制点见表 12－17。

表 12－17　大容量注射剂生产质量控制点

工序	质量监控点	监控项目	方法标准
配剂	药液	含量、pH 值	符合品种半成品相应质量标准
		温度	符合各品种工艺要求
	终端滤器	起泡点压力	滤后均符合滤器孔径的压力
制袋	印字	印字质量	文字内容正确、清晰; 产品批号、生产日期、有效期打印正确无误
	塑袋质量	外观	塑袋、接口热合平整,切边整齐
灌装	灌装制品	装量	每台灌装机随机抽取 6 袋检查装量: 装量应符合工艺要求
		组合盖热合质量	随机抽取 20 袋检查组合盖热合牢固、无渗漏
		可见异物	随机抽取 10 袋进行检查,均不得检出可见异物
灭菌	灭菌柜	温度、时间、压力	应符合工艺规程要求
	灭菌前产品	标记、存放区	应符合规定
	灭菌后产品		
灯检	灯检品	外观、可见异物	随机抽取灯检后的产品 30 袋,符合灯检 岗位质量检查内控标准
		状态标记、存放地点	状态标记明确;存放地点符合规定
包装	说明书、合格证	内容、外观	内容正确;外观平整、洁净
	塑封	外观	清洁、完整、无褶皱
	大箱	内容、外观	生产日期、产品批号、有效期打印正确无误; 外观平整、洁净
	装箱	质量、数量	药品袋上灯检代号标记清晰; 大箱上各种标记清晰、正确无误;装箱数量正确无误; 质量符合成品包装质量要求

项目十三　注射用无菌粉末生产

一、实训任务

【实训任务】　注射用盐酸阿糖胞苷的生产。

【处方】　盐酸阿糖胞苷 50g，5％氢氧化钠溶液适量，注射用水加至 1000mL。

【规格】　0.2g。

【工艺流程图】　工艺流程见图 13-1。

【生产操作要点】

在无菌操作室内称取阿糖胞苷 50g，置于适当无菌容器中，加无菌注射用水至约 950mL，搅拌使溶，加 5％氢氧化钠溶液调节 pH 至 6.3～6.7 范围内，补加灭菌用水至足量，然后加配制量的 0.02％活性炭，搅拌 5～10min，用无菌抽滤漏斗铺二层灭菌滤纸过滤，再用经灭菌的 G_6 垂熔玻璃漏斗精滤，滤液检查合格后，分装于 4mL 西林瓶中，低温冷冻干燥约 26h 后无菌熔封即得。

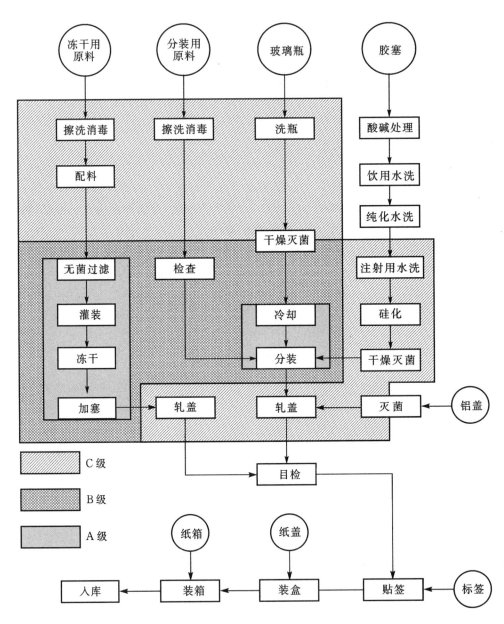

图 13-1 粉针剂工艺流程

【岗位生产记录】

表 13 - 1　洗瓶生产记录

产品批号		数量		万支	规格		
名　　称	洗瓶生产记录		日　期		年　　月　　日		
操作依据	SOPXXXXXXX		编　号				

| 1. 检查注射用水和纯化水的澄清度、可见异物。用 250mL 碘瓶取 250mL 水,于伞棚灯下观察。要求澄清度:清可见异物:毛点≤1 个,色点为零,异物为零 | 检查结果
纯化水: □合格　□不合格
注射用水: □合格　□不合格 |

2. 使用设备	开机时间	关机时间
XX 超声波洗瓶机	＿＿＿时＿＿＿分	＿＿＿时＿＿＿分
XX 隧道烘箱	＿＿＿时＿＿＿分	＿＿＿时＿＿＿分

3. 洗瓶机和隧道烘箱的参数设定和操作

操作程序	参数设定项目	参数设定	实际值
洗瓶	纯化水水温	□25～30℃　□30～35℃	℃
	纯化水水压	□0.2～0.3Mpa	MPa
	注射用水水压	□0.2～0.3Mpa	MPa
	压缩空气压力	□0.3～0.4MPa	MPa
隧道灭菌温度	预热段温度	□170～250℃	℃
	灭菌段温度	□340～360℃	℃
	降温段温度	□220～250℃	℃
	冷却段温度	□≤40℃	℃
操作者		复核者	

| 4. 试生产
取清洗后的西林瓶(管制瓶)10 支/台机,每瓶注 4mL(7mL)注射用水,于伞棚灯下检查。
检查标准:澄清度:清;可见异物:毛点≤1 个/支,色点为零。
检查结果: □合格　□不合格　　检查者:＿＿＿＿＿＿　时间:＿＿＿＿＿＿
　　　　　 □合格　□不合格　　QA 人员:＿＿＿＿＿　时间:＿＿＿＿＿＿ |

| 5. 正式生产　隧道灭菌温度每 30min 检查一次,并记录。
　　　　　　清洗后西林瓶(管制瓶)的质量每 1h 检查一次,并记录 |

| 6. □未停机　　　　□停机　　　　　停机时间:
停机原因:　　　　　　　　　　　维修时间: |

7. 物料平衡　　　　　　　　　　　　　　　　　　　　　单位:万个

上批剩余①	领用量②	追加量③	使用量④	剩余量⑤

物料平衡＝(④＋⑥)/(①＋②＋③－⑤)×100%　　西林瓶(管制瓶)物料平衡限度 96%～102%
　　　　＝

操作者		复核者		

备注:

表 13－2　分装生产记录

产品批号		数量		万支	规格	
名称	分装生产记录		日　期		年　月　日	
操作依据	SOPXXXXXX		编　号			

1. 分装间温度 20～25℃，　　　相对湿度 45％～55％。

　　实际温度：＿＿＿℃，　　　实际相对湿度：＿＿＿％。

　　结论：□合格　　□不合格

2. 分装间与相邻房间保持相对负压，相对静压差＞5Pa。

　　实际相对静压差：＿＿＿＿＿＿Pa。

　　结论：□合格　　□不合格

3. 分装过程中每隔 2h 检查一次操作间温度、相对湿度、压差，并记录在下表中。

时间							
温度（℃）							
相对湿度（％）							
压差（Pa）							
检查者							

分装开始时间	＿＿＿＿＿ 时 ＿＿＿＿＿ 分			分装结束时间	＿＿＿ 时 ＿＿＿ 分		
物料名称	上批剩余①	领用量②	追加量③	取样量④	使用量⑤	剩余量⑥	报废量⑦
操作者				复核者			

注：确认结果在□画"√"在横线及空格处填写实际值　　　　　　　　　　　　NO.

表 13－3　冻干操作记录 I

操作地点	冻干机房（　）　冻干控制室（　）		操作日期	年　月　日	
主要设备	＊# 冻干机（　）□　＊# 冻干机（　）□		计划产量		瓶
执行 SOP	操作		记录	操作人	复核人

冻干岗位标准操作程序	准备(班组质检员执行): 确认设备在清洁有效期内;确认岗位有效期内的《清场合格证》,并附批记录。 确认生产区内无上次生产遗留物品,无与生产无关的物品。 确认冷却循环水、压缩空气、总电源稳定供应,各关键配置点击开关正常。 确认冻干箱内感温探头温度显示无异常。 确认冷凝器内化霜水已排净,冷凝器温度>10℃。 确认待冻干药品已装箱,冻干箱门已关闭。 冻干机挂"运行中"状态标志。 岗位挂"正在生产"状态标志。 接到灌装岗位通知后开机冻干。记录开机时间,确认在灌装完毕 0.5h 内,并经 QA 人员复核符合要求	_____ : □ 确认 □ 确认 □ 确认 □ 确认 _____ ℃ _____ 确认 □ 已进行 □ 已进行 _____ : □ 确认		
真空冷冻干燥机标准操作程序	预冻: 打开冻干机的压缩空气阀,压力应在 0.5~0.8Mpa。 打开电脑,输入本批冻干产品名称、批号。 点击循环泵、压缩机、板冷阀,开始预冻。 将制品温度预冻至- __ ℃,再持续制冷 __ 小时,结束预冻,记录起止时间	_____ MPa □ 已输入 □ 已进行 _____ ℃ _____ :~ :	_____	_____
	升华: 预冻结束后,点击关闭循环泵和板冷阀,停止制品制冷。 点击打开冷凝器电磁阀,冷凝器开始制冷。 当冷凝器温度达到-50℃以下后,点击打开真空泵、罗茨泵和小、大碟阀,开始抽前箱真空。 当真空度≤____Pa,点击打开循环泵开始加热。 以____℃/半小时的速度升高搁板温度。 达到+____℃后保持。 当制品的升华面至一半后,继续以____℃/半小时的速度升高搁板温度至+____℃~+____℃后保持。 当制品温度达到+____℃时,进行掺气,时间为___小时,记录起止时间。 当制品温度到达+____℃后,继续保持搁板温度___小时,结束冻干,记录起止时间。	□ 停止 □ 制冷 _____ ℃ □ 已进行 _____ Pa _____ ℃/ 0.5h _____ ℃ _____ ℃/ 0.5h _____ ℃ _____ ℃ _____ :~ : _____ ℃ _____ :~ :	_____	_____

表 13-4　冻干操作记录 Ⅱ

执行 SOP	操作指令	记录	操作人	复核人
真空冷冻干燥机标准操作程序	停机： 点击压塞系统压塞。 点击关闭大、小蝶阀和真空泵。 点击关闭冷凝器电磁阀和制冷机，关闭制冷机。 打印冻干曲线，签字后附在本记录后	＿＿＿ : ＿＿＿ □　已压塞 □　已关闭 □　已关闭 □　已进行 ＿＿＿＿		
冻干机清洁标准操作程序	结束： 点击开启放气阀，使冻干箱恢复常压。 执行化霜操作，至从观察窗观察冷凝管无结霜，冷凝器保持在＋10℃以上并不再降温。 进行清场，经 QA 人员检查合格后挂《清场合格证》。将《清场合格证》正本附批记录后面。 填写清洁记录等相关记录	＿＿＿ : ＿＿＿ □　已放气 □　已进行 ＿＿＿＿ ℃ □　已进行 □　已填写		
冻干机清洗、灭菌标准操作程序	□　出箱后前箱 CIP 和前后箱的 SIP： 进入操作界面，确认前箱 CIP 参数正确：板层清洗次数 2 次、箱体清洗时间 3min、前箱清洗循环次数 2 次、箱体排水时间 8min、干燥时间 10min。 启动程序进行前箱的 CIP。 CIP 后进入 SIP 操作界面，确认参数正确：消毒压力 0.13MPa、消毒温度 121℃、箱体预热循环次数 2 次、消毒时间 12min、干燥时间 30min。 启动程序进行灭菌，结束后挂"已灭菌"标志。 打印灭菌记录，确认灭菌参数符合要求。 将灭菌记录签字后附灭菌记录上。 填写清洁、灭菌记录	□　已进行 ＿＿次 ＿＿min ＿＿次 ＿＿min ＿＿＿＿min ＿＿MPa ＿＿℃ ＿＿次 ＿＿min ＿＿＿＿min □　已进行 □　符合 □　已进行 □　已进行		
	后箱 CIP： 如需要，手动对后箱进行清洗： 清洗 5min 后将水排干净， 再干燥 10min。 填写清洁、灭菌记录	＿＿＿＿min ＿＿＿＿min □　已进行		
备注：				

班组负责人审核：　　　　　　　　　　　　　　年　　月　　日批

二、粉针剂生产工艺

粉针剂是注射用无菌粉末的简称,一般采用无菌操作法精制、过滤、低温干燥、分装等工艺制备成无菌粉末制剂,临用前用灭菌注射用水配成溶液或混悬液注入体内。制剂中的主药大多为在水溶液中易分解失效或对热不稳定的药物,如青霉素、头孢菌素类、医用酶制剂等。

根据药物的性质与生产工艺条件不同,注射用无菌粉末可分为两种,一种是无菌粉末分装粉针剂,即灭菌溶剂结晶法或喷雾干燥法等制得固体药物粉末,再进行无菌分装,采用这种工艺方法制备的产品称为注射用无菌分装制品;另一种是冷冻干燥粉针剂,即将药物溶液通过冷冻干燥法制成固体粉末或块状物,采用这种工艺方法制备的产品称为注射用冻干粉针。

(一)无菌分装粉针剂

无菌分装粉针剂的生产工艺常采用直接分装法,系将精制的无菌粉末在无菌条件下直接进行分装,目前多采用容量分装法。

1.准备

药物的准备为制定合理的生产工艺,需要掌握药物的物理化学性质,主要测定:①物料的热稳定性,以确定产品最后能否进行灭菌处理;②物料的临界相对湿度,用以设计生产中分装室的相对湿度;③物料的粉末晶型与松密度,从而选择适宜的分装容器和分装机械。

无菌原料可用灭菌结晶法或喷雾干燥法制备,必要时需进行粉碎、过筛等操作,在无菌条件下制得符合注射用的无菌粉末。安瓿或玻璃瓶及胶塞的处理按注射剂的要求进行,但均需进行灭菌处理。

2.分装

药物的分装及安瓿的封口必须在高度洁净的无菌室中按无菌操作法进行。分装后小瓶应立即加塞并用铝盖密封。分装的机械设备有螺杆式分装机、气流分装机等。此外,青霉素与其他抗生素不得轮换进行分装,以防交叉污染。

3.灭菌与灯检

灭菌及异物检查对于不耐热品种,必须严格无菌操作。对于耐热的品种,如青霉素,为确保安全,一般可按照前述条件进行补充灭菌。异物检查一般在传送带上用目检视。应从流水线上将不合格品剔除。

4.贴签与包装

略。

(二)注射用冻干制品的制备

制备冻干无菌粉末冷冻干燥前药液的配制基本与水性注射剂相同,根据冷冻干燥过程最终产品的成型方式不同,可将冻干粉针剂的工艺分为托盘冻结干燥或西林瓶冻结干燥两种,俗称冻盘或冻瓶。托盘冻结干燥工艺是将药物经溶解、无菌过滤后注入广口托盘内冷冻干燥,干燥品按无菌分装粉针剂的生产工艺制备。西林瓶冷冻干燥工艺是将药物溶解、过滤后灌装于西林瓶中,带瓶共同冷冻干燥。冻干粉末的制备(以西林瓶冻结干燥工艺为例)分为药液配制、过滤、灌装、预冻、减压、升华、干燥、封口、压盖等处理过程。

1.配液、过滤和灌装

将主药和辅料溶解在适当的溶剂中,先按用不同孔径的滤器对药液分级过滤,最后通过

制|剂|生|产|工|艺|与|设|备|

0.22μm级微孔膜滤器进行除菌过滤。将已经除菌的药液灌注到容器中,并用已经除菌胶塞半压塞。

2.冷冻干燥

(1)冷冻干燥(简称冻干):是将需要干燥的药物溶液预先冻结成固体,然后在低温低压条件下从冻结状态不经过液态而直接升华除去水分的一种干燥方法。

(2)冷冻干燥原理:可用水的三相图加以说明,图13-2中OA线是冰和水的平衡曲线,在此线上冰、水共存;OB线是水和水蒸气的平衡曲线,在此线上水、汽共存;OC线是冰和水蒸气的平衡曲线,在此线上冰、汽共存;0点是冰、水、汽的平衡点,在这个温度和压力时冰、水、汽共存,这个温度为0.01℃,压力为613.3Pa,此时对于冰来说,降压或升温都可打破汽固平衡,从图13-2可以看出,当压力低于613.3Pa时,不管温度如何变化,只有水的固态和气态存在,液态不存在。固相(冰)受热时不经过液相直接变为汽相;而气相遇冷时放热直接变为冰。冷冻干燥就是根据这个原理进行的。

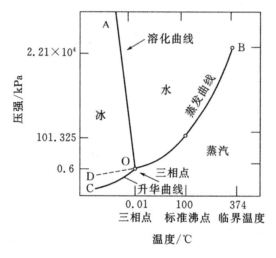

图13-2 水的三相平衡

(3)冻干工艺过程。

1)预冻:在无菌环境中把半压塞容器转移至冻干箱内进行预冻。预冻是恒压降温过程,运行冻干机,药液随温度的下降冻结成固体。

预冻方法有速冻法和慢冻法。速冻法就是在产品进箱之前,先把冻干箱温度降到-45℃以下,再将制品装入箱内。这样急速冷冻,形成细微冰晶,晶体中空隙较小,制品粒子均匀细腻,具有较大的比表面积和多孔结构,产品疏松易溶。但升华过程速度较慢,成品引湿性也较大,对于酶类或活菌活病毒的保存有利。慢冻法所得晶体较大,有利于提高冻干效率,但升华后制品中空隙相对较大。

2)干燥阶段:制品预冻后,在负压条件下,恒压升温,使固态水升华逸去。通常采用反复冷冻升华法,通过反复升温降温处理,制品晶体的结构被改变,由致密变为疏松,有利于水分的升华。升华完成后,是再干燥过程,使温度继续升高,具体温度根据制品的性质确定,如0℃或25℃,并保持一段时间,可使已升华的水蒸气或残留的水分被进一步抽尽。可保证冻干品含水量低于1%。

3．封口

冷冻干燥完毕,通过安装在冻干箱内的液压或螺杆升降装置全压塞。为此需使用专门橡胶塞,在分装液体后,橡胶塞被放置瓶口上,因橡胶塞下部分有缺口,可使水分升华逸出。

4．压盖

将已全压塞的制品容器移出冻干箱,用铝盖轧口密封。

三、粉针剂主要生产设备

1．粉针分装

粉针分装机有螺杆式分装机(表13-5)、气流分装机(表13-6)。

表13-5 螺杆式分装机介绍表

名称	螺杆式分装机
结构	由进瓶转盘、定位星轮、饲料器、分装头、胶塞振荡饲料器、盖塞机构和故障自动停车装置所组成,有单头分装机和多头分装机两种(图13-3)
工作原理	利用螺杆的间歇旋转将药物装入瓶内达到定量分装的目的。经精密加工的螺杆每个螺距具有相同的容积,转动时,料斗内的药粉沿轴向旋移送到送药嘴,落入药瓶中,控制螺杆的转角可调节装量
特点	结构简单,无需净化压缩空气和真空系统等附属设备,不产生漏粉、喷粉现象,调解装量范围大,原料药粉损耗小,但分装速度慢
适用范围	适用于流动性较好的药粉,不适合分装松散、粘性、颗粒不均匀的药粉
结构示意图	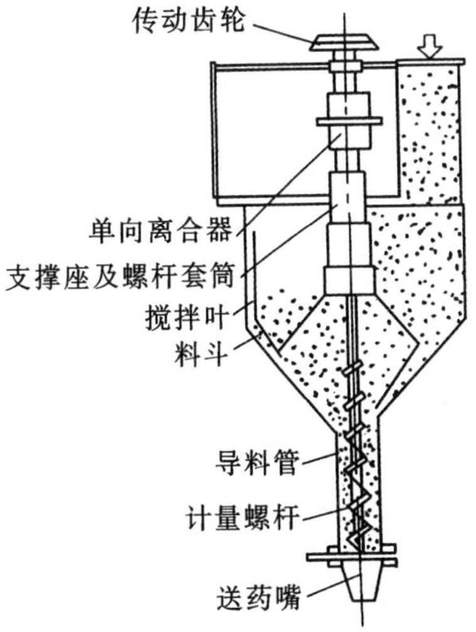

图13-3 螺杆分装头示意图

表 13 - 6　气流分装机介绍表

名称	气流分装机
工作原理	搅粉斗内搅拌桨转动,使药粉保持疏松→在装粉工位与真空管道接通,药粉被吸入定量分装孔内→分装头回转180°至卸粉工位,净化压缩空气将药粉吹入西林瓶内(图13-4)
特点	形成的粉末块直径幅度较大,装填速度快,装量精度高,自动化程度高
结构示意图	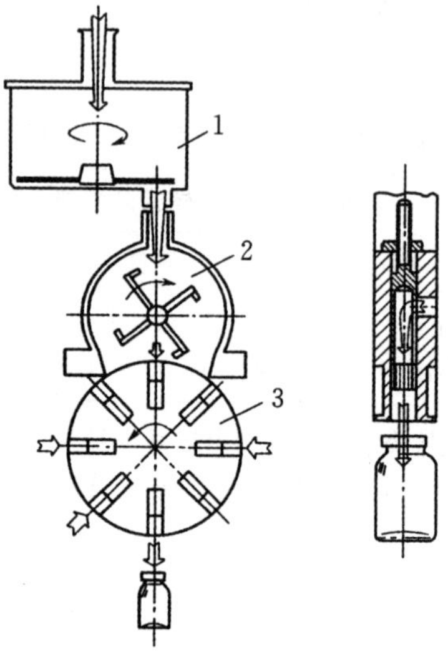 图 13-4　气流分装机示意图 1.料斗;2.搅粉斗;3.分装头

2.冷冻干燥

粉针冷冻干燥常用冷冻干燥系统(表 13-7)。

表 13 - 7　冷冻干燥系统介绍表

名称	冷冻干燥系统
工作原理及过程	冷冻干燥机结构见图13-5。 (1)制品的冻干在冻干箱内进行。冻干箱内有若干层搁板,搁板内可通入导热液,可进行对制品的冷冻或加温。冻干箱内有西林瓶压塞机构:一是种采用液压或螺杆在上部伸入冻干室,将隔板一起推叠,将塞子压紧在西林瓶上;另一种是桥式设计,系将搁板支座杆从底部拉出冻干室,同时室内的搁板升起而将塞子压入西林瓶。 (2)与干燥室相连接的是冷凝器,冷凝器内装有螺旋式冷气盘管,其工作温度低于干燥室内药品温度,最低可达-60℃。它主要用于捕集来自冻干箱中制品升华的水汽,并使之在盘管上冷凝,从而保证冻干过程的顺利完成。 (3)冷冻系统的作用是将冷凝器内的水蒸气冷凝及将冻干箱内制品冷冻。制冷机组可采用双级压缩制冷(单机双级压缩机组,其蒸发温度低于-60℃)或复叠式制冷系统(蒸发温度可至-85℃)。在冷凝器内,采用直接蒸发式;在冻干箱内采用间接供冷。

制冷系统使用的制冷液体是高压氟利昂-22。由水冷凝器出来的高压氟利昂经过干燥过滤器、热交换器电磁阀到达膨胀阀,使制冷剂有节制地进入蒸发器,由于冷冻机的抽吸作用,使蒸发器内压力下降,高压液体制冷剂在蒸发器内迅速膨胀,吸收环境热量,使干燥室内制品或凝结器中的水气温度下降而凝固。高压液体制冷液吸热后迅速蒸发而成为低压制冷剂,气体被冷冻机抽回,再经压缩成高压气体,最后被冷凝器冷却成高压制冷液,重新进入制冷系统循环。

(4)真空系统是使冻结的冰在真空下升华的条件。真空系统的选择是根据排气的容积以及冷凝器的温度。真空下的压力应低于升华温度下冰的蒸气压(-40℃下冰的饱和蒸气压为12.88Pa)而高于冷凝器内温度下的蒸气压。

　　真空系统多采用一台或两台初级泵(油回转真空泵)和一台前置泵(罗茨泵)串联组成。干燥室与凝结器之间装有大口径真空蝶阀,凝结器与增压泵之间装有小蝶阀及真空测头,便于对系统进行真空度测漏检查。

(5)冷热交换系统是用制冷剂或电热将循环于搁板中的导热液进行降温或升温的装置,以确保制品冻结、升华、干燥过程的进行

结构示意图

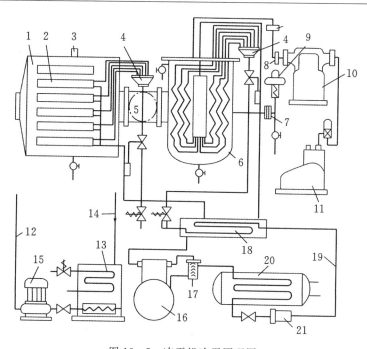

图 13-5　冻干机冻干原理图

1.干燥箱;2.冷热搁板;3.真空测头;4.分流阀;5.大蝶阀;6.凝结器;

7.小蝶阀;8.真空馏头;9.鼓风机;10.罗茨真空泵;11.旋片式真空泵;

12.油路管;13.油水冷却管;14.制冷低压管路;15.油泵;16.冷冻机;

17.油分离器;18.热交换器;19.制冷高压管路;20.水冷凝器;21.干燥过滤器

四、注射用无菌粉末生产质量控制点

注射用无菌粉末生产质量控制点见表13-8。

表13-5　冷冻干燥机系统图

工序	控制项目		标准	
洗瓶、灭菌	洗瓶用注射用水可见异物检查		不得检出	
	清洗后注射剂瓶清洁度检查		每小时抽取10只注射剂瓶检查,瓶的内外壁不得有污迹。	
配剂	配制液	微生物限度	每100mL不超过10cfu	
	灌装液	pH,含量,性状	应符合相应标准	
灌装	装量差异		±2%	
轧盖	紧密性		用三指法(大拇指、食指、中指竖直扭动瓶盖),不得有明显松动	
	外观质量		不得有明显褶皱、轧盖所致的裂纹,包边≥1.0mm	
灯检	制品		萎缩、制品变色、可见异物、少量	不允许
	注射剂瓶		炸瓶(裂纹、破损、碎瓶、坑、疤等)。可见异物(瓶身内壁表面明显及可脱落的点、块)	
	胶塞		可见异物及可脱落的点、块	
	铝盖		轧盖褶皱、铝盖松动及铝盖表面有无法擦去的污迹的	
包装	包装质量		应符合相应质量标准	

模块五 其他制剂

▶ 学习目标

1.掌握软膏剂、栓剂的生产工艺,掌握生产设备的分类、结构、工作原理、标准操作规程。
2.熟悉软膏剂、栓剂的关键岗位生产记录和质量控制点,熟悉生产设备的使用范围。
3.了解生产中常见的问题及解决方法。

项目十四　软膏剂生产

一、实训任务

【实训任务】　红霉素软膏的生产。

【处方】　红霉素 100g,液体石蜡 500g,凡士林 9400g。

【规格】　10g/支,批量 1000 支。

【工艺流程图】　工艺流程见图 14-1。

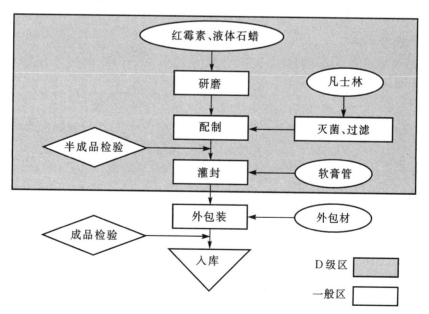

图 14-1　红霉素软膏生产工艺流程图

【生产操作要点】

(一)生产前确认

(1)检查操作间、工具、容器、设备等是否有清场合格标志,并核对是否在有效期内。否则按清场标准程序进行清场并经 QA 人员检查合格后,填写清场合格证,方可进入下一步操作。

(2)根据要求选择适宜软膏剂配制设备,设备要有"合格"标牌,"已清洁"标牌,并对设备状况进行检查,确证设备正常,方可使用。

(3)检查配制容器、用具是否清洁干燥,必要时用 75％乙醇溶液对乳化罐、油相罐、配制容器、用具进行消毒。

(4)根据生产指令填写领料单,从备料称量间领取原、辅料,并核对品名、批号、规格、数量、检验报告单无误后,进行下一步操作。

(5)操作前检查加热、搅拌、真空是否正常,关闭油相罐、乳化罐底部阀门,打开真空泵冷却水阀门。

(6)挂本次运行状态标志,进入配制操作。

(二)配制操作

(1)人员经"一更""二更"后进入配制间,按生产任务要求进行操作。

(2)将灭菌过滤后的凡士林,用打料泵打入配料缸中,开动搅拌器,同时打开循环水,边搅拌边冷却至 45℃。

(3)将红霉素与等量的液体石蜡置于电动研钵中,开启机器,将其充分研匀,倒入上述凡士林中。

(4)用剩余的液体石蜡冲洗研磨器具,混合物均倒入配料缸中,继续不断的搅拌,保温 45℃,搅拌至均匀无颗粒状时,用打料泵将药液打入贮药缸,直至冷凝即得,密闭保存。

(5)及时填写生产记录并进行清场工作。

(三)半成品检验

半成品检验项目有性状、均匀性、鉴别、含量等。

(四)灌封操作

(1)人员经"一更""二更"后进入灌装间,按生产任务要求进行操作。

(2)将冷却后检验合格的半成品再次加热至 35℃左右,然后用周转锅将膏体加到软膏灌装封口机的上料斗中,保温 34℃左右,待灌装。

(3)将软膏灌装机空转几分钟,试运转正常后,插入软膏管调试装量,10g/支,待装量确定后即可灌装。

(4)灌装过程中应及时抽查装量,并随时检查铝塑管的外观、热封处有无渗漏、拧盖配合是否紧密等,同时做好检查记录。

(5)生产记录的填写及清场工作同以上工序。

(五)包装

(1)按本品包装规格要求包装,并放入 1 张说明书,盖上盒盖,贴封口签。

(2)按包装指令规定的包装规格进行装箱,装满后,放入待验区。

(六)检验、入库

经检验合格后,发放填写合格证(品名、批号、规格、检查人、检查日期及包装人),放入一张合格证,用胶带封箱。再用打包机打包,成品包装应坚挺、美观整洁,最后入库,至此生产完成。

【软膏剂质量要求与检测方法】

(1)软膏剂的一般质量要求:①软膏剂应均匀、细腻,涂在皮肤上无粗糙感;②有适当的黏稠性,易涂布于皮肤或黏膜等部位,③性质稳定,无酸败、变质等现象;④无刺激性、过敏性及其他不良反应;⑤用于创面的软膏剂还应无菌。

(2)按照 2015 年版《中国药典》四部对软膏剂的质量检查的有关规定,除特殊规定外,软膏剂、乳膏剂应进行以下相应检查。

(一)粒度

除另有规定外,混悬型软膏剂、含饮片细粉的软膏剂照下述方法检查,应符合规定。

检查法:取供试品适量,置于载玻片上涂成薄层,薄层面积相当于盖玻片面积,共涂 3 片,照粒度和粒度分布测定法(通则 0982 第一法)测定,均不得检出大于 $180\mu m$ 的粒子。

(二)装量

照最低装量检查法(通则 0942)检查,应符合规定。

(三)无菌

用于烧伤〔除程度较轻的烧伤(Ⅰ°或浅Ⅱ°外)〕或严重创伤的软膏剂与乳膏剂,照无菌检查法(通则 1101)检查,应符合规定。

(四)微生物限度

除另有规定外,照非无菌产品微生物限度检查:微生物计数法(通则 1105)和控制菌检查法(通则 1106)及非无菌药品微生物限度标准(通则 1107)检查,应符合规定。

目前软膏剂中药物释放、穿透及吸收的测定方法常用的有体外试验法和体内试验法。

(1)体外试验法:有离体皮肤法、半透膜扩散法、凝胶扩散法和微生物扩散法等,其中以离体皮肤试验法较为接近实际情况。①离体皮肤法:在扩散池中将人或动物的皮肤固定,测定不同时间由供给池穿透到接受池溶液中的药物量,计算药物对皮肤的渗透率;②半透膜扩散法:取软膏装于内径及管长约为 2cm 的短玻璃管中,管的一端用玻璃纸封贴上并扎紧,将软膏紧贴于一端的玻璃纸上,并应无气泡,放入装有 100mL、37℃的水中以一定的时间间隔取样,测定药物含量,并绘制释放曲线。

(2)体内试验法:将软膏涂于人体或动物的皮肤上,经一定时间后进行测定,具体方法有:体液与组织器官中的药物含量测定法、放射性示踪原子法。

【岗位生产记录】

表 14 - 1　配料岗位记录

专业:_____　　班级:_____　　组号:_____

姓名:_____　　场所:_____　　时间:_____

品名:_____　　　　规格:_____

批号:_____　　　　日期:_____年_____月_____日

	原辅料名称	物料编码	批号	处方数量	投料数量	备注
投料						

投料						
总量						
备注						

操作人：_____　　　　　复核人：_____

表 14‐2　分装岗位记录

专业：_____　　　班级：_____　　　组号：_____

姓名：_____　　　场所：_____　　　时间：_____

品名：_____　　　　规格：_____

批号：_____　　　　日期：_____

开始分装时间：_____　　　分装结束时间：_____

待包装品领用量：_____　　　本工序产出量：_____

领用瓶子数量：_____　　　使用瓶子数量：_____

破损瓶子数量：_____　　　损耗率：_____

装量检查情况

生产过程中中控检查情况			
时间	每袋平均装量	外观是否符合要求标准	装量差异是否符合要求标准
	g		
	g	是□　否□	是□　否□
	g		
	g		
	g	是□　否□	是□　否□
	g		
	g		
	g	是□　否□	是□　否□
	g		
	g		
	g	是□　否□	是□　否□
	g		

操作人：_____　　　　　复核人：_____

【项目考核评价表】

表 14-3　红霉素软膏剂生产考核表

专业：_____　　班级：_____　　组号：_____

姓名：_____　　场所：_____　　时间：_____

考核项目	考核标准	得分
处方	处方组成、批量换算	
工艺流程	生产工艺流程图	
配制	温度、时间、投料顺序、比例	
灌封	带帽、一次性手套 灌封设备的使用 每隔 10min 检查一次	
包装	是否放说明书、封口签	
记录完成情况	记录真实、完整，字迹工整清晰	
清场完成情况	清场全面、彻底	
产品质量检查	操作准确，检查合格	
物料平衡率	符合要求	
总分		
总结		

考核教师：

二、软膏剂生产工艺

(一)软膏剂的基本知识

1.软膏剂的定义

软膏剂系指原料药物与油脂性或水溶性基质混合制成的均匀的半固体外用制剂。

因原料药物在基质中分散状态不同，分为溶液型软膏剂和混悬型软膏剂。溶液型软膏剂为原料药物溶解(或共熔)于基质或基质组分中制成的软青剂；混悬型软膏剂为原料药物细粉均匀分散于基质中制成的软膏剂。

乳膏剂系指原料药物溶解或分散矛乳状液型基质中形成的均匀半固体制剂。

软膏剂是指药物与油脂性基质或水溶性基质均匀混合制成的具有一定稠度的半固体外用制剂。含有大量药物粉末(一般在 25％以上)均匀地分散在适宜的基质中所组成的半固体外用制剂称为糊剂，可分为单相含水凝胶性糊剂和脂肪糊剂。

乳膏剂系指药物溶解或分散于乳剂型基质中形成的均匀的半固体外用制剂。由于基质的不同可分为 W/O 型与 O/W 型两类。O/W 型乳膏剂能与大量水混合，基质含水量较高，无油腻性，易洗除，色白如雪，故有"雪花膏"之称；W/O 型乳膏剂较不含水的油脂性软膏油腻性小，易涂布，且使用后水分从皮肤蒸发时有和缓的冷却作用，故有"冷霜"之称。

2.软膏剂基质的要求

(1)润滑无刺激,稠度适宜,易于涂布。

(2)性质稳定,与主药不发生化学反应。

(3)具有吸水性,能吸收伤口的分泌物。

(4)不妨碍皮肤的正常功能,具有良好的释药性能。

(5)易洗除,不污染衣服。

3.基质的类型

(1)油脂性基质:是指以动植物的油脂、类脂、烃类及硅酮类等疏水性物质为基质。此类基质的特点是:润滑、无刺激性;涂于皮肤能形成封闭性油膜,促进皮肤的水合作用,可保护、软化皮肤;理化性质稳定,主要用于遇水不稳定的药物制备软膏剂;油腻性及疏水性较大,不宜用于急性炎性渗出较多的创面,为克服其疏水性常加入表面活性剂或制成乳剂型基质来应用。常用的油脂性基质有以下三类。

1)烃类:系指从石油中得到的各种烃的混合物,其中大部分属于饱和烃。其性质稳定,很少与主药发生作用,不易被皮肤吸收,适用于保护性软膏。

①凡士林:为最常用的油脂性基质。又称软石蜡,是由液体和固体烃类组成的半固体混合物,熔程为 38~60℃,有黄、白两种,化学性质稳定,无刺激性,特别适用于遇水不稳定的药物。凡士林仅能吸收约 5% 的水,故常向其中加入适量羊毛脂、胆固醇或某些高级醇类可提高其吸水性能。

②石蜡与液状石蜡:石蜡为固体饱和烃的混合物,呈白色半透明固体状,熔程为 50~65℃;液状石蜡为液体饱和烃混合物,能与多数脂肪油或挥发油混合,最宜用于调节凡士林基质的稠度,也可用于调节其他类型基质的油相。

2)类脂类:系指高级脂肪酸与高级脂肪醇化合而成的酯及其混合物,有类似脂肪的物理性质,但化学性质较脂肪稳定,且具一定的表面活性作用而有一定的吸水性能,常用的有羊毛脂、蜂蜡、鲸蜡等。

①羊毛脂:为淡黄色黏稠微具特臭的半固体,是羊毛上的脂肪性物质的混合物,主要成分是胆固醇类的棕榈酸酯及游离的胆固醇类,熔程 36~42℃,具有良好的吸水性,羊毛脂可吸收自身重量二倍左右的水而形成 W/O 型乳剂基质,由于本品黏性太大而很少单用做基质,常与凡士林合用,以改善凡士林的吸水性与渗透性。

②蜂蜡与鲸蜡:蜂蜡的主要成分为棕榈酸蜂蜡醇酯,鲸蜡主要成分为棕榈酸鲸蜡醇酯,两者均含有少量游离高级脂肪醇而具有一定的表面活性作用,属较弱的 W/O 型乳化剂,在 O/W 型乳剂型基质中起稳定作用。蜂蜡的熔程为 62~67℃,鲸蜡的熔程为 42~50℃。

3)油脂类:系指高级脂肪酸甘油酯及其混合物,易氧化酸败。常用的有豚脂、植物油、氢化植物油、麻油、棉籽油、花生油等,其中植物油常与熔点较高的蜡类熔合制成稠度适宜的基质。

4)硅酮类:又称聚硅酮、硅油或二甲基硅油,是一系列不同分子量的聚二甲硅氧烷的总称。本品为一种无色或淡黄色的透明油状液体,无臭,无味,黏度随分子量的增加而增大,对大多数化合物稳定,但在强酸强碱中降解。本品对皮肤无毒、无刺激、易涂布,也常与其他油脂性原料合用制成防护性软膏。

(2)水溶性基质:是由天然或合成的水溶性高分子物质所组成。此类基质的特点是:能吸收组织渗出液,易洗除;不适用于遇水不稳定的药物;需加保湿剂、防腐剂;有刺激性,对皮肤的润滑、软化作用较差。目前常见的水溶性基质主要有以下几类。

1)聚乙二醇(PEG)：是用环氧乙烷与水或乙二醇逐步加成聚合得到的水溶性聚醚。药剂中常用的平均分子量在300～6000，随分子量的增大，其物理状态由液体逐渐过渡到固体，一般 PEG700 以下均是液体，PEG1000、1500 及 1540 是半固体，PEG 2000～6000 是固体，常将不同分子量的聚乙二醇按适当比例混合以得到稠度适宜的基质。此类基质易溶于水，能与渗出液混合且易洗除，能耐高温，不易霉败。

2)甘油明胶：由 10％～30％的甘油、10％～30％的明胶与水加热制成。

3)纤维素衍生物类：属于半合成品，常用的有甲基纤维素和羧甲基纤维素钠。

4)卡波姆：为白色疏松粉末，引湿性强，水溶液黏度低，呈酸性，加碱中和后呈稠厚凝胶。本品无毒，耐热，但对眼黏膜有严重刺激性，故不能用来做眼膏。

4.软管种类和规格

由于软管直接接触软膏，属于内包材，并且软膏剂出厂后有一定的保质期，因此对灌装使用的软管有严格要求。软管材料与膏剂基质不能发生理化作用，不能经挤压后有回吸现象，管内壁要求干净清洁，管壁要求不透气，管外壁能容易涂上色彩鲜艳的图案和商标，而且不易脱落。

常用的软管有内壁涂膜铝管、塑料管和复合材料管。过去曾用过的铅锡管包装材料已被淘汰不再使用。

(1)内壁涂膜薄顶铝管：采用高纯度铝冲制成管子，既有较好强度，又容易挤压，不会回吸等优点。管内壁涂料，无毒、无味，采用二次喷涂工艺，经干燥、固化，形成防腐膜。铝管经印刷、捻盖后装盒。

(2)塑料管：价格便宜，耐腐蚀性好，但管壁有透气性，管内软膏的水分和芳香族物质不能长期保存，外壁印刷困难，容易脱落，管壁挤压后有回吸作用，影响软膏剂的质量，故应采用优质(外表面印刷的)塑料管。

(3)复合材料管：针对塑料管所存在的缺点，经改进过的新型材料。管壁由七层材料组成：最里层聚乙烯塑料，涂胶水，粘上很薄的铝箔，再涂胶水，粘上好图案的纸，再涂胶水，粘上透明的塑料。这样的复合材料管是耐腐蚀、强度较好，透气性很低，又可印上色彩鲜艳、不易脱落的商标图案，回吸性也小的较理想的软管。目前复合材料管成本价格尚较高，多用于产品附加值高的产品。

5.软膏剂的制备方法

软膏剂的制备一般采用研磨法和熔合法，乳膏剂采用乳化法。制备方法的选择需根据药物与基质的性质、用量及设备条件而定。

(1)研磨法：主要用于半固体油脂性基质与药物在常温下能混匀、或主药对热不稳定的软膏制备。可先取药物与部分基质或适宜液体研磨成细腻糊状，再递加其余基质研匀至取少许涂布于手背上无颗粒感觉为止。大量生产时可用电动研钵进行。

(2)熔融法：凡软膏中含有基质的熔点不相同，如含有熔点较高固体成分的基质，须用此法。操作时一般先将熔点较高的物质熔化，再加熔点低的物质，最后加液体成分和药物，以避免低熔点物质受热分解。通常先将基质加热熔化，滤过，加入药物，搅匀并至冷凝。大量制备可用电动搅拌机混合。含不溶性药物粉末的软膏，可通过研磨机进一步研磨使无颗粒感，常用三滚筒软膏机(图 14-2)，使软膏受到滚辗研磨，更细腻均匀。

图 14-2　三滚筒软膏剂工作流程图

(3)乳化法:是专门用于制备乳膏剂的方法。将处方中油脂性和油溶性组分(如凡士林、羊毛脂、硬脂酸、高级脂肪醇、单硬脂酸甘油酯等)一并加热熔化,作为油相,保持油相温度在80℃左右;另将水溶性组分(如硼砂、氢氧化钠、三乙醇胺、月桂醇硫酸钠及保湿剂、防腐剂等)溶于水,并加热至与油相相同温度或略高于油相温度(防止两相混合时油相中的组分过早析出或凝结),油、水两相混合,不断搅拌,直至乳化完成并冷凝成膏状物即得。油、水均不溶解的组分最后加入,混匀。如有需要,在乳膏冷至 30℃左右时可再用胶体磨研磨,得到更加细腻、均匀的产品。

(二)软膏剂的生产工艺流程

1.软膏剂生产主要单元操作

原料→称量→配制→灌封→包装→检验、入库

基质→预处理　　　　灭菌←软膏管

2.软膏剂生产工艺流程

软膏剂的油脂性基质(凡士林)在使用前需经灭菌处理,可用反应罐夹套加热至 150℃保持 1h,起到灭菌和蒸除水分作用。过滤采用多层细布抽滤或压滤方法,去除各种异物。其生产工艺流程见图 14-3。

乳剂药膏的油相配制,将油或脂肪混合物的组分放入带搅拌的反应罐中进行熔融混合,加热至 80℃左右,通过 200 目筛过滤。水相配制是将水相组分溶解于蒸馏水中,加热至80℃,也经过筛子过滤。固体药物原料可直接加入配制罐内,也可加入水相或油相后再加入配制罐,根据生产工艺需要而定。但固体药物的细度有一定的要求,尤其是眼用药膏,一般是 50~70μm。通常需要用到的粉碎设备是气流粉碎机、胶体磨等。工艺流程见图 14-4。

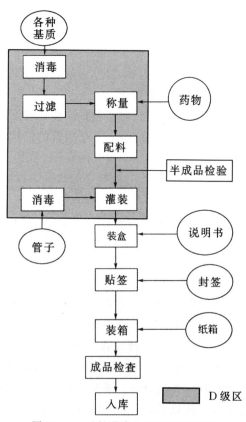

图 14-3　油性药膏生产工艺流程图

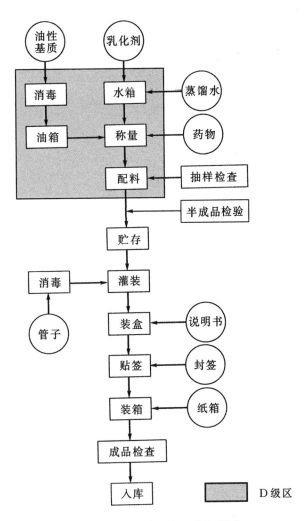

图 14 - 4　乳膏生产工艺流程图

三、软膏剂生产设备

软膏剂的生产是由与生产工艺相配套的一系列设备所组成的灌装线,主要由加热罐、配料锅、制膏机和灌封设备所组成(图 14 - 5)。

(一)加热罐

凡士林、石蜡等油性基质在低温时常处于半固体状态,与主药混合之前需加热降低其黏稠度(表 14 - 4)。

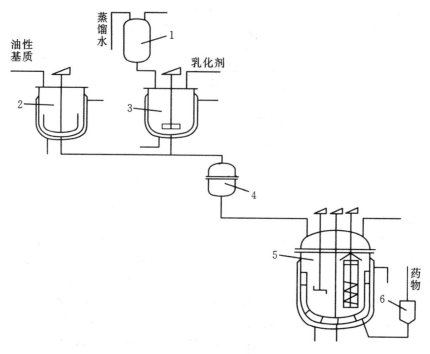

图 14-5　乳膏剂配料流程

1.高位水槽;2.油相罐;3.水相罐;4.过滤器;5.真空均质制膏机;6.加料器

表 14-4　加热罐介绍表

名称	加热罐
结构	多采用蛇管蒸汽加热器加热,在蛇管加热器中央安装有一个桨式搅拌器,见图 14-6。低黏稠基质被加热后多使用真空管将其从加热罐底部吸出,再进行下一步的处理。输送物料的管线也需安装适宜的加热、保温设备,以避免黏稠性基质凝固后造成管道堵塞
工作过程	对于黏稠度较好的物料,当多种基质辅料在配料前也要使用加热罐加热与预混匀。一般采用夹套加热器内装框式搅拌器。大多数是从顶部进料,底部出料。对于真空吸料式的加热罐,则必须是封闭的罐盖,并配有灯孔和视镜。采用高位槽加料时,一般将罐盖做成半开的,即半边能开启、另一半也固定在罐体上。在制造此种设备时要有相应的防尘及防止异物掉入罐内的装置。此种加热罐的优点是方便清洗
结构示意图	图 14-6　加热罐结构示意图 1.加热罐壳体;2.蛇管加热器;3.搅拌器;4.真空管

(二)配料罐

在制备基质时,为了保证充分熔融和各组分充分混合,一般需加热、保温和搅拌。所用的油膏、乳膏的基质配料设备,称为配料罐。配料设备从过去一般的不锈钢或搪瓷反应罐发展到现在使用的不锈钢真空均质配料罐(表14-5)。

表14-5 配料罐介绍表

名称	配料罐
结构及工作过程	设备在锅体和锅盖之间装有密封圈,其搅拌系统由电机、减速器、搅拌器构成。配料锅的夹套可以采用热水或蒸汽加热。使用热水加热时,根据对流原理,排水阀安装在上部,进水阀安装在设备底部,此外在夹套的较高位置安装有放气阀,防止顶部放气而降低传热效果。在搅拌器轴穿过锅盖的部位安装有机械密封,除了为了维持密封锅内真空或压力外,还有防止锅内药物被传动系统的润滑油污染。真空阀是用来接通真空系统,主要是为了配料锅内物料引进和排出。使用真空加料时,可以有效防止芳香族原料向大气中散发;用真空排料时,需将接管伸入到设备底部。也可采用泵从底部向罐内送料或排料。在配制膏剂时,锅内壁要求光滑,搅拌桨选用框式,其形状要尽量接近内壁,间隙尽可能小,必要时安装聚四氟乙烯刮板,从而保证将内壁上黏附着的物料刮干净(图14-7)
结构示意图	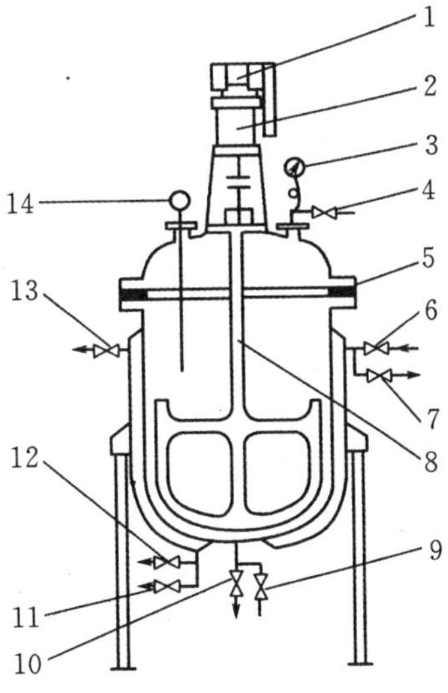 图14-7 配料罐 1.电机;2.减速器;3.真空表;4.真空阀;5.密封圈;6.蒸汽阀;7.排水阀; 8.搅拌器;9.进泵阀;10.出料阀;11.排气阀;12.放气阀;13.温度计;14.机械密封

(三)制膏机

在软膏剂的制备过程中,制膏机是配制软膏剂的关键设备。所有物料都在制膏机内搅拌均匀、加温、乳化。在制备时,要求搅拌器性能好、操作方便、便于清洗。优良的制膏机能制成细腻、光滑的软膏。常用制膏机有真空均质制膏机(FRYMA公司)(表14-6)、真空均质制膏机(OLSA公司)(表14-7)。

表 14 - 6 真空均质制膏机介绍表

名称	真空均质制膏机(FRYMA公司)
结构及特点	真空制膏机内包括三组搅拌,一是主搅拌(20r/min),二是溶解搅拌(1000r/min),三是均质搅拌(3000r/min)。主搅拌是刮板式搅拌器,装有可活动的聚四氟乙烯刮板,可避免膏体粘附于罐壁而过热、变色,同时影响传热。主搅拌速度较慢,既能混合软膏剂各种成分,又不影响软膏剂的乳化过程。溶解搅拌速度较快,能快速将各种成分粉碎、搅混,有利于投料时固体粉末的溶解。均质搅拌高速转动,内带转子和定子起到胶体磨作用,在搅拌叶带动下,膏体在罐内上下翻动,把膏体中颗粒打得很细,搅拌得更均匀。这种制膏机制成的膏体细度在 $2\sim15\mu m$ 之间,且大部分接近 $2\mu m$。该制膏机的膏体更为细腻,外观光泽度更亮(图 14 - 8)。 该种制膏机的罐盖靠液压自动升降,罐体能翻转90°,有利于出料和清洗。主搅拌转速能够无级变速,可以根据工艺要求在 $5\sim20r/min$ 间调节。该机附有真空抽气泵,膏体经真空脱气后,可以消除膏体中的小气泡,香料更能渗透到膏体内部。采用真空制膏机,可以使得辅料和香料的投料量减少,测得成品含量不变,这是由膏体分散得更均匀所造成的
结构示意图	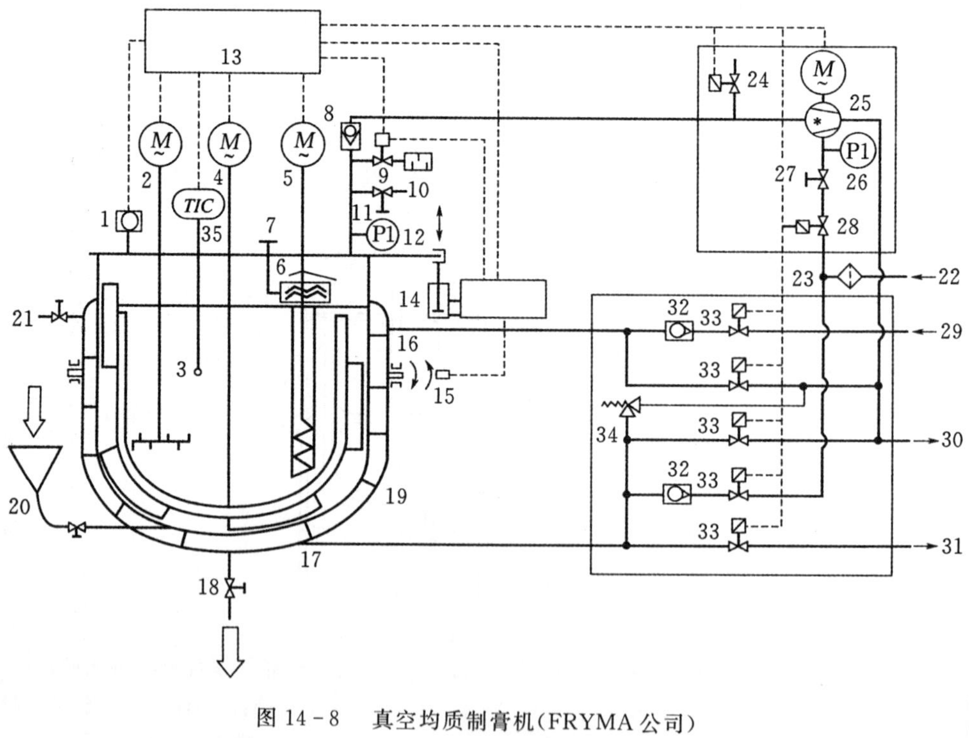 图 14 - 8 真空均质制膏机(FRYMA公司) 1.视镜;2.溶解器;3.温度计;4.搅拌器;5.均质器;6.液膜分配器;7.磨缝调节; 8.止回阀;9.自动排气阀;10.消声器;11.真空调节开关;12.真空表;13.电开关装置; 14.液压升降;15.液压倾斜;16.进气出水口;17.进水排冷凝水口;18.出料;19.导流板; 20.加料;21.排气;22.进水;23.水过滤器;24.自动通气阀;25.真空泵;26.压力表; 27.水调节器;28、33.电磁阀;29.进气;30.排水;31.排气;32.止回阀;34.安全阀

表 14 - 7 真空均质制膏机介绍表

名称	真空均质制膏机(OLSA 公司)
结构及特点	设备的均质器安装于罐底,整体外形紧凑,适用于容积较大的制膏机和固体量较大的膏体(图 14 - 9)
结构示意图	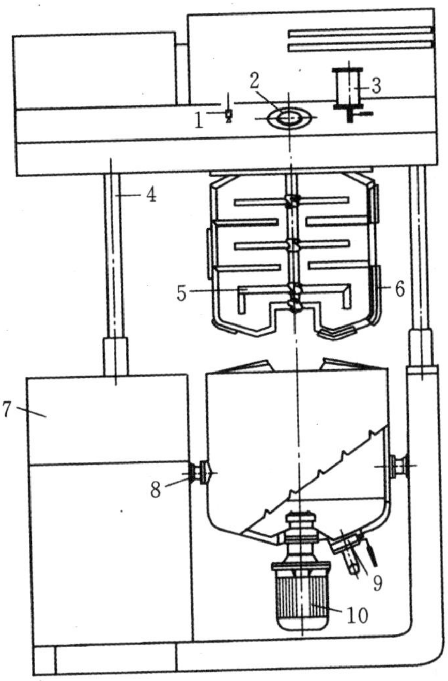 图 14 - 9 真空均质制膏机(OLSA 公司) 1.加料球阀;2.视镜及刮水器;3.香料瓶;4.立柱;5.内搅拌桨; 6.带刮板外搅拌桨;7.操作面板;8.翻转轴;9.出料阀;10.均质乳化器

(四)灌封设备

软膏剂软管自动灌装机主要包括输管、灌装、封底、出料等主要机构组成。常用灌装设备有 GZ 型自动灌装机(表 14 - 8)、TFS 型灌注机(14 - 9)。

表 14 - 8 GZ 型自动灌装机介绍表

名称	GZ 型自动灌装机
结构	GZ 型自动灌装机以其工作的功能,可分为五个组成部分:上管机构、灌装机构、光电对位装置、封口机构、出管机构。该机各工位管座的俯视图见图 14 - 10。各管座置于管链式传送机构带动的托杯上

结构示意图	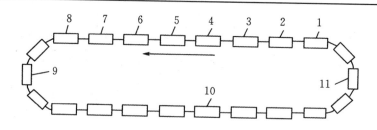 图 14－10 灌装机管座俯视图 1.灌装；2.对位；3,7.轧花；4,6.折叠；5.翻平；8.轧花；9.出管；10.送管；11.清洗
工作过程	(1)输管机构：由进管盘和输管盘组成。操作人员手工将空管单向卧置(管口朝向一致)推进管盘内，进管盘与水平面成一定斜角。空管输送道可根据空管长度调节其宽度。靠管身自身重量，空管在输送道的斜面下滑，出口处被插板挡住，使空管不能越过。利用凸轮间歇带动升高杠杆，下端口抬起，使最前面一支空管越过插板，并受翻管板作用(翻身由凸轮控制，通过翻身器连杆和摆杆，推动翻身器翻转 90°)，空管以管尾朝上的方向被滑入管座。 凸轮的旋转周期和管座链的间歇移动周期一致。在管座链拖带着管座移开的过程中，同时进管盘下端口下落到插板以下，进管盘中的空管顺次前移一段距离。插板具有阻挡空管的前移及利用翻管板使空管轴线由水平翻转成竖直作用，见图 14－11。 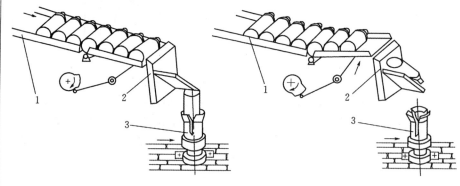 图 14－11 插板控制器及翻管示意图 1.进管盘；2.插板(带翻管板)；3.管座 (2)灌装机构：在灌装药物时要保证灌入空管内的药物不能黏附在管尾口上；保证每次灌装药物的剂量准确；还要保证当管座中没有管子时，不向外灌药，避免污染设备。 灌装药物是采用活塞泵计量，可通过冲程摇臂下端的螺丝来调节活塞行程从而保证计量精度。见图 14－11，其是灌装活塞动作示意图。随着冲程摇臂做往复运动，控制旋转的泵阀间或与料斗接通，使得物料进入泵缸；间或与灌药喷嘴接通，将缸内的药物挤出喷嘴而完成灌药工作。 这种活塞泵还有回吸功能。当活塞冲到前顶端，软管接受药物后尚未离开喷嘴时，活塞先轻微返回一小段，此时泵阀尚未转动，喷嘴管中的膏料即缩回一段距离，可以避免嘴外的余料碰到软管封尾处的内壁，而影响封尾质量。 在喷嘴内配套有一个吹风管，平时膏料从风管外的环境中喷出。灌装结束，开始回吸时，泵阀上的转齿接通压缩空气管路，用来吹净喷嘴端部的膏料。

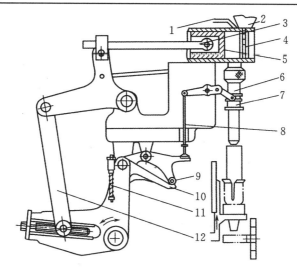

图 14 - 12　灌装活塞动作示意图

1.压缩空气管;2.料斗;3.活塞杆;4.回转泵阀;5.活塞;6.灌药喷嘴;

7.释放环;8.顶杆;9.滚轮;10.滚轮机;11.拉簧;12.冲程摇臂

　　当管座链拖动管座停位在灌药喷嘴下方时,利用凸轮将管座抬起,令空管套入喷嘴。管座的抬起动作是沿着一个槽形护板进行。护板两侧嵌有用弹簧支承的永久磁铁,利用磁铁吸住管座,可以保持管座升高动作稳定。

　　管座上的软管上升时将碰到套在喷嘴上的释放环,推动其上升。通过杠杆作用,使顶杆下压摆杆,将滚轮压入滚轮轨,从而使冲程摇臂受传动凸轮带动,将活塞杆推向右方,泵缸中的膏料挤出。如果管座上没有空管时,管座上升,并没有软管来推动释放环时,拉簧使滚轮抬起,不会压入滚轮轨,传动凸轮空转,冲程摇臂不动。保证无管时不灌药,既防止药物损失,又不会污染机器和被迫停车清理。在活塞泵缸上方置有料斗,它的外臂安装有电热装置,当膏料黏度较大时,可适当加热,以保持其有一定的流动性。

(3)光电对位装置:空管放入空管输送道经翻身器插入管座时,每支管子商标图案无方向性。光电对位装置的作用是使软膏管在封尾前,管外壁的商标图案都排列成同一个方向,使产品的外观质量提高。

该装置主要由步进电机和光电管完成。软管被送到光电对位工位时,对光升降凸轮使提升杆向上抬起,带动提升套抬起,使管座离开托杯,而在光电管架上的圆锥中心头压紧软管。此时,通过接近开关控制器,使步进电机由慢速转动变成快速转动,管子和管座随着旋转。当反射式光电开关识别到管子上预先印好的色标条纹后,步进电机就能制动,停止转动,再由对光升降凸轮的作用,提升套随之下降,管座落到原来的托杯中,完成对位工作。光电开关离开色标条纹后,步进电机仍又开始慢速转动,等待下一个循环。装置见图 14 - 12。软管上的色标要求与软管的底色反差要大。

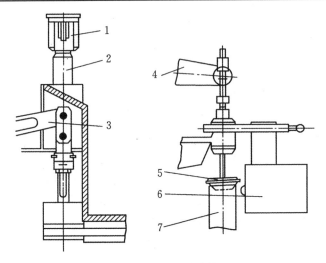

图 14 - 13　光电对位装置

1.托杯;2.提升套;3.提升杠杆;4.摆杆;

5.圆锥中心头;6.反射式光电开关;7.软管

　　(4)封口机构:根据软管材质,有对塑料管的加热压纹封尾和对金属管的折叠式封尾。折叠式封口机构,在封口架上配有三套平口刀站、两套折叠刀站、一套花纹刀站。封口机架除了支承六套刀站外,还可根据软管不同长度调整整套刀架的上、下位置。封口机构通过两对弧齿圆锥齿轮、一对正齿轮将主轴上动力传递到封口机构的控制轴上,依靠一对封尾共扼凸轮和杠杆把动作传送到封尾轴,在封尾轴上安装着各种刀站。刀站上每套架有两片刀,同时向管子中心压紧。封口顺序见图 14 - 14;其中 1,3,5 是平刀站完成,2,4 是折叠刀站完成,6 是花纹刀站完成。平刀站上有前后两把刀片,向中间轧平管尾。轧尾的宽度可以调节。

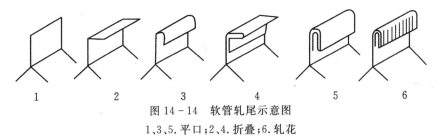

1　　　　2　　　　3　　　　4　　　　5　　　　6

图 14 - 14　软管轧尾示意图

1、3、5.平口;2、4.折叠;6.轧花

　　折叠刀站见图 14 - 14。前折叠装置上的摆杆控制刀片合拢,刀片上的弹簧可调节夹紧力,要求在没有管子时,前刀片折叠面比后刀片低 0.1mm。后折叠装置由摆杆控制推杆上的尼龙滚柱,折弯管子尾部。推杆上的弹簧可调节夹紧力。

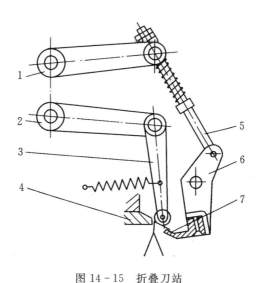

图 14 - 15　折叠刀站

1、2.摆杆；3.推杆；4.后刀片；5.调节螺杆；6.前刀片挂脚；7.前刀片

　　花纹刀站的动作基本同于平口刀站，只是刀片上刻有花纹，加强管子封尾的牢度。前花纹刀片要与后花纹刀片上的凹凸部分互相啮合。六套刀架站工作位置要根据管子长度、折边宽度做耐心细致调节。

(5)出料机构：封尾后的软管随管座链停位于出料工位时，主轴上的出料凸轮带动出料顶杆上抬，从管座的中心孔将软管顶出，使其滚翻到出料斜槽中，滑入输送带，送去外包装。顶杆中心应与管座中心对正，保证顶出动作顺利进行，见图 14 - 16。

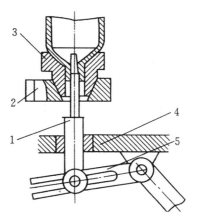

图 14 - 16　出料顶杠对位示意图

1.出料顶杆；2.管座链节；3.管座；4.机架；5.凸轮摆杆；6.无滑差无级调速器

表 14-9 TFS 型灌注机介绍表

名称	TFS 型灌注机
结构	TFS 型灌注机连同送管机、装盒机可组成软管灌装线。灌注机结构原理见图 14-17。主要部件有软管输送槽、转盘、料斗、活塞及泵、旋转阀、软管封尾、合格品及次品排出机构、机座、传动系统、控制箱
结构示意图	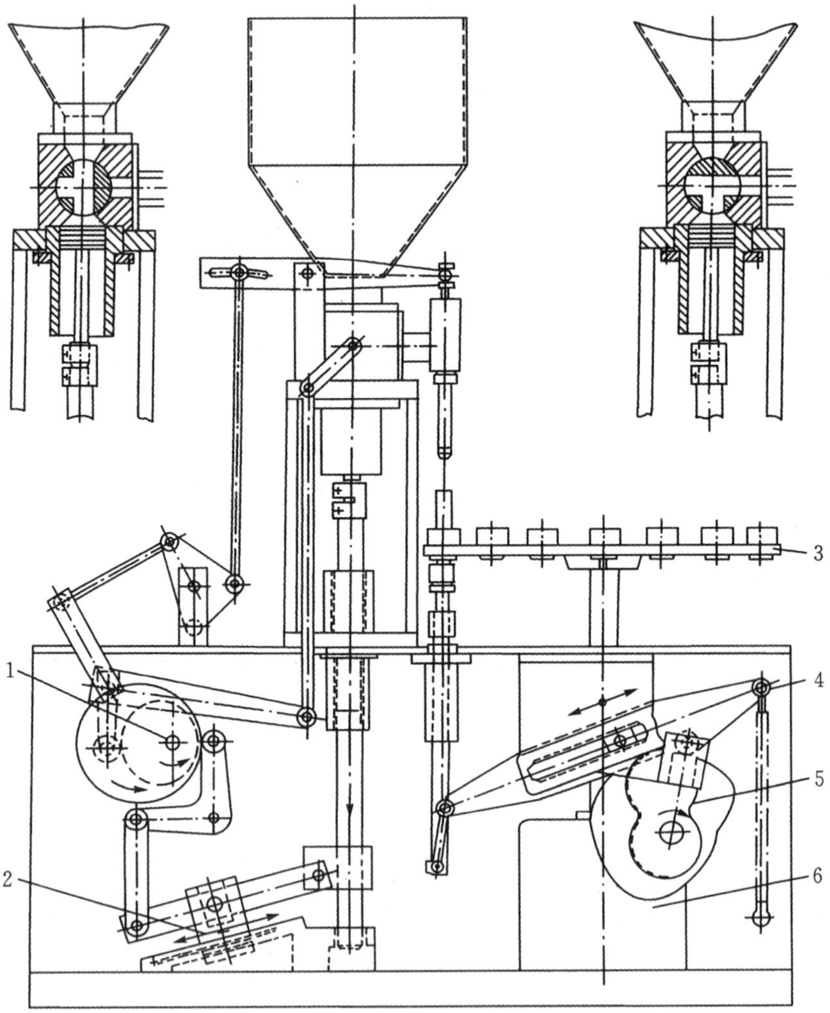 图 14-17 TFS 型灌注机结构示意图 1.凸轮主轴;2.灌注量调节;3.转盘;4.顶管器;5.凸轮;6.变速箱
工作过程	灌注机的圆形转盘上设置 14 个工位。软管在工位 1 送入,经真空安置于管座内;在工位 2 软管定位,用压缩空气清洁管子,管帽由下方锁到管口上;工位 3 光电对位,并检查管口,如有凹陷边缘则此管停止灌注;工位 5 软膏灌注;工位 7 至 9 管尾折叠封口;工位 10 冷却、压印;工位 12 合格管排出;工位 13 废品排出

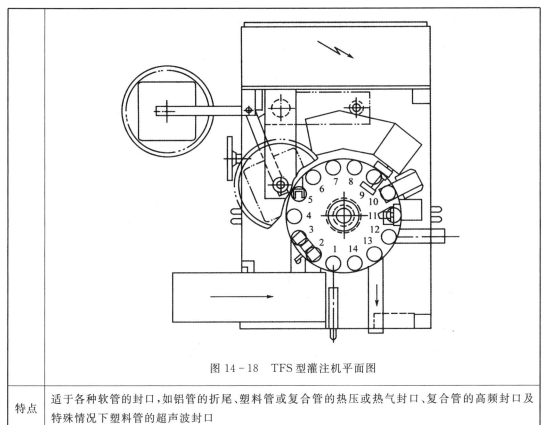

图 14-18　TFS 型灌注机平面图

特点	适于各种软管的封口,如铝管的折尾、塑料管或复合管的热压或热气封口、复合管的高频封口及特殊情况下塑料管的超声波封口

四、软膏剂生产质量控制点

软膏剂生产质量控制点见表 14-10。

表 14-10　软膏剂生产质量控制点

工序	控制要点	控制项目	检查指标	检查方法
配料	投料	原辅料投料量	符合生产指令要求	按批生产指令、有人复核
	灭菌	温度、时间、压力	121℃,30min,0.1MPa	仪表、计时
	配制	过滤、保温	120 目筛、80℃	检查筛网、仪表
	含量	主药含量	标示量的 90%～110%	检测
铝管灭菌	臭氧灭菌	灭菌时间	90min	计时
灌装	灌装品	装量	符合内控标准	重量法
		外观	折边、封尾整齐,批号清晰	目检
目检	内包装品	铝管封尾、批号	封尾整齐、批号清晰	目检
外包装	包装品	说明书、小盒	品名、规格、批号应相符	
		装盒、装箱	数量要正确、有装箱单	查数量、复核品名、批号

项目十五　栓剂生产

一、实训任务

【实训任务】　对乙酰氨基酚栓剂的生产。

【处方】　对乙酰氨基酚 150g,混合脂肪酸甘油酯 600g,吐温-80 50mL。

【规格】　0.3g/枚,批量 2500 枚。

【工艺流程图】　工艺流程见图 15-1。

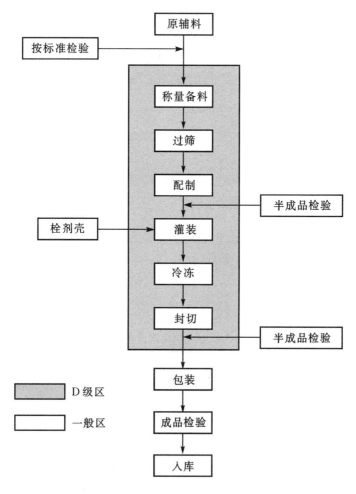

图 15-1　对乙酰氨基酚栓剂的生产工艺流程图

【生产操作要点】

(一)生产前确认

(1)每个工序生产前确认上批产品生产后清场应在有效期内,如有效期已过,须重新清场并经 QA 检查颁发清场合格证后才能进行下一步操作。

(2)凭领料单,按《物料发放和剩余物料退库管理规定》及《包装材料领用和发放标准操作程序》领取所需物料。

(3)每个工序生产前应对计量器具的称量范围、校验效期进行复核。不在校验效期内不得使用。

(4)将灌装机储料桶上的塞子拔下,倒进约 15kg 的纯化水,打开加热器开关,待水温上升到 50～80℃,以保持药液所需的灌装温度。

(二)配料

(1)按照指令上处方量准确称量所用原、辅料,称量时须有 QA 复核。

(2)将称量好的混合脂肪酸甘油酯放入水浴中加热,水温在 50～70℃ 之间,待基质完全融化后将对乙酰氨基酚缓缓加入并搅拌至完全混匀。

(3)将各种辅料按处方顺序依次加入吐温-80、纯化水,然后搅拌 10～15min 左右,配好的药液应呈淡黄色。

(4)将配好的药液加入到灌装机加料器中,打开搅拌开关,搅拌 25min 左右开始灌装。

(三)半成品检验

半成品检验项目有性状、鉴别、含量等。

(四)灌装

(1)先将冷冻温度设定好(-5℃左右),然后将冷冻开启,根据容器容积,调整好计量旋纽,并读出数据。

(2)将壳带卷置于灌装机承料盘上,旋动中间旋纽,以调整盘的高度与送带轨道下轨在一条水平线上。

(3)将壳带引入计量块下跑动导板,拨动旋纽调整下导件高度,使容器上部边缘接近销子底部并调整上轨道使之能自由滑动,调整好后将壳带开口对准喷嘴,打开变频器开关和走带开关,开始灌装。

(五)冷冻

(1)将冷冻开启,设定好所需固化的温度(-5℃以下),观察冷冻线内承料盘旋转台是否正常转动。

(2)待旋转台正常运转后将灌装后的栓剂壳带送入冷冻机口,大约在冷机中停留 20～30min,承料盘转至出口位置与封切机相连进入封切机。

(六)封切

(1)开启主电机,调整好预热温度及热封温度(在正常生产条件下,预热温度应适当)。

(2)设定剪切的数量,将冷冻机中已冻结的栓剂壳带拉出送入封切机口,开始封切。

(3)将封切后合格的栓剂转入中转站。

(七)半成品检验

半成品检验项目有性状、重量差异、鉴别、含量、融变时限等。

(八)包装

略。

（九）成品检验

成品检验为全项检验，检验项目有外观、重量差异、融变时限、微生物限度等。

（十）入库

略。

【栓剂质量要求与检查方法】

（一）栓剂质量要求

（1）药物与基质应混合均匀，栓剂外形应完整光滑，无刺激性。

（2）塞入腔道后在体温下能融化、软化或溶化，并与分泌液混合，逐步释放出药物。

（3）有适宜的硬度和韧性，以免包装、贮藏或使用时变形。

（4）所用内包装材料应无毒，并不得与药物或基质发生理化作用。

（5）除另有规定外，栓剂应贮存于30℃以下密闭于容器中保存。油脂型基质的栓剂应格外注意避热，最好在冰箱中（-2~2℃）保存；甘油明胶类水溶性基质的栓剂可室温阴凉处贮存，以免吸湿、变形、变质等。

（二）除另有规定外，栓剂应进行以下相应检查

【重量差异】

按照下列方法检查，应符合规定。

检查法：取供试品10粒，精密称定总室量，求得平均粒重后，再分别精密称定每粒的重量。每粒重量与平均粒重相比较（有标示粒重的中药栓剂，每粒重量应与标示粒重比较），按表中的规定，超出重量差异限度的不得多于1粒，并不得超出限度1倍（表15-1）。

表 15-1　栓剂的重量差异限度要求

平均粒重或标示粒重	重量差异限度
1.0g 及 1.0g 以下	±10%
1.0g 以上至 3.0g	±7.5%
3.0g 以上	±5%

凡规定检查含量均匀度的栓剂，一般不再进行重量差异检查。

【融变时限】

除另有规定外，照融变时限检查法检查，应符合规定。

【微生物限度】

除另有规定外，照非无菌产品微生物限度检查：微生物计数法和控制菌检查法及非无菌药品微生物限度标准检查，应符合规定。

【岗位生产记录】

表 15-2　配料岗位记录

专业：＿＿＿＿＿＿＿＿＿　　班级：＿＿＿＿＿＿＿＿＿　　组号：＿＿＿＿＿＿＿＿＿

姓名：＿＿＿＿＿＿＿＿＿　　场所：＿＿＿＿＿＿＿＿＿　　时间：＿＿＿＿＿＿＿＿＿

品名		批号		规格		批量	
操作前准备	1.检查操作间门上是否挂有"清场合格证(副本)"标示。□ 2.检查房间、设备、工器具是否清洁完好,是否在规定的有效期内。□ 3.检查计量器具是否在规定的计量有效期内,校正计量器具。□ 4.按生产指令领取各种物料,核对品名、编号(批号)、规格、检验报告单等。□ 5.检查设备、岗位 SOP 等文件是否齐全。□ 注:检查合格在□中划√,不合格划× 操作者：　　工段长：　　年　月　日						
操作过程	按称量、复核标准操作规程称取各种原辅料,按岗位操作法进行操作,将已称取好的原辅料进行称量、配料。						

项目	测量时间	测量结果	测量者	质量检查员	标准
温度					
湿度					
压差					

1.原辅料的称量与复核:执行称量、复核标准操作规程 C-SOP008

生产日期	年　　月　　日				
原辅料名称	批号	毛重(g/mL)	皮重(g/mL)	净重(g/mL)	备注

操作者：	复核者：	质量检查员：	监督人：

表 15-3　灌装岗位记录

专业：＿＿＿＿＿＿＿＿＿　　班级：＿＿＿＿＿＿＿＿＿　　组号：＿＿＿＿＿＿＿＿＿

姓名：＿＿＿＿＿＿＿＿＿　　场所：＿＿＿＿＿＿＿＿＿　　时间：＿＿＿＿＿＿＿＿＿

开始分装时间		分装结束时间	
本工序产出量		领用栓壳数量	
使用栓壳数量		破损栓壳数量	
损耗率			
装量检查情况			

生产过程中中控检查情况			
时间	每支平均装量	外观是否符合要求标准	装量差异是否符合要求标准
	g	是□ 否□	是□ 否□
	g		
	g		
	g	是□ 否□	是□ 否□
	g		
	g	是□ 否□	是□ 否□
	g		
	g		
	g	是□ 否□	是□ 否□
	g		
	g		
	g	是□ 否□	是□ 否□
	g		
	g		
	g	是□ 否□	是□ 否□
	g		
	g		

【项目考核评价表】

表 15 - 4　对乙酰氨基酚栓剂生产考核表

专业：＿＿＿＿＿＿＿＿＿＿　　　班级：＿＿＿＿＿＿＿＿＿＿　　　组号：＿＿＿＿＿＿＿＿＿＿

姓名：＿＿＿＿＿＿＿＿＿＿　　　场所：＿＿＿＿＿＿＿＿＿＿　　　时间：＿＿＿＿＿＿＿＿＿＿

考核项目	考核标准	得分
处方	处方组成、批量换算	
工艺流程	生产工艺流程图	
配料	称量配料准确、双人复核 基质熔融的温度 原辅料加入的顺序	
灌装	计量旋钮的调整； 灌装工序的标准操作规程	
冷冻	固化温度的设定 冷冻机的使用	

封切	封切的操作	
记录完成情况	记录真实、完整,字迹工整清晰	
清场完成情况	清场全面、彻底	
产品质量检查	操作准确,检查合格	
物料平衡率	符合要求	
总分		
总结		

考核教师:

二、栓剂生产工艺

(一)栓剂的基本知识

1.栓剂的定义

栓剂指药物与适宜基质制成供人体腔道给药的固体制剂,亦称坐药或塞药。栓剂在常温下为固体,塞入腔道后,在体温下能迅速软化、熔融或溶解于分泌液,逐渐释放药物而产生局部或全身作用。

2.栓剂的类型

(1)按给药途径分类:分为肛门栓、阴道栓、尿道栓、喉道栓、耳用栓和鼻用栓、牙用栓等,其中最常用的是肛门栓和阴道栓。为适应机体的应用部位,栓剂的形状各不相同。肛门栓有圆锥形、圆柱形、鱼雷形等形状,其中以鱼雷形最为常见,塞入肛门后,在肛门括约肌的收缩作用下容易压入直肠内;阴道栓有球形、卵形、鸭嘴形等形状,其中以鸭嘴形的表面积最大,最为常用;尿道栓一般为棒状,一端稍尖(表 15－5)。

表 15－5 肛门栓和阴道栓的常见形状

名 称	形 状		性状及特点
肛门栓	圆柱形		每颗重量约 2g,儿童用约 1g,长 3～4cm,其中以鱼雷形较好,此种形状的栓剂塞入肛门后,由于括约肌的收缩作用容易压入直肠内
	圆锥形		
	鱼雷形		
阴道栓	球形		每颗重量 3～5g,直径 1.5～2.5cm,其中以鸭嘴形较好,因为相同重量的栓剂,鸭嘴形的表面积较大
	卵形		
	鸭嘴形		

(2)按制备工艺与释药特点分类。

1)双层栓:一种是内外层含不同药物,另一种是上下两层,分别使用水溶或脂溶性基质,将不同药物分隔在不同层内,控制各层的溶化,使药物具有不同的释放速度。

2)中空栓:可达到快速释药目的。中空部分填充各种不同的固体或液体药物,溶出速度比普通栓剂要快。

3)缓、控释栓:微囊型、骨架型、渗透泵型、凝胶缓释型栓剂。

3.栓剂的特点

栓剂是腔道给药的优良剂型,其作用可分为局部作用和全身作用两种。肛门栓既可起局部治疗作用,又可起全身治疗作用;阴道栓则主要起局部作用。

(1)局部作用:局部作用的栓剂用于腔道中,可使其中的药物分散于黏膜表面而发挥局部治疗作用,如润滑、收敛、止痛止痒、抗菌消炎、杀虫、局麻等作用。该种栓剂只在腔道局部起作用,应尽量减少吸收,故应选择融化或溶解、释药速度慢的基质。水溶性基质制成的栓剂因腔道中的液体量有限,使其溶解速度受限,释放药物缓慢,较脂肪性基质更有利于发挥局部药效。

(2)全身作用:全身作用的栓剂药物能通过黏膜表面吸收至血液起全身作用,如解热镇痛药、抗生素类药、肾上腺皮质激素类药、抗恶性肿瘤治疗剂等。一般要求迅速释放药物,特别是解热镇痛类药物宜迅速释放、吸收。栓剂给药后的吸收途径主要有三条。①通过直肠上静脉进入肝脏,进行代谢后再由肝脏进入血液循环;②通过直肠下静脉和肛门静脉,绕过肝脏进入下腔静脉直接进入血液循环。因此,栓剂在应用时塞入不宜太深,距肛门口约2cm处为宜,这样可使一半以上的药物不经过肝脏代谢;③通过直肠黏膜进入淋巴系统,淋巴系统对直肠药物的吸收几乎与血液处于相同地位。

4.栓剂处方组成

栓剂的处方组成包括药物、基质和附加剂。

(1)药物:制备栓剂用的固体药物可以溶于基质中,也可以混悬于基质中。对于难溶性固体药物,除另有规定外,应选用适宜方法制成细粉,并且能全部通过六号筛。

(2)栓剂的基质:栓剂基质,不仅有使制剂成型的作用,还直接影响药物释放、吸收。

1)优良的栓剂基质应符合下列要求:①室温时具有适宜的硬度与韧性,当塞入腔道时不变形,不破碎。在体温下易融化、软化或溶解;②具有润湿或乳化能力,水值较高,能混入较多的水;③不因晶形的软化而影响栓剂的成型;④基质的熔点与凝固点的间距不宜过大,油脂性基质的酸价在0.2以下,皂化值应在200～245之间,碘价低于7;⑤适用于冷压法及热熔法制备栓剂,且易于脱模;⑥与药物混合后不起反应,不妨碍主药的作用与含量测定,释放速度符合治疗要求。局部作用者要求释药缓慢而持久,全身作用者则要求引入腔道后迅速释药;⑦对敏感组织和炎症组织无刺激、无毒、无过敏性;⑧性质稳定,储藏中应不影响其生物利用度,不发生理化性质的变化,不易生霉变质。

2)栓剂基质可分为油脂性基质和水溶性基质两大类:①油脂性基质:油脂性基质的熔点是重要的参数,单独使用时,应高于室温而与体温接近。常用的有可可豆脂、半合成或全合成脂肪酸甘油酯。a.可可豆脂:本品是由可可树的种仁经烘烤、压榨得到的固体脂肪。常温下为白色或淡黄色的脆性蜡状固体,可塑性好,无刺激性。熔点29～34℃,加热至25℃时开始软化,在体温下能迅速熔化,但在10～20℃时性脆,易粉碎成粉末。可可豆脂具有同质多晶的性质,其中β型结晶最稳定,熔点为34℃。为得到稳定结晶,制备时,应缓缓升温加热待熔化至2/3

时,停止加热,让余热使其全部熔化。可可豆脂能与多种药物混合制成可塑性团块,若含10%以下羊毛脂时能增加其可塑性,本品100g可吸收20～30g水,若加入5%～10%聚山梨酯,可增加吸水量,且有助于药物混悬于基质中。b.半合成脂肪酸甘油酯:本品是天然植物油经过水解、分馏所得的C12～C18游离脂肪酸,部分氢化后再与甘油酯化得到的甘油一酯、甘油二酯、甘油三酯的混合物。具有适宜的熔点,不易酸败,是目前取代天然油脂的理想栓剂基质。主要包括椰油酯、棕榈酸酯和山苍子油酯等。c.合成脂肪酸酯:主要是硬脂酸丙二醇酯,是由硬脂酸与1,2-丙二醇酯化而成,是丙二醇单酯和双酯的混合物,是乳白色或微黄色蜡状固体,水中不溶,遇热水可膨胀,熔点36～38℃,对腔道黏膜无明显刺激性,安全无毒。②水溶性基质:a.甘油明胶:本品是明胶、甘油、水三者按照一定比例(如7:2:1)加热融合,放冷凝固而成。特点是有弹性、不易折断,在体温下不熔化,塞入腔道后可缓慢溶于分泌液中,使药效缓和而持久。其溶解速率与明胶、甘油和水的比例有关,甘油与水的比例越高越易溶解,且甘油能防止栓剂干燥。多用作阴道栓基质,起局部作用。b.聚乙二醇类(PEG):为乙二醇的高分子聚合物。本品无生理作用,在体温下不熔化,但能缓缓溶于体液中而释放药物。通常聚乙二醇类基质选择将两种或两种以上的不同分子质量的PEG加热熔融,混匀制得。聚乙二醇类基质对黏膜有一定刺激性,可加入约20%的水,或使用前可先用水浸润,也可在栓剂表面涂一层鲸蜡醇或硬脂醇薄膜,可降低刺激性。吸湿性强,受潮易变形,应贮存于干燥处。本品不能与银盐、鞣酸、奎宁、水杨酸、阿司匹林、磺胺类等配伍。例如,高浓度的水杨酸能使聚乙二醇软化为软膏,乙酰水杨酸能与聚乙二醇生成复合物。c.聚氧乙烯(40)单硬脂酸酯类是聚乙二醇的单硬脂酸酯和二硬脂酸酯的混合物,并含有游离的乙二醇。本品为白色至微黄色的蜡状固体,熔点为39～45℃。可溶于水、乙醇和丙酮等,不溶于液状石蜡。可与PEG混合应用,制得性质较稳定、崩解释放较好的栓剂。可用于制作肛门栓和阴道栓。

(3)附加剂:栓剂的处方中,根据使用目的不同需要加入如下一些附加剂。

1)表面活性剂:在基质中加入适量表面活性剂,能增加药物的亲水性,尤其对覆盖在直肠黏膜壁上的连续的水性黏液层有胶溶、洗涤作用并造成有孔隙的表面,从而增加药物的穿透性。

2)硬化剂:若制得的栓剂在贮藏或使用时过软,可加入适量的硬化剂,如白蜡、硬脂酸、鲸蜡醇、巴西棕榈蜡等调节,但效果有限。

3)抗氧剂:当主药易氧化时应加入抗氧剂,如没食子酸酯类、叔丁基羟基茴香醚(BHA)、叔丁基对甲酚(BHT)等,可延缓主药的氧化速度。

4)增稠剂:当药物与基质混合时,因机械搅拌情况不良或生理上需要时,栓剂制品中可以酌加增稠剂,常用的增稠剂有:氢化蓖麻油、单硬脂酸甘油酯、硬脂酸铝等。

5)防腐剂:当栓剂中含有植物浸膏或水性溶液时,可使用防腐剂和抗氧剂,如对羟基苯甲酸酯类。使用防腐剂时应验证其溶解度、有效剂量、配伍禁忌以及直肠对它的耐受性。

6)乳化剂:当栓剂处方中含有与基质不能相混合的液相时,特别是在此相含量较高时(大于5%),可加入适量的乳化剂。

7)着色剂:可以选用脂溶性着色剂,也可选用水溶性着色剂,但加入水溶性着色剂时,必须注意加水后对pH和乳化剂乳化效果的影响,还应注意控制脂肪的水解和栓剂中的色移现象。

8)吸收促进剂:起全身治疗作用的栓剂,为促进吸收,可加入吸收促进剂。特别是大分子药物在直肠黏膜中吸收相对困难,加入吸收促进剂,可提高药物的生物利用度。

5.栓剂的制备方法

栓剂的制备方法主要有搓捏法、冷压法和热熔法。可按基质的不同和制备的数量来选择制法。用脂肪性基质制栓可采用任何一种方法,用水溶性基质制栓则多采用热熔法。

(1)搓捏法:取药物细粉置研钵中,加入约等量基质研匀后,再缓缓加入余下的基质制成均匀的可塑性软材,必要时可加适量的植物油或羊毛脂以增加可塑性。然后隔纸搓揉,轻轻加压转动滚成圆柱体。再将之分割成若干等份,搓捏成适宜形状。此法适用于少量临时制备,所得制品外形较差。

(2)冷压法:此法用制栓机制备。将基质磨碎或挫成粉末,置于容器内与主药混合均匀,然后装于制栓机的圆筒内,通过栓模型挤压成一定的形状,主要用于油脂性基质栓剂。冷压法可避免加热对主药或基质稳定性的影响,不溶性药物也不会在基质中沉降,缺点是生产效率低,成品中往往夹带空气,对主药和基质有氧化作用,而且不易控制栓重。故现在生产上很少采用此法。

(3)热熔法:热熔法是应用最广泛的一种方法。将基质粉末置于水浴或蒸汽浴中加热熔融,温度不宜过高,然后将药物按药物的不同性质以不同的方法加入,混合均匀后,倒入冷却并涂有润滑剂的栓模中,至稍溢出模口。工厂生产一般均已采用机械自动化操作采完成(图15-2)。

油脂性基质即可采用冷压法,也可采用热熔法制备,而水溶性或亲水性基质多采用热熔法。

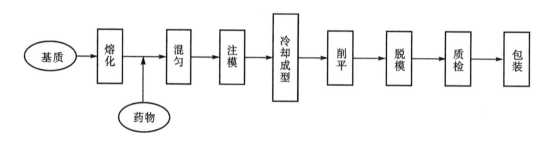

图15-2 热熔法制备栓剂的工艺流程图

(二)栓剂的生产工艺流程

1.栓剂生产主要单元操作

(1)称量及预处理。

1)从质量审核批准的供货单位订购原辅材料。原辅材料须经检验合格后方可使用。原辅材料供应商变更时通过小样试验,必要时要进行验证。

2)原辅料应在称量室称量,其环境的空气洁净度级别应与配制间一致,并有捕尘和防止交叉污染的措施。

3)称量用的天平、磅秤应定期由计量部门专人校验,做好校验记录,并在已校验的衡器上贴上检定合格证,每次使用前应由操作人员进行校正。

(2)配料。

1)配料人员应按生产指令书核对原辅料品名、批号、数量等情况,并在核料单上签字。

2)原辅料称量过程中的计算及投料,应实行复核制度,操作人、复核人均应在原始记录上签字。

3）基质应水浴加热融化，水温不宜过高，如水温过高，基质颜色会逐渐加深。

4）混合药液时一定要保证充分搅拌时间，要搅拌均匀，保证原辅料充分混合。

5）配好的药液应装在清洁容器里，在容器外标明品名、批号、日期、重量及操作者姓名。

（3）灌装。

1）应使用已验证的清洁程序对灌装机上贮存药液的容器及附件进行清洁。

2）灌装前须检查栓剂壳有无损伤，数量是否齐全。

3）灌装前应小试一下，检查栓剂的装量、封切等符合要求后才能开始灌装，开机后应定时抽样检查装量，灌装量不得超过栓剂壳上部封切边缘线。

4）配好的药液应过滤后再加到灌装机加料器中，盛药液的容器应密闭。

（4）冷冻。

1）打开冷冻主机开关，观察承料盘旋转台是否正常运转。

2）设定好冷冻温度，开机后检查设定的冷冻温度是否有变化。

（5）封切。

1）在温度控制仪上设定好热封温度，生产时温度应调整适当，通过旋转热封装置后部的调整螺钉调节压力，保证完整密封，又不过分压紧。

2）切口的高度应调整到合适的位置，推片机构应调整适当，以保证每次推进栓剂时，切刀剪切的位置应处于两栓剂粒的正中间。

3）封切前一定要检查批号是否正确。

4）通过计数器设定好剪切的数量，设定后切刀即按设定的数量将栓剂壳带自动剪断。

5）封切完后将合格栓剂转入中转站，将检出的不合格品及时分类记录，标明品名、规格、批号，置容器中交专人处理。

（6）清场。

1）生产结束后做好清场工作，先将灌装机上搅拌桨卸下清洗干净，用纯化水冲洗二遍。

2）将灌装机走带轨道全部御下清洗干净。

3）清场记录和清场合格证应纳入批生产记录，清场合格后应挂标示牌。

（7）生产记录。

各工序应即时填写生产记录，并由车间质量管理及时按批汇总，审核后交质量管理部放入批档案，以便由质量部门专人进行批成品质量审核及评估，符合要求者出具成品检验合格证书，放行出厂。

2. 栓剂生产工艺流程

工艺流程见图 15-3。

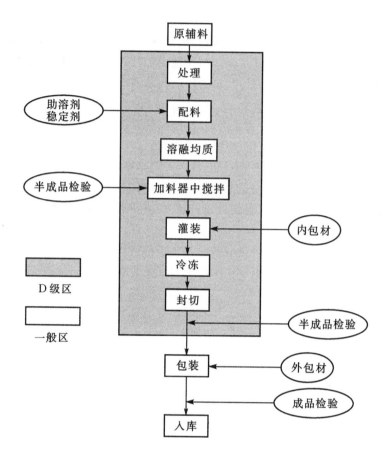

图 15-3　栓剂的生产工艺流程图

三、栓剂生产设备

常用制栓设备有栓模(表 15-6)、直线型全自动栓剂灌封机(表 15-7)。

表 15-6　栓模介绍表

名称	栓模
结构	上下两片栓模、紧固螺母(图 15-4)
工作原理	利用基质和药物被加热熔融后,趁热浇灌涂有润滑剂的栓模,基质冷却凝固后,用刀片刮去溢出的部分,脱模,即得
工作过程	1.栓剂基质用量的计算 (1)纯基质栓的制备:取一定量的基质置蒸发皿内,移置水浴上加热溶化后,注入涂过润滑剂的栓模中,冷却后削去溢出部分,脱模,得完整的纯基质栓数枚,用纸擦去栓模外的润滑剂后称量,得每枚栓剂的平均重量(G)。 (2)含药栓的制备:称取研细的药物 W g,另取已知量的基质置蒸发皿中,于水浴上加热,至基质2/3熔化时,立即取下蒸发皿,搅拌至全熔,搅拌均匀后注入涂有润滑剂的栓模中,用冰浴迅速冷却固化,削去溢出部分,脱模,得完整的含药栓数枚,擦去润滑剂后称重,每枚含药栓平均重量(M)。

(3)置换值(DV)的计算:置换价系指药物的重量与同体积基质重量的比值。可用下法测定。空白栓称得平均重量 G,含药栓的平均重量为 M,每枚栓剂中药物的平均重量为 W,则可用如下公式计算置换价:

$$DV = \frac{W}{G-(M-W)}$$

纯基质用量的计算:

$$X = \left(G - \frac{y}{DV}\right) \times n$$

式中 n 表示拟制备的栓剂枚数,y 表示处方中药物的剂量

即可算出所需要纯基质的量

2.栓剂的制备

(1)熔化基质:将上述计算量的基质置蒸发皿中,于水浴上加热熔化,勿使温度过高,在基质熔融达 2/3 时停止加热,适当搅拌,利用余热将剩余基质熔化。

(2)加入药物:将处方量的药物与等重已熔融的基质研磨混合均匀,然后将剩余基加入混匀。

(3)栓模的处理:为了使栓剂成型后易于取出,在注入熔融物之前,应先在模具内表面涂润滑剂。常用的润滑剂有两类:a.脂肪性基质的栓剂常用肥皂、甘油各 1 份与 95%乙醇 5 份所制成的醇溶液做润滑剂。b.水溶性基质的栓剂常用液状石蜡或植物油等油性润滑剂。

(4)浇模:将混合物倾入涂有润滑剂的栓模中至稍为溢出模口为度,冷却,待完全凝固后,削去溢出部分。倾入栓模中,注意要一次完成,以免发生液层凝固,出现断层。倾入时应稍溢出模口,以确保凝固时栓剂的完整。

(5)冷却脱模:注模后可将模具于室温或冰箱中冷却,待完全凝固后,削去溢出部分,然后打开模具,推出栓剂,晾干,即得

使用范围	各种类型栓剂的手工制备
模具图片	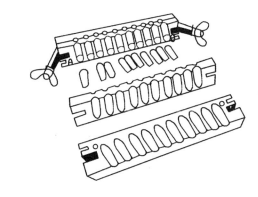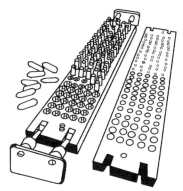图 15 - 4 常见栓模的类型

表 15 - 7　直线型全自动栓剂灌封机

名称	直线型全自动栓剂灌封机
结构	电机、控制面板、储液桶、灌装工序、制壳工序、切刀
工作原理	成卷的塑料片材(PVC、PVC/PE)经栓剂制壳机正压吹塑成形,自动进入灌注工序,已搅拌均匀的药液通过高精度计量泵自动灌注空壳后,被剪成多条等长的片段,经过若干时间的低温定型,实现液-固态转化,变成固体栓粒,通过整形、封口、打批号和剪切工序,制成成品栓剂
工作过程	(1)检查总电源及操作盘上各开关须搬到关断位置,检查各工序等运转正常,确保无误后接通电源开关。 (2)按照工艺要求将药物、基质与附加剂进行熔融,然后放入储液桶内,搅拌待用。 (3)将成卷的塑料片材(PVC、PVC/PE)经栓剂制壳机被加热软化后,被正压吹塑成形。 (4)被搅拌均匀的药液通过高精度的计量泵自动灌注空壳内,被剪成多条等长的片段。 (5)将冷冻开启,设定好所需固化的温度,进行固化操作。 (6)开启主电机,调整好预热温度及热封温度,设定剪切的数量,将冷冻机中已冻结的栓剂壳带拉出送入封切机口,开始整形、封口、打批号和剪切工序,制成成品栓剂
使用范围	适用于半合成脂肪酸甘油脂、甘油明胶、聚乙二醇类等基质来制备子弹头、鱼雷型、鸭嘴型及其他特殊形状的栓剂

四、栓剂生产质量控制点

栓剂生产质量控制点见表 15 - 8。

表 15 - 8　栓剂生产质量控制点

工序	质量控制点	质量控制项目	频次	抽查人员
配料	前处理	工艺要求	每批、班	操作者、QA
	称量	代号、品名、入库编号、重量与指令一致,双人复核		操作者、QA
配制	水温	温度、时间	随时/班	操作者、QA
	药液的混合	搅拌时间、均匀度	随时/班	操作者、QA
灌装	栓壳	无破损、裂痕、数量	每班	操作者
	灌装	装量、封切	随时/班	操作者、QA
	加料	药液过滤、容器密封度	每班	操作者
冷冻	冷冻温度	温度的稳定性	随时/班	操作者
封切	压力	完整密封、封的松紧度	随时/班	操作者、QA
	切口	高度、位置	随时/班	操作者

模块六 中药制药

▶ 学习目标

1.掌握中药提取的生产工艺,掌握前处理及提取设备的结构、工作原理及标准操作规程。
2.熟悉中药提取的关键岗位生产记录和质量控制点,熟悉前处理及提取设备的使用范围。
3.了解生产中常见的问题及解决方法。

项目十六 中药提取

一、实训任务

【实训任务】 黄芩提取物的制备。

【处方】 黄芩 2kg。

【制法】 取黄芩,加水煎煮两次,每次 1h,滤过,合并水煎液,浓缩至适量,用盐酸调节 pH 值至 1.0～2.0,80℃保温 30min,静置过夜,滤过,沉淀物加适量水搅匀,用 40％氢氧化钠溶液调节 pH 值至 7.0,加等量乙醇(95％),搅拌使溶解,滤过,滤液用盐酸调节 pH 值至 1.0～2.0,60℃保温 30min,静置,滤过,沉淀依次用适量水及不同浓度的乙醇洗至 pH 值至 7.0,挥尽乙醇,减压干燥,即得。

【工艺流程图】 工艺流程见图 16-1。

【生产操作要点】

(一)生产前检查

(1)检查设备是否挂有"清洁合格证",如有说明设备处于正常状态,摘下此牌,挂上运行状态标志牌。

(2)检查工作室内设备、物料及辅助工器具是否已定位摆放。

(3)生产前应对计量器具的称量范围、校验效期进行复核。不在校验效期内不得使用。

(4)清除与工作无关的物品。

(二)备料

从仓库领取合格原辅料,送入车间称量放于中间站(表 16-1)。

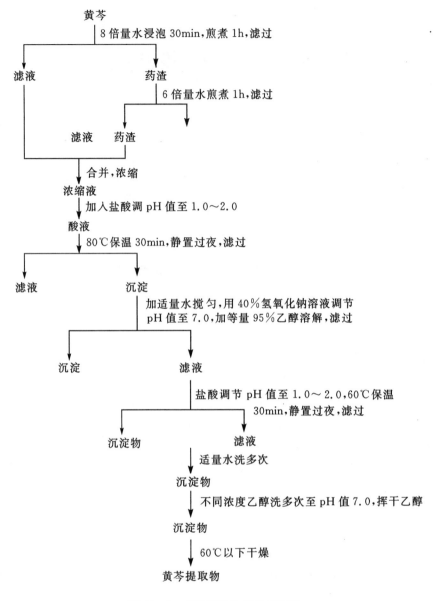

图 16-1　黄芩提取物工艺流程图

表 16-1　物料投料量

原辅料名称	数量
黄芩	2kg
40%氢氧化钠溶液	适量
盐酸	适量
乙醇	适量

（三）提取

将黄芩投入到提取罐内，加入 16L 饮用水浸泡 30min，加热后，溶剂沸腾时开始计时，煎煮 1h 后过滤，药渣继续加入 12L 饮用水煎煮 1h 后，过滤，合并两次滤液，进行浓缩至适量。

（四）精制

利用酸、碱调节 pH 值，使黄芩苷不断析出，溶解，以达到最终的纯化目的。

（五）质量检查

黄芩提取物需进行成品检验，检验项目包括性状、鉴别、水分、炽灼残渣、重金属及含量测定。

【质量要求与检测方法】

（一）性状

本品为淡黄色至棕黄色的粉末；味淡、微苦。

（二）鉴别

取本品 1mg，加甲醇 1mL 使溶解，作为供试品溶液。另取黄芩苷对照品，加甲醇制成每 1mL 含 1mg 溶液，作为对照品溶液。照薄层色谱法试验，吸取上述两种溶液各 $2\mu L$，分别点于同一聚酰胺薄膜上，以醋酸为展开剂，展开，取出，晾干，在紫外光灯（365nm）下检视。供试品色谱中，在与对照品色谱相应的位置上，显相同颜色的荧光斑点。

（三）水分

不得过 5.0%。

（四）炽灼残渣

不得过 0.8%。

（五）重金属

取炽灼残渣项下遗留的残渣，依法检查，不得过 20mg/kg。

（六）含量测定

照高效液相色谱法测定。本品按干燥品计，含黄芩苷（$C_{21}H_{18}O_{11}$）不得少于 85.0%。

【岗位生产记录】

表 16-2　中药材挑拣岗位生产记录

专业：＿＿＿＿＿＿　　班级：＿＿＿＿＿＿　　组号：＿＿＿＿＿＿

姓名：＿＿＿＿＿＿　　场所：＿＿＿＿＿＿　　时间：＿＿＿＿＿＿

产品名称		批号		生产日期	
规格		批量			
工艺过程	检查项目	记录结果		检查人	复核人	QA
生产前检查	本岗位文件是否齐全	符合规定（　　）				
	是否有清场合格标志	符合规定（　　）				
	计量器具是否完好	符合规定（　　）				
	核对物料品种、数量	符合规定（　　）				

	药材名称	批号	挑拣前重量（kg）	挑拣后重量（kg）	损耗率	检查人	复核人
挑拣							

备注:符合规定打"√";不符合规定打"×"

表 16－3 中药提取岗位生产记录

专业：_____ 班级：_____ 组号：_____

姓名：_____ 场所：_____ 时间：_____

产品名称		批号		生产日期		
规格		批量				
工艺过程	检查项目		记录结果	检查人	复核人	QA
生产前检查	主配单、文件是否齐全		符合规定（　）			
	设备、容器是否清洁、完好		符合规定（　）			
	是否有清场合格标志		符合规定（　）			
	计量器具是否完好		符合规定（　）			
投料	药材名称	批号	数量(kg)	投料人	复核人	
煎煮	项目	工艺要求	生产记录	操作人	复核人	
	投入药材					
	浸泡时间		起止时间：			
	第一次加水量		L			
	煎煮时间		起止时间：			
	蒸汽压力	MPa	MPa			
	第二次加水量		L			
	煎煮时间		起止时间：			
	蒸汽压力	MPa	MPa			
	收液总量(贮罐号)		L			

异常情况处理：

【项目考核评价表】

表 16－4　黄芩提取物生产考核表

专业：＿＿＿＿＿＿＿＿＿　　班级：＿＿＿＿＿＿＿＿＿＿　　组号：＿＿＿＿＿＿＿＿＿

姓名：＿＿＿＿＿＿＿＿＿　　场所：＿＿＿＿＿＿＿＿＿＿　　时间：＿＿＿＿＿＿＿＿＿

设备型号与名称：

处方	
制法	取黄芩,加水煎煮两次,每次 1h,滤过,合并水煎液,浓缩至适量,用盐酸调节 pH 值至 1.0～2.0,80℃保温 30min,静置过夜,滤过,沉淀物加适量水搅匀,用 40％氢氧化钠溶液调节 pH 值至 7.0,加等量乙醇(95％),搅拌使溶解,滤过,滤液用盐酸调节 pH 值至 1.0～2.0,60℃保温 30min,静置,滤过,沉淀依次用适量水及不同浓度的乙醇洗至 pH 值至 7.0,挥尽乙醇,减压干燥,即得

考核项目	考核标准	理论分数	得分
工艺设计	拟画出工艺流程图	5	
备料、投料	熟练使用提取设备、称量准确、投料	15	
提取	提取过程操作规范、固液分离彻底、时间准确	15	
浓缩	药液相对密度与工艺要求相符	10	
调酸、碱	操作规范,pH 值恰当,与工艺要求相符	10	
乙醇洗涤	沉淀无损失、洗至 pH 值正确、乙醇取用浓度准确	10	
记录	各项记录认真、完整、字迹工整清晰	10	
清场	全面、彻底	10	
产品合格率	不低于 90％	5	
生产事故	不出现	5	
物料平衡	$60％ \leqslant V < 100％$	5	
总分		100	
生产开始时间	生产结束时间	生产工时	

考核教师：　　　　　　　　　　　　　考核时间：　　　年　　月　　日

二、中药生产工艺及设备

中药为中医用药,主要由植物药(根、茎、叶、花等)、动物药(内脏、皮、骨、器官等)、矿物药组成,可分为中药材、中药饮片与中成药(中药制剂)。以中药材为原料,在中医药理论指导下,按规定处方和制法大量生产,并标明主治功能、用法用量和规格的药品即为中成药,包括成方制剂与单方制剂。

|制|剂|生|产|工|艺|与|设|备|

目前,随着化学、生物学等现代科学的发展与应用,采用现代分离、分析技术,中成药已由传统汤剂、丸剂、散剂等剂型逐渐扩大到片剂、粉针剂、胶囊剂、注射剂、滴丸剂、微丸等 40 多种剂型。除丸剂、散剂、部分片剂生产主要采用粉碎、筛分工艺外,多数中药制剂的生产工艺,均可以分为药材预处理、中间制品(浸膏)与中药制剂三个部分。

(一)中药前处理工艺及生产设备

将净选后的药材切成各种形状,不同厚度的"片子",称为饮片。常用于供调配处方的药物。

为使中药材饮片达到一定的净度和纯度,消除或减少中药的毒性或副作用,改变和增强饮片固有的疗效,适用于中药制剂和贮藏,中药生产一般先进行炮制。中药炮制多是中药制药传统技术。中药前处理设备是为满足中药炮制各种方法而设计和使用的设备。对天然药用动植物通过净选、洗涤、软化、切制、烘干、炒制等方法制取饮片的设备统称为中药前处理设备。

1.净选

中药材大致分为植物药、动物药和矿物药三大类,其中植物药和动物药以生物全体、部分器官、分泌物、加工品入药,通常会掺杂各种如杂草、泥沙、粪便、皮壳等杂质,而矿物药及动物的化石,常夹有异石、泥沙等。

净选是除去药材中的杂质,使药材达到一定的净度,用以保证药材剂量的准确。净选的一般方法有:挑选、筛选、风选、洗净、漂净、刷净、刮除、剪切、沸焯、压碾、火燎、制霜等。

针对药材入药部位的不同,对其进行预处理的方法也有所不同,主要有以下几方面。

(1)去除非药用部分。

1)去茎与去根:去茎是指用根的药材,须去除药用部位的残茎。用茎的药材须除去非药用部位的残根(须根、支根)。

2)去枝梗:去除老茎枝和某些果实、花叶类药材非药用部位的枝梗。

3)去粗皮:除去栓皮及表皮。

4)去皮壳:除去残留的果皮、种皮等非药用部位。

5)去毛:有些药材的表面或内部常着生很多绒毛,能刺激咽喉,引起咳嗽或其他有害作用,故须除去。

6)去芦:"芦"又称"芦头",一般指根头、根茎、残茎等部位。

7)去心:除去药材的木质或种子的胚芽。

8)去核:除去种子。

9)去头尾足翅:有些动物类或昆虫类药物,其头尾或足翅为毒性部位或非药用部位,应除去。

(2)去除杂质。

1)挑选:除去药材中所含的杂质、混淆品及霉变品,或将药材大小分开,便于浸润等。

2)筛选:根据药材所含的杂质和性状大小的不同,选用适当目数的药筛,以筛除药材中的沙石、杂质,或将大小不等的药材过筛分开,以便分别进行炮制或加工处理。

4)洗、漂:将药材用水洗或漂除杂质的方法。药材在水中浸漂不能过久,以免成分流失,药效降低,并应及时干燥。

由于中药材品种繁多,加工工艺差别很大,而且原药材形状、大小、密度、性质等各不相同,对选用设备增加了很大的难度,所以目前一部分操作仍以手工操作为主,净选设备的使用与选型也受到一定的限制。

　　常用洗药设备是洗药机。洗药机是用清水通过喷射、翻滚、碰撞等方法对药材进行清洗的设备,用以将药材所附带的泥沙、杂质或污物洗净。目前洗药机常用的为滚筒式(表16-5),其他还有履带式、刮板式等。

表16-5　滚筒式洗药机介绍表

名称	滚筒式洗药机
工作原理	利用内部带有筛孔的滚筒在旋转时与水产生相对运动,使杂质随水经筛孔排出,药材洗净后由出料口排出(图16-2)
工作过程	滚筒转速一般为4～14r/min,也可进行无级变频调速。滚筒内有螺旋导向板推进物料,可实现连续加料、出料。清洗用水可用泵循环加压直接喷淋于药材上,药材的冲洗时间一般为60～100s
使用范围	适用于直径3mm以上的根茎类、皮类、种子、果实类、藤木类、贝壳类、矿物类、大部分菌藻类等的洗涤
结构示意图	 图16-2　滚筒式洗药机 1.水箱;2.加料槽;3.螺旋导向板;4.滚筒;5.出料口

　　履带式洗药机是利用运动的履带将置于其上的药材用高压水喷射而将药材洗净,适用于长度较大的药材洗涤。

　　刮板式洗药机是利用三片旋转的刮板将置于水槽内弧形滤板上的药材搅拌,并向前推进。杂质通过弧形滤板的筛孔落于槽底。由于刮板与弧形滤板之间有一定的间隙,故本机不能洗涤小于20mm的颗粒药材。

　　2.切制

　　(1)药材的软化:中药材切制前,如是干燥的原药材,均需进行适当水处理,使其质地软化,才有利于切制。软化的方法有:淋润法、洗润法、泡润法、浸润法、热蒸汽软化。

　　1)淋润法:将成捆的原药材用水喷淋后,堆润;或微润后使水分渗入药材组织内部,至内外湿度一致时进行切制。此法多适用于组织疏松、吸水性较好的草类、叶类、果皮类药材。如批把叶、陈皮等。

　　2)洗润法:将药材经水洗净后,稍摊晾至外皮微干并呈潮软状时即可切片。适用于吸水性较强的药材。如冬瓜皮、葺草根等。

　　3)泡润法:将净药材用清水泡浸一定时间,使其吸入适量水分后达到软化目的的一种炮制方法。适用于个体粗大、质地坚硬、水分较难渗入药材内部的根类或藤木类药材。

　　4)浸润法:将药材大小分档后置于水池内稍浸、洗净、捞出堆润;或堆润至6～7成透后摊开、晾至微干,再堆润并覆盖湿布,内外湿度一致时可切片。适用于组织结构疏松、皮层较薄、糖分高、水分易渗入的药材,如当归、丹皮等。

5)热蒸汽软化:将药材置于蒸笼里或锅内经蒸汽蒸煮处理,使水分较快地渗透到组织内部,达到软化目的。适用于质地坚硬、个性特殊、对热稳定的药材,如木瓜、人参等。

常用润制设备是润药机。润药机是将制作饮片的药材快速软化和浸润,使后续切制加工使药材的含水率低,减少有效成份流失的设备。可用冷浸软化和蒸煮软化。为加速药材的软化,润药机可以加压或真空操作。润药机主要有卧式罐和立式罐两种,可根据工艺进行真空喷淋冷润、真空蒸汽软化、真空冷浸、加压冷浸等软化操作(表 16-6)。

表 16-6 润药机介绍表

名称	RY-500 型润药机
工作原理	根据气体具有强大穿透性的特点,将药材置于高度密封的高真空箱体内,使药材内部的微孔产生真空状,通入低压水蒸汽,利用负压和气体具有极强的穿透力的特点,水蒸气充满药材内部的微孔,完成"汽-气"置换的过程,使药材在低含水量的情况下,快速、均匀软化
工作过程	物料由人工装入圆筒形箱体(或方形带孔长方箱)内,锁闭箱门;按下真空泵"启动"按钮,抽真空,保持箱内真空度,雾化水喷淋,保持箱内负压(物料软化时间),然后开放空阀恢复常压,再停机、开门、出料,整个操作过程完成(图 16-3)
使用范围	用于多种中药材浸润软化和蒸药,及中药原药、药粉的灭菌,适用于制药厂、饮片厂、中药厂、医院等
结构示意图	 图 16-3 润药机外形图及接口 a.温度表接口;b.排气口;c.安全阀;d.进水口;e.真空表接口; f.真空泵及管接口;g.备用口;h.溢流口;i.蒸汽进口;j.排水口

(2)切制:将药材切成各种规格的饮片。主要规格有以下几种。

1)薄片:长条形药物、部分块根及果实类药物。一般要求片厚为 1~2 mm,多为横切片。

2)厚片:粉性的药物和质地疏松的药物,多切制成厚片,一般要求片厚为 2~4mm,不分横切、竖切。

3)直片(顺片):形体肥大、组织致密、色泽鲜艳者,为突出鉴别特征和利于加工,应切成直片,一般要求片厚为 2~4mm,个别药物片厚可达 10mm。

4)斜片:长条形而纤维性强的药物,常切成斜片,倾斜度小者称瓜子片,倾斜度稍大者称马蹄片,倾斜度更大者称柳叶片,一般要求片厚为 2~4mm。

5)丝片:适用于叶类和皮类药物,多切成狭窄的丝条。皮类要求切成宽 2~3mm,一般要求切成的丝条;叶类药物一般要求切成宽5～10mm的丝条。

6)块:切成大小不等的块状,有利于煎煮。

7)段(节):含黏质较重的药物,质软而黏,不易成片,可切成段;全草类药物多切制成段,一般要求长度为10~15mm。

常用切药设备有转盘式切药机(表16-7)、往复式切药机(表16-8)。

表16-7　转盘式切药机介绍表

名称	转盘式切药机
工作原理	在圆形刀盘上固定有三片切刀,刀架上固定有一个方形的刀门,药材由下履带输送至上下履带间,药材被压紧并送入刀门切制,截切后,成品落入护罩由底部出料口出料(图16-4)
使用范围	该机器适应性好,仅对坚硬、球状及黏性较大的药材不宜使用
结构示意图	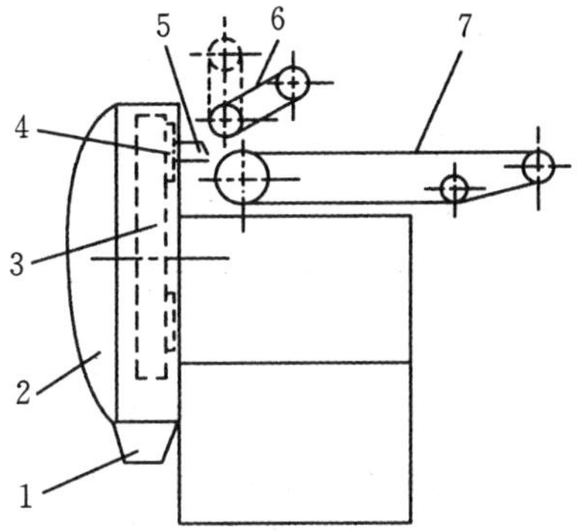 图16-4　转盘式切药机 1.出料口;2.护罩;3.刀盘;4.切刀;5.刀口;6.上履带;7.下履带

表16-8　往复式切药机介绍表

名称	往复式切药机
工作原理	刀架通过连杆与曲轴相连。当皮带轮旋转时,曲轴带动连杆和切刀做上下往复运动,药材通过刀床送出时受到切刀的截切。药材通过传送带输送,在刀床处被轧紧并送出截切。切段长度由输送带的给进速度调节(图16-5)
使用范围	本机适应于根、茎、叶、草等长形药材的截切,不适于球状、块茎等药材的切制
结构示意图	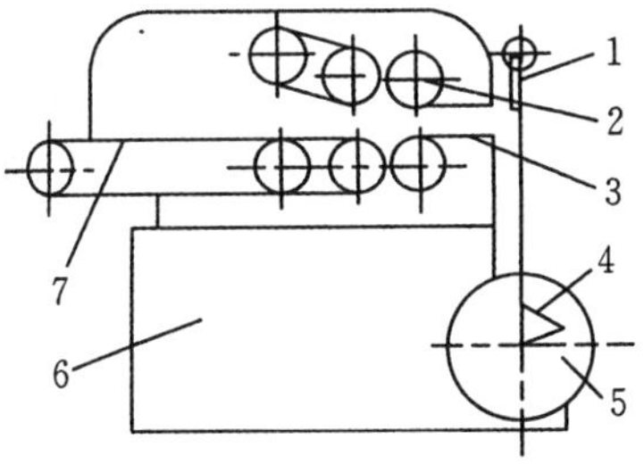 图16-5　往复式切药机 1.刀片;2.刀床;3.压辊;4.曲轴;5.皮带轮;6.变速箱;7.传送带

3.干燥

经水洗、切片等程序后,饮片含水量较高,为防止微生物生长繁殖、增加药材韧性、便于粉碎等,饮片必须进行干燥。

干燥的方法一般是利用干燥设备进行加热干燥。干燥的温度视药物性质不同而不同,一般不超过80℃为宜,含挥发性物质的饮片干燥温度不超过50℃,可采用翻板式干燥机、热风循环式烘箱、远红外干燥器、微波干燥器及隧道式干燥器等(参见项目四颗粒剂干燥部分设备)。

4.炮制

干燥后的饮片多采用蒸、炒、炙、煅等炮制方法进行处理。以达到增强药物疗效、降低药物毒性等目的。

炒制是直接在锅内加热药材,并不断翻动,炒至一定程度取出。炙制是将药材与液体辅料共同加热,使辅料渗入药材内,如蜜炙、酒炙、醋炙、盐炙、姜炙等。煅制一般分煅炭和煅石法。本工序多为传统工艺,除炒药机外多为手工操作。

常用炒药设备有炒药机。炒药机有卧式滚筒炒药机(表16-9)和立式平底搅拌炒药机。

表16-9 卧式切药机介绍表

名称	卧式滚筒炒药机
工作原理	药材由进料口投入到炒筒内,由蒸汽或电加热,加热至一定温度进行炒制,炒好后反向旋转炒药筒,在螺旋翻版的作用下,药材由出料口卸出(图16-6)
使用范围	可用于饮片的炒黄、炒炭、砂炒、麸炒、盐炒、醋炒、蜜炙等
结构示意图	 图16-6 卧式滚筒炒药机 1.进料口盖;2.出料口盖;3.出料口;4.烟筒;5.机体;6.保温层;7.筒体; 8.后盖;9.离合器;10.蜗轮箱;11.从动轮;12.主动轮;13.电机;14.电加热器

5.粉碎

(1)粉碎的概念、目的:粉碎是借机械力将大块固体物质破碎成规定细度的操作过程。可增加药物的表面积,促进药物的溶解与吸收,提高药物的生物利用度;便于调剂和服用;加速药材中有效成分的浸出或溶出;为制备多种剂型奠定基础,如混悬液、散剂、片剂、丸剂、胶囊剂等。

(2)粉碎方法:根据药料性质和粉碎机械性能进行粉碎操作,可以将粉碎分为以下几种。

1)单独粉碎:将一味药料单独进行粉碎处理。需要单独粉碎的药物有:具有氧化性及还原性药物;贵重细料药物;刺激性药物;含毒性成分的药物;具有低温性脆的药物等。

2)混合粉碎:将数味药料混合同时进行粉碎。当遇有特殊药物时,则需作特殊处理,特殊情况有以下几种。

①串料法或串研法:处方中含糖类较多的黏性药物,黏性大,吸湿性强,且在处方中比例量较大,须先将处方中其他药物粉碎成粗粉后,掺入黏性药物中,再进行一次粉碎的操作。或者可以将其他药物与黏性药物混在一起粉碎成不规则的块和颗粒,在 60℃ 以下充分干燥后再粉碎。

②串油法:处方中含脂肪油较多的药物,且比例量较大,为便于粉碎和过筛,须先捣成稠糊状或不捣,再与已粉碎的其他药物细粉掺研粉碎。

③蒸罐:处方中含新鲜动物药,及一些需蒸制的植物药,都须经蒸煮,即将新鲜的动物药与植物药间隔排入铜罐或夹层不锈钢罐内,加黄酒及其他药汁,加盖密封,隔水或夹层蒸汽加热 16~96h,以液体辅料基本蒸尽为度,蒸煮后的药料干燥后,再与其他药物混合后进行粉碎。

④含低共熔药物:药物中含有低共熔成分时混合粉碎能产生潮湿或液化现象,可根据制剂的要求、药理作用是否有改变等选择粉碎的方法。

3)干法粉碎:药物进行适当干燥,使药物中的水分降低到一定限度(一般应少于 5%)再粉碎的方法。除特殊中药外,一般药物均采用干法粉碎。

4)湿法粉碎:指在药物中加入适量水或其他液体一起研磨粉碎的方法(即加液研磨法)。液体的选用以药物遇湿不膨胀,不发生化学变化,不影响药效为原则。樟脑、冰片、薄荷脑等常加入少量液体(如乙醇、水)进行研磨;朱砂、珍珠、炉甘石等采用传统的水飞法。

通过湿法粉碎的粉末更细腻,且可避免粉碎过程中粉尘飞扬,适于劳动防护。

樟脑、冰片、薄荷脑等各置研钵或电动研钵中,加入少量的乙醇或水,以较轻力研磨,使药物被研碎。此外,麝香粉碎时常加入少量水,俗称"打潮",对二者进行粉碎时要遵循"轻研冰片,重研麝香"的原则。

水飞法是先将药物打成碎块,除去杂质,放入研钵或球磨机中,加适量水,进行重力研磨,当有部分细粉研成时,将含有细粉混悬液倾泻出来,余下的药物再加水反复研磨、倾泻,直至全部研细为止,然后将研得的混悬液合并,沉降后倾去上清水液,再将湿粉干燥、研散、过筛,即得极细的粉末,朱砂、珍珠、炉甘石等常采用此法粉碎,生产上多用球磨机进行。

5)低温粉碎:低温时物料脆性增加,易于粉碎。其特点为:①适用于在常温下粉碎困难的物料,其软化点、熔点低的及热可塑性物料,如树脂、树胶、干浸膏等;②含水、含油虽少,但富含糖分,具一定黏性的药物;③可获得更细的粉末;④能保留挥发性成分。

低温粉碎一般有下列 4 种方法:①物料先行冷却或在低气温条件下,迅速通过高速撞击式粉碎机粉碎;②粉碎机壳通入低温冷却水,在循环冷却下进行粉碎;③待粉碎的物料与干冰或液化氮气混合后进行粉碎;④组合应用上述冷却法进行粉碎。

常用中药粉碎设备参见项目四颗粒剂粉碎部分设备(表 16-10)。

表 16-10　中药粉碎、破碎两用机介绍表

名称	中药粉碎、破碎两用机
结构	由机壳、锤片、锤片轴、斜风扇、牙板、斜衬等组成(表 16-7)
工作原理	锤片、斜风扇、正风叶等装于机壳内的同一水平轴上。机轴借电动机带动做高速转动,锤片等亦随之转动,锤片位置的机壳上装有牙板。药料由加料斗加入,经锤片的劈裂与撞击作用使药料被逐渐粉碎。斜风扇处有斜衬,由此而控制排粉速度。被粉碎的物料由正风叶鼓出,经布袋捕粉收集
工作过程	(1)机器使用前需固定在水泥基础上。 (2)开车前应对各部件进行检查,把布袋扎紧在机器出粉口,开车空转 3～5min 投放药料。 (3)需破碎药物时把机器底部的机门牙板卸下,换上合适的笼底把调节手柄调到最细位置,把 V 形带调到低速即可使用,布袋不要卸掉。 (4)卸料前停止加料 5～15min 后再停车
使用范围	该机既能粉碎又能破碎,对各种中药材及矿石、贝壳类均可粉碎和破碎。粉子粒度粗细可调,离心粉碎,风力选粉。该设备每小时产量:破碎 300～500kg,粉碎 10～25kg,粒度 60～140 目
结构示意图	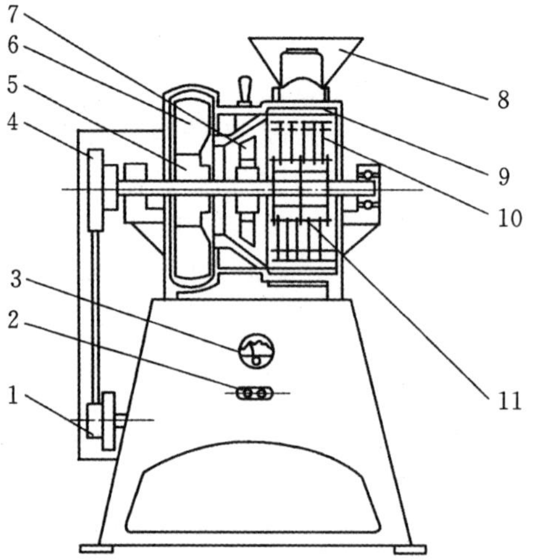

图 16-7　中药粉碎、破碎两用机

1.机轮;2.按钮;3.电流表;4.机器轮;5.正风头;6.正风叶;
7.斜风扇;8.料斗;9.牙板;10.锤片;11.锤轴

(二)中药提取工艺及生产设备

中药的化学成分十分复杂,一种药物可含有多种有效成分,如生物碱、苷类、蒽醌衍生物、香豆素、木质素、黄酮类、挥发油、氨基酸、蛋白质、鞣质等成分,根据生产规模、溶剂种类、药材性质及所制的剂型可采用不同的方法对中药进行相应的提取操作。按药材在设备内处理方式的不同,药材的浸提可分为提取、浸渍、煎煮等。

1.化学成分的分类

根据化学成分在治疗中所起的作用,可将其分为有效单体、有效部位、辅助成分及无效成分四类。

(1)有效单体:指具有一定的生理活性或疗效,能够起到治疗疾病作用的单体物质。应具有明确的分子式、结构式及一定的物理常数,如常见的大黄酸、青蒿素、紫杉醇等。

(2)有效部位:指多种化学成分的混合物,能够代表或部分代表原药材的疗效,多为一类化学成分的混合物,如人参总皂苷、大黄总蒽醌、银杏叶总黄酮等。中药以有效部位描述其所含化学成分,有利于发挥综合效能,符合中医用药特点。

(3)辅助成分:本身无生理活性,但能辅助有效单体或有效部位发挥疗效,或增强其稳定性及利于成分的溶出。

(4)无效成分:这一类成分多数无生理活性,且可能会影响成分的溶出及制剂的稳定性。如淀粉、叶绿素、果胶等。

在中药提取过程中,我们应提取有效单体、有效部位及辅助成分(三者统称为药用成分),而尽可能除去无效成分。

2.提取的方法及工艺流程

(1)煎煮法:以水为溶剂,将药材加水加热煮沸取其煎出液的方法,又称水提法或水煮法。适用于药用成分溶于水且对热稳定、不含易挥发性成分及药用成分不明确的药材成分的提取。此方法简单易行,可提取出大部分成分,除作为汤剂外,多数作为加工制成各种剂型的半成品。由于成分复杂,亦发生霉变及腐败。

工艺流程见图16-8。

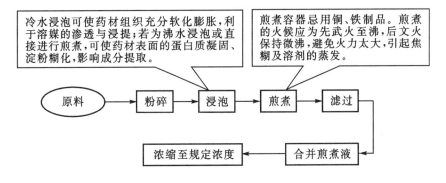

图16-8　煎煮法工艺流程图

操作过程:按处方将所需药材加工炮制合格后,切制成饮片或粉碎成碎块,称量配齐,用溶剂将药材快速冲洗洁净,放入适宜的提取容器中高于药面1~2cm,浸泡30min,使药材充分膨胀后,加热至沸腾,微沸1~2h,过滤,药渣继续加水反复煎煮2~3次,过滤,合并煎煮液,浓缩至规定浓度,静置,过滤即得。

(2)回流法:将药材粉末与溶剂共置提取器中,通过加热使溶剂挥发后经过冷凝再流回提取器,反复进行提取直至浸提完全的方法。此法可用于药用成分易溶于提取溶媒且受热不易破坏、具有挥发性物质、药材质地坚硬且成分不易溶出的药材提取。回流法中的溶媒可循环使用。

操作过程:将粉碎后的药材装于提取容器中,加入溶媒使其淹过药材表面,浸泡一定时间后加热回流至规定时间,过滤,收集提取液,药渣重新加入一定量溶媒,反复2~3次,合并提取液,回收溶媒,得浓缩药液,再按工艺需要作进一步处理。生产多采用多功能提取罐(表16-11)及单罐间歇循环提取设备(表16-12)进行操作。

【常用提取设备】

表 16-11 多能提取罐介绍表

名称	多能提取罐
结构	由罐体、出渣门、提升气缸、加料口、夹套、出渣门等组成
工作原理	它可实现水提、醇提、热回流提取、循环提取,提挥发油和回收药渣中有机溶媒等多种操作。出渣门上有直接蒸汽进口,可通过直接蒸汽加速水提的加热时间。罐内有三叉式提升破拱装置,通过气缸带动,以方便出渣。设备底部出渣门上设有不锈钢丝网或滤板,使药渣和浸出液较好地分离。出渣门由两个气缸分别带动,完成门的启闭和带动自锁机构将出渣门锁紧。大容积的提取罐加料口也采用气动锁紧装置提高了安全性
特点	提取时间短,生产效率高,消耗热量少,采用气压自动排渣,操作方便、安全、劳动强度小。适用于煎煮、渗漉、回流、温浸、循环浸渍、加压或减压浸出等提取工艺,应用广泛
结构示意图	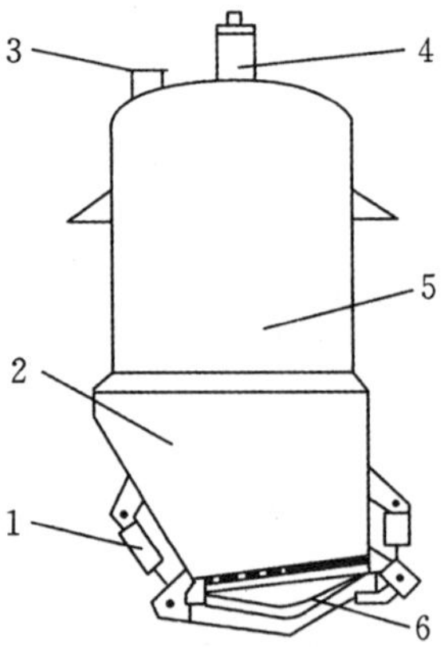 图16-9 多能提取罐示意图 1.出渣口气缸;2.夹套;3.加料口;4.提升气缸;5.提取罐;6.出渣门

表 16-12 单罐间歇循环提取设备介绍表

名称	单罐间歇循环提取设备
结构	单级浸出工艺常用间歇式提取器。提取罐为较新型的气动控制出渣式的密闭提取器。全器除罐体外,还有泡沫捕集器、热交换器、冷却器、油水分离器、气液分离器、管道滤过器、温度及压力检测器、控制器等附件(图16-10)

工作原理及过程	(1)加热方式。用水提取时,将水和中药材装入提取罐,开始向罐内通入蒸汽加热,当温度达到提取温度后停止向罐内而改向夹层通蒸汽进行间接加热,以维持罐内温度在规定范围内。如用醇提取,则全部用夹层通蒸汽进行间接加热。 (2)强制循环。在提取过程中,用泵对药液进行强制性循环,即从罐体下部放液口放出浸出液,经管道滤过器滤过,再用水泵打回罐体内。该法加速了固液两相间相对运动,从而增强对流扩散及浸出过程,提高了浸出效率。 (3)回流循环。在提取过程中产生的大量蒸汽从蒸汽排出口经泡沫捕集器到热交换器进行冷凝,再进冷却器冷却,然后进入气液分离器进行气液分离,使残余气体逸出,液体回流到提取罐内。如此循环直至提取终止。 (4)提取液的放出。提取完毕后,药液从罐体下部放液口放出,经管道滤过器滤过后用泵输送到浓缩工段再进行浓缩。 (5)提取挥发油(吊油)的操作。在进行一般的水提或醇提操作中通向油水分离器的阀门必须关闭(只有在提油时才打开)。加热方式和水提操作基本相似,不同的是在提取过程中药液蒸气经冷却器进行再冷却后直接进入油水分离器进行油水分离,此时冷却器与气液分离器的阀门通道必须关闭。分离的挥发油从油出口放出。芳香水从回流水管道经气液分离器进行气液分离,残余气体放入大气而液体回流到罐体内。两个油水分离器可交替使用。提油进行完毕,对抽水分离器内残留部分液体可从底阀放出
特点	提取时间短;应用范围广;采用气压自动排渣快而净;操作方便、安全、可靠;设有集中控制台控制各项操作生产,便于药厂实现机械化、自动化
结构示意图	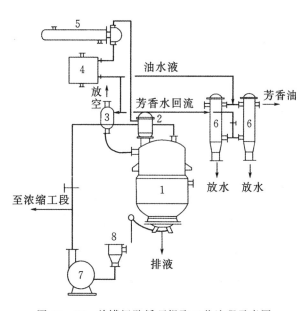 图 16 - 10　单罐间歇循环提取工艺流程示意图 1.提取罐;2.泡沫捕集器;3.气液分离器;4.冷却器; 5.冷凝器;6.油水分离器;7.水泵;8.管道过滤器

(3)水蒸汽蒸馏法:将已润湿的药材放入密闭的蒸馏器(釜)中,通入水蒸汽进行加热,使挥发性成分浸出的操作。适用于具有挥发性,且能随着水蒸汽蒸馏而不被破坏,与水不发生反应,又难溶或不溶于水的药用成分的提取与分离操作。

(4)浸渍法:将药材置于密闭容器中,加入适量溶剂,在一定温度下浸泡至规定时间,使有效成分溶出并使固、液分离的方法(图16-11)。根据浸渍的温度、次数不同可分为冷浸渍、热浸渍、重浸渍法。

1)冷浸渍:即常温浸渍,室温条件下进行的操作。一般在室温条件下浸渍3～5天或至规定时间,其间需要不断搅拌或振摇。适用于不耐热、含挥发性及黏性成分的药材的提取。

2)热浸渍:将药材放于密闭容器内,通过水浴或蒸汽加热(加热温度多介于室温与溶剂沸点之间)进行的提取操作。以乙醇为溶剂,一般在40～60℃温度下浸渍。采用热浸渍可大大缩短浸渍时间,提高生产效率,使药用成分浸提完全。不适用于对热不稳定成分的药材的提取。

3)重浸渍:又称多次浸渍。将一定量的溶剂分为几分,先用其中一份浸渍药材,过滤后,药渣再用第二份溶剂进行浸渍,如此反复进行2～3次,合并各份浸渍液,即得。在生产过程中,除利用重浸渍方法可以减少药用成分的损失,还可通过压榨机来提高浸提效率。

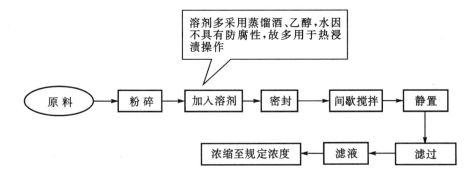

图16-11　浸渍法工艺流程图

(5)渗漉法:将适当粉碎的药材装于渗漉罐中,溶剂由上方连续渗过药材层后从底部流出渗漉液而提取有效成分的方法。此法为动态提取法,提取过程中浓度梯度较大,提取效率高,溶剂用量亦较少。提取溶剂多为不同浓度的乙醇、酸水、碱水,适用于含毒性药材、有效成分含量低及贵重药材的成分提取,对新鲜易膨胀的药材、无组织结构的药材则不适用(图16-12)。

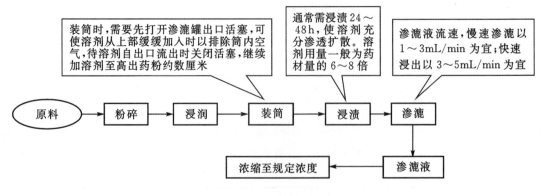

图16-12　渗漉法工艺流程图

操作过程：先将药材粉碎至规定粒度，在有盖容器内加入药材量60%～70%的溶剂均匀润湿后，密闭放置数小时，使药材充分膨胀，然后将已膨胀的药粉分批装入底部有出口的渗漉容器中，层层压实，装完后，用滤纸或纱布将上面覆盖，并用重物固定，以防止加溶剂时药粉浮起。

常用渗漉设备有渗漉罐（表16-13）。

表 16 - 13　渗漉罐介绍表

名称	渗漉罐
结构	由筒体、椭圆形封头（或平盖）、气动出渣门、气动操作台、不锈钢支架等组成（图16-13）
工作原理	将药材粗粉装于筒体内后，不断向筒内添加浸提溶剂使其渗过药粉，从下端出口收集浸提液。渗漉时，溶剂渗入药材的细胞中溶解大量的可溶性物质之后，浓度增加，密度增大而向下移动，上层的溶剂或稀浸提液置换位置，形成良好的浓度差，使扩散较好的自然进行，效果好，安全
工作过程	(1)粉碎：药材的粒度应适宜，过细易堵塞，吸附性增强，浸出效果差；过粗不宜压紧，溶剂与药材接触面小，皆不利于浸出。 (2)润湿：药粉在装筒前应先用浸提溶剂润湿，避免在渗漉筒内膨胀造成堵塞，影响渗漉速度，一般加药粉1倍量溶剂，搅拌均匀后，密闭放置15min～6h，以药粉充分均匀润湿和膨胀为度。 (3)装筒：药粉装入渗漉筒时，应均匀松紧一致，过松，溶剂流速过快，浸出不完全，过紧，又会导致出液口堵塞，无法完成渗漉过程。 (4)排气：装筒完毕后，加入溶剂时应最大限度地排除药粉间隙中的空气，保持溶剂浸没药粉表面，否则药粉干涸开裂，后加入溶剂会从裂隙间流过而影响浸出。 (5)浸渍：放置24～48h，使溶剂充分渗透扩散。 (6)渗漉：渗漉速度应符合制剂项下的规定，生产时，每小时流出液应相当于渗漉容器被利用溶剂的1/48～1/24，有效成分是否渗漉完全，虽可由渗漉液的色、味、嗅等辨别，但也应作已经成分的定性反应加以判定
使用范围	适用于贵重药材、毒性药材及高浓度制剂；也可用于有效成分含量较低的药材提取。但对新鲜的及易膨胀的药材、无组织结构的药材不宜选用

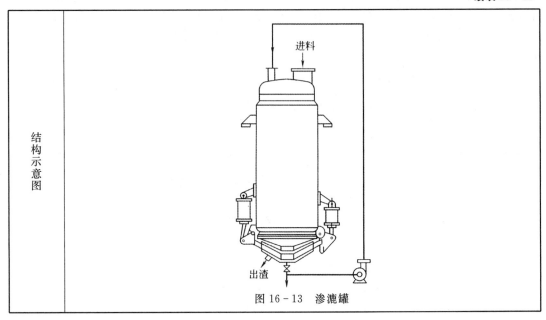

图 16 - 13 渗漉罐

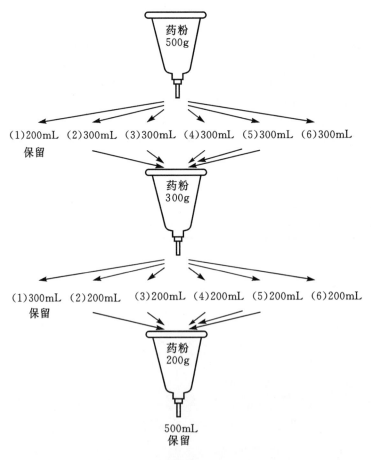

图 16 - 14 重渗漉法示意图

重渗漉是将渗漉液反复用作新药粉的溶媒进行多次渗漉的提取技术。

操作过程:以药材1000g进行渗漉法提取有效成分为例,可将药材分为500g、300g、200g 3份,分别装于3个渗漉筒内,并将3个渗漉筒串联排列,如图16-14所示。溶媒先渗漉装500g药材筒,收集最初流出的渗漉液(200mL),此时为浓渗漉液,另器保存,然后继续渗漉,每300mL收集一次,单独存放,共5次,此为续漉液,并依次将续漉液流入装300g药材筒,继续收集此筒的初漉液300mL,另器保存,再继续渗漉,每200mL收集一次,单独存放,共5次,又依次将续漉液流入装200g药材筒,收集此筒的初漉液500mL,另器保存。最后将剩余续漉液收集在一起,作为下一次渗漉同品种药材时的溶媒。将分批次收集的初漉液进行合并,共得1000mL渗漉液。

此法溶媒用量少,收集的初漉液中药用成分浓度高,减少了后期加热浓缩的环节,可避免药用成分受热分解及挥发损失,成品质量好,但所用容器较多,操作较麻烦。

(6)超临界流体萃取法(SFE):在等温条件下,超临界流体萃取过程由超临界流体的压缩、萃取、减压和分离4个主要阶段组成(表16-14)。

表16-14 超临界流体萃取设备介绍表

名称	超临界流体萃取设备
结构	主要由CO_2钢瓶、冷凝器、高压器、萃取器、收集器、压力调节器等组成(图16-15)
工作原理	超临界流体萃取过程基本上是由提取和分离两部分组成。二氧化碳以气态形式输入到冷凝器中,通过高压泵压缩升压和换热器定温,转变为操作条件下的超临界流体后,通入萃取器内,原料的可溶性组分溶解在超临界流体中,并且随同其经过减压阀降压后进入收集器,在收集器内,溶质(通常液体或固体)从气体中分离并取出,解溶后的二氧化碳气体可再次循环使用。 超临界流体萃取时,溶质的溶解度和选择性是两个重要指标,溶解度太低,则单程萃取效果很差。若溶质中所有组分的溶解度普遍增高,则后期分离效果又不理想,因此,通常在萃取时,借助加入夹带剂来提高溶质的溶解度和分离的选择性
特点	超临界流体萃取技术集萃取与分离的双重作用,没有物料的相变过程,不消耗相变热,节能效果明显,工艺流程简单,萃取效率高,无有机溶剂残留,产品质量好,无环境污染,适合于提取分离挥发性物质及含热敏性组分的物质。 但超临界流体萃取技术也有其局限性,较适合亲脂性、分子量较小的物质萃取,超临界流体萃取设备属高压设备,设备一次性投资较大
结构示意图	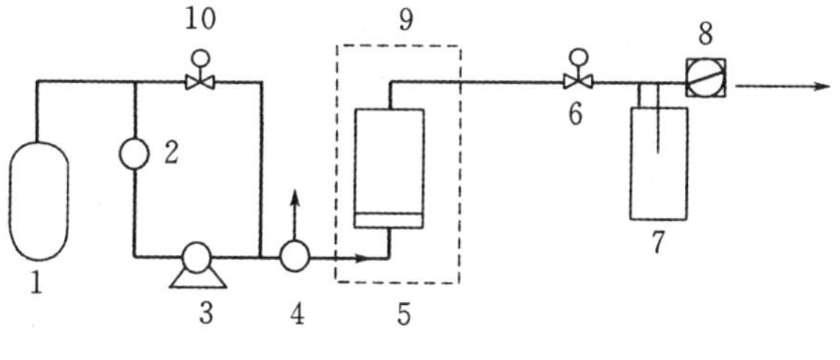

图16-15 超临界流体萃取工艺装备示意图

1. CO_2钢瓶;2.冷凝器;3.高压泵;4.换热器;5.萃取器;

6.减压阀;7.收集器;8.干气计量器;9.水浴;10.压力调节器

(7)微波辅助提取法:微波辅助提取是微波和传统的溶剂萃取法相结合的一种萃取方法。常用设备有微波动态提取设备(表16-15)。

表16-15 微波动态提取设备介绍表

名称	微波动态提取设备
使用范围	适用于热敏性物料的萃取
工作原理	此法通过高频电磁波穿透药材表面,到达物料的内部纤维管束和细胞系统,由于吸收微波能,细胞内部温度迅速上升,使细胞内部压力超过细胞壁膨胀所承受的能力而破裂,细胞内有效成分流出,在较低的温度下被介质萃取出来,此外,微波还可促进药材内部有效成分的扩散,从而使萃取效率提高(图16-16)
特点	具有提取时间短、溶剂用量少、提取效率高、产品质量好的特点
结构示意图	图16-16 微波动态提取设备 1.过滤器;2.微波提取罐;3.泡沫捕集器;4.冷凝器; 5.冷却器;6.气液分离器;7.油水分离器;8.散热柜

3. 提取液的分离与精制

在药用成分提取操作过程中,药材中的蛋白质、淀粉、粘液质等成分也会随之溶出,加之提取时采用高温条件进行,某些成分会发生氧化、还原、分解等反应导致有效成分溶解度降低,为了得到澄清的液体或纯净的固体,需要进行分离操作。固液分离通常有沉降与澄清、过滤和离心分离三种方式。

(1)沉降与澄清:沉降是利用固体微粒与液体介质之间的密度差异,依靠自身的重力在介质中自然下沉,再用虹吸技术或倾泻技术分离上清液而达到固液分离的操作。不适用于分离悬浮在液体中不易沉降的微颗粒及混浊溶液。

澄清是向悬浮液中加入一定量的澄清剂,使得悬浮液中的悬浮物状态改变沉降或上浮后再除去的方法。常用的澄清剂有:絮凝剂、蛋清、纸浆、活性炭、滑石粉、白陶土等。

操作过程:将浸提液放入锥形贮液罐内,选择性加入澄清剂后,加盖放置一定时间,待提取液澄清后,,通过虹吸法将上清液抽走,下层混浊液再利用离心或过滤的方法进行最终的固液分离。

(2)过滤:过滤是最常用的一种固液分离方法,是将固液混合液通过多孔性介质,固体被截留在介质上,而液体则透过多孔介质孔道流出,起到固液分离的方法。

过滤介质又称滤材,要求性质稳定,能最大限度使滤液通过,有效截留固体颗粒,耐受酸碱腐蚀及压力,少或不吸附有效成分。常用滤材有以下几种。

1)织物类:纱布、麻布、绸布、帆布、尼龙绸布及金属丝织成的筛网。

2)多孔介质:滤纸(按孔径大小分粗号、中号、细号滤纸;按滤速可分为快速、中速、慢速滤纸)、垂熔玻璃、微孔滤膜(孔径为 $0.025\sim14\mu m$,主要滤除 $\geqslant50\mu m$ 的细菌和悬浮颗粒)。

根据操作方式的不同,过滤又可分为常压过滤、减压过滤、加压过滤、薄膜过滤四种。

1)常压过滤:利用滤液的液位差所产生的压力作为过滤动力进行的操作。常用的有玻璃漏斗,金属夹层保温漏斗等。

2)减压过滤:又称真空过滤,利用真空过滤装置,在过滤介质下方抽真空,增加过滤介质两侧的压力差,达到快速过滤的操作。常用的有布氏漏斗、垂熔玻璃滤器。

3)加压过滤:利用压缩空气或往复泵、离心泵等输送混悬液所形成的压力位推动力进行过滤的操作。常用的有板框式压滤机。

提取液的分离与精制的常用设备有板框式压滤机(表 16-16,表 16-17)。

表 16-16 板框式压滤机介绍表

名称	板框式压滤机
结构	主要由止推板(固定滤板)、压紧板(活动滤板)、滤板和滤框、横梁(扁铁架)、过滤介质(滤布或滤纸等)、压紧装置、集液槽等组成(图 16-17)
工作原理	板框压滤机由交替排列的滤板和滤框构成一组滤室。滤板的表面有沟槽,其凸出部位用以支撑滤布。滤框和滤板的边角上有通孔,组装后构成完整的通道,能通入悬浮液、洗涤水和引出滤液。板、框两侧各有把手支托在横梁上,由压紧装置压紧板、框。板、框之间的滤布起密封垫片的作用。由供料泵将悬浮液压入滤室,在滤布上形成滤渣,直至充满滤室。滤液穿过滤布并沿滤板沟槽流至板框边角通道,集中排出。过滤完毕,可通入清洗涤水洗涤滤渣。洗涤后,有时还通入压缩空气,除去剩余的洗涤液。随后打开压滤机卸除滤渣,清洗滤布,重新压紧板、框,开始下一工作循环(图 16-17)
特点	过滤面积可以随所用的板框数目增减

| 结构示意图 | 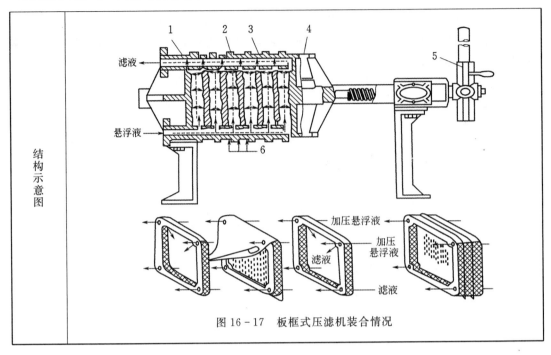
图 16-17　板框式压滤机装合情况 |

表 16-17　板框式压滤机标准操作规程

板框式压滤机标准操作规程	
开机前准备	(1)检查设备电路、通道是否符合生产操作规程要求。 (2)正确选用滤布,并检查滤布情况,滤布不得折叠和破损。 (3)检查各关口接头有否接错,法兰螺栓有否均匀旋紧,垫片有否垫好。 (4)机器经安装、调整、清洁后悬挂生产状态标志牌
运行	(1)压紧滤板→开泵进料→关闭进料泵→拉开滤板卸料→清洗检查滤布→准备进入下一循环。 (2)合上电源开关,按启动按钮,启动油泵,将所有滤板移至止推板段,并使其位于两横梁中央,按压紧按钮,活塞推动压紧板,将所有滤板压紧,达到液压工作压力值后旋转锁紧螺母锁紧保压,按关闭按钮,油泵停止工作
关闭	(1)启动油泵,按下压紧按钮,待锁紧螺母后,即将螺母旋至活塞杆前端,再按松开按钮,活塞待压紧板回至合适工作间隙后,关闭点击。 (2)移动各滤板卸渣。 (3)检查滤布、滤板,清除结合面上的残渣。再次将所有滤板移至止推板端并位居两横梁中央时,即可进入下一个工作循环

(3)离心:离心是将药液置于离心机中,借助离心机的高速旋转所产生大小不同的离心力,使固液分离的操作。

根据离心机的转速不同可分为常速离心机(转速在 3000r/min 以下)、高速离心机(转速在 3000~6000r/min)、超高速离心机(转速在转速在 50000r/min 以上)。

（4）水提醇沉法：水提醇沉法为提取液精制方法之一，是将中药材饮片先用水提取，然后将提取液浓缩至约 1mL 相当于原药材 1～2g，再加入适量乙醇，静置冷藏适当时间后分离去除沉淀，最后制得澄清的液体。

（5）醇提水沉法（醇水法）：是指先以适宜浓度的乙醇提取药材成分，再用水除去提取液中杂质的方法。其原理和操作与水醇法相似。

水提醇沉、醇提水沉均是中药提取生产中的常用操作。可促使蛋白质、多糖、淀粉、树胶、果胶等醇不溶物析出沉淀，以除去杂质，提高浸膏质量。加醇或加水时需要在搅拌下缓缓加入，伴以快速搅拌，以防止局部醇浓度过高使沉淀包裹浓缩液。

常用设备有醇沉罐（表 16-18）。

表 16-18　醇沉罐介绍表

名称	醇沉罐
结构	由标准椭圆形封头、锥形底及桨式搅拌器组成（图 16-18）
工作原理	浓缩液和酒精按工艺要求，投入各自的配比量并开启冷冻盐水或冷却水，搅拌混和均匀，达到料液所需的温度后停止搅拌，继续在夹套内通入冷冻盐水或冷却水，保证所需的液温。待沉淀完成后开启上清液出料阀，用自吸泵将上清液抽出，因内装浮球式出液器，随上清液液面逐渐下降，浮球也随液面下降，待上清液抽完，因浊液密度远大于上清液，浮球浮在沉淀物表面不再下降，出液器自动停止出液。此时可打开出渣口，将沉淀物排出。根据物料不同沉淀物质不一样，可先打开底部蝶阀将稀料放出
特点	可常温及低温冷冻沉降进行固液分离，可提高提取液的醇度及澄明度，提高产品质量
结构示意图	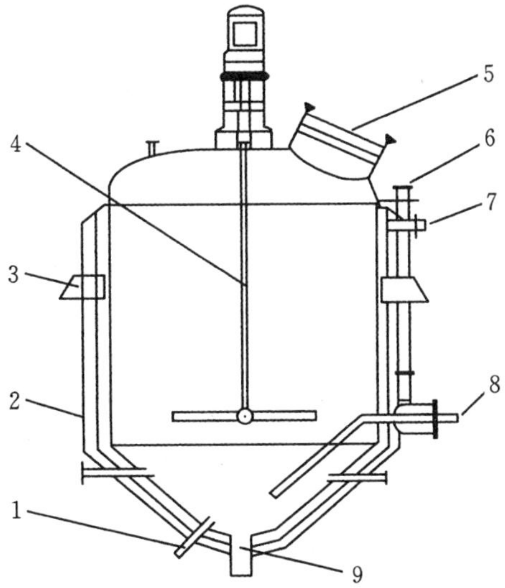

图 16-18　醇沉罐

1.冷却液入口；2.保温层；3.支座；4.搅拌；5.加料口；
6.调节手柄；7.冷却液出口；8.出料管；9.出渣口

4.提取液蒸发浓缩

用于中药生产的蒸发浓缩设备有外循环式、真空盘管式、刮板式、碟片式离心薄膜蒸发器、真空浓缩罐等。由于中药是多品种生产,各品种间性质差异较大,一般均根据浓缩比来选择上述设备。如薄膜蒸发器由于是料液一次通过式,当浓缩比较大时,容易导致加热管结垢堵塞,故多用于浓缩比较小的制剂产品浸出液浓缩。外循环蒸发器对浸出液的蒸发效果较好,设备紧凑,易于清洗,不易结垢,浓缩比大,可浓缩到相对密度1.25,使用广泛。目前,双效或多效蒸发器因节能效果明显,得到广泛应用,取得良好效果(表16-19,表16-20,表16-21,表16-22,表16-23)。

表 16 – 19   单效浓缩器介绍表

名称	单效浓缩器
工作原理	加热室内部为列管式,壳程接入蒸汽,加热列管内部的液体;加热室并配有压力表、安全阀,以确保生产安全。 蒸汽进入加热室的列管外面,将料液加热上升,从喷管喷入蒸发室,进行汽液分离,其料液从循环管回到加热室下部再加热,料液受热又喷入蒸发室形成循环。 料液浓缩到一定的程度,经取样确定合格后由出料口出料,蒸发室蒸发出来的蒸汽经除沫器消除泡沫再经汽液分离器,部份料液返回蒸发室,其余二次蒸汽由冷凝器与冷却器冷却成液体进入贮液桶,最后不凝气体排入大气或真空泵带走。 分离室正面设有视镜,供操作者观察料液的蒸发情况,后面人孔便于更换品种时清洗室内部,并设有温度表、真空表,以便观察掌握蒸发室内部的料液温度与负压蒸发时的真空度(图16-19)
特点	采用外加热自然循环与真空负压蒸发相结合的方式,蒸发速度快,操作简单,占地面积小。能用于批量小、品种多的热敏性低的真空浓缩;酒精回收率可达80%以上
结构示意图	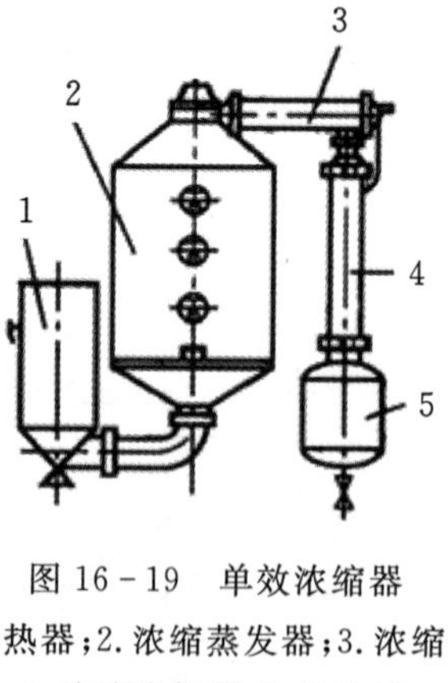 图 16 – 19 单效浓缩器 1.浓缩加热器;2.浓缩蒸发器;3.浓缩冷凝器; 4.浓缩冷却器;5.贮液罐

表 16-20 双效节能浓缩器介绍表

名称	双效节能浓缩器
结构	主要由一效加热器、一效蒸发器、二效加热器、二效蒸发器、受水器、冷却器等组成(图 16-20)
工作原理	一效的二次蒸汽(真空度 0.04Mpa,药液温度 80℃)供应二效浓缩加热(真空度 0.08Mpa,药液温度 60℃)。采用外加热自然循环与真空负压方式,蒸发速度快,浓缩比重大
特点	既节省了锅炉的投资,又节约能耗,能耗与单效浓缩器相比降低 50%。 根据生产需要既能双效又能分解成两台不同生产方式的单效和组合式设备进行浓缩,分解后的两台单效蒸发能力是双效蒸发的 2.5 倍
结构示意图	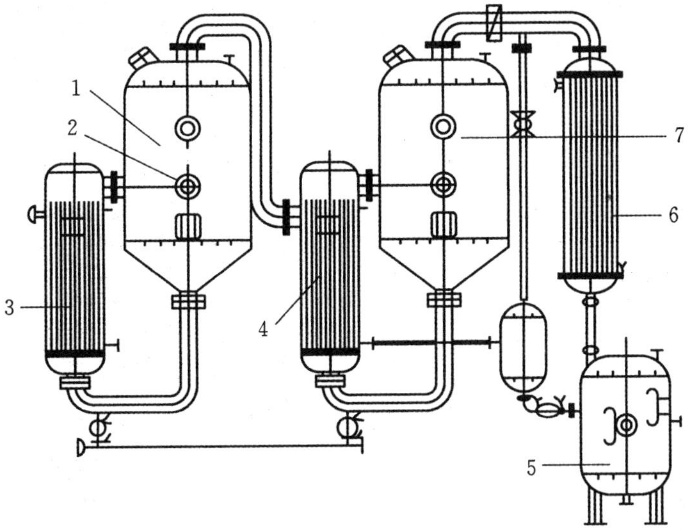 图 16-20 双效节能浓缩器 1.一效加热器;2.视镜;3.一效加热器;4.二效加热器;5.受水器;6.冷凝器;7.二效蒸发器

表 16-21 三效浓缩器介绍表

名称	三效浓缩器
结构	主要由一效加热器、一效蒸发器、二效加热器、二效蒸发器、三效蒸发器、三效加热器、受水器、冷却器等组成(图 16-21)
工作原理	一次蒸汽(锅炉蒸汽)进入一效加热室,将料液加热,同时在真空的作用下,从喷管喷入一效蒸发室,料液从弯道回到加热室,再次受热又喷入蒸发室形成循环;料液喷入蒸发室时成雾状,水份迅速被蒸发,蒸发出来的第二次蒸汽进入二效加热室给二效料液加热,同理形成第三个循环,三效蒸发室蒸发出来的蒸汽(第三次)进入冷却器,用自来水冷却成冷凝水,流入受水器到视镜 1/2 处排掉。料液里的水不断被蒸发掉,浓度得到提高,直到所需的比重,由出膏口出膏,冷却水经冷却器热交换,水温至 30~40℃送入厂用总水管,给全厂用或送入冷却塔循环使用

特点	节约能耗,蒸汽机冷却水用量少,降低成本;蒸发速度快,浓缩比重大;可完成一次性成膏操作;物料在密封中无泡沫状态下进行浓缩,不易跑料,减少污染,不易结焦,清洗方便;外形美观等
结构示意图	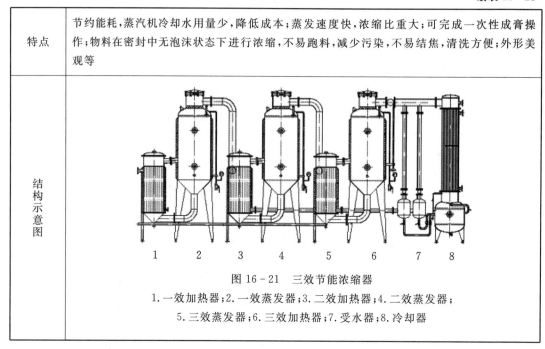 图 16 – 21　三效节能浓缩器 1.一效加热器;2.一效蒸发器;3.二效加热器;4.二效蒸发器; 5.三效蒸发器;6.三效加热器;7.受水器;8.冷却器

表 16 – 22　热回流提取浓缩机组介绍表

名称	热回流提取浓缩机组
结构	主要由提取罐、浓缩蒸发器、冷却器、油水分离器、过滤器等组成(图 16 – 22)
工作原理	将药材投入提取罐内,开启提取罐直通和夹套蒸汽阀门,使提取液加热至沸腾 20～30min 后,用抽滤管将 1/3 提取液抽入浓缩器。关闭提取罐直通和夹套蒸汽、开启加热器阀门使液料进行浓缩。 浓缩时产生二次蒸汽,通过蒸发器上升管送入提取罐作提取的热源和溶液,维持提取罐内沸腾。二次蒸汽继续上升,经冷凝器冷凝成热冷凝液,回落到提取罐内作新溶剂加到药面上,新溶剂由上而下高速通过药材层到提取罐底部,药材中的可溶性有效成份溶解于提取罐内溶剂。提取液经抽滤管抽入浓缩器、浓缩产生的二次蒸汽又送到提取罐作热源和新溶剂,这样形成的新溶剂大回流提取当药材中溶质完全溶出(提取液无色),提取液停止抽入浓缩器,浓缩的二次蒸汽转送冷却器,浓缩继续进行,直至浓缩成所需状态,放出待用
特点	溶剂由上至下高速通过药材层,存在高浓度梯度,故收膏率比多能罐提高 10%～15%;提取时间短,且浓缩与提取同步进行,设备利用率高;溶剂用量少,消耗率降低;由于浓缩的二次蒸汽可作提取的热源,抽入浓缩器的提取液与浓缩同温度,节约加热资源

结构示意图	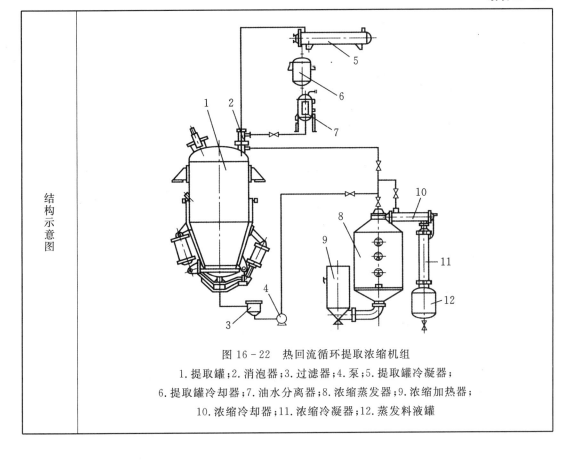 图 16 – 22 热回流循环提取浓缩机组 1.提取罐;2.消泡器;3.过滤器;4.泵;5.提取罐冷凝器; 6.提取罐冷却器;7.油水分离器;8.浓缩蒸发器;9.浓缩加热器; 10.浓缩冷却器;11.浓缩冷凝器;12.蒸发料液罐

表 16 – 23 500L 中药提取浓缩机组标准操作规程

500L 中药提取浓缩机组标准操作规程	
1. 提取浓缩	(1)加清水通蒸汽循环洗锅。 (2)药材从投料口加入后进水稀释,药物与溶剂比例为 1∶10(重量),溶液高度约主罐 2/3 为宜,以保持物料足够的蒸发空间,利于加快蒸发速度。 (3)控制夹套蒸汽压力在 0.09MPa 内,同时微开启夹套下排冷凝水出口阀门,排放废气和冷凝水来维持蒸汽压力恒定。 (4)主罐内药液沸腾时,开启由主罐进入冷凝的二次蒸汽进口阀,同时关闭由蒸发器进入冷凝器的二次蒸汽进口阀,开启冷凝器和冷却器冷水进口阀门进行常压循环提取。 (5)加热提取器内药液 40～50min 后,打开提取器药液出口阀,开启真空泵,药液通过管道过滤器将药液吸入浓缩蒸发器,开启加热器进汽阀调节进汽压力开启由蒸发器进入冷凝器的二次蒸汽进口阀,浓缩产生的二次蒸汽经浓缩蒸发器的除沫器后与提取器内产生的经除沫、冷凝和汽液分离后的蒸汽一起进入冷凝器、冷却器冷凝、冷却,最后回流入提取器或溶剂罐。在提取过程中通过调节提取罐底部出液阀,使提取罐上部冷凝液回流量与提取制度底部出液量保持平衡。

	(6)热溶剂不断循环使用,待溶质完全溶出后,关闭主罐夹套进汽阀,关闭由主罐进入冷凝器的二次蒸汽进口阀。蒸发器浓缩产生的二次蒸汽经冷凝器直接冷凝冷却,继续浓缩回收,直至浓缩成所需比重的膏体排出。 (7)乙醇作溶煤提取工艺时,可以回收乙醇。此时夹层蒸汽压力控制在 0.07MPa 内稳定,罐内内温度一般为 60～70℃之间,并维持恒定。 (8)提取含有芳香油的中草药,可能通过提取器回收少量芳香油,此工艺在常压煎煮过程中实现,此时应关闭溶剂罐进口,打开芳香油出口,直到出油,可由玻璃观察,开启回流口少许,芳香水回流主罐内,芳香油不断排出
2.停止	(1)关蒸汽进汽阀门,开排汽阀门将余汽排净。 (2)开放料阀将稀溶液输送至溶剂罐内。 (3)清理药渣。 (4)清洗蒸煮罐、加热器、蒸发器及其附件

5.蒸馏和精馏设备

醇提、醇沉均需要蒸馏回收乙醇,为避免有效成分的破坏,宜采用真空蒸馏,常压蒸馏因料液温度高和受热时间长不宜采用。醇沉液蒸馏出的乙醇需要精馏获得浓乙醇以循环使用。浓乙醇的浓度一般在90％左右,与用95％的乙醇相比,需要的蒸馏塔高度低,能源消耗少。目前多采用压延刺孔波纹填料、孔板波纹填料等新型填料替代传统的拉西环填料。新型填料具有通量大、阻力小、效率高、抗污染等优点。生产中常使用的设备为减压蒸馏器(表 16－24)和乙醇回收塔(表 16－25)。

表 16－24　减压蒸馏器介绍表

名称	减压蒸馏器
结构	蒸馏器、冷凝器、接收器、真空装置等
工作原理	开启真空装置,抽出内部空气。将料液吸入蒸馏器内,保持负压状态,打开蒸汽阀门,加热料液。开启冷暖器阀门,保持料液适度沸腾,回收冷凝液。蒸馏完毕,先关闭真空装置,开启放气阀,使容器内恢复常压,浓缩液即可经出液口放出(图 16－23)

结构示意图	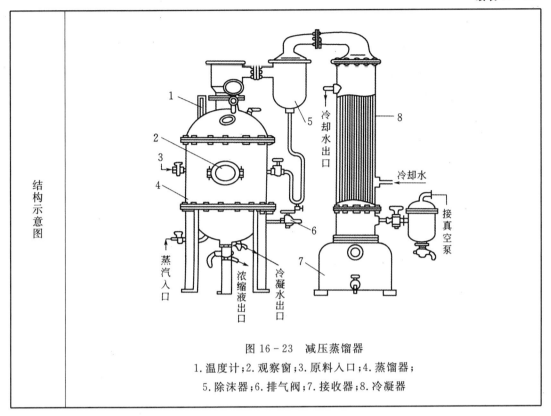 图 16-23 减压蒸馏器 1.温度计；2.观察窗；3.原料入口；4.蒸馏器； 5.除沫器；6.排气阀；7.接收器；8.冷凝器

表 16-25 乙醇回收塔介绍表

名称	乙醇回收塔
结构	主要由原料高位罐、塔釜、塔身、冷凝器、冷却器等组成(图 16-24)
工作原理	利用乙醇沸点低于不及其他溶液沸点的原理,用稍高于乙醇沸点的温度,将需回收的稀乙醇溶液进行加热挥发,经塔体精馏后,析出纯乙醇气体,提高乙醇溶液的浓度,达到回收乙醇的目的
特点	节能、环保、可降低生产成本、提高生产效率

结构示意图	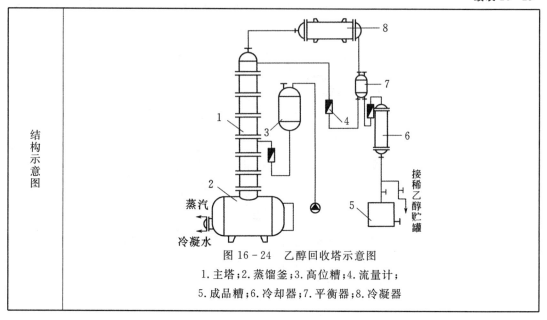 图 16－24　乙醇回收塔示意图 1.主塔；2.蒸馏釜；3.高位槽；4.流量计； 5.成品槽；6.冷却器；7.平衡器；8.冷凝器

6.浸膏干燥设备

浸膏干燥常用的设备有热风循环干燥箱、真空干燥器和喷雾干燥器。对温度不敏感的物料可以使用热风循环干燥箱；对浓缩液密度较大的浸膏干燥可用真空干燥器，真空干燥器要求密度在 $1.25\sim1.30g/cm^3$ 以上，典型设备是真空干燥箱和连续输送带式真空干燥机。当浓缩液的密度在 $1.25\sim1.25g/cm^3$ 时可使用喷雾干燥器干燥，常采用离心式雾化器和压力式雾化器（参见项目四颗粒剂干燥部分设备）。

三、中药前处理、提取生产质量控制点

中药前处理，提取生产质量控制点见表 16－26。

表 16－26　中药前处理、提取生产质量控制点

工序	质量控制点	质量控制项目	频次
备料	原辅料检验	水分、真伪	每批
	称量复核	投料量	每批
提取	提取溶媒	用量	每批
	温度	提取温度	每批
	时间	升温时间、提取时间	每批
	溶媒回收	回收量	每批
浓缩	浓缩温度	温度	每批
	浓缩时间	时间	每批
过滤	滤液量	投料量	每料
精制	醇沉	乙醇用量	每批

模块七　药用包装设备

▶ 学习目标

1. 掌握药用包装设备的分类、结构、工作原理、标准操作规程。
2. 熟悉药品包装的批包装记录和质量控制点,熟悉药用包装设备的使用范围。

项目十七　药用包装设备

一、实训任务

【实训任务】　胃康灵胶囊包装。

【规格】　每粒装 0.4g。

【包装规格】　24 粒/盒×200 盒/箱。

【生产操作要点】

(一)内包装

(1)包装规格:胃康灵胶囊的内包装为铝塑板包装,12 粒/板。

(2)质量控制点:密封严密性,有无空泡罩,印字是否清晰,数量是否准确等。

(3)所用设备:药用铝塑泡罩包装机。

(二)外包装

(1)包装规格:胃康灵胶囊的外包装为 2 板进行一个枕包,1 包/盒×200 盒/箱。

(2)质量控制点:密封严密性、包装数量等。

(3)所用设备:枕包机、自动装盒机等。

【岗位生产记录】

表 17-1 铝塑内包装记录 I

产品名称:胃康灵胶囊　　　规格:每粒装 0.4g　　　包装规格:12 粒/板　　　批号:

操作开始时间:　月　日　时　　分		操作结束时间:　月　日　时　　分
指令	工艺要求	操作记录

1.生产前检查	1.1 有前次"清场合格证"副本。				有□　　无□		
	1.2 有厂房、设备、容器具"已清洁"标识,并在有效期内。				有□　　无□		
	1.3 有设备"完好"标识				有□　　无□		
	1.4 温　　度:18~26℃				温度:　　　℃		
	1.5 相对湿度:45%~65%				相对湿度:　　%		
	1.6 压　　差:≥5Pa				压差:　　　Pa		
	操作人:　　　　　　复核人:						
2.班长更换标识	换上本次"生产运行中""设备运行中"标识				是□　　否□		
3.中间产品确认	3.1 核对中间产品与批生产指令一致				一致□　　否□		
	3.2 有中间产品递交单和流转证。				有□　　无□		
	品名	批号		检验单号		重量(kg)	
	胃康灵胶囊						
4.内包材确认	核对内包材与批生产指令一致					一致□　　否□	
	品　名	代码	物料编号	检验单号	领用量	使用量	损耗量	剩余量
	药品包装用铝箔				kg	kg	kg	kg
	聚氯乙烯固体药用硬片				kg	kg	kg	kg
5.铝塑内包装	5.1 按《铝塑内包装岗位标准操作规程》操作				执行□　　否□		
	5.2 按铝塑泡罩包装机标准操作规程进行操作				执行□　　否□		
	5.2.1 设备型号:　　　　设备编号:						
	5.2.2 吹泡温度 110~140℃				温度:　　　℃		
	5.2.3 热合温度 200~240℃				温度:　　　℃		
	5.3 每板装 12 粒胶囊并打印产品批号、有效期				是□　　否□		
	5.4 检查包装质量:无空泡、无漏气、无碎粒				合格□　　否□		
6.中间产品递交	6.1 有中间产品递交单				有□　　无□		
	6.2 同外包装班长交接中间产品				数量:　　　板		
7.物料平衡计算	内包材物料平衡率 $=\dfrac{\text{使用数}+\text{破损数}+\text{剩余数}}{\text{领取总数}}\times100\%=$　　　%						
	铝箔物料平衡率 $=$ ＿＿＋＿＿＋＿＿ $\times100\%=$　　　%						
	铝箔平衡率限度:98.5%~100%　　　合格□　　不合格□						

表 17-2 铝塑内包装记录Ⅱ

产品名称:胃康灵胶囊　　　规格:每粒装 0.4g　　　包装规格:12 粒/板　　　批号:

		开始时间:　　　　时　　分		结束时间:　　　　时　　分		
8.清场	8.1清理	清理内容	清理情况	复核人检查	监控员检查	
		本批(本次)生产中间产品是否清出现场	已清□ 未清□	合格□ 不合格□	合格□ 不合格□	
		本批(本次)生产剩余物及生产废弃物是否清出生产现场	已清□ 未清□	合格□ 不合格□	合格□ 不合格□	
		本批(本次)生产文件是否撤出生产现场	已清□ 未清□	合格□ 不合格□	合格□ 不合格□	
		本批及上批(上次)标识是否撤出生产现场	已清□ 未清□	合格□ 不合格□	合格□ 不合格□	
	8.2清洁	清洁项目	清洁对象		执行的清洁规程	
		厂房	地面□ 天棚□ 墙面□ 风口□ 设施□ 门窗□ 灯具□		洁净区厂房清洁规程	
		设备	内表面□ 外表面□ 拆卸部件□		相应设备清洁规程	
		地漏	地漏盖□ 地漏口□ 水封盖□ 水封槽□		洁净区地漏清洁规程	
		容器具 工器具	内表面□ 外表面□		洁净区容器具、工器具 清洁规程	
		清洁工具	清洁盆□ 清洁桶□ 洁净擦布□ 洁净拖把□ 尼龙块□ 笤帚□ 废物桶□ 撮子□		洁净区清洁 工具清洁规程	
		清洁人:　　　　　复核人:　　　　　清洁效果评价:				
9.班长更换标识		换上"已清洁"状态标识		是□　　否□		
10.监控员清场检查		签发"清场合格证"(正、副本)		有□　　无□		
				监控员:		
				时　　分		
11.生产偏差处理		偏差及异常情况处理		有□　　无□		
12.备注						
操作人:　　　　　月　　日			复核人:　　　　　月　　日			
监控员:　　　　　月　　日			工艺员:　　　　　月　　日			

表 17-3 外包装记录 I

产品名称:胃康灵胶囊　　　　规格:每粒装 0.4g　　　　包装规格:24 粒/盒　　　　批号:

操作开始时间:　　月　　日　　时　　分	操作结束时间:　　月　　日　　时　　分				
指令	工艺要求			操作记录	
1. 生产前检查	1.1 有前次"清场合格证"副本			有□　　无□	
	1.2 有厂房、设备、容器具"已清洁"标识,并在有效期内			有□　　无□	
	1.3 有设备"完好"标识			有□　　无□	
	操作人:　　　　　　　复核人:				
2. 班长更换标识	换上本次"生产运行中""设备运行中"状态标识			是□　　否□	
3. 中间产品与外包材确认	3.1 核对待包装产品与批包装指令一致			一致□　　否□	
	3.2 有中间产品递交单			有□　　无□	
	品　名	批　号		数量(板)	
	待包装产品				
	前批待合箱产品				
	3.3 核对外包材与批包装指令一致			一致□　　否□	
	品名	代码	进厂物料编号	检验单号	单位	领用量
	复合袋卷材				kg	
	说明书				张	
	小　盒				只	
	装箱单(合格证)				张	
	大　箱				个	
	封箱带				卷	
	打包带				Kg	
4. 包装	4.1 按《铝塑外包装岗位标准操作规程》操作			执行□　　否□	
	4.2 按枕式包装机标准操作规程进行复合袋的包装操作,每袋装 2 板胶囊,在复合袋的指定位置卡印产品批号、生产日期、有效期			是□　　否□	
	4.2.1 设备型号:　　　　　　设备编号:				
	发放人	领用人	复核人	使用数	破损数	剩余数
	4.3 按固体墨轮标示机标准操作规程进行操作			是□　　否□	
	4.3.1 设备型号:　　　　　　设备编号:				
	4.3.2 在小盒的指定位置卡印产品批号、生产日期、有效期				
	发放人	领用人	复核人	使用数	破损数	剩余数
	4.4 按折纸机标准操作规程折叠说明书			是□　　否□	
	4.4.1 设备型号:　　　　　　设备编号:				
	发放人	领用人	复核人	使用数	破损数	剩余数

表 17 - 4 外包装记录 Ⅱ

产品名称：胃康灵胶囊 规格：每粒装 0.4g 包装规格：24 粒/盒 批号：

<table>
<tr><td rowspan="35"></td><td colspan="6">4.5 在装箱单（合格证）的指定位置上卡印产品批号、生产日期</td></tr>
<tr><td>发放人</td><td>领用人</td><td>复核人</td><td>使用数</td><td>破损数</td><td>剩余数</td></tr>
<tr><td></td><td></td><td></td><td></td><td></td><td></td></tr>
<tr><td colspan="6">4.6 在大箱的指定位置卡印产品批号、生产日期、有效期</td></tr>
<tr><td>发放人</td><td>领用人</td><td>复核人</td><td>使用数</td><td>破损数</td><td>剩余数</td></tr>
<tr><td></td><td></td><td></td><td></td><td></td><td></td></tr>
<tr><td colspan="4">4.7 每小盒装 1 袋药品，1 张说明书，每大箱装 200 小盒，内附装箱单 1 张</td><td colspan="2">执行□ 否□</td></tr>
<tr><td colspan="4" rowspan="3">4.8 由班长指定二人合箱</td><td colspan="2">上批合箱批号： 数量： 小盒</td></tr>
<tr><td colspan="2">本批合箱批号： 数量： 小盒</td></tr>
<tr><td colspan="2">合箱操作人：</td></tr>
<tr><td colspan="4">4.9 填写成品请验单，取样进行成品检验</td><td colspan="2">取样量： 小盒</td></tr>
<tr><td colspan="4">4.10 本批包装成品数量： 小盒 零头成品数量： 小盒</td><td colspan="2"></td></tr>
<tr><td colspan="4">4.11 按全自动捆扎机标准操作规程进行操作</td><td colspan="2">是□ 否□</td></tr>
<tr><td colspan="6">4.11.1 设备型号： 设备编号：</td></tr>
</table>

5. 物料平衡计算	
	包材物料平衡率 = $\dfrac{\text{使用数} + \text{破损数} + \text{剩余数}}{\text{领取总数}} \times 100\% = \quad \%$
	复合袋物料平衡率 = $\dfrac{\quad + \quad + \quad}{\quad} \times 100\% = \quad \%$
	复合袋平衡率限度：100% 合格□ 否□
	说明书物料平衡率 = $\dfrac{\quad + \quad + \quad}{\quad} \times 100\% = \quad \%$
	说明书平衡率限度：100% 合格□ 否□
	装箱单物料平衡率 = $\dfrac{\quad + \quad + \quad}{\quad} \times 100\% = \quad \%$
	装箱单平衡率限度：100% 合格□ 否□
	小盒物料平衡率 = $\dfrac{\quad + \quad + \quad}{\quad} \times 100\% = \quad \%$
	小盒平衡率限度：100% 合格□ 否□
	大箱物料平衡率 = $\dfrac{\quad + \quad + \quad}{\quad} \times 100\% = \quad \%$
	大箱平衡率限度：100% 合格□ 否□

表 17－5　外包装记录Ⅲ

产品名称：胃康灵胶囊　　　　规格：每粒装 0.4g　　　　包装规格：24 粒/盒　　　　批号：

6.成品率计算	成品率＝$\dfrac{实际产量}{理论产量}\times100\%=\underline{\hspace{4cm}}\times100\%=$				
	成品率限度：97%～101%			合格□　　否□	
7.成品入库	岗位班长填写成品寄库单,同成品库管理员进行交接,入成品库待验			本批成品数量：　　　小盒	
				零头成品数量：　　　小盒	
				入库量：　　　小盒	
8.清洁	开始时间：　　时　　分		结束时间：　　时　　分		
	清洁项目	清洁对象	执行的清洁规程		
	厂房	地面□ 墙面□ 回风口□　设施□ 门□ 窗□	一般生产区厂房清洁规程		
	设备	内表面□ 外表面□ 拆卸部件□	相应设备清洁规程		
	容器具工器具	内表面□ 外表面□	一般生产区容器具、工器具及用车清洁规程		
	地漏	地漏盖□ 地漏口□ 水封盖□ 水封槽□	一般生产区厂房清洁规程		
	清洁工具	清洁盆□ 清洁桶□ 洁净擦布□　洁净拖把□ 笤帚□ 废物桶□ 撮子□	一般生产区清洁工具清洁规程		
	清洁人：　　　复核人：　　　清洁效果评价：				
9.清场	按《铝塑外包装岗位清场标准操作规程》进行操作,清场记录附后			是□　　否□	
10.班长更换标识	换上"已清洁"标识			是□　　否□	
11.监控员清场检查	签发"清场合格证"（正、副本）			有□　　无□	
				监控员：	
				时　　分	
12.生产偏差处理	偏差及异常情况处理			有□　　无□	
13.备注					
操作人：　　　　　月　　日			复核人：　　　　　月　　日		
监控员：　　　　　月　　日			工艺员：　　　　　月　　日		

表 17 - 6 包装规格为 24 粒/盒×200 盒/箱的消耗定额表

包材名称	消耗定额	单位
聚氯乙烯固体药用硬片	178	kg
药品包装用铝箔	30.8	kg
复合袋卷材	74	kg
说明书	40000	张
小盒	40000	个
装箱单	200	个
大箱	200	个
打包带	8.2	kg
封箱带	2.8	卷

重点：包装过程中重点的是对包材的管理，目前 GMP 实行的是专人专柜保管包材，按需求量发放，不能多发也不能少发。发出量＝成品量＋损耗量。同时严格控制损耗量。

【项目考核评价表】

表 17 - 7 胃康灵胶囊包装考核表

专业：_____ 班级：_____ 组号：_____

姓名：_____ 场所：_____ 时间：_____

考核项目	考核标准	得分
包装规格	12 粒/板，2 板/盒	
所用设备	铝塑泡罩包装机、枕式包装机、自动装盒机等	
质量控制点	密封性、无空泡罩、数量正确、印字清晰、批号正确等	
内包装	铝塑泡罩包装机的正确使用	
包装机	枕式包装机的正确使用，自动装盒机的正确使用	
记录完成情况	记录真实、完整，字迹工整清晰	
清场完成情况	清场全面、彻底	
产品质量检查	操作准确，检查合格	
物料平衡率	符合要求	
总分		
总结		

考核教师：

二、药用包装设备

(一)铝塑泡罩包装机

泡罩包装是将一定数量的药品单独封合包装,底面是可以加热成型的 PVC 塑料硬片,形成单独的凹穴,上面是盖上一层表面涂敷有热熔翻合剂的铝箔,并与 PVC 塑料封合构成的包装。泡罩包装形式如图 17 - 1 所示。

药用铝塑泡罩包装机又称热塑成型泡罩包装机,是将塑料硬片加热、成型、药品充填,与铝箔热封合、打字(批号)、压断裂线、冲裁和输送等多种功能在同一台机器上完成的高效率包装机械。可用来包装各种几何形状的口服固体药品如素片、糖衣片、胶囊、滴丸等。

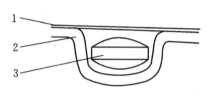

图 17 - 1　泡罩结构
1.铝箔;2.PVC;3.药片

目前常用的药用泡罩包装机有三种类型即滚筒式泡罩包装机、平板式泡罩包装机和滚板式泡罩包装机。

其优点有:①实现连续化快速包装作业,简化包装工艺,降低污染;②单个药片分别包装,使得药品互相隔离,防止交叉污染及碰撞摩擦;③携带和服用方便。

但有的塑料泡罩防潮性能较差,因此选择包装材料时需注意选用:①热塑成型、对化学药剂有良好抵抗力的包装材料;②防潮性好;③生物安全性。如无毒聚氯乙烯(PVC)硬片、聚偏二氯乙烯(PVDC)硬片、聚丙烯((PP)硬片等。在此基础上,根据遮光、密封等要求,又发展出铝铝、铝塑铝等多种包装形式。

常用铝塑泡罩包装设备有滚筒式泡罩包装机(表 17 - 8)、平板式泡罩包装机(表 17 - 9)、滚板式泡罩包装机(表 17 - 10,表 17 - 11)。

表 17 - 8　滚筒式泡罩包装机介绍表

名称	滚筒式泡罩包装机
结构	成型装置、热封合装置、打字装置、冲裁装置、可调式导向辊、压紧辊、间歇进给辊、输送机、废料辊等构成(图 17 - 2)
工作过程	卷筒上的 PVC 片穿过导向辊,利用辊筒式成型模具的转动将 PVC 片匀速放卷,半圆弧形加热器对紧贴于成型模具上的 PVC 片加热到软化程度,成型模具的泡窝孔型转动到适当的位置与机器的真空系统相通,将已软化的 PVC 片瞬时吸塑成型。已成型的 PVC 片通过料斗或上料机时,药片充填入泡窝。连续传动的热封合装置中的主动辊表面上制有与成型模具相似孔型,主动辊拖动充有药片的 PVC 泡窝片向前移动,外表面带有网纹的热压辊压在主动辊上面利用温度和压力将盖材(铝箔)与 PVC 片封合。封合后的 PVC 泡窝片利用一系列的导向辊,间歇运动通过打字装置时在设定的位置打出批号,通过冲裁装置时冲裁出成品板块,由输送机传送到下道工序,完成泡罩包装作业。 整个流程总结为:PVC 片匀速放卷——PVC 片加热软化——真空吸泡——药片入泡窝——线接触式与铝箔热封合——打字印号——冲裁成块

特点	(1)真空吸塑成型、连续包装、生产效率高,适合大批包装作业。 (2)瞬间封合、线接触、消耗动力小、传导到药片上的热量少,封合效果好。 (3)真空吸塑成型难以控制壁厚、泡罩壁厚不匀、不适合深泡窝成型。 (4)适合片剂、胶囊剂、胶丸等剂型的包装。 (5)具有结构简单、操作维修方便等优点
结构示意图	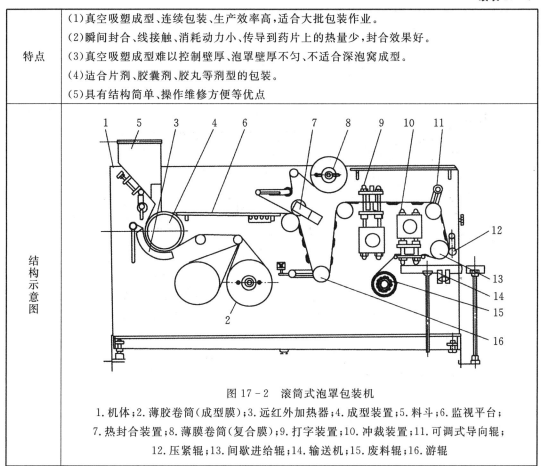 图 17 - 2　滚筒式泡罩包装机 1.机体;2.薄胶卷筒(成型膜);3.远红外加热器;4.成型装置;5.料斗;6.监视平台; 7.热封合装置;8.薄膜卷筒(复合膜);9.打字装置;10.冲裁装置;11.可调式导向辊; 12.压紧辊;13.间歇进给辊;14.输送机;15.废料辊;16.游辊

表 17 - 9　平板式泡罩包装机介绍表

名称	平板式泡罩包装机
结构	塑料膜辊、张紧轮、加热装置、冲裁站、压痕装置、进给装置、废料辊、气动夹头、铝箔辊、导向板、成型站、封合站、平台、配电、操作盘、下料器、压紧轮、双铝成型压模等(图 17 - 3)
工作过程	PVC 片通过预热装置预热软化,120℃左右;在成型装置中吹入高压空气或先以冲头顶成型再加高压空气成型泡窝;PVC 泡窝片通过上料机时自动充填药品于泡窝内;在驱动装置作用下进入热封装置,使得 PVC 片与铝箔在一定温度和压力下密封,最后由冲裁装置冲剪成规定尺寸的板块(图 17 - 4)
特点	(1)热封时,上、下模具平面接触,为了保证封合质量,要有足够的温度和压力以及封合时间,不易实现高速运转。 (2)热封合消耗功率较大,封合牢固程度不如滚筒式封合效果好,适用于中小批量药品包装和特殊形状物品包装。 (3)泡窝拉伸比大,泡窝深度可达 35mm,满足大蜜丸、医疗器械行业的需要

结
构
示
意
图

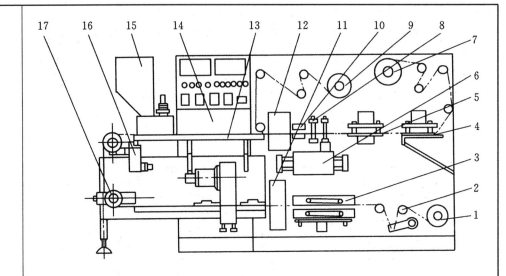

图 17－3　平板式泡罩包装机

1.塑料膜辊;2.张紧轮;3.加热装置;4.冲裁站;5.压痕装置;6.进给装置;
7.废料辊;8.气动夹头;9.铝箔辊;10.导向板;11.成型站;12.封合站;
13.平台;14.配电、操作盘;15.下料器;16.压紧轮;17.双铝成型压模

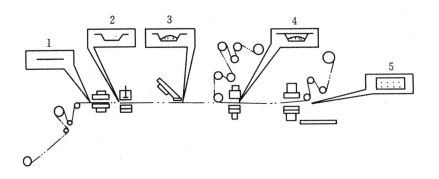

图 17－4　平板式泡罩包装机工艺流程

1.预热;2.吹压;3.充填;4.热封;5.冲裁

表 17 - 10　滚板式泡罩包装机介绍表

名称	滚板式泡罩包装机
结构	成型机构、上料机构、热封机构、冷却板、冲裁机构、导向机构、打字压印、收废料机构等（图17-7）
工作原理	(1)成型:塑料膜在通过模具之前先经过加热,加热可便塑料软化,提高其可塑性。通常加热温度控制在 110～130℃ ,温度的调节应根据塑料膜材质、厚度及机器运行速度等情况设定。使塑料膜成型的动力主要有两种:一种是正压成型,一种是负压成型。正压成型是靠压缩空气(0.4～0.6MPa)的压力,将塑料薄膜吹向模具的凹槽底,使塑料膜依据凹槽的形状(如圆形、方形、椭圆形等)产生塑性变形。与正压成型相比,负压成型即真空吸塑成型的压力差要小。正压成型的模具多制成平板,在板状模具上开有成排、成列的凹槽。平板的尺寸规格可根据生产要求确定,一般低速机设为单排泡罩板,高速机设为双排。真空成型机上,模具多做成滚筒式,在滚筒的圆柱表面上制有成排成列的凹槽。相应的加热也做成半圆弧状吻合于模具的外圆,滚筒结构便于使真空线路最短。 (2)加料:可以使用多种型式的加料器,向成型后的塑料凹槽中充填药物,并可同时向一排凹槽中加药。制药包装常用的加料器有通用上料机和胶囊调头机。前者可以适用于片剂、胶囊剂、丸剂等的充填,后者仅用于将胶囊(常用于双色胶囊)按照胶囊帽(体)以相同方向充填进凹槽。通用上料机如图 17-5 所示,料斗中的物料在传感器的控制下均匀加入上料机的机仓,通过加料毛刷的旋转,将物料充填入 PVC 膜成型好的凹槽内,最后由多组挡料辊将多余的物料挡出,就完成了整个加料过程。 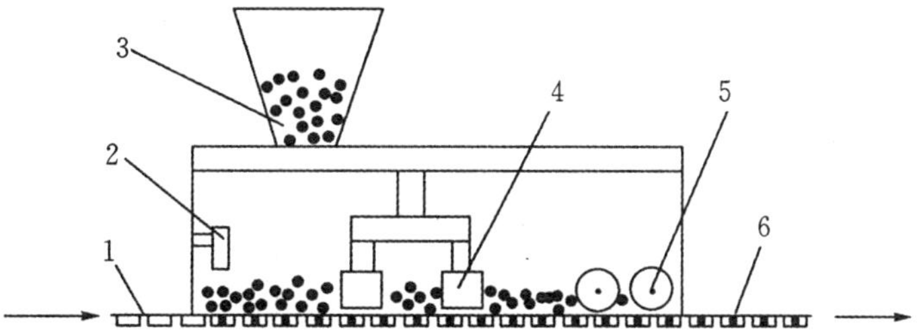 图 17-5　通用上料机加料示意图 1.PVC 凹槽;2.传感器;3.料斗 4.加料毛刷; 5.挡料辊;6.已充填药物的 PVC 凹槽 (3)热封:泡罩中充填药物以后,当铝箔与塑料膜相对合,靠外力加压(常伴随加热),利用特制的封合模具将二者压合。热封温度根据铝箔与塑料膜的材质、厚度及热封形式、设备运行速度等因素确定,一般温度控制在 130～170℃ 。为确保压合表面的密封性,压合时并不是面接触,而是以密点或线状网纹封合,使用较低压力即可保证压合密封。常用的热封部件根据结构不同分为平板式和辊筒式。另外根据需要,在此工序还可利用冲头(常伴随加热)同时打印批号(图 17-6)。

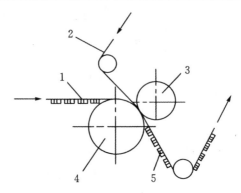

图 17－6　热封部件的热封合示意图

1.已充填药物的 PVC 凹槽;2.铝箔;3.热封辊;

4.主动辊;5.热封好的泡罩

热封时,在主动辊的带动下,成型好的塑料膜与铝箔经热压辊的压合,热封成符合要求的泡罩板。

(4)冲裁:将封合后的带状包装成品裁成规定的尺寸称为冲裁。冲裁由上、下模具组成,一般下模具固定,上模具在传动机构的带动下做往复运动进行裁切。为了节约包装材料,希望无论是纵向还是横向尽量减少冲裁余边,提高包装材料的利用率。由于冲裁后的包装片边缘锋利,常将四角设计成圆角,以防伤人。

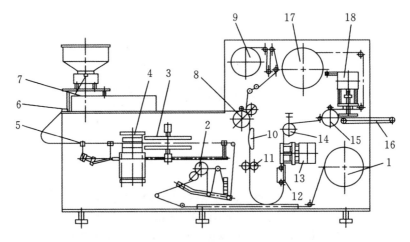

图 17－7　滚板式泡罩包装机

1.PVC 膜卷;2.放卷;3.PVC 加热;;4.成型机构;5.夹持步进;

6.平台;7.上料机构;8.热封机构;9.PTO 膜卷;10.冷却板;

11.拉膜辊;12.导向机构;13.打字压印;14.调整辊;15.步进辊;

16.冲裁机构;17.收废料机构;18.成品输出机构

不同机型的特点：①滚筒式泡罩包装机以封合效果好、结构简单为特点，但泡罩成型较浅和不均匀，封合的板状易"拱起"，影响外观质量；②板式泡罩包装机以泡罩成型拉伸大及封合的板型平整美观为特点，但封合需较大功率和较长时间，故速度不能过快；③滚板式泡罩包装机针对以上两种机器的特点，在板式基础上发展而成，具有高效、节材和外观质量好等特点。目前国内市场以平板式和滚板式泡罩包装机为主。

使用注意事项：①使用设备时成型、热封、压印、冲裁等处不可伸手，防止发生机械伤害；②设备接地保持良好，防止静电积聚；③用于成型的压缩空气必须经过净化，防止其污染药品；④设备使用时必须保持冷却用水的畅通，防止泡罩板冷却不良，影响成型质量。

表 17 - 11　铝塑泡罩包装机标准操作规程

	DPH130 型铝塑泡罩包装机标准操作规程
准备过程	(1)检查设备应有完好标识，已清洁标识。 (2)观察分水过滤器水杯内的液面高度。 (3)检查机器的润滑情况和各联结部件的紧固情况
操作过程	(1)接通冷却水和压缩空气。 1)成型气压设定：0.3～0.4Mpa。 2)热封合气压：0.4～0.5MPa。 3)系统气压不低于 0.6MPa。 (2)旋转电源主开关接通电源，控制面板红灯亮。 (3)加热旋钮开关拧到"1"位，设定温度控制表加热温度。 (4)调节热封离合旋钮。 (5)按"点动"按钮，使成型模具(下)打开最大位置。 (6)将 PVC 片通过导辊、预热成型装置、穿越成型后部步进夹持气缸夹持点。 (7)待成型预热温度达到设置温度后，即可按"启动"按钮开机工作。 (8)当吹出的泡符合质量要求后，打开掉头机电源开关，调整加料速度开始生产。 (9)工作过程中随时注意观察包装质量，发现有空泡、碎片及时剔除。 (10)工作结束时按压"准停"按钮，即可终止生产
结束过程	每次使用后，按《DPH130 型铝塑泡罩包装机清洁规程》对设备进行清洁、消毒与灭菌。出现异常现象及时进行检查，如有损坏应及时维修更换

(二)带状包装机与双铝箔包装机

1.带状包装机

带状包装机又称条形热封包装机或条形包装机,它是将一个或一组药片或胶囊之类的小型药品包封在两层连续的带状包装材料之间,每组药品周围热封合成一个单元的包装方法(表17-12)。

表 17-12　带状包装机介绍表

名称	带状包装机
结构	贮片装置、控片装置、热压轮、切刀等组成(图 17-8)
工作原理	该机采用机械传动,皮带无级调速,电阻加热自动恒温控制,其结构由贮片装置、控片装置、热压轮、切刀等组成,可以完成理片、供片、热合和剪裁工序
工作过程	贮片装置是将料斗中的药片在离心盘作用下,向周边散开,进入出片轨道,经方形弹簧下片轨道进入控片装置。控片装置将片剂经往复运动并带有缺口的牙条逐片地供出,进入下片槽。热压轮有两个,相向旋转。热压轮的外表面均匀分布 64 个长凹槽,用以容纳药片,轮表面镶有花纹
使用范围	每个单元可以单独撕开或剪开以便于使用和销售。带状包装还可以用来包装少量的液体、粉末或颗粒状产品。带状包装机是以塑料薄膜为包装材料,每个单元多为两片或单片片剂,具有压合密封性好、使用方便等特点,属于一种小剂量片剂包装机
结构示意图	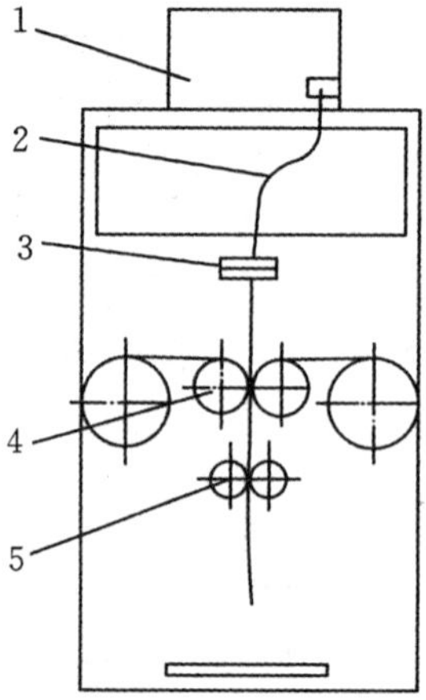 　图 17-8　片剂热封包装机示意图 1.贮片装置;2.方形弹簧;3.控片装置;4.热压轮;5.切刀

2.双铝箔包装机

双铝箔包装机全称是双铝箔自动充填热封包装机。其所采用的包装材料是涂覆铝箔,热封的方式近似带状包装机,产品的形式为板式包装(表 17-13)。

表 17-13　双铝箔包装机介绍表

名称	双铝箔包装机
结构	震动上料器、预热器、模轮、印刷器、切割机构、压痕切线、裁切机构(图 17-9)
工作原理	双铝箔包装机采用变频调速,裁切尺寸大小可任意设定,配振动式列送料机构与凹版印刷装置,能在两片铝箔外侧同时对版印刷,其充填、热封、压痕、打批号、裁切等工序连续完成。整机采用微机控制,大屏幕液晶显示,可自动剔除废品、统计产量及协调各工序之间的操作。双铝箔包装机也可用于纸/铝包装

特点	由于涂覆铝箔具有优良的气密性、防湿性和遮光性,双铝箔包装对要求密封、避光的片剂、丸剂等的包装具有优越性,效果优于玻璃黄圆瓶包装。双铝箔包装除可包装圆形片外,还可包装异形片、胶囊、颗粒、粉剂等药物
结构示意图	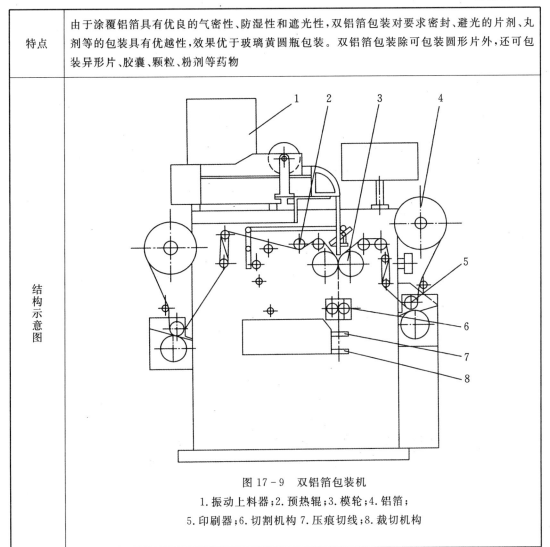 图 17 - 9　双铝箔包装机 1.振动上料器;2.预热辊;3.模轮;4.铝箔; 5.印刷器;6.切割机构 7.压痕切线;8.裁切机构

(三)枕式包装机

枕式包装机是一种自动连续收缩包装设备,包装工序水平进行,主要使用于固形物的个体包装及多个物品等的包装。对于散状物或个体分离的物体,则须将被包物先置于盒内,或将之绑束成一体,使之形成一个整体后,才可在本机上包装。由于进行包装的袋的形态呈枕状,因此通常称作枕式包装(表 17 - 14,表 17 - 15)。

枕式包装机是一种卧式三面封口,自动完成制袋、填充、封口、切断、成品排除等工序的包装设备。采用石英远红外管加热,节电高效;收缩温度和电机传动速度稳定可调,且调节范围广;独创滚筒自转装置,可连续工作。可适用于任何收缩薄膜的收缩包装。

表 17 - 14　枕式包装机介绍表

名称	枕式包装机
结构	1.封切系统 枕式包装机的封切系统由横封刀(上、下)和纵封刀(左、右)组成,其作用就是对包装物进行横向和纵向的封装。 2.加热系统 系统需要对横封刀和纵封刀进行加热,并进行温度控制,采用台达温度表采集并控制封切刀的温度。 3.变频调速系统 变频器驱动横切刀达到封切的目的,其速度决定该包装机的包装速度。 4.纵封送料系统 纵封送料系统由伺服驱动送料辊与横切送料系统配合,根据包装膜的袋长等技术指标达到准确送膜并能达到封切准确(横切到包装膜的色标位置)的要求。 5.电气控制系统 电源采用单相 220V/50Hz 供电,主机的电气系统主要由 PLC、变频器、伺服系统、人机界面等组成。并在横封刀轴上安装一个接近开关,位置为横切点;在送膜轴上装一光电开关,在包装膜上黑色光标通过时起作用;在纵封送料系统的主轴安装一个 360 线编码器,对袋长进行计长(通过 PLC 高速计数实现)(图 17 - 10,图 17 - 11)
工作原理	待包装药品经输送带至成型器与包装材料会合,经牵引机构后进入中封机构进行封口,经切刀切制成型
工作过程	根据包装的产品,事先设置好了包装用膜的尺寸。作为主要包装材料,使用塑料膜,有时也使用以纸及铝箔等为基材的膜。膜由进料辊送出,在制袋器部分形成筒状袋。然后,膜的两端部呈合掌状,在中心密封部向膜的两端部施加热与压力,并进行热粘着(热密封)。通过设置在制袋器前段(供应部)的供应传送装置,被包装物以一定间隔连续插入至呈筒状的膜内。 筒状膜内的被包装品通过上下按压传送带以一定间隔继续前进,在终端密封(也称顶部密封)装置向被包装物与被包装物的中间部膜进行加热,在进行加压热密封的同时,由切割机进行切割,结束包装工序
特点	1.自动横切位置对准:通过点动(分别对横切刀和纵封送料点动)把横切刀正好切在包装膜的光标位置,然后按下教学模式开始按钮,伺服系统以固定的速度启动,驱动纵封系统送料。同时 PLC 开始计长,当运行到光标位置的时候,伺服送膜停止,并把当前计长数据送到人机界面当前页上。当按下相对位置存储时,PLC 以当前的相对位置进行包装。 2.手动横切位置对准:手动操作时,可以直接在人机界面上输入相对位置;在运行的时候可以通过运行画面中的左移和右移数值输入按钮直接调整切刀位置。 3.封切跟踪功能:设备在运行时,横切刀每运行一周,切点接近开关就通过 PLC 外部中断一次,采集当前编码器计数值,并与 PLC 中存储的相对位置进行比较,根据差值的大小和正负,来计算出 PLC 所发出命令脉冲的频率

结
构
示
意
图

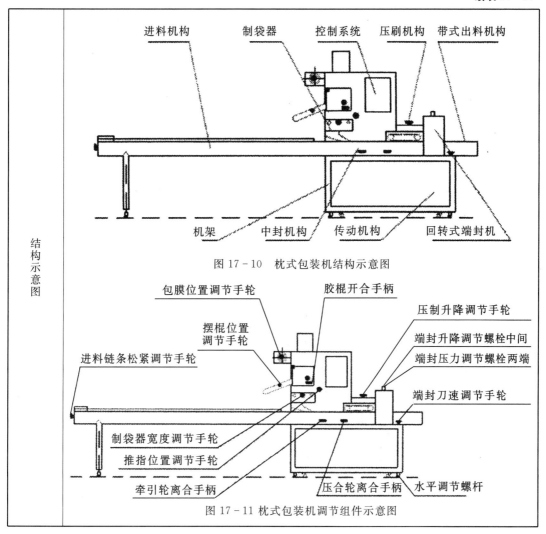

进料机构　制袋器　控制系统　压刷机构　带式出料机构

机架　中封机构　传动机构　回转式端封机

图 17 - 10　枕式包装机结构示意图

包膜位置调节手轮　胶棍开合手柄

摆棍位置
调节手轮

压制升降调节手轮

端封升降调节螺栓中间
端封压力调节螺栓两端

进料链条松紧调节手轮

端封刀速调节手轮

制袋器宽度调节手轮
推指位置调节手轮

牵引轮离合手柄　压合轮离合手柄　水平调节螺杆

图 17 - 11 枕式包装机调节组件示意图

表 17 - 15　枕式版块全自动包装机标准操作规程

DZB - 250 多功能枕式版块全自动包装机标准操作规程	
准备过程	(1)检查设备应有完好标识,已清洁标识。 (2)检查供电系统是否正常,机器各部件接头无松动现象
操作过程	(1)接通电源,电源接通指示灯亮。 (2)按 F1 显示袋长补偿量,按袋长闪动。按袋长要求进行输入并确认。 (3)按 F2 设定袋长/实际袋长。 (4)按 F3 显示包装速度和包装总量。 (5)根据包装材料和包装速度,设定封口温度。 (6)调整光电对准色标,开机时红绿灯闪烁。 (7)调节打码机,按 SET 显示设计温度,按 ∠AT 调整温度,按 SET 确认。 (8)打开传送带将待包装品按顺序平整放在传送带上,当自动下料器装满后按包装机"启动"按钮开机进行包装

结束过程	每次使用完以后,必须对设备进行清洁。执行《DZB-250 多功能枕式版块全自动包装机清洁规程》。出现异常现象及时进行检查,如有损坏应及时维修更换

(四)制袋充填封口包装机

制袋充填封口包装机一般可分为立式、卧式、枕型等多种机型。目前,制袋充填封口包装机发展进步很快,已经由最早的单列三边封低速机发展出四列、八列等多列四边封高速机,操作控制系统自动化程度也随之进一步提高(表 17 – 16,表 17 – 17)。

制袋充填封口包装机可用的包装材料均是复合材料,它由纸、玻璃纸、聚酯、镀铝膜(或纯铝膜)与聚乙烯膜复合而成。利用聚乙烯等受热后的粘结性能完成包装袋的封合。常用的包装材料主要有 PET/AI/PE、PET/PE、OPP/CPP 等。包装材料通常成卷使用,一般外径不大于 300mm,骨架内径 75mm。根据商标设计的不同如果每个小包装只有一个独立商标,在设计包装材料时应有定位控制用色标,色标宽度约为 5mm,长度约为 8mm。色标要鲜明,油墨要均匀,色标与基底颜色反差越大光电系统识别越可靠。包装尺寸根据机型、包装计量范围等可有不同的规格。包装袋长度在 40~150mm 不等;宽度在 30~115mm 不等;包装材料膜宽在 60~1000mm 不等。包装材料要求防潮、耐蚀、强度高。

表 17 – 16 制袋充填封口包装机介绍表

名称	制袋充填封口包装机
结构	(1)袋长调整机构:该设备所制包装袋袋宽可由成型器(单列机)或两个纵封辊间距离(多列机)决定;袋长可通过调整机构进行调整。一般常用的袋长调整机构包括齿轮机构、无级调整机构等。原理都是通过调整设备主、从动轮的速比,从而改变包装袋的长度,使其符合要求(图 17 – 12)。 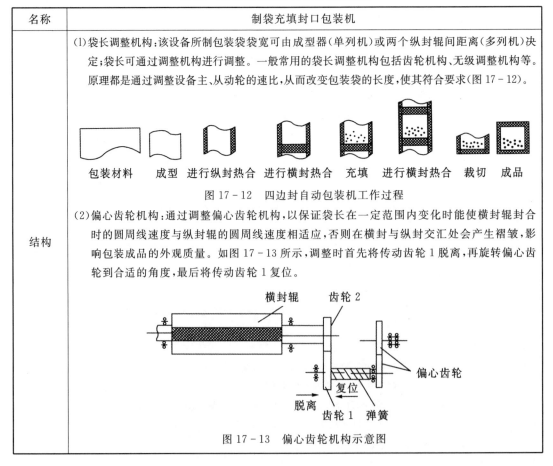 包装材料　成型　进行纵封热合　进行横封热合　充填　进行横封热合　裁切　成品 图 17 – 12　四边封自动包装机工作过程 (2)偏心齿轮机构:通过调整偏心齿轮机构,以保证袋长在一定范围内变化时能使横封辊封合时的圆周线速度与纵封辊的圆周线速度相适应,否则在横封与纵封交汇处会产生褶皱,影响包装成品的外观质量。如图 17 – 13 所示,调整时首先将传动齿轮 1 脱离,再旋转偏心齿轮到合适的角度,最后将传动齿轮 1 复位。 图 17 – 13　偏心齿轮机构示意图

(3)纠偏机构:该机构依据光纤传感器检测的包材边缘信号或手动信号将包装材料横向移动,使包材横向稳定在最佳位置上,以尽可能减少"错边"。

(4)色标补偿系统:在自动包装中必须保持独立商标位置正确,然而包装材料的实际长度可能与标准值有误差,此误差积累起来就会使商标的位置发生变动,以致超出允差,造成废品。色标补偿系统是通过光电开关、接近开关采集信号,由 PLC 控制减速电机正转或反转,经螺杆、蜗轮及差动轮系,使纵封辊实现增速或减速(即补偿微调),从而保证商标位置的正确。

(5)计量装置:由于这种机器的应用范围广泛,因此可配置不同型式的计量装置。当装颗粒药物及食品时,可用容积计量代替质量计量,如量杯、计量斗、旋转隔板等容积计量装置。当包装片剂、胶囊剂时,可用旋转模板式计量装置。如装填膏状物料或液体药物及食品、调料等可用柱塞泵计量装置,还可以选用电子秤、电子计数器计量装置等。下面以计量斗为例简要介绍其作用原理及构造。

如图 17 - 14 所示,物料从贮料斗经下料管落入计量斗中,按照计量斗容积计量后,由充填管充填进热合成型的包装袋内。另外,可通过调节计量调节手柄改变全部计量斗的容积大小以实现不同的装量;为保证每只计量斗的计量准确,可根据每只计量斗的装量,用计量微调手柄进行微调。

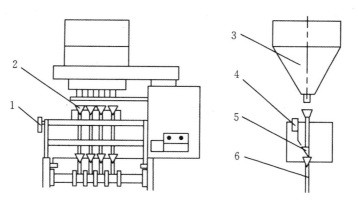

图 17 - 14　计量装置示意图

1.计量调节手柄;2.下料管;3.贮料斗;

4.计量微调手柄;5.计量斗;6.充填管

(6)裁切机构:靠改变裁刀齿轮与机器主轴的相对角度来调节裁切位置,如图 17 - 15 所示

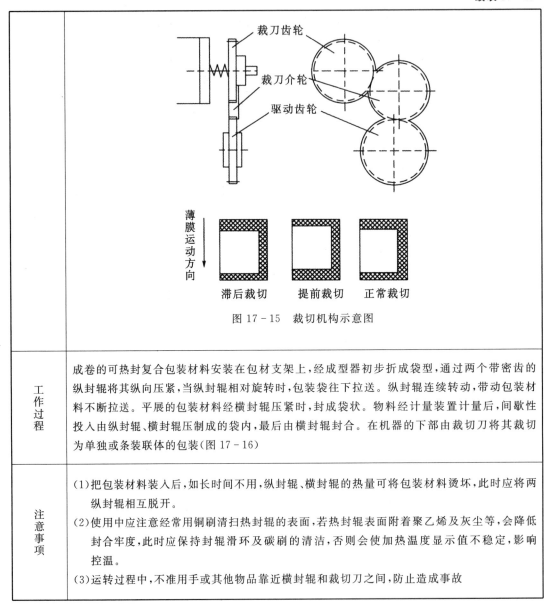

图 17－15　裁切机构示意图

工作过程	成卷的可热封复合包装材料安装在包材支架上,经成型器初步折成袋型,通过两个带密齿的纵封辊将其纵向压紧,当纵封辊相对旋转时,包装袋往下拉送。纵封辊连续转动,带动包装材料不断拉送。平展的包装材料经横封辊压紧时,封成袋状。物料经计量装置计量后,间歇性投入由纵封辊、横封辊压制成的袋内,最后由横封辊封合。在机器的下部由裁切刀将其裁切为单独或条装联体的包装(图 17－16)
注意事项	(1)把包装材料装入后,如长时间不用,纵封辊、横封辊的热量可将包装材料烫坏,此时应将两纵封辊相互脱开。 (2)使用中应注意经常用铜刷清扫热封辊的表面,若热封辊表面附着聚乙烯及灰尘等,会降低封合牢度,此时应保持封辊滑环及碳刷的清洁,否则会使加热温度显示值不稳定,影响控温。 (3)运转过程中,不准用手或其他物品靠近横封辊和裁切刀之间,防止造成事故

结构示意图	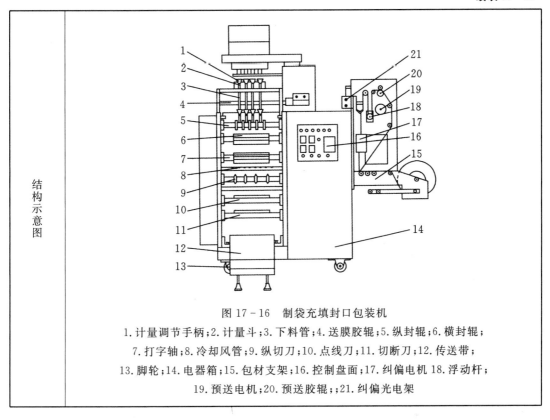 图 17 - 16　制袋充填封口包装机 1.计量调节手柄;2.计量斗;3.下料管;4.送膜胶辊;5.纵封辊;6.横封辊; 7.打字轴;8.冷却风管;9.纵切刀;10.点线刀;11.切断刀;12.传送带; 13.脚轮;14.电器箱;15.包材支架;16.控制盘面;17.纠偏电机 18.浮动杆; 19.预送电机;20.预送胶辊;;21.纠偏光电架

表 17 - 17　颗粒包装机标准操作规程

DXDK90E 颗粒类自动包装机标准操作规程	
准备过程	(1)检查设备应有完好标识,已清洁标识。 (2)检查供电系统是否正常,机器各部件接头有无松动现象
操作过程	(1)按下电源按钮接通电源,控制面板红灯亮。 (2)设定温控表加热温度。 (3)将药用包材通过各放卷辊,穿过制袋器进入切袋的夹持点。 (4)将批号、生产日期、有效期换成所要打印数字,开机调整好打印位置。 (5)待成型温度达到设置湿度时打开进料口,即可按"点动"按钮开机工作。 (6)工作过程中随时注意观察包装质量,发现不合格品及时剔除。 (7)工作结束时按"准停"按钮即可终止生产

(五) 瓶装设备

瓶装设备能完成理瓶、计数、装瓶、塞纸、理盖、旋盖、贴标签、印批号等工作(表 17 - 18,表 17 - 19,表 17 - 20,表 17 - 21)。许多固体成型药物,如片剂、胶囊剂、丸剂等常以瓶装形式供应于市场。

表 17-18　瓶装生产线介绍表

名称	瓶装生产线
结构	瓶装机一般包括理瓶机构、输瓶轨道、数片头、塞纸机构、理盖机构、旋盖机构、贴标机构、打批号机构、电器控制部分等
工作原理	(1)计数机构。 目前广泛使用的数粒(片、丸)计数机构主要有两类,一类为传统的圆盘计数,另一类为先进的光电计数机构。 ①圆盘计数机构(圆盘式数片机构)。 如图 17-17 所示。一个与水平成 30°倾角的带孔转盘,盘上开有几组(3～4 组)小孔,每组的孔数依每瓶的装量数决定。在转盘下面装有一个固定不动的托板 4,托板不是一个完整的圆盘,而具有一个扇形缺口,其扇形面只容纳转盘上的一组小孔。缺口的下边紧连着一个落片斗 3,落片斗下口直抵装药瓶口。转盘的围墙具有一定高度,其高度要保证倾斜转盘内可存积一定量的药片或胶囊。转盘上小孔的形状应与待装药粒形状相同,且尺寸略大,转盘的厚度要满足小孔内只能容纳一粒药的要求。转盘速度不能过高(约 0.5～2r/min)。是为了要与输瓶带上瓶子的移动频率匹配并且如果太快将产生过大离心力,不能保证转盘转动时,药粒在盘上靠自重而滚动。当每组小孔随转盘旋至最低位置时,药粒将埋住小孔,并落满小孔。当小孔随转盘向高处旋转时,小孔上面叠堆的药粒靠自重将沿斜面滚落到转盘的最低处。为了保证每个小孔均落满药粒和使多余的药粒自动滚落,常需使转盘不是保持匀速旋转。为此利用图中的手柄 8 搬向实线位置,使槽轮 9 沿花键滑向左侧,与拔销 10 配合,同时将直齿轮 7 及小直齿轮 11 脱开。拔销轴受电机驱动匀速转动,而槽轮 9 则以间歇变速旋转,因此引起转盘抖动着旋转,以利于计数准确。 为了使输瓶带上的瓶口和落片斗下口准确对位,输定瓶器 17 动作,使将到位附近的药瓶定位,利用凸轮 14 带动一对撞针,经软线传以防药粒散落瓶外。当改变装瓶粒数时,则需更换带孔转盘即可。 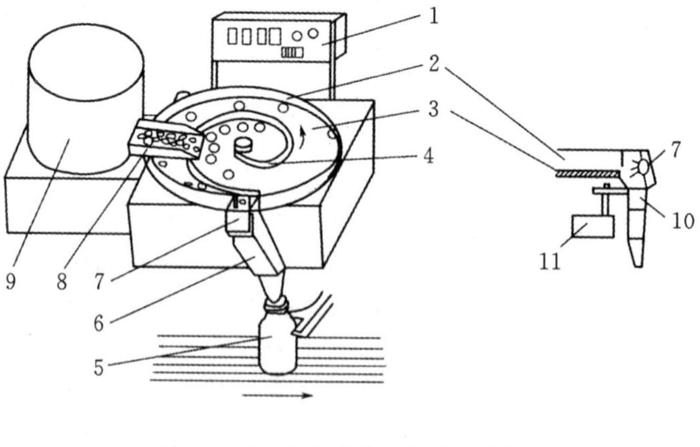 图 17-17　圆盘式数片机构示意图 1.输瓶带;2.药瓶;3.落片斗;4.托板;5.带孔转盘;6.蜗杆; 7.直齿轮;8.手柄;9.槽轮;10.拔销;11.小直齿轮;12.蜗轮; 13.摆动杆;14.凸轮;15.大蜗轮;16.电机;17.定瓶器

②光电计数机构。

光电计数机构是利用一个旋转平盘,将药粒抛向转盘周边,围墙开缺口处,药粒将被抛出转盘。如图 17-18 所示,在药粒由转盘滑入药粒溜道 6 道时,溜道上设有光电传感器 7,通过光电系统将信号放大并转换成脉冲电信号,输入到具有"预先设定"及"比较"功能的控制器内。当输入的脉冲个数等于人为预选的数目时,控制器向磁铁 11 发生脉冲电压信号,磁铁动作,将通道上的翻板 10 翻转,药粒通过并引导入瓶。对于光电计数装置,根据光电系统的精度要求,只要药粒尺寸足够大(比如>8mm),反射的光通量足以起动信号转换器就可以工作。这种装置的计数范围远大于模板式计数装置,在预选设定中,根据瓶装要求(如 1~999 粒)任意设定,不需更换机器零件,即可完成不同装量的调整。

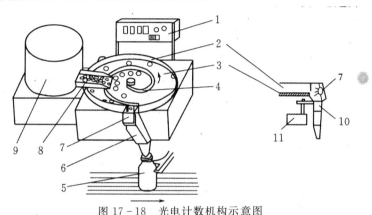

图 17-18 光电计数机构示意图

1.控制器面板;2.围墙;3.旋转平盘;4.回形拨杆;5.药瓶;

6.药粒溜道;7.光电传感器;8.下料溜板;9.料桶;10.翻板;11.磁铁

(2)输瓶机构。

在装瓶机上的输瓶机构多是采用直线、匀速、常走的输送带,输送带的走速可调。由理瓶机送到输瓶带上的瓶子,各具有足够的间隔,因此送到计数器的落料口前的瓶子不该有堆积现象。在落料口处多设有挡瓶定位装置,间歇地挡住待装的空瓶和放走装完药物的满瓶。

也有许多装瓶机是采用梅花盘间歇旋转输送机构输瓶的。梅花轮间歇转位、停位准确,如图 17-19 所示。数片盘及运输带连续运动,灌装时弹簧顶住梅花轮不运动,使空瓶静止装料,灌装后凸块通过钢丝控制弹簧松开梅花轮使其运动,带走瓶子。

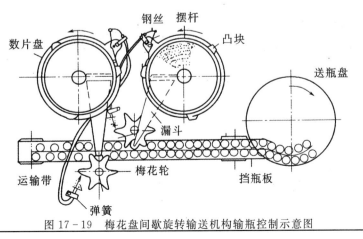

图 17-19 梅花盘间歇旋转输送机构输瓶控制示意图

（3）塞纸机构。

常见的塞纸机构有两类：一类是利用真空吸头，从裁好的纸擦中吸起一张纸，然后转移到瓶口处，由塞纸冲头将纸折塞入瓶；另一类是利用钢钎扎起一张纸后塞入瓶内。

图 17 – 20 所示为采用卷盘纸塞纸，卷盘纸拉开后，成条状由送纸轮向前输送，并由切刀切成条状，最后由塞杆塞入瓶内。塞杆有两个，一个主塞杆；一个复塞杆。主塞杆塞完纸，瓶子到达下一工位，复塞杆重塞一次，以保证塞纸的可靠性。

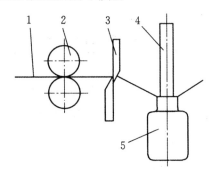

图 17 – 20　塞纸机构原理
1. 条状纸；2. 送纸轮；3. 切刀；4. 塞杆；5. 瓶子

（4）封蜡机构与封口机构。

封蜡机构是指药瓶加盖软木塞后，为防止吸潮，常需用石蜡将瓶口封固的机械。它应包括熔蜡罐及蘸蜡机构，熔蜡罐是用电加热使石蜡熔化并保温的容器；蘸蜡机构是利用机械手将输瓶轨道上的药瓶（已加木塞的）提起并翻转，使瓶口朝下浸入石蜡液面一定深度（2～3mm），然后再翻转到输瓶轨道前，将药瓶放在轨道上。用塑料瓶装药物时，由于塑料瓶尺寸规范，可以采用浸树脂纸封口，利用模具将胶膜纸冲裁后，经加热使封纸上的胶软熔。届时，输送轨道将待封药瓶送至压辊下，当封纸带通过时，封口纸粘于瓶口上，废纸带自行卷绕收拢。

（5）拧盖机。

拧盖机是在输瓶轨道旁，设置机械手将到位的药瓶抓紧，由上部自动落下扭力扳手（俗称拧盖头）先衔住对面机械手送来的瓶盖，再快速将瓶盖拧在瓶口上，力扳手自动松开，并回升到上停位，扳手不下落，送盖机械手也不送盖，这种机构当轨道上没有药瓶时，当旋拧至一定松紧时，扭机械手抓不到瓶子，扭力直到机械手抓到瓶子时，下一周期才重新开始

表 17 – 19　高速掉向式理瓶机标准操作规程

ZDL – 150 型高速掉向式理瓶机标准操作规程	
准备过程	（1）检查设备应有完好标识，已清洁标识。 （2）检查机器的润滑情况和各联结部件的紧固情况
操作过程	（1）开启电源开关，在触摸屏上将各速调至最小，按立瓶开关，理瓶开关和供瓶开关。 （2）根据生产产量要求调整立瓶速度，掉向速度，分瓶速度，转盘速度及供瓶速度。 （3）停机时应先关供瓶，然后关理瓶，停几秒，最后关立瓶，终止生产

表 17‑20　条版式高速数粒机标准操作规程

	TG‑150 型条版式高速数粒机标准操作规程
准备过程	(1)检查设备应有完好标识,已清洁标识。 (2)检查机器的润滑情况和各联结部件的紧固情况
操作过程	(1)打开气源,开启电源总开关。检查机器有无异常声响,检查正常后,开始工作。 (2)当更换不同规格尺寸的药瓶时,需对数粒机输送螺杆的前后位置、扣瓶机构的高度及更换中间挡条。 1)螺杆前后位置调整:分别调整前后螺杆的手钮,即可调整螺杆的前后位置。 2)螺杆高度的调整:如果螺杆的高度需要调整时可松开螺杆两侧的内六角螺钉,将螺杆调至适宜的高度后锁紧。 3)扣瓶机构高度调整:松开扣瓶高度调整螺钉,即可对扣瓶机构高度进行调整,调整好位置后锁紧螺钉。 4)更换中间挡瓶条:旋下螺钉即可更换中间挡瓶条。 (3)当每瓶装量变化时需对计数条板重新组装,方法是将手钮旋下取下前盖板。取下条板上的两个压条,本机共有 96 个条板根据灌装量不同进行组合,本机灌装量为 300 粒/瓶,组合为(双排计数条板 37 条＋单排计数条板 1 条＋间隔条板 10 条)×2＝96。 (4)当药丸与标准药丸略小时,滚刷会刷不掉多余的药丸,而将药丸带到前面落入进药嘴,使瓶内多药,当药丸与标准药丸略大时,滚刷会刷掉药丸,使条板孔内少药,须对滚刷高度进行调整,方法为旋松或旋紧滚刷高度调整螺栓,进行调整滚刷的高度。 (5)翻板部分拆卸:旋下隔板部分锁紧螺母,即可取下隔板部分。翻板部分锁紧螺母即可取下翻板部分。 (6)工作结束时,按下停机开关,终止生产

表 17‑21　高速直线式旋盖机标准操作规程

	GZX‑150 型高速直线式旋盖机标准操作规程
准备过程	(1)检查设备应有完好标识,已清洁标识。 (2)检查机器的润滑情况和各联结部件的紧固情况
操作过程	(1)根据瓶盖厚度调整理盖器倾角,使扣盖被挂上的尽量少。 (2)调整反盖剔除气嘴出气流流量,使反盖全部被吹出。 (3)调整压盖有机玻璃板开降手轮,使盖子顺利进入斜向滑道。 (4)根据瓶盖厚薄,直径调整下盖轨道,使瓶盖顺利下滑。 (5)根据瓶的高度调整挂盖装置手轮,使挂盖头与瓶口的距离达到正确高度。 (6)根据瓶高转动开降调节手柄,使搓盖头与瓶口位置一致。 (7)根据瓶盖厚度,使搓盖头旋压在瓶盖的中部,根据瓶盖直径转动旋紧调节手柄,使搓盖头间距变大或减小,选择合适的旋紧位置。 (8)根据瓶外径,转动夹紧调节手柄,使瓶被适当压力夹紧。 (9)根据瓶高,调整夹持带高度,使夹持带夹在瓶的中上部位。 (10)根据瓶盖位置,调整扶盖装置,使瓶走过后瓶盖扶正不歪斜。 (11)接通电源打开急停开关。 (12)接通气源并使其达到额定压力 0.4Mpa。 (13)打开理盖开关,使瓶盖自动充满走盖槽。 (14)打开旋盖开关,使瓶通过分解轮进入工作状态。 (15)工作结束时,按下停机开关,终止生产

（六）全自动装盒机

药品装盒机是一种把一个贴有标签的药品瓶子或安瓿与一张说明书同时装入一个包装纸盒的医药包装机械。装盒机可分为卧式和立式两种。按工艺不同，装盒机有两种类型。一种是由与包装机同步进行的制盒机来承担冲裁纸板并将纸盒糊好，而后供给包装机进行装盒折粘作业；另一种是仅将冲裁好的纸板供给包装机，而后由包装机充填药品并成型封口。后一种型式装盒机工艺比较合理，成本较低（表17-22）。通常，安瓿是以10支为单位装入带有波纹纸隔条的纸盒中，然后将5盒或10盒集装在一个大盒内。

表17-22　全自动装盒机介绍表

名称	全自动装盒机
结构及工作原理	（1）纸盒供给装置。 ①机械推板供给装置：原理如图17-23所示。将纸盒坯成叠地置于角板构成的料箱1中，料箱下部前侧有盒坯的送出缝口。缝口大小可用调节螺杆、定位块等组成的调节装置3调节，使得每次只允许送出一张盒坯。推板2上有一锯齿形刀，它在传动装置驱动下，沿滑槽做往复运动。推板前进时，锯齿形刀即从料箱中将盒坯叠最下一张推出，而后由输送辊4将盒坯在导板5的引导下输送前进。盒坯送出后，或先折制成盒供装载药品；或先直接送到装料工作台接受供料，而后进行裹包折封，在裹包折封中成盒，同时完成包装。 图17-23 盒坯机械推板供给装置原理示意图 1.盒坯料箱；2.推板；3.调节装置；4.输送辊；5.导板 ②胶带摩擦引送装置：图17-24为胶带摩擦引送装置的原理图。盒坯料箱1为直角板与连接板组成的框架结构，其前方盒坯出口处设有调节器，用以调节出口缝隙；后端有托坯弯板，使盒坯叠片在盒坯料箱内倾斜放置。盒坯料箱1底部安装一条传送胶带，盒坯叠最下一张的前端与传送胶带2相接触。传送胶带运行时依靠摩擦力将盒坯料箱中的盒坯逐张拖出，而后经导板3引导到输送带4上，继续向前传送。传送胶带2连续地运行，故输送、出盒坯的能力很大，盒坯自料箱内虽然是逐张送出，但前后紧相续接。由于胶带摩擦引送装置的供给能力很高，通常将其与高速糊盒机配用。设计中要使它的供给工作速率与制盒机或包装机工作速率相适应，须保持输送带4的线速度大于传送胶带2的线速度，以使盒坯相互按要求间距分离开。

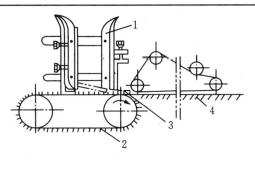

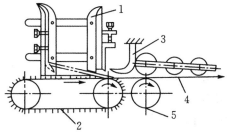

图 17－24 胶带摩擦引送装置原理示意图
1.盒坯料箱；2.传送胶带；3.导板；4.输送带

③叠合盒片的真空吸送供盒装置：真空吸送叠合盒片是现代自动包装机广泛应用的供盒方法。这是因为真空吸送供盒具有工作可靠、效率高、适应性强、供送盒机构及运动较简单等优点。用真空吸嘴吸住叠合盒片的一个盒面（通常是一个大的盒侧面），将其从盒片贮箱下部经过通道送往纸盒托槽内。吸送过程中盒片自动撑展成方柱盒体，最后送进输送链道上的托盒槽。

图 17-25 为真空吸送叠合盒片的供盒装置原理图。叠合盒片成叠地置放在盒片贮箱 1 内，由挡爪 2 支撑。盒片贮箱下面有一段宽度逐渐缩小的成型通道。真空吸嘴 3 在传动机构驱动下往复运动。

当真空吸嘴 3 向上运行到盒片贮箱 1 底部与最下层一个盒片接触时，接通真空系统，于是真空吸嘴 3 紧紧吸住盒片。其后，真空吸嘴 3 吸住盒片向下运行，盒片脱开挡爪 2 后进入成型通道。向下运行过程中盒片侧面受到成型通道侧壁逐渐收缩部分的约束，被迫自动沿盒片上压的印迹偏转，将盒片撑展成方柱盒体。最后将撑展开的盒片从通道出口吸送到输送链道 4 上的纸盒托槽 5 中。此时，切断真空，真空吸嘴 3 释放对盒体的吸持。接着，真空吸嘴 3 再向下行进一小段距离后停止。之后，输送链道 4 上接受了盒片的纸盒托槽向前运行一个节距，以便由盒底折封装置（图中未示出）将送达纸盒托槽中的纸盒底折封住，以备装载包装药品。待输送链道 4 停住后，下一个吸送盒片成型的供盒工作循环，由传动装置驱动真空吸嘴 3 向上运动，到叠合盒片贮箱底部吸取盒片而开始。

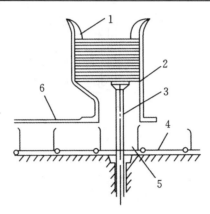

图 17 - 25　真空吸送叠合盒片供盒装置原理示意图

1.盒片贮箱;2.挡爪;3.真空吸嘴;4.输送链道;5.纸盒托槽;6.导板

(2)包装盒的封口装置。

图 17 - 26 为常见的有两小封舌及带插舌的大封盖形式的包装盒的折封过程及装置原理图,它们是装盒机结构组成的一部分。装盒机包括包装盒片的供给装置,包装盒输送链道,底部盒口折封装置,包装物料的计量装填装置,包装盒的上盒口折封装置,包装盒的排出及检测装置等。图中仅示出了上盒口折封装置,它与包装盒底部盒口折封装置类同。从图中看到包装盒的两个小封舌由活动折舌板 1 及固定折舌板 2 折合,活动折舌板 1 由凸轮杠杆机构或其他机构操控,在包装盒的输送链道运转停歇时间内完成,固定折舌板 2 则在输送链载包装盒输送运行中实现对另一小舌的折合。带插舌的大封盖也是在输送链载着包装盒运行中由封盖折合板 3 折合,当折合到一定程度后,封盖折舌插板 4 就将封盖插舌弯折以备插,最后由封盒模板 5 把封盖的插舌插入盒中完成折封。若包装盒要求封口处贴封签,则还需按要求再施加封签贴封作业。

两个小封舌及两个封盖结构的包装盒,用于直接包装松散粉粒物品时,为保障包装严密性,在包装盒两端折合封口之前,于两端盒口先封接上一塑料薄膜覆盖层,然后再进行盒口折封。

纸盒包装中的封口作业机械装置—折合封盖和封接机械装置,是由凸轮连杆机构和折合导板条组合,根据机器包装工艺需要配置成多种形式。

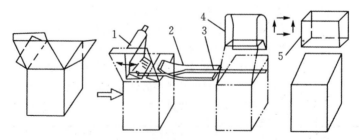

图 17 - 26　包装盒的折封程序和装置原理示意图

1.活动折舌板;2.固定折舌板;3.封盖折合板;4.封盖折舌插板;5.封盒模板

（七）贴标机

药品包装完成后需用标签明示产品说明。标签可用纸或其他材料,也可直接印在包装容器上。制剂产品除少数剂型外,一般用的是纸标签,依靠液体粘合剂粘贴到容器上。此外,一些新型标签也在使用,如压敏胶标签、热黏性标签、收缩筒型标签等。

贴标机的工艺过程包括:取标——标签传送——涂胶——贴标——滚压熨平等步骤,有的增加盖印(印上产品批次、生产日期等)(表 17 - 23,表 17 - 24,表 17 - 25,表 17 - 26)。

表 17 - 23　龙门式贴标机介绍表

名称	龙门式贴标机
结构	取标凸辊、推标重块、拉标辊、涂胶辊、上胶辊、胶水槽、导轨、毛刷等
工作原理	对粘贴标签宽度等于半个瓶身周长的标签可用龙门式贴标机,如图 17 - 27 所示。标签放置于标盒 2 中,标盒前端的凸辊 1 每旋转一周,就可从标盒中取出一张标签,标签受相向旋转的拉标辊 4 拉动,经涂胶辊 5 时在标签背面两侧涂上胶水,胶水是由上胶辊 6 从胶水槽 7 中带到涂胶辊上的。随后,标签沿龙门导轨 8 滑下,瓶罐等容器由输送带送经龙门导轨 8 时,便带着标签向前移动,并经毛刷 9 将标签抚平在容器上
特点	此种贴标机结构简单,适合于产量不大但容量较大的瓶罐的贴标
结构示意图	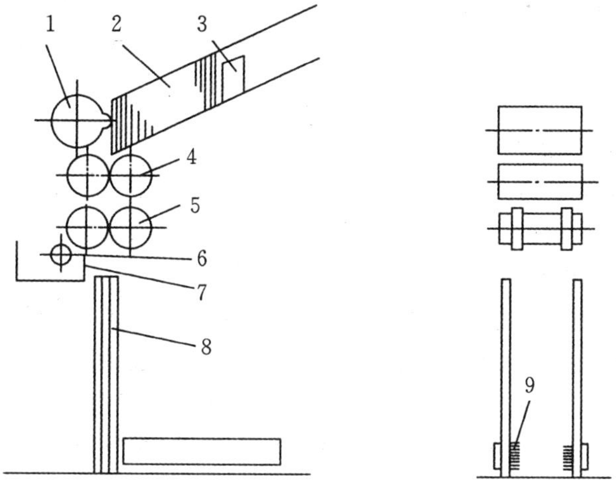 图 17 - 27　龙门式贴标机示意图 1.取标凸辊;2.标盒;3.推标重块;4.拉标辊;5.涂胶辊; 6.上胶辊;7.胶水槽;8.导轨;9.毛刷

表 17－24　真空转鼓式贴标机介绍表

名称	真空转鼓式贴标机
结构	输送带、进瓶螺杆、真空转鼓、涂胶装置、印刷装置等
工作原理	图 17－28 为真空转鼓式贴标机,系直线式贴标机。真空转鼓 3 绕自身中心轴旋转,其侧面有六组小孔,可与真空或大气相通;当一组连通真空的小孔旋转至与标签盒 6 相遇时,便吸出一张标签;待其转至涂胶装置 4 时,涂胶辊靠近标签涂胶;待与输送带送来的容器相遇时,此时标签的前端与容器相切,转鼓上的小孔已与大气相通,标签遂与转鼓脱离而被粘附于容器上;最后,容器进入滚压熨平装置 7,标签被贴牢。该贴标机中,各装置动作的协调很重要。本机瓶子由链板输送机输送,并由进瓶螺杆定距间隔送出;标签盒由曲柄连杆机构驱动的扇形摆动与由凸轮控制的前后移动的复合运动,使其向前运动到扇形轨迹的中点时与真空转鼓相切,并使标签具有与转鼓相同的切线速度,以使标签被吸到转鼓上;涂胶装置依靠摆杆使涂胶辊与真空转鼓相切,将胶液涂到标签上,当转鼓上无标签时,摆杆使涂胶辊脱离转鼓
特点	该种贴标机适用于圆形瓶,速度较快,使用较广。为使印码机将批号数码打印到标签的正面,可将上述转鼓作为贴标转鼓,另增加一个取标转鼓,负责取标和印码,然后将标签转移到贴标鼓上。此类贴标机的标签盒运动较复杂,如在真空转鼓与标签盒之间增加一个真空吸标摆杆,此摆杆有节奏地摆动,通过吸标管用真空将标签吸出,待其摆向转鼓时与大气相通,将标签传递给真空转鼓,则标签盒只需做简单的往复运动
结构示意图	 图 17－28　真空转鼓式贴标机示意图 1.输送带;2.进瓶螺杆;3.真空转鼓;4.涂胶装置;5.印刷装置; 6.标签盒;7.滚压熨平装置;8.海绵橡胶垫

表 17－25　压敏胶贴标机介绍表

名称	压敏胶贴标机
包材	压敏胶通称不干胶,系猫弹性体,既具有固体性质,又具有液体性质。压敏胶是由聚合物、填料及溶剂等组成。用于胶带、标签的聚合物多为天然橡胶、丁苯橡胶等,通称为橡胶型压敏胶。涂有压敏胶的标签称含胶标签,由于使用方便,近年来应用日益广泛。含胶标签由黏性纸签与剥离纸构成。应用于贴标机的含胶标签是成卷的形式,即在剥离纸上定距排列标签,然后卷成卷状,使用时将剥离纸剥开,标签即可取下
结构	标签卷带供送装置、剥标器、卷带器、贴标器、光电检测装置等
工作原理	剥标器将剥离纸剥开,标签由于较坚韧不易变形,与剥离纸分离,径直前进与容器接触,经压捺、滚压被贴到容器表面(图 17－29)

特点	压敏胶贴标机结构简单,生产能力大,且可满足不同形状大小容器的贴标
结构示意图	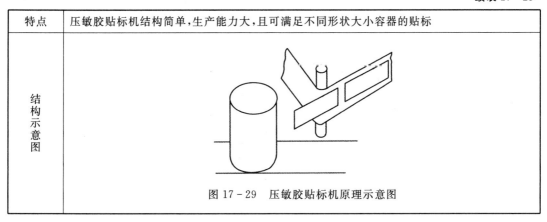 图 17 - 29　压敏胶贴标机原理示意图

表 17 - 26　双面不干胶贴标机标准操作规程

SHL - 3511 双面不干胶贴标机标准操作规程	
准备过程	(1)检查设备有完好标识,已清洁标识。 (2)检查供电系统是否正常,各连接部位无松动现象。 (3)装单面标签入标签盘,标签走向如图 17 - 30 所示。 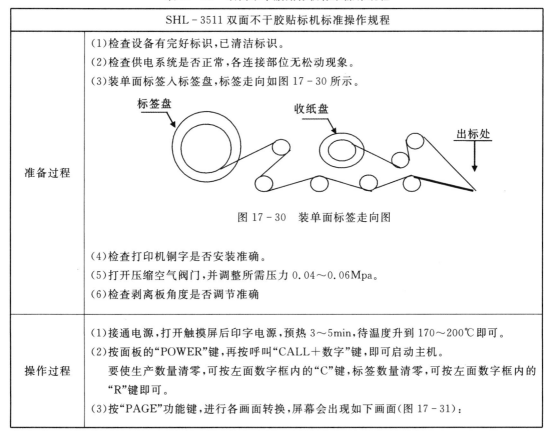 图 17 - 30　装单面标签走向图 (4)检查打印机铜字是否安装准确。 (5)打开压缩空气阀门,并调整所需压力 0.04~0.06Mpa。 (6)检查剥离板角度是否调节准确
操作过程	(1)接通电源,打开触摸屏后印字电源,预热 3~5min,待温度升到 170~200℃即可。 (2)按面板的"POWER"键,再按呼叫"CALL+数字"键,即可启动主机。 　　要使生产数量清零,可按左面数字框内的"C"键,标签数量清零,可按左面数字框内的"R"键即可。 (3)按"PAGE"功能键,进行各画面转换,屏幕会出现如下画面(图 17 - 31):

续表 17－26

	头部 1 贴标位置:000 出标长度:000 出标速度:% 头部 2 贴标位置:000 出标长度:000 标速度:% 图 17－31　画面转换示意图 调节面板上右侧的“－ ＋”键即调整生产数量、标签数量、贴标位置、出标长度，贴标位置、出标长度可调范围－75～＋255(单位为 mm)，贴标速度可调范围 75%～200%。 贴标速度：表示整台机的所有速度，包含输送带、头部等。 出标速度：表示头部的出标轴速度。 出标长度：表示停机时标签的突出剥离板的长度。 贴标位置：表示标签贴在物体上的位置。 (4)当头部 1、头部 2 的贴标位置、出标长度、出标速度一定时，先按面板上储存记意“MEM”键，再按一个数字键(数字为记意组的号码)“1～9”任意一个数字即可，此时设定好的参数便可储存起来。 (5)调整输送带护栏，使药瓶经过分瓶器时形成等间隔的药瓶串，以完成连续贴标。 (6)打印批号位置调整： 前后调整：通过调节打印机旁手柄使打印头前后运动，调整到适合的位置。 高低调整：用打印机架下方手柄使打印头上下移动，调整到适合的位置。 (7)分别按“H1 的 ON/OFF、H2 的 ON/OFF”键进行单面贴标。 (8)调整分瓶装置，按 SEPARATOR“ON/OFF”键即可打开分瓶马达，同时调整“－ ＋”键即可调整分瓶器的速度，使得药瓶进入分瓶器后保持相等的间距。 (9)药瓶进入输送带时，两个药瓶要保持一定距离，否则下一瓶会来不及出标。 (10)正常工作时，经常检查贴标的情况，发现故障应关机，排除故障后再启动工作。 (11)关机。 1)按“PWER”键，整机停止工作，触摸屏上显示本项作业的数量，根据需要记录或清零。 2)关闭印字电源，最后切断总电源，清理输送带上的贴标残留物，保持设备清洁

(八)印字机

包装的成品都需打印编码以显示生产批号、生产日期等，对小型容器(如安瓿等)的标签可印在容器表面以显示药品名称、剂量、批号，因此在包装线的后部均需设置印字机。制药生产中，除塑料封口袋可在封边采用钢字压印外，印字的方式多采用凸版、凹版印字和无接触印字。

1. 凸板印字机

凸版印字就是在印版的凸起文字上涂以油墨，转印到纸或物品上，形成文字或商标(表 17－27)。它可分为柔性印字与胶辊印字。

(1)柔性印字：柔性印字所用印版由柔性材料制作，印字时直接将印版上凸起数码的油墨印到标签或纸箱表面。

表 17 - 27　滚压式印码机介绍表

名称	滚压式印码机(凸版印字)
结构	凸版辊、涂墨辊、电磁铁等
工作原理	在凸版辊 2 上嵌有字码,油墨贮于油墨辊 6 中,涂墨辊 3 在旋转时,表面被涂一层油墨,当凸版辊旋转时,字码表面从涂墨辊获得油墨,待其旋转 180°即印到真空转鼓上的标签上。操作时,转鼓吸住标签,转鼓内有一定真空度,由真空继电器使电磁铁 5 克服弹簧 7 的拉力,使电磁铁下方的摆杆被拉上,整个印码机绕轴 1 顺时针转动,凸版辊与标签接触,完成印码工作。若转鼓上无标签时,电磁铁不励磁,印码机被弹簧拉下,凸版辊不接触标签,可达到无签不印字目的(图 17 - 32)
结构示意图	 图 17 - 32　滚压式印码机示意图 1.轴;2.凸版辊;3.涂墨辊;4.支撑板;5.电磁铁;6.油墨辊;7.弹簧

(2)胶辊印字:胶辊印字是将印版上数码文字的油墨通过橡胶辊转移到被印表面的间接印字方法,特别是在曲面如安瓿等表面的印字(表 17 - 28,表 17 - 29)。

表 17 - 28　胶辊印码机介绍表

名称	胶辊印码机
工作原理	墨辊 3 在旋转中将油墨从油墨槽 1 中沾起,刮刀 2 刮去余墨,墨辊将油墨转移到印刷辊 4 的印版上,最后将印码的图像转移到橡胶辊}a当橡胶辊与容器接触时,即将文字印到容器表面。胶辊印字的印版可由铜板、光敏树脂、橡胶制作,也可夹持单独的数字或字母(图 17 - 33)
结构示意图	 图 17 - 33　胶辊印字示意图 1.油墨槽;2.刮刀 3.墨辊;4.印刷辊;5.橡胶辊;6.容器

2.凹版印字

凹版印字与凸版相反,它的图像文字凹入版面,刻在滚筒上,然后将油墨涂填在版面上,用刮墨刀片将版面多余的油墨刮净。印字时,将油墨转移到橡胶印字轮上,再转印到物品上。印版多由铜制,可雕刻、腐蚀或照相制版。凹版印字层次清晰、字迹厚实醒目,多用于体积较小的药品,如胶囊、糖衣片的印字等。凹版印字所用油墨较稠厚,一般用不同颜色的快干色膏。

3.喷墨印字机

喷墨印字是按微机给定的程序使墨滴带电,在强电场作用下喷印到被印表面形成图像的无接触印字方法。其原理是用超声波将油墨击碎成微小的墨滴,同时将墨滴充电,形成带静电的高速墨滴流。每个墨滴充电量的大小由微机控制。墨滴从充电通道进入具有 4.5kV 固定电场的两偏转板之间,带电墨滴在电场作用下发生偏移,负电量大的墨滴偏向上方,负电量小的偏向下方,每喷射一次可垂直喷印许多个墨点,每个字符扫描数次,即形成一个字符。空白部位的墨滴不带电,喷印时落到底部回流入墨池。编码可通过微机控制,喷墨印字速度可达 320 个字符/s ,可进行高速印字编码,可同时在容器表面进行 10 个字符的印字。

4.激光编码机

激光编码机是由激光源产生的激光光束通过模板,其光像集束于物体表面而印字的装置。激光束是在 36kV 电压下通过氮、氦、二氧化碳混合气体或二氧化碳气体激发产生的,可在 $2\mu s$ 内产生 6J 的高能量。光束在封闭导管内折射,并通过带镂空字符的模板,经调焦,最后聚焦于容器表面。当容器行进到位时,光电管发出信号使激光源激发一次,即可打印上编码。通过调换模板可改变字符编码。激光编码机印字速度快(600 次/分),寿命长,无接触,印码永久,可用于除裸露金属表面以外很多材料上的印字。对金属材料表面可在涂油漆或其他吸光材料后印字。容器上印字需要有一定的激光能量密度,各种材料所需能量密度不同。能量密度与光束形状调焦后缩小的比例成平方关系(表 17 - 30)。

表 17 - 29 固体墨轮标示机标准操作规程

MY - 380F 固体墨轮标示机标准操作规程	
准备过程	(1)检查设备应有完好标识,已清洁标识。 (2)检查供电系统是否正常
操作过程	(1)合上总电源开关,使机器系统通电。 (2)依次按下"控制"和"运行"空车试转。 (3)将"加热"旋钮调到 6~8 刻度值之间,对机体进行预热 5~10min。 (4)测量包装盒的长度,调整位置旋钮,使印字位置与包装盒印字位置相同。 (5)根据包装盒的厚度,调整逆转轮与送料轮的间隙,使包装盒能够顺利推,且不卡盒为宜。 (6)按"运行"键单张试印,检查光电开关信号是否正常。 (7)调整印字轮与承印轮至适当接触深度约 0.05~0.10mm 之间。 (8)调整印字轮与墨轮至适当接触深度约 0.05~0.10mm 之间。 (9)待光电感应、温度、印字正常后,根据批生产记录开始工作。 (10)操作过程中,随时检查印字质量,将被损坏或印字不清的包装盒取出计数。 (11)操作结束后将"加热"旋钮调回至"0"、依次关"运行"键、"控制"键、关总闸。

表 17-30 激光打码机标准操作规程

激光打码机标准操作规程	
1.检查设备标识	检查设备应有完好标识,已清洁标识
2.检查供电系统	检查供电系统是否正常、抽吸装置,手持键盘是否正常,接头无松动现象
3.接通供电单元的电源	钥匙开关把电源供应连接到激光光源上,现在可以起动标刻程序。 (1)通过"起动"按钮即可对当前读取的模板进行标刻;通过"停止"按钮可以立即取消一个正在运行的标刻。 (2)在手持键盘和 Smart Graph 软件上都有激光系统的实时工作状态显示
4.供电单元的接通和断开	(1)检查安全规定的执行情况。 (2)打开有抽吸装置。 (3)将总开关(S1)置于"I"位置,钥匙开关应处于"0"位。白色 LED 灯闪烁,激光系统处在初始化状态。该过程可能持续 1~2 min,该过程结束后系统处在待机状态,白色 LED 发亮。 (4)打开钥匙开关。供电单元上的红色 LED 以及打印头上的红色 LED 灯发亮,激光器准备就绪
5.数据传输	连接线缆
6.结束标刻过程	(1)将钥匙开关转至"0"位。供电单元上的红色 LED 以及打印头上的红色 LED 灯熄灭。 (2)将总开关置于"0"位。白色 LED 熄灭"0"。 (3)关闭抽吸装置。 (4)生产结束后,把钥匙开关旋转到"0"位。拔出钥匙,以确保激光系统不再被打开。关闭总开关,拔出电源插头

三、生产质量控制点

生产质量控制点见表 17-31。

表 17-31　生产质量控制点

工序	质量监控点	质量监控项目	质量监控标准	检查方法	质量监控频次
铝塑包装	铝塑	外观	压封网纹清晰,切割边缘整齐、批号位置端正,印字清晰,无缺粒、无错位、吸泡完整、无皱褶、无气泡	目检	随时/班
		气密性	检查应无漏气现象	目检压封网纹清晰无褶皱	随时/班
		吹泡温度	160～170℃	查看仪表读数	随时/班
		成型吹气压力	0.4～0.6Mpa	查看仪表读数	随时/班
		上加热	温度控制 105～115℃	查看仪表读数	随时/班
		下加热	温度控制 105～115℃	查看仪表读数	随时/班
		热封温度	温度控制 145～155℃	查看仪表读数	随时/班
		冲切次数	40～50 次/分	查看仪表读数	随时/班
外包装	打印	生产批号、生产日期、有效期至	小盒、大纸箱的批号、生产日期、有效期至与批包装指令一致,清晰完整。	检查核对	随时/班
	装盒	数量、说明书	数量每盒 2 板,说明书每盒 1 个	抽验并检查标签	随时/班
	装箱	数量、装箱内容、封箱	数量正确,装箱整齐无遗漏致。封箱平整、牢固、松紧适度	检查核对	每箱

参考文献

[1]邓才彬.制药设备与工艺[M].北京:高等教育出版社,2012.

[2]朱国民.药物制剂设备[M].北京:化学工业出版社,2013.

[3]蔡凤,解彦刚.制药设备及技术[M].北京:化学工业出版社,2011.

[4]张洪斌.药物制剂工程技术与设备[M].北京:化学工业出版社,2015.

[5]凌沛学.制药设备[M].北京:中国轻工业出版社,2007.

[6]胡英.药物制剂工艺与设备[M].北京:化学工业出版社,2012.

[7]丁振铎,李文兰.中药制药与设备实用技术[M].北京:化学工业出版社,2012.

[8]董天梅.制药设备实训教程[M].北京:中国医药科技出版社,2008.

[9]朱宏吉.制药设备与工程设计[M].北京:化学工业出版社,2011.

[10]刘书志,陈利群.制药工程设备[M].北京:化学工业出版社,2008.